Holzfrei

Nr. 6 1953

S. 801—960 11. Februar

Chemisches Zentralblatt

Vollständiges Repertorium für alle Zweige der reinen und angewandten Chemie

Im Auftrage der Deutschen Akademie der Wissenschaften zu Berlin, der Akademie der Wissenschaften zu Göttingen und der Gesellschaft Deutscher Chemiker

herausgegeben von

Prof. Dr. Maximilian Pflücke

Chefredakteure: Dr. Eugen Klever und Prof. Dr. Maximilian Pflücke

124. Jahrgang

1953

Akademie-Verlag GmbH., Berlin — Verlag Chemie, GmbH., Weinheim/Bergstr.

Inhalt

Namenregister

Chemisches Zentralblatt

1953 Nr. 6 11. Februar

A. Allgemeine und physikalische Chemie.

A_1. Kernphysik und Kernchemie.

Helmut Steinwedel, *„Runaway-Solutions" und Quantenelektrodynamik.* Da die kanon. Störungstheorie das Analogon der DIRACschen Störungstheorie darstellt, ist es wahrscheinlich, daß die „runaway-solutions", d. h. Lsgg., bei denen die Teilchenkoordinaten sowie deren zeitliche Ableitungen exponentiell mit der Zeit anwachsen, auch in der Quantenelektrodynamik enthalten sind. Im Gegensatz zur klass. Theorie ist bisher noch keine exakte Lösung für irgendein konkretes Problem der Quantenelektrodynamik bekannt, so daß ein direkter Nachw. der „runaway-solutions" in der Quantentheorie zur Zeit nicht möglich ist. (Z. Naturforsch. **7a.** 292—93. März/April 1952. Heidelberg, Univ., Inst. für theoret. Phys.) G. SCHMIDT. 80

J. G. Valatin, *Über die Quantenelektrodynamik.* Ausführliche Darst. der C. **1952.** 1769 referierten Arbeit mit ergänzender Berechnung der S-Matrix. (Kgl. danske Vidensk. Selsk., mat.-fysiske Medd. **26.** Nr. 13. 1—32. 1951. Kopenhagen.) G. SCHMIDT. 80

Juan de Oyarzabal, *Effekte vierter Ordnung bei der Vakuumpolarisation.* (Sitzungsbericht.) Der kovariante S-Matrixformalismus von DYSON (C. **1949.** E. 354) wird auf die Berechnung von Effekten 4. Ordnung bei der Vakuumpolarisation durch ein elektromagnet. Feld angewandt. (Physic. Rev. [2] **85.** 748. 15/2. 1952; Bull. Amer. physic. Soc. **26.** Nr. 7. 14. 30/11. 1951. Univ. Nac. de México.) WEIGEL. 80

W. I. Karpman, *Quantelung von Wellenfeldern mit endlicher Komponentenzahl.* Es wird allg. bewiesen, daß für Teilchen mit mehreren Spinzuständen u. Ruhmassen das verallgemeinerte PAULI-Prinzip gilt, nach dem die Felder für Teilchen mit ganzzahligem bzw. halbzahligem Spin nach der BOSE- bzw. FERMI-Statistik zu quanteln sind. (Журнал Экспериментальной и Теоретической Физики [J. exp. theoret. Physik] **21.** 1337—49. Dez. 1951.) KIRSCHSTEIN. 80

J. A. Simpson, W. Fonger und **L. Wilcox,** *Versuche über die sonnenerzeugte Komponente der Höhenstrahlungen.* (Sitzungsbericht.) In verschied. Höhen u. Breiten wurde die Schwankung der prim. Höhenstrahlung untersucht. Es wurde eine 27 Tage-Periode gefunden u. mit der Sonnenumdrehung in Beziehung gebracht. Zunahmen der Intensität der Teilchen mit mehr als $5 \cdot 10^9$ eV/c sind mit bestimmten Gebieten der Sonne verbunden. (Physic. Rev. [2] **85.** 720. 15/2. 1952; Bull. Amer. physic. Soc. **26.** Nr. 6. 24. 24/10. 1951. Univ. of Chicago.) WIEDEMANN. 85

R. L. Chasson, *Zweimalige Abnahme der Höhenstrahlung in Verbindung mit geomagnetischen Stürmen und Sonnenfleckenaktivität im Mai und Juni.* (Sitzungsbericht.) Die gesamte Intensität u. die der harten Komponente der Höhenstrahlung wurde auf Seehöhe mit 4 Weitwinkel-Dreifachkoinzidenz-Zählerteleskopen kontinuierlich bestimmt. Ein Abfall am 23/5. u. am 11/6. 1951 war von einem magnet. Sturm u. vom Durchgang großer Sonnenflecken gefolgt. (Physic. Rev. [2] **85.** 719—20. 15/2. 1952; Bull. Amer. physic. Soc. **26.** Nr. 6. 23—24. 24/10. 1951. Univ. of California.) WIEDEMANN. 85

L. F. Curtiss und **P. S. Gill,** *Die Intensitätsänderung von schnellen Höhenstrahlneutronen mit der Höhe.* Auf 20° 32′ N wurde in Höhen zwischen ca. 1500 u. 4000 m die Neutronenintensität in der Höhenstrahlung gemessen. Die Neutronen wurden durch Paraffin gebremst u. mit $^{10}BF_3$-Proportionalzählern nachgewiesen. Die Intensitäten lagen zwischen 4 u. 18 Ausschlägen/Minute. Ein Einfl. der Temp. konnte zwischen 13 u. 36° nicht festgestellt werden. Die Intensität fiel mit der atmosphär. Tiefe exponentiell ab, die Absorptionslänge beträgt in Übereinstimmung mit Messungen in der freien Atmosphäre 128 g/cm². (Physic. Rev. [2] **85.** 309—12. 15/1. 1952. Washington, D. C., Nat. Bur. of Stand., Aligarh, India, Univ., Dep. of Phys.) WIEDEMANN. 85

A. B. Weaver und **Marcel Schein,** *Beobachtung durchdringender Schauer in einer Nebelkammer auf Seehöhe unter Wasserstoff und schwereren Elementen.* (Sitzungsbericht.) In einer in einem 9270 Gauß-Magnetfeld befindlichen Nebelkammer wurden auf Seehöhe die durch ionisierende u. nichtionisierende Strahlung ausgelösten lokalen durchdringenden Schauer beobachtet. Über der Kammer befanden sich folgende Substanzen:

fl. H_2 2 g/cm², *Paraffin* 40 g/cm², *C* 57,3 g/cm², *Al* 92,5 g/cm² u. *Pb* 168 g/cm². (Physic. Rev. [2] **85**. 719. 15/2. 1952; Bull. Amer. physic. Soc. **26**. Nr. 6. 23. 24/10. 1951. Univ. of Chicago.) WIEDEMANN. 85

L. Grodzins, G. Del Castillo und **W. Y. Chang,** *Untersuchung von in Beryllium, Kohlenstoff und Blei erzeugten durchdringenden Schauern auf Seehöhe.* (Sitzungsbericht.) Mit einer zählrohrgesteuerten Nebelkammer wurde die Zahl der geladenen Teilchen in den in Be, C u. Pb erzeugten Schauern untersucht. Die durchschnittliche Multiplizität beträgt 2,5 in Be, 2,8 in C u. 2,8 in Pb. Die Multiplizitätsverteilung ist verträglich mit der Theorie der Mehrfacherzeugung durch prim. Nucleonen von einigen 10^9 eV Energie. (Physic. Rev. [2] **85**. 719. 15/2. 1952; Bull. Amer. physic. Soc. **26**. Nr. 6. 23. 24/10. 1951. Purdue Univ.) WIEDEMANN. 85

Herman Yagoda, *Schwermetallprimärteilchen der Höhenstrahlung.* (Sitzungsbericht.) Durch Unters. von Emulsionen wurde festgestellt, daß in atmosphär. Tiefen von 7 bis 15 g/cm² schwere Kerne mit $Z > 34$ mit einer Häufigkeit von ca. 0,3 der Fe–Co–Ni-Gruppe vorkommen. In der unteren Atmosphäre nimmt ihr Fluß rasch ab. Mögliche Zerfallsschemata werden mitgeteilt. (Physic. Rev. [2] **85**. 720. 15/2. 1952; Bull. Amer. physic. Soc. **26**. Nr. 6. 24. 24/10. 1951. Nat. Inst. of Health.) WIEDEMANN. 85

E. Gora, *Strahlungsreaktion bei relativistischer Bewegung eines Teilchens in einem Wellenfeld.* Vf. erhält eine approximative Lsg. der Bewegungsgleichungen der DIRACschen klass. Theorie für ein geladenes Teilchen im Feld einer ebenen Welle unter der Annahme, daß die Strahlungsreaktionsterme in diesen Gleichungen als gering betrachtet werden können. Durch Beschränkung auf den Bereich hoher relativist. Energien, bei denen die Energie- u. Impulsübertragung von der Welle zum Teilchen hauptsächlich durch die Strahlungs-Rk. hervorgerufen wird, lassen sich beträchtliche Vereinfachungen der Berechnungen erzielen. Eine quantitative Diskussion der Anwendungsbedingungen der Formeln wird durch die Annahme ermöglicht, daß eine Korrespondenz zwischen einem Photon u. einem klass. Wellenzug endlicher Länge besteht. Diese Annahme führt zu dem Schluß, daß die klass. Formeln für beliebig hohe Energien gelten. (Physic. Rev. [2] **84**. 1119—23. 15/12. 1951. Providence, R. I., Coll.) G. SCHMIDT. 90

B. Bolotowski und **A. Kolomenski,** *Über Energieverluste durch eine sich gleichmäßig bewegende Ladung.* Im Gegensatz zu KUNIN (Handbuch: Meson, Moskau-Leningrad 1947, S. 114) leiten Vff. ohne Einführung einer Dämpfung eindeutige Ausdrücke für die Feldverluste von sich in einem durchsichtigen Medium bewegenden Teilchen ab. Die Ergebnisse lassen sich aus denen von TAMM (J. Physics [Moskau] **1**. [1939.] 439) erhalten, wenn hier $1/\varepsilon$ durch $1/\varepsilon + i\pi(\omega/|\omega|)\delta(\varepsilon)$ ersetzt wird, u. fallen mit denen von FERMI (Physic. Rev. [2] **57**. [1940.] 485) zusammen. (Доклады Академии Наук СССР [Ber. Akad. Wiss. UdSSR] [N. S.] **85**. 59—61. 1/7. 1952.) AMBERGER. 90

M. M. Block, S. Passman und **W. W. Havens jr.,** *Erzeugung geladener π-Mesonen in D und Pb unter 90° zu einem 381 MeV-Protonenbündel.* (Sitzungsbericht.) Durch Beschuß der Targets mit 381 MeV-Protonen wurden Mesonen erzeugt, die auf in Cu-Absorber eingebettete Kernemulsionen fielen. Zur Best. der Absolutwerte der Wirkungsquerschnitte diente die ^{11}C-Aktivität. Es wurden die folgenden Werte erhalten: D 90° π^+ $(2{,}8 \pm 1{,}2) \cdot 10^{-28}$, π^- $(2{,}5 \pm 2{,}0) \cdot 10^{-29}$; Pb 90° π^+ $(11{,}7 \pm 4{,}5) \cdot 10^{-28}$, π^- $(4{,}0 \pm 3{,}0) \cdot 10^{-28}$ cm²/Raumwinkel. (Physic. Rev. [2] **85**. 718. 15/2. 1952; Bull. Amer. physic. Soc. **26**. Nr. 6. 22. 24/10. 1951. Columbia Univ.) WIEDEMANN. 90

P. Isaacs, A. Sachs und **J. Steinberger,** *Elastische Streuung negativer π-Mesonen in Kohlenstoff.* (Sitzungsbericht.) Die elast. Streuung negativer π-Mesonen von 62 u. 90 MeV in C wurde mit zwei Scintillationszählern untersucht. Die Winkelverteilung zeigt die folgenden Eigg.: 1. COULOMB-Streuung bei kleinen Winkeln mit Übergang zur Beugung zwischen 10 u. 15°; 2. breites Minimum um 90° mit differentiellem Wirkungsquerschnitt von $2 \cdot 10^{-27}$ cm²/Raumwinkel; 3. leichter Anstieg des Wirkungsquerschnitts für Winkel in Rückwärtsrichtung. Für Mesonen von 90 ± 5 MeV beträgt der integrale Wirkungsquerschnitt für elast. Streuung ca. $2{,}4 \cdot 10^{-25}$ cm² zwischen 15 u. 180° u. ca. $2{,}2 \cdot 10^{-26}$ cm² zwischen 70 u. 180°. (Physic. Rev. [2] **85**. 718—19. 15/2. 1952; Bull. Amer. physic. Soc. **26**. Nr. 6. 22—23. 24/10. 1951. Columbia Univ.) WIEDEMANN. 90

H. J. Bramson, A. M. Seifert und **W. W. Havens jr.,** *Eine photographische Untersuchung des $\pi \to \mu \to \beta$-Zerfalls.* (Sitzungsbericht.) (Vgl. C. **1952**. 2460.) Unter 1500 π–μ-Zerfallsprozessen in photograph. Emulsionen wurde einer mit der anomal kurzen Reichweite von 235 μ gefunden. (Physic. Rev. [2] **85**. 719. 15/2. 1952; Bull. Amer. physic. Soc. **26**. Nr. 6. 23. 24/10. 1951. Columbia Univ.) WIEDEMANN. 90

Bruno Rossi, Herbert Bridge und **Martin Annis,** *Einige Beobachtungen über die neuen instabilen schweren Teilchen.* In Aufnahmen mit einer WILSON-Kammer mit abwechselnden Pb- u. Al-Platten finden Vff. einige Teilchen mit den Merkmalen der V-Teilchen,

die aus einer Kern-Rk. in einem Pb-Block über der Kammer stammen. Ein aus einem geladenen V-Teilchen entstandenes geladenes sek. Teilchen, das durch 2 Pb- u. 2 Al-Platten hindurchgeht, ergibt sich als π-Meson mit einer Energie von 60 MeV bei der Entstehung. Aus der spezif. Ionisation des prim. Teilchens ergibt sich seine Geschwindigkeit zu 40—70% von c. Auf einer anderen Platte zeigt sich ein Teilchen, das wahrscheinlich aus der Spaltung eines ruhenden geladenen Teilchens mit einer Lebensdauer nicht wesentlich unter 10^{-9} Sek. stammen muß. (Atti Accad. naz. Lincei, Rend., Cl. Sci. fisiche, mat. natur. [8] **11.** 73—76. Juli/Aug. 1951. Echo Lake, Coll.)
R. K. MÜLLER. 90

E. Kinzinger und **W. Bothe**, *Die Einzelstreuung von Elektronen an Atomkernen.* Die Einzelstreumessungen von 245 keV-Elektronen wurden durchgeführt als Relativmessungen von *Ni*, *Ag* u. *Au* zu *Al*, als Messung der Winkelverteilung für Al u. als Absolutmessung des Streuquerschnittes von Al für den Streuwinkel 50°. Für Al werden die MOTTschen Absolutwerte des Streuquerschnittes über den Winkelbereich $\vartheta =$ 30—150° bestätigt, für die höheren Elemente ebenso für $\vartheta < 70°$. Für die höheren Elemente u. für $\vartheta > 70°$ sind die gemessenen Streuquerschnitte kleiner als die theoretischen. Die Abweichungen nehmen mit ϑ u. Z zu u. erreichen 37% für Au bei 150°. (Z. Naturforsch. **7a.** 390—401. Juni 1952. Heidelberg, Max-Planck-Inst. für med. Forschung, Inst. für Phys., u. Univ., I. Physikal. Inst.) G. SCHMIDT. 90

C. R. Emigh, *Relativer Wirkungsquerschnitt für die Paarerzeugung im Gebiet von 50 bis 300 MeV.* (Sitzungsbericht.) In einer Nebelkammer wurden die relativen Wirkungsquerschnitte für die Paarerzeugung durch Röntgenstrahlen des 300 MeV-Betatrons bestimmt. Es ergab sich für das Verhältnis Au zu Al 0,89 ± 0,02 zwischen 50 u. 100 MeV, 0,85 ± 0,03 zwischen 100 u. 150 MeV, 0,89 ± 0,04 zwischen 150 u. 200 MeV, 0,78 ± 0,1 zwischen 200 u. 300 MeV; für das Verhältnis Ag zu Al 0,94 ± 0,02 zwischen 50 u. 100 MeV, 0,92 ± 0,03 zwischen 100 u. 150 MeV, 0,91 ± 0,04 zwischen 150 u. 200 MeV, 0,84 ± 0,09 zwischen 200 u. 300 MeV. (Physic. Rev. [2] **85.** 719. 15/2. 1952; Bull. Amer. physic. Soc. **26.** Nr. 6. 23. 24/10. 1951. Univ. of Illinois.)
WIEDEMANN. 90

Arthur I. Berman, *Absorptionsquerschnitte für 19,5 MeV-Quanten.* (Sitzungsbericht.) Durch Best. der ^{11}C-Aktivität nach der durch Betatron-Bremsstrahlung ausgelösten Rk. $^{12}C(\gamma, n)^{11}C$ wurden die Absorptionsquerschnitte von 19 Elementen von H bis U ermittelt. Die theoret. u. experimentellen Werte sind durch die Beziehung $(\sigma_t - \sigma_e)/\sigma_t = (1{,}6 \pm 0{,}2) \cdot 10^{-5}\,Z^2$ verbunden. (Physic. Rev. [2] **85.** 774. 15/2. 1952; Bull. Amer. physic. Soc. **26.** Nr. 8. 26. 27/12. 1951. Los Alamos Sci. Labor.) WIEDEMANN. 90

T. J. Thompson, *Einfluß der chemischen Struktur auf das Bremsvermögen für Protonen hoher Energie.* (Sitzungsbericht.) Das Bremsvermögen verschied. organ. Substanzen relativ zu Cu wurde für Protonen mit einer mittleren Energie von 270 MeV gemessen. Ungesätt. Verbb. zeigten ein etwas höheres Bremsvermögen als gesättigte. (Physic. Rev. [2] **85.** 765. 15/2. 1952; Bull. Amer. physic. Soc. **26.** Nr. 8. 17. 27/12. 1951. Berkeley, Univ. of California.) H. HAUSWALD. 90

V. Votruba, *Ladungssymmetrische Wechselwirkung zwischen Nucleonen und Leptonen.* Die direkte Wechselwrkg. zwischen den Nucleonen u. dem quantisierten Wellenfeld der Leptonen wird behandelt. Für das Neutrino wird die MAJORANA-Theorie angenommen. Das Lepton ist ein Teilchen mit dem Spin 1, seine drei Ladungszustände, Elektron, Positron u. Neutrino, entsprechen drei Eigenwerten. (Physic. Rev. [2] **85.** 141—42. 1/1. 1952. Prag, Karls Univ., Inst. für theoret. Phys.) WIEDEMANN. 90

Ss. G. Ryshanow, *Zur Arbeit von W. Je. Golant „Rotationsschwingungsspektrum von Atomkernen".* Vf. weist darauf hin, daß das von GOLANT (vgl. C. **1952.** 5683) benutzte Modell nicht für die γ-Spektren von *RaC'* u. *ThC'* gelten kann. (Журнал Экспериментальной и Теоретической Физики [J. exp. theoret. Physik] **23.** 127—28. Juli 1952.) KIRSCHSTEIN. 95

D. Curie, *Kernstrahlen.* Vf. beschreibt die verschied. Methoden zur Best. der M., Energie u. des Wirkungsquerschnittes der emittierten Nucleonen. Die systemat. Änderung der Nucleonwerte mit der Massenzahl wird untersucht. Die Messungen haben eine Genauigkeit von 1% erreicht, so daß die Schwankungen der Nucleonenwerte mit den Modifikationen der Kernstruktur in Verbindung gebracht werden können. (J. Physique Radium **12.** 941—49. Dez. 1951. Coll. de France, Labor. de Chim. Nucl.)
G. SCHMIDT. 103

T. Ahrens und **E. Feenberg**, *Die Matrixelemente für einfach verbotenen β-Zerfall.* (Physic. Rev. [2] **86.** 64—68. 1/4. Sitzungsbericht: 609. 15/5.; Bull. Amer. physic. Soc. **27.** Nr. 1. 34. 31/1. 1952. St. Louis, Mo., Washington Univ.) KIRSCHSTEIN. 103

Arthur H. Snell und **R. V. McCord**, *Radioaktiver Zerfall des Neutrons.* Ein Meilerneutronenstrahl verläuft in der Achse eines als Elektrode (+) dienenden aufgeschlitzten Zylinders. Gegenüber diesem Schlitz ist ein Sekundärelektronenmultiplier angeordnet. Bei Verzögerungen von 25 μSek. in zweizelligen β-Proportionalzählern treten Koinzidenzen auf, die von dem elektr. Feld abhängen. Koinzidenzverss. ergeben die Existenz eines positiven Teilchens kleiner Energie von etwa Protonenmasse. Die Zähler werden durch Teilchen entladen, die 0,003 in. Al, nicht aber 0,054 in. Al durchdringen. Die Ergebnisse lassen sich in der Weise deuten, daß sich Neutronen beim Flug unter Emission von β-Teilchen mit einer maximalen Energie $< 0,9$ MeV in Protonen umwandeln. Die Halbwertszeit wird auf 10—30 Min. geschätzt. (Physic. Rev. [2] **78.** 310—11. 1/5. 1950. Oak Ridge, Tenn., Nat. Labor.) Steil. 103

A. H. Snell, F. Pleasonton und **R. V. McCord**, *Radioaktiver Zerfall des Neutrons.* (Sitzungsbericht.) Zusammenfassung der vorst. referierten Arbeit. (Physic. Rev. [2] **78.** 317. 1/5.; Bull. Amer. physic. Soc. **25.** Nr. 1. 9. 2/2. 1950.) Steil. 103

J. M. Robson, *Radioaktiver Zerfall des Neutrons.* (Vgl. vorst. Reff.) Mittels eines magnet. Linsenspektrometers in Verb. mit einem elektrostat. Feld wurden die positiven Teilchen beim radioakt. Zerfall des Neutrons als Protonen bestimmt. Die Halbwertszeit liegt zwischen 9 u. 25 Minuten. Die Meßanordnung wird beschrieben. (Physic. Rev. [2] **78.** 311—12. 1/5. 1950. Chalk River, Ontario, Can., Nat. Res. Counc., AEP.) Steil. 103

J. K. Bøggild und **F. H. Tenney**, *Neutronensterne in Krypton.* Im Anschluß an frühere Unterss. (C. **1952.** 6004) wurden in einer Wilson-Kammer Neutronensterne untersucht, die von Neutronen aus dem Beschuß von *Cu* mit 240 MeV-Protonen in Kr ausgelöst worden waren. Es wird die Häufigkeit der Sterne als Funktion der Zackenzahl bestimmt. Strahlen mit mehr als 4 δ-Bahnen pro in. werden als α-Teilchen, mit weniger als 2 δ-Bahnen als Protonen u. der Rest als Rückstoßkerne bezeichnet. Das Verhältnis von α-Teilchen zu Protonen nimmt mit steigender Ordnungszahl ab, ähnlich wie bei Sternen, die durch langsame negative π-Mesonen ausgelöst werden. (Physic. Rev. [2] **84.** 1070—71. 1/12. 1951. Rochester, N. Y., Univ.) Pollermann. 103

M. H. MacGregor und **M. L. Wiedenbeck**, *Der Zerfall von ^{87}Rb.* RbCl wurde auf einen Zaponfilm aufgedampft u. nach einer früher beschriebenen Meth. (vgl. C. **1951.** II. 1998) untersucht. Die Halbwertszeit ergab sich, je nachdem ob das von Nier (1936) oder das von Paul (vgl. C. **1949.** II. 829) festgestellte Isotopenverhältnis gewählt wurde, zu $(6,23 \pm 0,3) . 10^{10}$ bzw. $(6,29 \pm 0,3) \cdot 10^{10}$ Jahren. Bei Koinzidenzmessungen wurde gefunden, daß bei ^{87}Rb höchstwahrscheinlich nur ein einfacher β-Zerfall vorliegt. (Physic. Rev. [2] **86.** 420—21. 1/5. 1952. Ann Arbor, Mich., Univ., Dep. of Phys.) Kirschstein. 103

W. Ss. Schpinel, *Die Serie der aufeinanderfolgenden radioaktiven Übergänge $^{95}Zr \rightarrow {}^{95}Nb \rightarrow {}^{95}Mo$.* Aus Messungen mit einem kleinen Magnetspektrometer ergab sich, daß ^{95}Zr durch β-Zerfall zu 95—98% in das 930 keV-Niveau von ^{95}Nb u. zu 2—5% in das Niveau mit 730 keV Energie u. in den isomeren Zustand 240 keV (90 Std.) übergeht; die β-Energien sind 365, $\sim$600 u. $\sim$1100 keV. ^{95}Nb geht aus dem Grundzustand durch β-Strahlung von 148 keV in ein Anregungsniveau von ^{95}Mo (740 keV) über. Der isomere Übergang ist wahrscheinlich elektr. Quadrupolstrahlung. (Журнал Экспериментальной и Теоретической Физики [J. exp. theoret. Physik] **21.** 1370—75. Dez. 1951. Moskau, Univ.) Kirschstein. 103

T. G. Pickavance und **J. M. Cassels**, *Kernphysik mit hoher Energie in Harwell.* Übersicht über das Forschungsprogramm mit 175 MeV-Cyclotron-Protonen zur Best. der Wirkungsquerschnitte u. der Winkelverteilung von Neutronen. (Nature [London] **169.** 520—23. 29/3. 1952. Harwell, Didcot, Berks., A. E. Res. Establ.) G. Schmidt. 112

E. C. Gregg jr., *Elektroneneinfang in Betatronbahnen.* (Sitzungsbericht.) Es werden Unterss. am Case-Betatron unter magnet. Störungen, Impulsdauern von 1—20 μsec. u. variabler Amplitude durchgeführt. Die Elektroneneinfangzeit beträgt ca. 1 μsec. Azimutale Inhomogenitäten verlängern die Einfangzeiten bis zu 4,5 μsec. (Physic. Rev. [2] **83.** 232—33. 1/7.; Bull. Amer. physic. Soc. **26.** Nr. 3. 41—42. 26/4. 1951. Case Inst. of Technol.) W. E. Reichardt. 112

D. M. Robinson, L. R. McIntosh und **J. C. Nygard**, *Van de Graaff-Beschleuniger für 5,5 MeV-Protonen.* (Sitzungsbericht.) Der 5,5 MeV-Protonenstrahl weist eine Intensität von $6 \cdot 10^{-6}$ A auf; seine Energiehomogenität beträgt $\pm 0,07$%. (Physic. Rev. [2] 83. 233. 1/7.; Bull. Amer. physic. Soc. **26.** Nr. 3. 42. 26/4. 1951. High Voltage Engng. Corp.) W. E. Reichardt. 112

A. Aron, *Über den Maze-Zähler.* Überblick über die Grundlagen der Konstruktion, die Meßmethodik, die charakterist. Konstanten, die Kurven, die Impulsamplituden u. den photoelektr. Effekt der von Maze (J. Physique Radium **7.** [1946.] 164) entwickelten Modifikation des GEIGER-MÜLLER-Zählers. (An. Acad. brasil. Ci. 23. 187 bis 207. 30/6. 1951. Rio de Janeiro, Inst. Nac. de Tecnol.) R. K. MÜLLER. 112

B. N. Audric und **J. V. P. Long,** *Messung energieschwacher β-Strahler durch Flüssigkeitsscintillationszählung.* Die radioakt. Substanzen werden in 5 mg/Liter p-Terphenyl enthaltendem Bzl. gelöst; die Scintillationen werden mit einem Photomultiplier gezählt. Zusätze organ. Verbb. verändern den Wirkungsgrad der Anordnung nur wenig. Die Scintillationsausschläge von mit ^{14}C markierter Benzoesäure u. von mit ^{35}S markiertem elementarem S wurden als Funktion ihrer Konzz. gemessen. Ein Vgl. der relativen Aktivitäten mehrerer Präpp., als CO_2 im Zählrohr u. nach der Scintillationsmeth. gemessen, ergaben Unterschiede von nur 4%. (Research **5.** 46—47. Jan. 1952. Teddington, Middlesex, Chem. Res. Labor.) H. HAUSWALD. 112

A. H. Wapstra, *Ein einfaches kombiniertes Elektrometerladungsgerät für Strahlenschutz-Taschen-Ionisationskammern.* Beschreibung u. Schaltung eines spannungsstabilisierten Netzanschlußgerätes. (Appl. sci. Res. B **2.** 269—71. 1952. Amsterdam, Inst. voor Kernphys. Onderz.) FROST. 112

Hidekuni Takekoshi, Kazuo Tsuruoka und **Sakae Shimizu,** *Die Konstruktion eines Massenspektrometers ohne Benutzung eines Magnetfeldes.* Es wird das Prinzip eines neuen Massenspektrometers angegeben, bei dem die Trennung der einzelnen Ionenmassen ohne Benutzung eines Magnetfeldes durch Beobachtung der Ankunftszeit kurzer Ionenstöße bekannter Energie (300 V) am Ende einer langen (130 cm) Laufröhre erreicht wird. Das Zeitintervall zwischen der Ankunft zweier Massen ist der Differenz der Wurzeln aus den Massen proportional. Der Einfl. des Ionenweges, der Länge der Ionenstöße u. der Streuung an ruhenden Gasresten auf die Auflsg. wird diskutiert. Bull. Inst. chem. Res., Kyoto Univ. **27.** Nr. 12. 52. Dez. 1951. K. Kimura Labor. Orig.: engl.]) CONRAD. 112

J. M. Blatt and V. F. Weisskopf, Theoretical nuclear physics. London: Chapman & H. 1952. (V + 864 S.) £ 5.

G. D. Rochester and J. G. Wilson, Cloud chamber photographs of the cosmic radiation. New York: Academic Press. 1952. (136 S. m. Abb.) $ 10,80.

A₂. Optisches Verhalten der Materie.

W. Iwanowska und **P. A. Wayman,** *Eine Untersuchung von Spektren niedriger Dispersion von M-Sternen im roten Bereich.* 16 Standard M-Sterne (Zwerge u. Riesen) wurden für die Aufstellung von Spektral- u. Leuchtkraftcharakteristiken im Spektralbereich 5500—7000 Å spektrograph. aufgenommen (Dispersion ~1000 Å/mm). Die photometr. Auswertung ergibt einen für Spektralklasse u. Leuchtkraft charakterist. Verlauf der Energiekurven, der ein geeignetes Kriterium für die Trennung von M-Riesen u. Zwergen darstellt. (Astrophysic. J. **115.** 129—33. Jan. 1952. Warner and Swasey Obs.) F. W. KRÜGER. 113

Fred L. Whipple, *Ein Kometenmodell.* 2. Mitt. *Physikalische Beziehungen für Kometen und Meteore.* (1. vgl. Astrophysic. J. **111.** [1950.] 375.) In der 1. Mitt. wurde ein neues Kometenmodell beschrieben, das aus einem Eiskonglomerat (H_2O u. NH_3) besteht u. sich gut dafür eignet, die anomalen Beschleunigungen von gewissen Kometen u. auch mögliche Herabsetzungen in der effektiven Anziehung durch die Sonne zu erklären. An 7 Kometen werden Messungen unternommen. Das Modell sagt einen großen Überschuß an unbeobachteten *Hydriden,* H_2O-, NH_3- u. CH_4-Moll. voraus, im Vgl. zu den beobachteten CO^+-, C_2- u. *CN*-Molekülen. Durch theoret. Überlegungen zeigt Vf., daß von dem Überschuß an Hydriden nur geringe sichtbare Strahlung zu erwarten ist. Das Modell fordert, daß ein großer Kometenkern Meteormaterial mit größerer Geschwindigkeit als ein kleiner Kern in derselben Entfernung zum Perihel ausstößt. Vf. führt theoret. Betrachtungen u. Berechnungen mit dem Kometenmodell durch u. findet, daß es für Meteorenschauer von bekannten Kometen gute Voraussagen macht. (Astrophysic. J. **113.** 464—74. Mai 1951. Harvard Coll. Obs.) D. HAHN. 113

G. B. Deodhar und **Chintamani Mande,** *Nichtquadrupollinien in Röntgenspektren.* In den Röntgenspektren werden verbotene Linien beobachtet, die selbst die Quadrupolauswahlregeln verletzen u. durch keine Multipol-Strahlungstheorie erklärt werden können. Vff. finden aus Unterss. des L-Spektr. von *Pt* u. *Hg,* daß es unmöglich ist, eine Quadrupollinie zu beobachten, für die Δ l oder Δ j gleich 3 ist, u. daß nur solche Quadrupollinien beobachtet werden können, für die Δ l u. Δ j gleichzeitig Null ist. Ferner zeigt sich, daß die Energien von Nichtquadrupollinien stets etwas kleiner gefunden werden, als sie sich aus dem Energieniveauschema ergaben; es scheint also, als ob ein Teil der Energie der Nichtquadrupollinien beim Emissionsprozeß selbst zerstreut würde. (Nature [London] **169.** 889. 24/5. 1952. Allahabad, Univ., Phys. Dep.) FAESSLER. 116

Nanny Nilsson, *Die K-Absorptionsgrenze des Antimons.* Mit Hilfe eines CAUCHOIS-Spektrographen wurde die Wellenlänge der K-Absorptionskante von Sb zu $\lambda = 405{,}88 \pm 0{,}08$ X bestimmt. Die Messung erfolgte relativ zu Te $K\alpha_1$ (450,353 X), $K\alpha_2$ (454,832 X) $K\beta_1$ (399,166 X). Zur Kontrolle dieser Relativwerte wurde mit einem Tubusspektrometer eine Absolutmessung von Sb $K\alpha_1$ u. Ag $K\alpha_1$ ausgeführt; dabei ergab sich für Sb $K\alpha_1$: $\lambda = 469{,}372$ X, für Ag $K\alpha_1$: $\lambda = 558{,}252$. (Ark. Fysik 3. 167—69. 1951. Upsala, Univ., Inst. of Phys.) FAESSLER. 116

Hermann-Josef Kopineck, *Quantentheorie des N_2-Moleküls.* 1. Mitt. *Problemstellung und Grundlagen der durchzuführenden Untersuchungen. Das N_2-Molekül als Sechselektronenproblem.* Das N_2-Mol. wird im Grundzustand $^1\Sigma_g{}^+$ mit Hilfe der SLATERschen Theorie als Sechselektronenproblem berechnet. Es ergeben sich dieDissoziationsenergie zu D = 7,55 eV u. der Kernabstand $R_0 = 1{,}196$ Å. Da die 1 s- u. 2 s-Elektronen vernachlässigt werden, ist dieses Modell noch zu grob, um Aussagen über den Bildungsmechanismus im N_2 machen zu können. Es wird eine Übersicht über die Terme des N-Atoms u. -Mol. gegeben. (Z. Naturforsch. **7a.** 22—33. Jan. 1952. Göttingen, Max-Planck-Inst. für Phys.) SPEER. 118

Haruo Takeyama, *Über die von Quecksilberdampf emittierten Molekülspektren.* Zur Messung der Molekülspektren von Hg-Dampf wurden als emittierende Lichtquellen einerseits offene Entladungsröhren, durch welche Fremdgase zirkulieren können, u. andererseits geschlossene Röhren mit bekanntem Hg-Dampfdruck benützt. Als Anregungsmeth. wurde die übliche GEISSLER-Entladung mittels innerer Elektroden, Hochfrequenzentladung mit äußeren Elektroden u. elektrodenlose Ringentladung benützt. Folgende experimentelle Ergebnisse werden erhalten: Das Molekülspektr. ist vom Hg-Dampfdruck abhängig, nicht aber von der Temperatur. Von 5461—4916 Å wurden 3 Bandengruppen a_1, a_2, a_3 unterschieden u. die Schwingungsanalyse von a_1 ausgeführt. Von 4916—4358 Å wurden ebenfalls 3 Bandengruppen b_1, b_2, b_3 unterschieden u. die Schwingungsanalyse von b_1 ausgeführt. Von 4358—4047 Å u. von 4047—3663 Å sind je 4 Bandengruppen erkennbar, davon wurden einige Banden u. einige Strukturen, die bekannten Banden überlagert sind, neu gefunden. Von 3663 bis 3342 Å u. von 3342—2925 Å wurden einige Banden neu gefunden u. von 2925 bis 2537 Å wurde gefunden, daß die Banden (RAYLEIGH-flutings) von Feinstruktur überlagert sind. — Photograph. Aufnahmen u. ausführliche Bandentabellen. (J. Sci. Hiroshima Univ., Ser. A **15.** 235—62. Febr. 1952. Hiroshima, Univ., Phys. Labor.) D. BRÜCK. 118

B. M. Jaworski, *Photoionisation von angeregten Quecksilberatomen.* Mit Wellenfunktionen vom SLATER-Typ wird der Wirkungsquerschnitt der Photoionisation für ein Hg-Atom im 6 $^3P_0$-Zustand berechnet; er beträgt $6{,}78 \cdot 10^{-18}$ cm^2. (Журнал Экспериментальной и Теоретической Физики [J. exp. theoret. Physik] **23.** 126—27. Juli 1952. Moskau, Allunions Inst. der Textil- u. Leichtind. für Fernstudium.) KIRSCHSTEIN. 118

G. Drummond und **R. F. Barrow,** *Die Dissoziationsenergie von SnO.* Vf. berechnet die Dissoziationsenergie des SnO aus dem (E — X)-Syst. des Absorptionsspektr. zu D_0'' (298° K) = 122,2 kcal/Mol. Aus dem Vgl. mit dem thermochem. Dissoziationswert ergibt sich eine Anregungsenergie für die Dissoziationsprodd. von 9,8 kcal/Mol, ein Wert, der mit der Anregungsenergie von Sn ($^3P_2$) übereinstimmt. Die daraus folgende Annahme eines Dissoziationsprozesses des SnO des Zustandes E nach SnO(E) → Sn($^3P_2$) + O(^{3}P) ist möglich. (Proc. physic. Soc., Sect. A **65.** 148—49. 1/2. 1952. Oxford, Univ., Phys. Chem. Labor.) RUDOLPH. 118

W. S. Benedict, Earle K. Plyler und **Curtis J. Humphreys,** *Vibrations-Rotationslinien von OH in Flammenspektren.* (Sitzungsbericht.) Die Emission von O_2–C_2H_2- u. O_2–H_2-Flammen wurde im Spektralbereich 1,1—2,5 μ mittels eines Gitterspektrometers u. eines *PbS*-Detektors aufgenommen. Bei einer Spaltbreite von 0,025 mm konnte die Vibrations–Rotations-Struktur vornehmlich von H_2O aufgelöst werden. Bei 16 μ traten zahlreiche, näher beschriebene Rotations–Vibrations-Linien von OH auf. Die Spin- u. (bei höheren K-Werten) Λ-Dubletts wurden aufgelöst. Aus den beobachteten Intensitäten u. Übergangswahrscheinlichkeiten folgt im Gegensatz zu früheren Angaben eine „Rotations–Vibrations"-Temp. von 2600 ± 200° K. (Physic. Rev. [2] **82.** 337. 15/4.; Bull. Amer. physic. Soc. **26.** Nr. 1. 50. 1/2. 1951. Nat. Bur of Stand.) STAHL. 120

Shirleigh Silverman und **W. S. Benedict,** *Vibrations-Rotationsbanden von CO in Flammenspektren.* (Sitzungsbericht.) Die Emission einer *CO*–O_2-Flamme wurde mittels eines Vakuum-Gitterspektrometers untersucht. Die Rotations–Vibrations-Banden 2—0, 3—1, 4—2 u. 5—3 von CO_2 erschienen zwischen 2,3 u. 2,6 μ, begleitet von schwachen, vielleicht dem CO_2 zuzuschreibenden Banden bei 2,6 μ. Es wurden J-Werte bis über 50 erreicht, wobei in den R-Zweigen um J = 50 bisher nicht beschriebene Bandenköpfe auftraten. Die gemessenen Wellenlängen weichen gegenüber theoret. Werten wenig ab. Die berechnete Rotations- u. Vibrationstemp. liegt gegenüber anderen, zum Teil aus OH-Banden erhaltenen Werten, bei ca. 2000 ± 200° K. (Physic. Rev. [2] **82.** 337. 15/4.; Bull. Amer. physic. Soc. **26.** Nr. 1. 50. 1/2. 1951. Johns Hopkins Univ., u. Nat. Bur. of Stand.) Stahl. 120

Roger Newman, *Polarisiertes Infrarotspektrum von Natriumnitrit.* Vf. nimmt die Infrarotspektren von kristallinem $NaNO_2n$ polarisiertem Licht auf. Dazu wird ein Mikroilluminator oder paralleles Licht benutzt. Es werden die Grundfrequenzen des Nitritions zu $\nu_1 = 1325$ cm^{-1}, $\nu_2 = 831$ cm^{-1} u. $\nu_3 = 1360$ cm^{-1} bestimmt. Außerdem werden eine Anzahl anderer Banden mit geringerer Intensität beobachtet. Bei 2670 cm^{-1} tritt eine Kombinationsbande ($\nu_1 + \nu_3$) auf. Bei Benutzung von konvergentem Licht ist ein interessanter Effekt zu beobachten, der typ. für das Verh. der 1360 cm^{-1}-Bande ist. (J. chem. Physics **20.** 444—46. März 1952. Pasadena, Calif., California Inst. of Technol., Gates and Crellin Labors.) D. Hahn. 120

H. R. Johnson und **M. W. P. Strandberg,** *Strahlsystem zur Reduzierung der Doppler-Verbreiterung einer Mikrowellenabsorptionslinie.* (Vgl. Newell jr. u. Dicke, C. **1952.** 2961.) Beschreibung eines zur Reduzierung der Doppler-Verbreiterung von Mikrowellenabsorptionslinien geeigneten Strahlsystems. Durch eine 1 m lange lineare Antenne wird eine ebene Welle erzeugt, die senkrecht zu einem $^{14}NH_3$-Molekülstrahl gerichtet ist u. nach Reflexion ein zweites Mal den Strahl durchläuft. Die Strahlkollimation erfolgt mittels tiefgekühlter Antenne u. Reflektor. Die Spannung an den Stark-Elektroden ist mit 660 Hz rechteckförmig moduliert. Als Mikrowellendetektor dient ein 1 N 26-Kristall. Bei der Linie J = 3, K = 3 (23870,135 ± 0,007 MHz) wurde eine Doppler-Breite von 20 kHz gegenüber dem Normalwert von 36 kHz beobachtet. (Physic. Rev. [2] **85.** 503—04. 1/2. 1952. Cambridge, Mass., Inst. of Technol., Res. Labor. of Electronics.) Speer. 121

H. Suhl und **L. R. Walker,** *Faraday-Drehung von Leitungswellen.* Da die übliche Behandlung der Faraday-Drehung (an ebenen Wellen unendlicher Ausdehnung) für Leiterwellen unbrauchbar ist, untersuchen Vff. die natürliche Fortpflanzung von Mikrowellen in einem Leiter u. die Abhängigkeit der Faraday-Drehung von einem Magnetfeld längs der Leiterachse. Die Verdet-Konstanten werden für verschied. mögliche Fälle berechnet u. für verlustfreie u. verlustbehaftete Fälle diskutiert. (Physic. Rev. [2] **86.** 122—23. 1/4. 1952. Murray Hill, N. J., Bell Telephone Labors.) Köhn. 122

Victor Twersky, *Über die nichtspiegelnde Reflexion von elektromagnetischen Wellen.* (Sitzungsbericht.) Es wurde die nichtmetall. Reflexion ebener elektromagnet. Wellen beliebiger Polarisation u. beliebigen Einfallswinkels an halbzylindr. oder halbkugeligen Oberflächen einiger guter Leiter mathemat. analysiert. Der Durchmesser der Streukörper wurde als klein gegen die Wellenlänge der Strahlung vorausgesetzt. Es konnte gezeigt werden, daß für gewisse Strahlungsparameter entweder nur die metall. reflektierte oder die Streustrahlung auftritt, während im allg. die zur Einfallsebene parallele oder senkrechte Komponente verschwindet. Bei einem krit. spitzen Einfallswinkel erfolgt die Reflexion metallisch. (Physic. Rev. [2] **82.** 339. 15/4.; Bull. Amer. physic. Soc. **26.** Nr. 1. 52. 1/2. 1951. New York, N. Y., Univ.) Stahl. 122

Paul J. Leurgans, *Die Impedanzvorstellung bei der Optik dünner Filme.* Eingehende Diskussion der wechselseitigen Korrespondenz zwischen Wellenleitertheorie u. der Theorie der Optik dünner Filme. Lösungen der Wellenleitertheorie werden auf Probleme, die mit durchsichtigen dielektr. Filmen zusammenhängen, angewandt. Die Benutzung des Smith-Diagramms wird als bes. bequem empfohlen. Die Meth. wird am Beispiel der Reflexion eines Dreischichtenfilms (*ZnS*, MgF_2, *ZnS* auf Glas, n = 2,3, 1,38, 2,3, 1,52) durchgeführt, u. die Bedingungen für verschwindendes Reflexionsvermögen eines einzelnen Films werden abgeleitet. Eine verhältnismäßig einfache Meth. zur Best. der opt. Konstanten undurchsichtiger Metallfilme wird auf *Al*-Schichten angewandt, die Übereinstimmung mit den aus Polarisationsmessungen erhaltenen Ergebnissen ergibt. (J. opt. Soc. America **41.** 714—17. Okt. 1951. Rochester, N. Y., Bausch and Lomb Optical Comp.) Lindberg. 122

Quirino Majorana, *Untersuchungen über die Geschwindigkeit des von Metallen reflektierten Lichtes.* Mit einem dem Michelson-Interferometer nachgebildeten Gerät mit mehrfacher Spiegelung wird versucht, eine Verschiebung ($\Delta' - \Delta$) der beobachtbaren Banden bei dem von Spiegeln aus verschied. Metallen (Überzüge auf Quarz) reflektierten Licht festzustellen, wenn der Abstand l zwischen Spiegel u. Lichtquelle verändert wird. Bei *Al, Ag, Au, Fe* u. *Te* liegt die Verschiebung, wenn vorhanden, anscheinend innerhalb der Fehlergrenzen, dagegen läßt sich bei den Metallpaaren *Al–Sb*, *Al–Bi* u. *Al–Se* eine Verschiebung beobachten. Das Inkrement der Lichtgeschwindigkeit p = c ($\Delta' - \Delta$) $\lambda/(l' - l)$ beträgt für diese Paare + 34, + 12 u. + 23 m. (Atti Accad. naz. Lincei, Rend., Cl. Sci. fisiche, mat. natur. [8] 11. 10—17. Juli/Aug. 1951. Bologna, Ist. fis. Augusto Righi.) R. K. MÜLLER. 122

E. Lynn Cleveland und **Richard C. Raymond**, *Streuung von Strahlung aus dem Sichtbaren und nahen Infrarot durch geschichtete Verteilungen kleiner Metallkugeln.* Der wirksame Streuquerschnitt für Metallkugeln wurde im Resonanzgebiet mit Wellenlängen zwischen 0,45 u. 15 μ gemessen. *Fe*- u. *Cu*-Kugeln wurden durch eine beschriebene App. in enge Durchmesserverteilungen von 2—20 μ sortiert u. von Schichten aus Pliofilm oder AgCl getragen. Der Streukoeff. k (Verhältnis des Streuquerschnitts zur projizierten Fläche der Kugeln) wird als Funktion von α (Verhältnis des Kugelumfangs zu der benutzten Wellenlänge) dargestellt. Die Resultate sind in Übereinstimmung mit den auf Grund der MIEschen Theorie gemachten Voraussagen. Details im Resonanzgebiet sind durch die Verteilung der Durchmesser verwischt. (J. opt. Soc. America 42. 183—86. März 1952. Pennsylvania State Coll.) EICHHOFF. 122

A. A. Bundel, *Über den Zustand der Aktivatoren in Kristallphosphoren.* Vf. argumentiert gegen die Theorie von KRÖGER u. Mitarbeitern (Physica 15. [1949.] 990) u. KONSTANTINOWA-SCHLESINGER (C. **1949**. E. 188) (Komplex- bzw. Quaismolekülbldg.) sowie an Hand eigener u. Literaturangaben über *ZnS*, *ZnS·CdS* u. *Halophosphatphosphore* zugunsten der Auffassung der Luminescenzzentren als stöchiometr. überschüssige Atome umgebende Kristallgitterbereiche, wobei Vf. darüber hinaus annimmt, daß durch die Leuchtzentren nur die in ihnen selbst absorbierte erregende Energie emittiert wird. Die Luminescenzeigg. des von TSCHEREPNEW (C. **1949**. II. 1372) beschriebenen *ZnS·Sn*-Phosphors vermutet Vf. durch eingeschlepptes Fe bedingt. (Известия Академии Наук СССР, Серия Физическая [Nachr. Akad. Wiss. UdSSR, physik. Ser.] 15. 737—41. Nov./Dez. 1951. Zentr. Wiss. Forschungsinst. für Röntgenol. u. Radiol.) AMBERGER. 125

David E. Jensen, *Uranglas und seine Fluorescenz.* Überblick über gefärbte Gläser; bes. wird das kanariengelbe Uranglas oder „Vaselineglas" u. seine Fluorescenz bei UV-Bestrahlung besprochen. Diese Fluorescenz wird durch das Vorhandensein der Uranylgruppe in dem Glas hervorgerufen; andere U-Verbb. fluorescieren nicht. (Rocks and Minerals 27. 230—33. Mai/Juni 1952. Rochester, N. Y., Ward's Natural Sci. Establ., Inc., Dep. of Mineral.) GOTTFRIED. 125

F. A. Kroeger und **J. A. M. Dikhoff**, *Die Funktion von Sauerstoff in Zinksulfid Phosphoren.* Die Einw. von O_2 auf Sulfide besteht nach SCHLEEDE (Ber. dtsch. chem. Ges. 74. [1942.] 661) hauptsächlich in einer Red., z. B. gemäß $Zn^{2+}S^{2-} + \delta\, O_2 \rightarrow (1-\delta)\cdot Zn^{2+}S^{2-}.\delta\, Zn^0 + \delta\, SO_2$ (1). Außerdem wird jedoch ein Teil des Reaktionsprod. aus (1) wieder oxydiert: $Zn^{2+}S^{2-}\cdot\delta\, Zn^0 + \delta'/2\, O_2 \rightarrow ZnS\cdot(\delta-\delta')\, Zn^0 + \delta'\, ZnO$ (2). Ähnliches erhält man als Folge der Rk. eines Sulfides (ZnS) mit einem Oxyd (ZnO) statt mit O_2. — Entsprechend wirkt S oder das Sulfid auf das Oxyd reduzierend. — Bei 1200° lösen sich bis 1 Mol-% ZnO in ZnS bzw. bis 0,3 Mol-% ZnS in ZnO. Der Einbau von ZnO in ZnS erzeugt eine neue Absorptionskante, die 150 Å in Richtung längerer Wellen gegenüber der reinen ZnS-Kante verschoben ist. Die durch Aktivierung mit Cu, Ag, Au, Zn entstehenden Emissionsbanden verschieben sich um den gleichen Betrag. O- u. halogenfreie Präpp. leuchten gar nicht, Präpp. mit O, aber ohne Halogen schwach, mit O u. Halogen stark. Bes. wird das Nachleuchten verstärkt (Glow-Kurvenmaximum ohne O bei —80°, mit O bei —100°, —25 bis —50°, + 52°). Die Beobachtungen sind deutbar, wenn man besondere lokalisierte O^{2-}-Niveaus 0,1 eV über dem vollen S^{2-}-Band u. weiter annimmt, daß die Aktivatorionen mit O^{2-} assoziiert sind. Dabei spielt die Kompensation der Ionenvoll. eine ähnliche Rolle wie die Ladungskompensation (KROEGER, HELLINGMAN u. SMIT, Physica 15. [1949.] 990). (J. electrochem. Soc. 99. 144—54. April 1952. Eindhoven, N. V. Philips' Gloeilampenfabr., Philips Res. Labor.) BRAUER. 125

Zalán Bodó, *Einige optische Eigenschaften luminescierender Pulver.* Die Ursache für die Abhängigkeit der Luminescenzausbeute eines Leuchtstoffes von seiner Korngröße wird an einem mit *Mn* u. *Sb* aktivierten *Calciumchlorofluorophosphat* untersucht. Präpp. verschied. homogener Korngröße wurden durch wiederholte Sedimentation hergestellt u. ihre relative Helligkeit (unendlich dicke Schicht) bei Erregung mit Hg 2537 Å bestimmt. Diese nimmt zwar zwischen 12 u. 1,4 μ Korndurchmesser von 100 auf 46% ab, aber die Reflexion des erregenden UV durch die Schicht nimmt, wie Messungen mit der ULBRICHTschen Kugel zeigen, derartig zu (während die Reflexion im Sichtbaren nahezu konstant bleibt), daß die auf gleiche UV-Absorption bezogene relative Helligkeit nur wenig mit abnehmender Korngröße sinkt. Unter der

Annahme des Aufbaus einer dicken Schicht aus reflektierenden, absorbierenden parallelen Teilschichten sowie der Reflexion der Oberfläche wird die Gesamtreflexion u. -absorption berechnet. Die Abhängigkeit von der Korngröße ergibt sich in Übereinstimmung mit den Messungen der Absorptionskoeffizienten zu 300 cm^{-1}. Diese Meth. wird an einem Material bekannter Absorption (gefärbtes Glas) geprüft u. ergibt Übereinstimmung bis auf 20%. Der Wert des Absorptionskoeff. wird außerdem durch Photometrierung der Helligkeit einzelner Körner unter dem Mikroskop kontrolliert. (Acta Phys. Hungaricae 1. 135—50. 1951. Budapest, Res. Labor. for Telecommunicat.) BRAUER. 125

A_3. Elektrizität. Magnetismus. Elektrochemie.

Herman Ritow, *Der Dunkelstrom bei intermittierender Glimmentladung in Wasserstoff*. Es wird eine n. Blinkschaltung untersucht, bei der der Kondensator mit konstantem Strom geladen u. über eine Glimmröhre mit H_2 entladen wird; die Differenz zwischen den während der Aufladung dem Kondensator zugeführten u. den während der Entladung vernichteten Ladungen wird einem Ladungstransport zugeschrieben, der als Dunkelstrom über die Glimmröhre fließen soll. Dieser Dunkelstrom nimmt bei fallendem Gasdruck erhebliche Werte an u. kehrt nach den vorliegenden Messungen bei höheren Drücken seine Richtung um. (Physic. Rev. [2] **86**. 130—31. 1/4. 1952. Highland Park, Ill.) PIEPLOW. 131

W. D. Edwards, *Einige Ergebnisse über die elektrischen Durchschläge von Flüssigkeiten unter Anwendung von Impulsen*. Rechteckimpulse einstellbarer Amplitude u. Länge werden auf eine Kugelfunkenstrecke gegeben, die vollständig in die zu untersuchende Fl. eingetaucht ist. Die Gesamtverzögerungszeit liegt für organ. Fll. größenordnungsmäßig bei 10^{-6} sec u. wird fast ausschließlich dazu benötigt, einen hinreichend stark ionisierten Kanal aufzubauen. Die Zeit, die anfänglich vorhandene Elektronen brauchen, um eine für die Ionisierung benötigte Energie aufzunehmen, kann nicht exakt bestimmt werden, ist aber sicher kleiner als 10^{-7} sec. (Canad. J. Physics **29**. 310—24. Juli 1951. Birmingham, Univ.) PIEPLOW. 131

Walter Franz, *Der Mechanismus des elektrischen Durchschlags fester Isolatoren*. Auf Grund einer krit. Sichtung des vorhandenen experimentellen Materials kommt Vf. zu dem Schluß, daß der Durchschlagsmechanismus bei festen Isolatoren zwar sicher von Elektronen getragen wird, daß aber unsicher ist, ob Elektronenstoßionisation oder innere Feldemission im wellenmechan. Sinn vorliegt. Unter Umständen gibt es überhaupt keinen einheitlichen Mechanismus, sondern dieser ist vom Material abhängig. Die bisherigen Messungen jedenfalls können durch sek. Effekte wie Raumladungen u. Volumenpolarisation verfälscht sein. (Z. angew. Physik **3**. 72—80. Febr. 1951. Münster.) PIEPLOW. 131

Elmer L. Offenbacher und **Herbert B. Callen**, *Gerichteter Durchschlagseffekt in Ionenkristallen*. (Sitzungsbericht.) Entw. eines spezif. Mechanismus des dielektr. Durchschlags in Ionenkristallen, der zu einer geeigneten Richtungsempfindlichkeit der schnellen Elektronen führt. Die Richtungsasymmetrie der BRILLOUIN-Zone der Phononen u. die Auswahlregeln für Phonon–Elektron-Zusammenstöße bewirken eine Abhängigkeit der Stoßwahrscheinlichkeit von der Elektronenrichtung u. führen dazu, daß die Elektronen bevorzugt in die Richtung der geringsten Stoßwahrscheinlichkeit wandern. Die einzelnen Kristallrichtungen werden je in bestimmten Energiebereichen. bevorzugt. (Physic. Rev. [2] **83**. 227. 1/7.; Bull. Amer. physic. Soc. **26**. Nr. 3. 36. 26/4. 1951. Univ. of Pennsylvania.) SPEER. 132

P. G. Klemens, *Gitterunvollkommenheiten in Diamant*. Zur Erklärung der dielektr. Verluste u. der Ungleichmäßigkeit der elektr. Eigg. von Diamant hat AHEARN (C. **1952**. 7933) vorgeschlagen, daß die Gitterunvollkommenheiten nicht gleichmäßig verteilt sind, sondern Klumpen u. lineare Gruppen bilden, wodurch „Ansammlungen (pools) beweglicher Ladung" u. „leitende Kanäle" entstehen. Es kann bei Benutzung der genauen Formeln der allg. Theorie der Wärmeleitung oder bei Benutzung der „Cut-off-Näherung" gezeigt werden, daß die beobachtete Wärmeleitfähigkeit im Gebiet 30 bis 100° K nicht durch einen allmählichen Übergang von durch äußere Grenzen bedingtem Widerstand zu durch Umklapp-Prozesse bedingtem Widerstand dargestellt werden kann. Dies muß strukturellen Unvollkommenheiten zugeschrieben werden, welche mit aller Wahrscheinlichkeit bei diesen tiefen Tempp. eingefroren sind, so daß die Temperaturabhängigkeit dieses zusätzlichen Widerstandes nur von der „Phonon-Frequenz" des Streuquerschnittes abhängt. Der zusätzliche Widerstand ist mehr oder weniger temperaturunabhängig, so daß der Streuquerschnitt mit der dritten Potenz der Frequenz für Frequenzen zwischen 30 k/h $\sim 6{,}5 \cdot 10^{11}$ u. 100 k/h $\sim 2 \cdot 10^{2}$, entsprechend Wellenlängen zwischen 60 u. 20 Atomabständen, geht. Zwei Erklärungen sind möglich, entweder bilden die Unvollkommenheiten lineare Gruppen mit einer Länge, die groß, u. einem Durchmesser, der klein ist gegenüber den erwähnten Wellenlängen, oder sie bilden Klumpen, deren Durchmesser von der gleichen Größenordnung sind wie die Wellenlängen. Diese letzteren entsprechen dann den „pools beweglicher Ladung“ von AHEARN. Ihre Konz. müßte rund $10^5/cm^3$ betragen. (Physic. Rev. [2] **86**. 1055. 15/6. 1952. Sydney, Commonwealth Sci. and Ind. Res. Organization, Div. of Phys.) V. HARLEM. 132

W. R. Eubank, F. T. Rogers jr., L. E. Schilberg und **Sol Skolnik**, *Einige die dielektrischen Eigenschaften von Bariumtitanaten beeinflussende Faktoren.* Da die Güte von Bariumtitanat als dielektr. Material weitgehend von der Reinheit der zu seiner Herst. benutzten Chemikalien abhängt, wurden die Kapazität–Temp.-Kurven für 2 Reihen keram. Massen aus $BaTiO_3$ aufgenommen, nämlich unter Verwendung der bei Tempp. zwischen 1100 u. 1500° gebrannten Ausgangsstoffe ($BaCO_3$ u. TiO_2) mit einem für analyt. bzw. spektrograph. Zwecke entsprechenden Reinheitsgrad. Die DKK. des spektrograph. reinen Materials betrugen bis zu 12000 u. waren im allg. 2—3mal so groß wie bei den aus analysenreinem Material gebrannten Massen. Auch war die Änderung der Kapazität (u. DK.) mit der Temp. bei den reineren Präpp. größer u. betrug in manchen Fällen in der Nähe des CURIE-Punktes bis zu 125 % pro ° C. In beiden Reihen führten die Änderungen in der Brenntemp. zu verschied. Eigg. (Modifikationen) der Titanate. Optimale Brenntemp. dürfte bei ca. 1400° liegen; dabei ist ca. 3 Std. in oxydierender Atmosphäre zu glühen u. ein Kontakt mit Pt oder ZrO_2 zu vermeiden. Ein Minimum für den CURIE-Punkt wurde bei den bei 1230° u. ein Maximum bei den bei 1430° gebrannten Präpp. beobachtet. Die Verschiebungen der CURIE-Tempp. betrugen bis zu 25% (zwischen 111 u. 136°), wobei die Abkühlungsgeschwindigkeit diese Verschiebung beeinflußt. Im allg. waren die CURIE-Punkte für die nur analysenreinen Titanate ca. 10° niedriger als für die spektrograph. reinen. Wiederholtes Durchlaufen des CURIE-Punktes führt zu Erniedrigung der DK., aber durch Erwärmen über 150° konnten solche gealterten Proben wieder regeneriert werden. Längere Einw. von Sonnenlicht oder UV führt zu einer Verminderung der DK. u. Verfärbung. (J. Amer. ceram. Soc. **35**. 16—22. 1/1. 1952. Inyokern, Calif., U. S. Naval Ordnance Test Stat.) HENTSCHEL. 132

H. F. Mataré, *Fortschritte auf dem Gebiet der Transistor-Technik.* Zusammenfassende Darst. neuerer Ergebnisse auf dem Gebiet der Transistortechnik. Bes. werden der p-Typ- u. n-Typ-Nadeltransistor, der Phototransistor sowie die p—n-Verb. in ihrer Wirkungsweise u. Anwendungsmöglichkeit beschrieben. (Elektron Wiss. Techn. **5**. 411—20. 1951/52. Paris.) SPEER. 135

H. Salow, *Fortschritte in der Transistortechnik.* (Vgl. vorst. Ref.) Beschreibung der Eigg. u. Wirkungsweise des n–p-Gleichrichters u. des n–p–n-Transistors. Auf Grund der neuesten Entwicklungen übertrifft der Großflächentransistor schon heute den Spitzentransistor in seinen Eigg. u. Leistungen um ein Vielfaches. Allerdings tritt eine relativ starke, vom Verstärkungsfaktor abhängige Begrenzung in der Breite des übertragbaren Frequenzbandes auf. Es werden viele prakt. interessierende elektr. Daten angegeben. (Elektron Wiss. Techn. **5**. 421—28. 1951/52. Darmstadt.) SPEER. 135

E. H. Hungermann, *Fortschritte der Transistor-Technik.* (Vgl. vorst. Reff.) Kurzgefaßte, aber umfassende Übersicht über den Halbleitereinkristall, seine Gitterbaufehler, die verschied. Herstellungsmethoden für Einkristalle mit homogener u. inhomogener Störstellenverteilung sowie die nachträgliche Umwandlung ursprünglich homogener Einkristalle. Bei letzterer wird zwischen Wärmebehandlungsverff. ohne Verunreinigung, Diffusionsverff. mit Störstellenzusatz ohne u. mit Temperaturgefälle u. zwischen Kernpartikelbeschußverff. unterschieden. (Elektron Wiss. Techn. **5**. 429—39. 1951/52. München.) SPEER. 135

Kenneth G. McKay, *Die n-p-n-Verbindung als Modell für sekundäre Photoleitfähigkeit.* Unters. der durch α-Teilchenbeschuß hervorgerufenen Leitfähigkeitsänderung von Ge-Kristallen, die so aufgebaut waren, daß 2 n-leitende Bereiche verschied. Leitfähigkeit einen kleinen p-leitenden Bereich mit der Breite von ca. $2 \cdot 10^{-3}$ cm einschlossen. Hierdurch kann man die zeitliche Abnahme des Löcherüberschusses im p-Gebiet bestimmen. Die Abklingzeit wächst mit steigender Saugspannung, durchschreitet ein Maximum u. nähert sich wahrscheinlich einem konstanten Wert. Die Quantenausbeute dieses Prozesses ist mit ca. 60 sehr groß. Es wird die enge Verwandtschaft zwischen der sek. Photoleitfähigkeit u. dem Verh. der n–p–n–Ge-Kombination betont. (Physic. Rev. [2] **84**. 833—35. 15/11. 1951. Murray Hill, N. J., Bell Telephone Labors.) SPEER. 135

W. P. Shuse und **Ss. M. Rywkin,** *Photoleitfähigkeit von Kupfer(I)-oxyd.* Zusammenfassende Darst. früherer Arbeiten (vgl. C. **1952.** 6652 u. früher) u. ausführliche Diskussion unter Heranziehung der Ergebnisse anderer Autoren. (Известия Академии Наук СССР, Серия Физическая [Nachr. Akad. Wiss. UdSSR, physik. Ser.] **16.** 93—107. Jan./Febr. 1952. Leningrad, Physikal.-Techn. Inst. der Akad. der Wiss. der UdSSR.) KIRSCHSTEIN. 135

Tadatosi Hibi und **Kazuo Ishikawa,** *Thermoionenemission von (Ba–Sr)O-Kathoden, die mit einer Glühlampe bestrahlt werden.* Zur experimentellen Prüfung der früher (vgl. C. **1952.** 4727) von Vff. erhaltenen theoret. Ergebnisse wurden (*Ba–Sr*)*O*-Kathoden von 800° K mit weißem Licht (500 Watt-Lampe) bestrahlt u. die Emission von therm. Ionen (= Stromstärke i) mit einer BRAUNschen Röhre gemessen. i steigt beim Belichten an u. erreicht nach ca. 10 Min. einen Grenzwert i_m; i_m ist um so größer, je höher die Lichtintensität; bei längerem Belichten fällt i wieder ab. Bei intermittierender u. kontinuierlicher Bestrahlung werden die gleichen Ergebnisse erhalten. Die Erscheinungen können nicht auf eine Zunahme der Kathodentemp. oder eine Verschlechterung des Vakuums zurückgeführt werden. Vff. schließen vielmehr aus ihren Verss., daß ein Elektron in einer isolierten Leerstelle des Halbleiters mit einer Energie $> 1{,}32$ eV festgehalten wird; durch das Belichten wird die Aktivierungsenergie nicht unter 1 eV erniedrigt. (Physic. Rev. [2] **83.** 659—60. 1/8. 1951. Sendai, Japan, Tohoku Univ., Res. Inst. for Sci. Measurements.) FUCHS. 135

K. S. Krishnan und **S. C. Jain,** *Thermoionische Konstanten von Graphit.* Nach einer Verbesserung der Meth. zur Best. der thermion. Konstanten auf Grund des Sättigungsdampfdrucks des Elektronengases im Gleichgewicht mit der Substanz finden Vff. für die Konstanten der RICHARDSONschen Gleichung für Graphit die Werte $\varphi = 4{,}62 \pm 0{,}02$ eV u. $A = 60 \pm 2\ A \cdot cm^{-2} Grad^{-2}$. (Nature [London] **169.** 702—03. 26/4. 1952. New Delhi, Nat. Phys. Labor. of India.) SPEER. 135

H. Koppe, *Zur Theorie der elektrischen Leitfähigkeit von Metallen.* 1. Mitt. Theoret. Arbeit, in der eine Meth. zur Behandlung von Transporterscheinungen in Metallen angegeben wird. Die Meth. ist bes. für hochentartete FERMI-Gesamtheiten geeignet. Das Verf. ist in der mitgeteilten Form nur für räumlich homogene Probleme (z. B. Leitfähigkeit u. galvanomagnet. Effekte) brauchbar, doch sollte eine Verallgemeinerung möglich sein. Im einzelnen werden behandelt: Differentialgleichung für die FERMI-Oberfläche, Lsg. der Grundgleichung für einfache Probleme, neue Definition der Verteilungsfunktion einer FERMI-Oberfläche, Berechnung der Diffusionskonstante. (Z. Naturforsch. **7a.** 17—22. Jan. 156—61. Febr. 1952. Göttingen, Max-Planck-Inst. für Physik.) FUCHS. 136

David Pines und **David Bohm,** *Eine Kollektivbeschreibung von Elektronenwechselwirkungen.* 2. Mitt. *Kollektiv- und Einzelteilchenanschauungen der Wechselwirkungen.* (1. vgl. C. **1952.** 650.) Das Verh. der Elektronen in einem dichten Elektronengas wird im Hinblick auf die Dichteschwankungen untersucht, die in 2 Komponenten aufgespalten werden. Die eine ist verbunden mit der organisierten Schwingung des Syst. als Ganzen (Plasmaschwingung), die andere mit der zufälligen therm. Bewegung der Einzelteilchen mit die elektron. Felder in einem Abstand der DEBYE-Länge abschirmenden Ladungswolken (kein Kollektivverh.). Die Beziehungen zwischen Kollektiv- u. Einzelteilchenbeschreibungen des Elektronengases werden diskutiert u. ein allg. physikal. Bild des Verh. des Syst. gegeben. (Für Erscheinungen mit Abständen > DEBYE-Länge kollektives Verh., für kleinere Abstände eine Sammlung individueller, fast freier Teilchen.) Die Wechselwrkg. eines Einzelelektrons mit dem restlichen Elektronengas wird untersucht, die Berechnung für ein Elektron in einem Metall stimmt gut mit den Ergebnissen von RUTHEMANN (C. **1948.** II. 1147) u. LANG (Optik **3.** [1948.] 233) überein. Als Kriterium wird gefunden, daß starke Kräfte u. hohe Teilchendichte das Kollektivverh. begünstigen, hohe therm. Geschwindigkeiten dagegen nicht. (Physic. Rev. [2] **85.** 338—53. 15/1. 1952. Philadelphia, Pa., Univ., Randal Morgan Labor. of Phys.; Princeton, N. J., Univ., Palmer Physic. Labor.) KÖHN. 136

—, *Die Thermodynamik der Magnetisierung.* Beendigung der Diskussion über den obengenannten Gegenstand zwischen LIVEN (Proc. Cambridge philos. Soc. **44.** [1948.] 534) u. GUGGENHEIM (Proc. Cambridge philos. Soc. **45.** [1949.] 476). (Proc. Cambridge philos. Soc. **47.** 450. April 1951.) FAHLENBRACH. 137

L. D. Fosdick und **H. M. James,** *Näherungsberechnung von Ordnung–Unordnung-Umwandlungen im dreieckigen Ising-Netz.* (Sitzungsbericht.) Im Anschluß an frühere Berechnungen (C. **1951.** II. 3415) mit dem quadrat. ISING-Netz werden jetzt ähnliche Rechnungen mit dem dreieckigen Netz durchgeführt, die zu prakt. den gleichen Ergebnissen führen. Bes. die Verhältnisse an den CURIE-Punkten der ferromagnet. Stoffe werden durch die Theorie recht gut beschrieben. Der CURIE-Punkt selbst wird auf 10% richtig angegeben u. der Sprung der spezif. Wärme am CURIE-Punkt in der richtigen Größenordnung errechnet. (Physic. Rev. [2] **85.** 714. 15/2. 1952; Bull. Amer. physic. Soc. **26.** Nr. 6. 18. 24/10. 1951. Purdue Univ.) FAHLENBRACH. 137

B. Martin, D. ter Haar und **V. A. Johnson,** *Statistik des dreidimensionalen Ferromagneten.* (Sitzungsbericht.) Die Variationsmeth. von KRAMERS u. WANNIER wird auf den dreidimensionalen Ferromagneten angewandt u. ein kub. ISING-Modell mit Wechselwirkungen nur zwischen den nächsten Nachbarn verwendet. (Physic. Rev. [2] **85.** 714. 15/2. 1952; Bull. Amer. physic. Soc. **26.** Nr. 6. 18. 24/10. 1951. Purdue Univ.) FAHLENBRACH 137

Ursula M. Martius, K. V. Gow und **Bruce Chalmers,** *Ferromagnetische Elementarbereichstruktur von Nickeleinkristallen und Bikristallen.* (Sitzungsbericht.) Im wesentlichen ident. mit der C. **1952.** 7292 referierten Arbeit. (Physic. Rev. [2] **85.** 713. 15/2. 1952; Bull. Amer. physic. Soc. **26.** Nr. 6. 17. 24/10. 1951.) FAHLENBRACH. 137

H. J. Williams und **R. M. Bozorth,** *Der Einfluß von Spannungen auf die Krümmung der Elementarbereichwände.* (Sitzungsbericht.) Vff. zeigen, daß die durch BITTERsche Streifen festgestellte Wand zwischen den Elementarbereichen bei plast. Verformung in Fällen wie bei *Ni*, wo auch ohne Spannung eine Krümmung vorhanden ist, eine bes. starke Krümmung zeigt. In anderen Fällen wie bei *FeSi*, wo die Wände ohne Spannungen eben sind, zieht die plast. Verformung eine Änderung des BITTER-Bildes nach sich. (Physic. Rev. [2] **85.** 713. 15/2. 1952. Bull. Amer. physic. Soc. **26.** Nr. 6. 17. 24/10. 1951. Murray Hill, N. J., Bell Telephone Labors.) FAHLENBRACH. 137

L. J. Dijkstra und **U. Martius,** *Krümmung der Blochwände bei Siliciumeisen durch Spannung.* (Sitzungsbericht.) Bei der Unters. der BITTERschen Streifen von grobkörnigem Siliciumeisen fanden Vff. bemerkenswerte Einflüsse mechan. Spannungen an den Korngrenzen. Mit zunehmender Spannung tritt zunächst eine Umorientierung der Bereiche, danach ein Aufspalten in kleinere Bereiche von den Wänden aus auf. Dabei werden beträchtliche Krümmungen der Wände festgestellt. Bei plast. Verformungen treten gleichfalls starke Krümmungen der Wände als Folge der damit verbundenen, röntgenograph. nachgewiesenen Gitterkrümmungen auf. (Physic. Rev. [2] **85.** 714. 15/2. 1952; Bull. Amer. physic. Soc. **26.** Nr. 6. 18. 24/10. 1951. Ontario, Res. Foundat.) FAHLENBRACH. 137

W. P. Osmond, *Die magnetischen Eigenschaften von α-Eisen(III)-oxyd.* Der geringe Ferromagnetismus des α-Fe_2O_3 wird in Abwandlung der Gedankengänge von NÉEL u. SNOEK nicht dem Auftreten von Fe_3O_4 oder von Gitterdeformationen, sondern der Anwesenheit geringer Mengen des ferromagnet. γ-Fe_2O_3 zugeschrieben, das einen Umwandlungspunkt in α-Fe_2O_3 von 650° nahe bei dem antiferromagnet. CURIE-Punkt von α-Fe_2O_3 besitzt. Damit kann auch das Verschwinden des Restferromagnetismus durch Glühen oberhalb 1100° erklärt werden. (Proc. physic. Soc., Sect. B **64.** 931—32. 1/10. 1951. Slongh, Bucks, Minnesota Mining and Manufacturing Comp., Magnetic Tapes Div.) FAHLENBRACH. 137

J. Samuel Smart, *Über eine Verallgemeinerung der Weiss'schen Molekularfeldtheorie auf den Antiferromagnetismus.* (Sitzungsbericht.) Die WEISSsche Molekularfeldtheorie ist bisher nur entweder auf die Wechselwrkg. zwischen nächsten Nachbaratomen oder auf die Wechselwrkg. zwischen übernächsten Nachbarn (Superaustausch) angewendet worden. Vf. versucht eine Kombination beider Wechselwirkungstypen u. die Vorhersage, wann Ferromagnetismus u. wann Antiferromagnetismus auftritt. (Physic. Rev. [2] **85.** 714. 15/2. 1952; Bull. Amer. physic. Soc. **26.** Nr. 6. 18. 24/10. 1951. U. S. Naval Ordnance Labor.) FAHLENBRACH. 137

P. W. Anderson, *Eine angenäherte Quantentheorie des antiferromagnetischen Grundzustandes.* (Sitzungsbericht.) Eine der KLEIN- u. SMITHschen (vgl. C. **1951. II.** 2142) Behandlung des Ferromagnetismus ähnliche Betrachtung wird für den Antiferromagnetismus durchgeführt. (Physic. Rev. [2] **85.** 714. 15/2. 1952; Bull. Amer. physic. Soc. **26.** Nr. 6. 18. 24/10. 1951. Murray Hill, N. J., Bell Telephone Labors.) FAHLENBRACH. 137

J. M. Luttinger, *Eine Notiz über den Grundzustand in Antiferromagnetika.* Der Grundzustand antiferromagnet. Substanzen wird mit Hilfe des ISING-Spinmodells berechnet. Frühere Ergebnisse von ANDERSON, der ein Spinmodell mit Wechselwrkg. nicht nur der allernächsten, sondern auch der zweitnächsten Spins annimmt, werden durch eine verallgemeinerte Meth. von LUTTINGER u. TISZA einfacher u. in geschlossener Form abgeleitet. (Physic. Rev. [2] **81.** 1015—18. 15/3. 1951. Madison, Wis., Univ. of Wisconsin, Dep. of Phys.) WERNER SCHULZ. 137

C. Kittel, *Theorie der antiferromagnetischen Resonanz.* Berechnungen der Frequenzen für die Übergänge des magnet. Dipols in einem antiferromagnet. Kristall. (Physic. Rev. [2] **82.** 565. 15/5. 1951. Murray Hill, N. J., Bell Telephone Labors.) FUCHS. 137

S. S. Dharmatti und **H. E. Weaver jr.**, *Das magnetische Moment von ^{77}Se.* Mit einem neuen Kerninduktionsapp. wurden in einer 12mol. Lsg. von H_2SeO_3 ohne zusätzliche paramagnet. Ionen Resonanzzeichen beobachtet. Mit dem magnet. Moment von ^{23}Na u. einem Spin von 1/2 für ^{77}Se erhält man μ (^{77}Se) $= +0{,}53326 \pm 0{,}00005$. Die Existenz von einatomigem Se in sauren Lsgg. wie bei Te (vgl. C. **1952.** 6484) wird angenommen. (Physic. Rev. [2] **86.** 259. 15/4. 1952. Stanford, Calif., Univ.) KÖHN. 137

E. Jacobi, *Der Mechanismus der Atomisomerentrennung im elektrischen Feld beim ^{114}In.* Das ^{114}In ($T_{1/2} = 48$ d) geht durch γ-Emission in ein Isomer ($T_{1/2} = 72$ s) über, welches durch β-Emission u. durch K-Einfang in ^{114}Cd u. ^{114}Sn weiter zerfällt. Verss., das 72 s-Isomer durch Ausschütteln des akt. In-Komplexes [*In-Oxychinolat* (I), *In-Dithizonat* (II) u. *In-Salicylaldehyd-o-phenylendiamin* (III)] in Bzl. mit wss. Indiumchloridlsgg. anzureichern, schlugen fehl. Dagegen gelingt die Abtrennung der 72 s-Aktivität durch elektr. Abscheidung von I u. III in passend gewähltem Lösungsmittel. Geeignet sind nur stark polare Lösungsmittel, wie Chlf., Chlorbenzol, Brombenzol, Äthylbromid u. Nitrobenzol. Zusatz von Bzl. u. Toluol ist ohne Einfl. auf den Prozeß, Anilin hingegen bringt den Anreicherungseffekt zum Verschwinden. In nicht oder nur wenig polaren Lösungsmitteln, wie Toluol, Bzl., Äther, CCl_4, CS_2, ergibt sich kein Trenneffekt. Das In-Ion wird sicher zuerst als positives Ion gebildet; die Art des Lösungsm. entscheidet darüber, ob das In an die Kathode geht oder nach nachträglicher Umladung an der Anode abgeschieden wird. Die Darst. von I, II u. III wird beschrieben. (Helv. chim. Acta **35.** 1480—85. 1/8. 1952. Zürich, ETH, Physikal. Inst.) GEDSCHOLD. 141

Viktor Gaertner, Praktische Elektrochemie. Grundlagen und Technologie. 2., verb. Aufl. Wien: Verl. für Jugend und Volk. 1952. (VIII + 512 S. m. 204 Abb.) S. 240,—.

A₄. Thermodynamik. Thermochemie.

Arthur Kantrowitz, *Kornbildung bei sehr schnellen Dampfexpansionen.* Kleine Tröpfchen („Keime") mit größerem Dampfdruck als ihre Umgebung wachsen statist., weil sie in größerer Anzahl vorhanden sind als größere Tropfen. Eine annähernde niedrige Grenze für die Bildungszeit der Keime kann unter Vernachlässigung der thermodynam. Grenzbedingungen, unter der Annahme einer gewissen Anzahl von Moll. im Tropfen u. einer Sättigung des Dampfes als Bedingung für den Beginn des Wachsens berechnet werden. Diese untere Grenze ergibt sich als umgekehrt proportional der 4. Potenz des Sättigungsgrades. Das Resultat wird durch Verss. von WEGENER u. SMELT (Naval Ordnance Labor. Memorandum 10772 [1950]) bestätigt. Der therm. Akkommodationskoeff., der die Wärmeübertragung u. den Akkommodationskoeff. des Wachstums bestimmt, spielt eine größere Rolle als nach der VOLMERschen Theorie, an die diese Arbeit anknüpft. (J. chem. Physics **19.** 1097—1100. Sept. 1951. Ithaca, N. Y., Cornell Univ., Coll. of Engng.) MIETHING. 149

I. M. Chalatnikow, *Kinetische Koeffizienten in Helium II.* Nach der Aufstellung der Bewegungsgleichungen für He II werden allg. Ausdrücke für die Koeffizienten der 1. u. der 2. Viscosität abgeleitet. Im Zuge dieser Rechnungen ergibt sich auch ein Koeff., der dem Wärmeleitungskoeff. in n. Stoffen analog ist. (Журнал Экспериментальной и Теоретической Физики [J. exp. theoret. Physik] **23.** 8—20. Juli 1952. Inst. für physikal. Probleme der Akad. der Wiss. der UdSSR.) KIRSCHSTEIN. 149

I. M. Chalatnikow, *Wärmeleitfähigkeit und Schallabsorption in Helium II.* Der in der vorst. referierten Arbeit berechnete „Koeff. der Wärmeleitfähigkeit", der den Energiestrom mit dem Temperaturgradienten verknüpft, hat auf die Absorption des 2. Schalls mehr Einfl. als die Viscosität. (Журнал Экспериментальной и Теоретической Физики [J. exp. theoret. Physik] **23.** 21—34. Juli 1952.) KIRSCHSTEIN. 149

E. F. Hammel, H. L. Laquer, S. G. Sydoriak und **W. E. McGee**, *Eine Untersuchung der magnetischen Eigenschaften von flüssigem ^3He.* Bei Tempp. zwischen 2,51 u. 0,904° wurde fl. ^{3}He nach verschied. Methoden untersucht; die Ergebnisse sprachen gegen die Annahme, daß ^{3}He Kernferromagnetismus besitzt. (Physic. Rev. [2] **86.** 432. 1/5. 1952. Los Alamos, N. Mex., Sci. Labor.) KIRSCHSTEIN. 149

A. B. Lidiard, *Der Einfluß der Austauschenergie auf die spezifische Wärme freier Elektronen in Metallen.* Vf. bestätigt mittels einer theoret. Unters., daß die spezif. Wärme stark abnimmt, wenn die Austauschenergie in die Berechnung mit einbezogen wird. (Philos. Mag. [7] **42.** 1325—27. Nov. 1951. London, King's Coll.) JOST. 151

J. E. Kunzler und **W. F. Giauque**, *Wässerige Schwefelsäure. Wärmekapazität. Partieller spezifischer Wärmeinhalt des Wassers bei 25 und —20⁰.* Mit einem im einzelnen beschriebenen Lösungscalorimeter werden ältere Angaben über calor. Daten von wss. H_2SO_4 im Bereich von ~10—102 Gew.-% H_2SO_4 nachgeprüft. Es werden relative Werte des partiellen spezif. Wärmeinhaltes von W. in wss. H_2SO_4 angegeben u. bes. die Abhängigkeit von der Verdünnung in der Nähe der absol. H_2SO_4 bestimmt. In diesem Gebiet ändern sich sowohl der partielle mol. Wärmeinhalt des W. als auch die spezif. Wärme (C_p) der Lsg. sprunghaft, was mit der stärkeren Dissoziation der absol. H_2SO_4 erklärt wird. (J. Amer. chem. Soc. **74.** 3472—76. 20/7. 1952. Berkeley, Calif., Univ., Chem. Labor.) H.-A. Lehmann. 151

L. Ss. Sterman und **N. G. Stjuschin**, *Untersuchung des Einflusses der Umlaufgeschwindigkeit auf die Werte der kritischen Wärmeströme beim Sieden von Flüssigkeiten in Röhren.* Beim Übergang sehr großer Wärmemengen an sd. Fll. tritt eine krit. Wärmeübergangszahl auf, wenn die Wand eine solche Temp. erreicht, daß die Dampfblasen sich zu vereinigen beginnen. Als 2. krit. Zahl gilt der Punkt, an dem die Heizfläche sich mit einem zusammenhängenden Dampffilm bedeckt. Die Abhängigkeit dieses Grenzzustandes von der Strömungsgeschwindigkeit wird untersucht u. in Diagrammen dargestellt. Die Versuchsanlage wird beschrieben. (Журнал Технической Физики [J. techn. Physik] **22.** 446—54. März 1952.) Adolphi. 158

H. H. Rust und **E. Bailitis**, *Kritische Betrachtungen über die linearmagnetostriktive Ultraschallerzeugung mittels tonpilzartiger Schwinggebilde.* Zur techn. Erzeugung von Ultraschallwellen durch Magnetostriktion werden meist tonpilzartige Schwinger verwendet, die jedoch einige näher beschriebene Nachteile aufweisen. Ein quereffektfreier Ultraschallgeber hoher Wirksamkeit wird angegeben. (Akust. Beih. Nr. **2.** 89—90. Beih. zu: Acustica [Zürich]. Hamburg, Univ., Inst. für Angew. Phys.) Fuchs. 159

Alfonso Barone, *Betrachtungen und Vorschläge über Ultraschallenergiekonzentratoren.* Da akust. Linsen für hohe Ultraschalleistungen nicht brauchbar sind, wird für große Energiekonzz. vom Vf. die Reflexion an gekrümmten Flächen ausgenutzt. Es werden 2 Typen von Konzentratoren beschrieben (ein bikon. u. ein parabol.), die unmittelbar auf die übliche Quarzhalterung aufgesetzt werden können u. die ausgestrahlte Energie in Gebiete von gegebenen Abmessungen leiten. Die Struktur der erzeugten Ultraschallfelder ist aus 2 Bildern deutlich zu erkennen. (Ricerca sci. **22.** 679—84. April 1952. Roma, Ist. Naz. di Ultracustica „O. M. Corbino".) Falkenhagen. 159

Daniele Sette, *Experimentelle Ergebnisse der Messung des Absorptionskoeffizienten für Ultraschall in einigen Flüssigkeitsgemischen.* Bei bin. Flüssigkeitsgemischen, deren eine Komponente einen erheblich höheren Absorptionskoeff. (AK) für Ultraschall aufweist, genügt ein geringer Zusatz der anderen Komponente, um ein rasches Abnehmen des AK zu bewirken. Der AK von Gemischen zweier nichtassoziierter Fll. mit etwa gleichem AK (z. B. CCl_4–Chlf.; CCl_4–Bzl.) zeigt ein Minimum. In den Gemischen *Bzl.-Chlf.*, *Chlorbenzol–Toluol* u. *Aceton–Methanol* ändert sich der AK prakt. linear mit der Zusammensetzung. (Ricerca sci. **21.** 1999—2005. Nov. 1951. Rom, Ist. naz. di Ultracustica „O. M. Corbino".) R. K. Müller. 159

Wilhelm Eitel, Thermochemical methods in silicate investigation. New Brunswick, N. J.: Rutgers Univ Press. 1952. (142 S. m. Diagr.) $ 4,75.

A₅. Grenzschichtforschung. Kolloidchemie.

R. Bedos, *Einige elektrische Eigenschaften des käuflichen kolloiden Silbers.* Es wird das Verh. von 2 Ag-Solpräpp. (lösl. koll. Ag, Rhône-Poulene u. Electrargol) im elektr. Wechselfeld bei verschied. Frequenz unter Benutzung einer einfachen Schaltung durch Best. von Kapazität u. Selbstinduktion einer mit dem Ag-Sol gefüllten Zelle untersucht. Nur unter bestimmten Konzentrationsbedingungen u. in einem bestimmten Frequenzbereich kann man die Meßzelle mit dem Sol wie einen Kondensator mit parallel geschaltetem Widerstand behandeln. Das Ag-Sol wird dann durch 2 frequenzunabhängige Größen, nämlich spezif. Induktionsvermögen u. Leitfähigkeit, charakteristert. Außerhalb dieser Grenzen ändern sich diese Parameter mit der Frequenz; man erhält eine Dispersion u. befindet sich wahrscheinlich im Bereich des Maxwell-Wagner-Effektes. (J. Chim. physique Physico-Chim. biol. **49.** 93—98. März 1952.) Hentschel. 161

H. W. Fox und **C. H. Chrisman jr.**, *Die Ringmethode zur Messung der Oberflächenspannung von Flüssigkeiten mit hoher Dichte und niedriger Oberflächenspannung.* Die vorhandenen Korrekturtabellen (Harkins u. Jordan) für die Messung der Oberflächenspannung nach der Ringabreißmeth. sind für Fll. mit hoher D. u. gleichzeitig niedriger Oberflächenspannung, wie z. B. die fluorierten KW-stoffe, nicht ausreichend,

u. die Vorzüge dieser Meth. lassen eine Erweiterung dieser Tabelle erwünscht erscheinen. Daher wurden die vorhandenen Tabellen ausgedehnt, indem man eine kombinierte hyperbol. u. lineare Gleichung den zugrunde liegenden Kurven anpaßte. Diese neue Gleichung ergibt Werte, die mit den vorhandenen Tabellen auf mindestens 0,05% übereinstimmen. Durch Vgl. der Messungen der Oberflächenspannung von 5 Fluor-KW-stoffen — nämlich 3 techn. Prodd., *Fluorolube, Fluorolubricant, Fluorokerosene*, sowie *Perfluordimethylcyclohexan* u. *Perfluormethylcyclohexan* — mit Hilfe der Differentialmeth. des Aufstiegs in Capillaren u. davon unabhängig mit der Ringmeth. wurde diese erweiterte Tabelle über das gesamte Gebiet (für R/r = 40, 50 u. 60; R^3/V = 3,5—7,5, wobei R Radius des Ringes aus Pt-Draht vom Radius r, V = maximales Vol. der emporgehobenen Fl.) nachgeprüft. Die Übereinstimmung war ebenso gut wie für die ursprünglichen Tabellen. (J. physic. Chem. **56**. 284—87. Febr. 1952. Washington, Nat. Naval Labor.) Hentschel. 166

P. P. Pugatschewitsch, *Experimentelle Untersuchung der Oberflächenspannung von metallischen Lösungen*. 1. Mitt. *Temperaturabhängigkeit der Oberflächenspannung von Quecksilber, Natrium- und Kaliumamalgam.* Mit Hilfe des vom Vf. konstruierten Gerätes (C. **1947**. E. 16) wurde bei 20—350° die Oberflächenspannung von reinem Hg sowie verschied. konz. Amalgamen von Na u. K gemessen. Die Oberflächenspannung von Hg erwies sich nicht als eine lineare Funktion der Temperatur. Die Versuchswerte wurden mit den Schlußfolgerungen aus der Molekulartheorie der Oberflächenerscheinungen von Ssementschenko (Коллоидный Журнал [Colloid J.] **9**. [1947.] 125) verglichen. Entsprechend dieser Theorie ist die Adsorption Γ_{exp} für K größer als für Na u. den geringeren Konzz. verschoben. Die Regel der verallgemeinerten Momente gilt in einem weiten Temperaturbereich. Sowohl bei Na als bei K nimmt die Grenzaktivität mit steigender Temp. ab. Bei gleicher Temp. beträgt sie bei K das Vielfache des Wertes von Na. Die Extremwerte der Adsorption von Na- u. K-Amalgam sind sehr hoch. Mit steigender Temp. nimmt das Adsorptionsmaximum ab. Die Gleichung von Ssementschenko bei metall. Lsgg. ist dagegen für die Isothermen der Oberflächenspannung nicht anwendbar. (Журнал Физической Химии [J. physik. Chem.] **25**. 1365—73. Nov. 1951. Moskau, Lomonossow-Univ., Inst. für allg. u. anorgan. Chem. der Akad. der Wiss. der UdSSR.) Lebtag. 166

F. Sebba und **N. Sutin**, *Eine neue Apparatur zur Untersuchung der Wasserverdunstung durch Oberflächenfilme.* Es wird eine App. beschrieben, mit welcher es gelingt, die geringen Wassermengen, die durch einen Oberflächenfilm hindurch in ein Vakuum verdunsten, durch Kristallisation an einer Kühlfalle genau zu messen. Es wird festgestellt, daß der krit. Oberflächendruck, bei welchem der Verdunstungswiderstand von *Stearinsäure* merklich wird, etwa dem Oberflächendruck entspricht, bei welchem der Film verhältnismäßig inkompressibel wird. An einem *Cholesterin*-Film dagegen wurde trotz seiner Inkompressibilität bei geringen Oberflächendrucken keine Beeinflussung der Verdunstung gefunden. (J. chem. Soc. [London] **1952**. 2513—16. Juli. Cape Town, Univ., Dep. of Chem.) W. Kaufmann. 166

I. M. Perelman, *Benetzungskräfte in nichtzylindrischen heterogenen Poren und das Problem der einseitigen Durchlässigkeit von Poren.* Zur Klärung der Frage, ob Capillarkräfte mit dafür verantwortlich sind, daß viele biol. Membranen für ein u. dieselbe Fl. von beiden Seiten eine verschiedene Permeabilität aufweisen, werden Formeln für die krit. Randwinkel, für die Übergangs- u. krit. Übergangsrandwinkel u. für die Permeabilitätsspannungen aufgestellt u. erörtert. Danach kann die Permeabilität einer Pore für eine Substanz an beiden Enden verschieden sein, wenn die Pore entweder X-förmig mit ungleichen Neigungswinkeln ist, aus 2 verschied. festen Phasen besteht, oder wenn beides zutrifft. Diese Wrkg. kann nur beim Durchgang der Phasengrenze auftreten. (Доклады Академии Наук СССР [Ber. Akad. Wiss. UdSSR] [N. S.] **85**. 153—56. 1/7. 1952.) Lebtag. 166

Jean Guastalla, *Beitrag zur Untersuchung der Benetzung.* 1. Mitt. *Einführung in die tensiometrische Untersuchung der Benetzung (reine Flüssigkeiten).* Die Oberflächenspannung, die auf der Trennung der im Innern einer Fl. kohärierenden Moll. bei ihrem Übergang in die Oberfläche beruht, wird durch einen Vgl. mit 2 magnet. Ketten erläutert, deren Trennung eine Arbeit erfordert, die Glied für Glied derjenigen von Molekülpaaren der Fl. entspricht. Zieht man eine vollständig benetzbare, dünne, senkrechte Platte aus einer Fl. heraus, so arbeitet man anfangs gegen die Oberflächenspannung γ u. das Gewicht des Meniskus, die sich aber nicht addieren, indem vielmehr die eine Arbeit das Äquivalent der anderen ist. Hierbei wird der Kontaktwinkel immer kleiner, bis die Berührung in der Tangente stattfindet. Von da ab arbeitet man nur noch gegen γ. Dabei handelt es sich in Wahrheit aber nicht mehr um eine Berührung fest–fl., sondern um die der Fl. mit dem der Platte anhaftenden fl. Überzug. Macht man denselben Vers.

mit einer unvollständig benetzbaren Platte, so ist der Vorgang im Anfang gleich dem mit der benetzbaren Platte bis zu dem Augenblick, da das Arbeitselement für die Hebung der von der Fl. überzogenen Platte um die Höhe dh gleich wird dem Arbeitselement für die Entnetzung τdh einer Platte mit dem Umfang 1 (τ freie Energie der Entnetzung je Flächeneinheit). Aus der Gleichung $\tau = \gamma \cos\vartheta$ ergibt sich der Kontaktwinkel ϑ für die Höhe der Plattenhebung, nach deren Überschreitung die Platte ohne fl. Überzug, scheinbar trocken, weiter gehoben wird, wobei die Arbeit τdh beim Umfang 1 zu leisten ist u. der Meniskus nach Form u. Lage sich nicht mehr weiter ändert. Die freie Energie des Syst. ist beim Kontaktwinkel ϑ ein Minimum. Hierauf beruht die Konstruktion des Plattentensiometers zur Best. von τ u. seine Verwendung (vgl. C. **1951. I.** 3307). Bei der Entnetzung ist zu unterscheiden, ob die Platte Gasmoll. aus dem Flüssigkeitsdampf zu adsorbieren vermag oder nicht. Im letzten Falle des ideal trockenen Stoffes ist $\tau = W - \gamma$ (W freie Energie der Adhäsion je Flächeneinheit), wie durch makroskop. Modelle mit magnet. Ketten u. Fe-Stäbchen verdeutlicht wird, ohne daß man die schlecht vorstellbaren Begriffe der Oberflächenspannung eines festen Stoffs oder der Grenzflächenspannungen fest–fl. u. fest–gasförmig benötigt. Für den Fall des scheinbar trockenen festen Stoffes mit Adsorptionsvermögen gegenüber den Gasmoll. muß man das von HARKINS (J. chem. Physics **10.** [1942.] 342) angegebene Korrektionsglied π_e, den Ausbreitungsdruck der Fl. auf dem festen Stoff (auch freie Adsorptionsenergie der Dampfmoll. je Flächeneinheit des festen Stoffs) einführen u. hat $\tau = W - \gamma - \pi_e$. (J. Chim. physique Physico-Chim. biol. **49.** 250—61. Mai 1952.) METZENER. 166

N. J. DeLollis, *Bemerkung über die Verdrängungsdruckmethode zur Messung der Affinität von Flüssigkeiten gegenüber festen Stoffen.* Die Verss., die Affinität verschied. Fll. gegenüber festen Körpern (Aktivkohle) nach dem Verdrängungsverf. mit der Druckzelle nach BARTELL u. OSTERHOF zu bestimmen, lieferten wenig befriedigende u. schlecht reproduzierbare Werte. Hauptschwierigkeiten sind die sehr lange Dauer bis zur Gleichgewichtseinstellung u. der Umstand, daß unter Druck auch miteinander nicht mischbare Fll. sich gegenseitig etwas lösen. Daher kann das Verf. der Verdrängung in der Druckzelle zur Messung der anziehenden Kräfte zwischen fl. u. festen Körpern nicht empfohlen werden. (J. physic. Chem. **56.** 193—94. Febr. 1952. Washington, D. C., Nat. Bur. of Standards.) HENTSCHEL. 176

R. Loos, *Die Oberflächenadsorption von Natriumacetylsulfat, das durch das Schwefelisotop ^{35}S gekennzeichnet ist, in Natriumlaurylsulfatlösungen. Zeiteffekt und Elektrolyteinfluß.* Zu den Messungen wird das Verf. von ANIANSSON (C. **1951. I.** 3156) in vereinfachter Form angewandt. In wss. Natriumlaurylsulfat (I)-Lsgg., die geringe Mengen Natriumacetylsulfat (II) mit einem ^{35}S-Atom enthalten, wird II in einem bestimmten Konzentrationsgebiet stark an der Oberfläche adsorbiert. Die Adsorption verläuft langsam; das Gleichgewicht wird erst nach 5 Std. nahezu erreicht. Der Mechanismus des Zeiteffektes ist vermutlich recht verwickelt. Neben dem Adsorptionsmaximum bei der Konz. $4{,}6 \cdot 10^{-3}$ Mol/Liter tritt ein weiteres Maximum $2{,}3 \cdot 10^{-3}$ Mol/Liter auf. Die Unters. des Einfl. von NaCl auf das Mischsyst. I–II bestätigt die Hypothese, daß die Zugabe von Elektrolyten von einer bestimmten Konz. an die Micellenkonz. auf Kosten der Moll. erhöht. Durch Verminderung der II-Konz. muß die Oberflächenadsorption von II fallen. Die Ergebnisse stehen mit der Hypothese in Übereinstimmung. Geringe NaCl-Konzz. verursachen eine starke Abnahme der Oberflächenadsorption Γ_{16}. (Meded. Kon. vlaamse Acad. Wetensch., Letteren schone Kunsten België, Kl. Wetensch. **13.** Nr. 13. 3—17. 1951. Gent, Rijksuniv., Labor. voor Phys. Biochem.) WESLY. 176

A_6. Strukturforschung.

E. Amble, Per Andersen und **H. Viervoll,** *Eine Lochkartenmethode zur Berechnung der radialen Verteilung bei Röntgen- und Elektronenbeugungsuntersuchungen.* (Acta chem. scand. **5.** 931—35. 1951. Blindern, Oslo, Univ., Kjemiske Inst., u. Fys. Inst.) GOTTFRIED. 181

Robert F. Shurtz, *Direkte Bestimmung des interplanaren Abstandes aus auf Papier registrierten Röntgendiagrammen.* Es wird gezeigt, wie man mit Hilfe einer Kalibrierungskurve die von einem registrierenden Röntgenspektrometer erhaltenen Pulverdiagramme zur Best. der d-Werte auswerten kann. (Amer. Mineralogist **36.** 626—29. Juli/Aug. 1951. Austin, Tex., Univ., Res. Labor. in Ceram.) GOTTFRIED. 181

W. Berdesinski und **H. Linstedt,** *Didaktische Überlegungen zur Braggschen Gleichung.* Zur Erklärung der BRAGGschen Gleichung wird der Begriff der „Gang"-Ordnung, welcher den Gangunterschied in Anzahl Wellenlängen zwischen zwei benachbarten Ebenen angibt, eingeführt. Als „Ebenen"-Ordnung gibt n_E an, in wieviel gleiche Teile der Identitätsabstand einer Netzebenenschar (hkl) durch das Dazwischenschalten hypothet. oder reeller Parallelebenen geteilt wird. Als „Längen"-Ordnung einer bestimmten Frequenz des weißen Röntgenspektr. gibt n_L an, den wievielten Teil einer durch die Versuchsanordnung bedingten Grundwellenlänge λ_0 die eigene Wellenlänge λ_0/n_L darstellt. (Neues Jb. Mineralog., Mh. **1952.** 94—96. März. Kiel.) ENSSLIN. 181

W. Cochran, *Einige Eigenschaften der* (F_0-F_C)-*Synthese.* Es wird gezeigt, daß eine FOURIER-Synth., deren Koeffizienten die Differenzen von beobachteten (F_0) u. berechneten (F_C) Strukturfaktoren sind, eine Reihe von Eigg. besitzt, die für die genaue Kristallstrukturanalyse sehr nützlich sind. Diskutiert wird die Verwendung dieser Synth. zur Verbesserung der Atomkoordinaten u. der Temperaturfaktorparameter. (Acta crystallogr. [London] **4.** 408—11. Sept. 1951. Cambridge, Cavendish Labor., Crystallogr. Labor.) GOTTFRIED. 181

H. Lipson und **C. A. Taylor,** *Optische Methoden in der Röntgenanalyse.* 2. Mitt. *Fourier-Transformationen und Kristallstrukturbestimmung.* (1. vgl. C. **1952.** 4733.) Es wird gezeigt, daß der frühere (vgl. l. c.) beschriebene opt. App. benutzt werden kann, um experimentell die FOURIER-Transformationen von zweidimensionalen Projektionen von Atomanordnungen zu bestimmen. Die Methoden zur Benutzung dieser Transformationen bei der Best. der Kristallstrukturen werden beschrieben u. eine Reihe von Beispielen ihrer Anwendung auf gewisse bekannte Strukturen besprochen. (Acta crystallogr. [London] **4.** 458—62. Sept. 1951. Manchester, Coll. of Technol., Phys. Dep.) GOTTFRIED. 181

K. L. Yudowitch, *Technik der Kleinwinkelröntgenstreuung.* Genaue Beschreibung der Herst. von Kleinwinkelstreudiagrammen u. ihrer Auswertung. Als Beispiele werden die Teilchengrößenbest. von *Latex* u. koll. *Au* angeführt. (Rev. sci. Instruments **23.** 83—90. Febr. 1952. Tallahassee, Fla., State Univ., Phys. Dep.) GOTTFRIED. 181

Hans Wolter, *Verallgemeinerte Schwarzschildsche Spiegelsysteme streifender Reflexion als Optiken für Röntgenstrahlen.* (Vgl. C. **1952.** 5377.) Neben den früher angegebenen Spiegelsystemen für Röntgenstrahlen lassen sich durch Verallgemeinerung der SCHWARZSCHILDschen Spiegelsysteme neue streifend reflektierende Spiegelsysteme gewinnen. Sie sind streng aplanat.; eine Verbesserung der Bildqualität gegenüber den Spiegelsystemen aus Flächen 2. Grades ist mit ihnen jedoch nur in äußerster Achsennähe erreichbar. (Ann. Physik [6] **10.** 286—95. 1952. Kiel, Univ., Inst. für Experimentalphys.) SPEER. 181

M. Drechsler und **E. W. Müller,** *Die Bestimmung der Polarisierbarkeit von Atomen und Molekülen mit dem Feldelektronenmikroskop.* Berechnung der im inhomogenen, hyperbol., elektr. Feld der Kathodenspitze eines Feldelektronenmikroskops auf dipollose Atome infolge ihrer Polarisierbarkeit wirkenden Kräfte sowie Best. der Bahnkurven der Atomstrahlen u. der Polarisierbarkeit selbst. Bei geringeren Genauigkeitsansprüchen kann die Polarisierbarkeit aus zwei Spannungsmessungen u. einer Temperaturbest. am Feldelektronenmikroskop direkt gewonnen werden. Zwei weitere Verff. ermöglichen erstmalig einen quantitativen Nachw. von Molekularstrahlen mit dem Feldelektronenmikroskop. Die Molekularstrahlen zeigen einen Polarisationseffekt. Es werden folgende Werte der Polarisierbarkeit in 10^{-24} cm^3 angegeben: *Li* 16 ± 3, *Ba* 62 ± 6 u. *Cu-Phthalocyanin* 120 ± 30. (Z. Physik **132.** 195—211. 1952. Berlin-Dahlem, KWI für physikal. Chem.) SPEER. 182

C. A. Coulson, Allan Maccoll und **L. E. Sutton,** *Die Polarisierbarkeit von Molekülen in starken elektrischen Feldern.* Es wird theoret. ein Ansteigen der Polarisierbarkeit der Moll. bei hohen Feldstärken abgeleitet. Dieses wird aber erst bei Feldern von der Größenordnung 10^8 V/cm merklich, kann also makroskop. nicht geprüft werden; dagegen kann der Effekt in unmittelbarer Nähe von Ionen u. Dipolmoll. in Erscheinung treten. (Trans. Faraday Soc. **48.** 106—13. Febr. 1952. London, King's Coll., Wheatstone Phys. Labor.; Univ. Coll., Chem. Dep.; Oxford, Phys. Chem. Dep.) K. L. WOLF. 182

J. A. Abbott und **H. C. Bolton,** *Der Einfluß der Molekülform in der elektrostatischen Theorie polarer Flüssigkeiten.* Vff. leiten einen exakten Ausdruck für das Reaktionsfeld eines Punktdipols ab, der entlang der Achse eines schwach sphäroid. Hohlraumes liegt. Zusammen mit den bekannten Ausdrücken für das Hohlraumfeld wird dieser Ausdruck angewandt auf die Theorie der polaren Fll., u. es wird eine Gleichung abgeleitet, die eine Berechnung des mol. Dipolmomentes aus experimentellen Beobachtungen erlaubt. Die so abgeleiteten Werte stehen mit den in der Gasphase gemessenen in besserer Übereinstimmung als die nach der ONSAGERschen Gleichung unter Verwendung eines kugelförmigen Modells abgeleiteten. Die Diskrepanz liegt zwischen 5 u. 15%, woraus geschlossen werden kann, daß dies anscheinend die Genauigkeitsgrenze einer rein elektrostat. Theorie polarer Fll. ist. (Trans. Faraday Soc. **48.** 422—30. Mai 1952. Newcastle-upon-Tyne, King's Coll., Dep. of Phys.) NIEMITZ. 186

H. Krebs, *Über das schwarze Selen.* 4. Mitt. *Die Struktur des glasigen Selens und dessen katalytische Umwandlung in das hexagonal kristallisierte.* (3. vgl. C. **1952.** 191.) Es wurde der Einfl. einer Reihe von Substanzen auf die Kristallisationsgeschwindigkeit von *Se* untersucht. Zuerst wurden je 2 At.-% *Li, Na, K, Pb* oder *Cs* mit Se in einem evakuierten Glasröhrchen zusammengeschmolzen. Nach Erkaltenlassen an der Luft ergaben Röntgenaufnahmen vollständige Kristallisation des Se mit einem c/a-Verhältnis bei einer K-haltigen Probe von 1,135—1,136. Unter den gleichen Bedingungen erstarrt Se ohne Zusätze vollkommen amorph. Auch Zusatz von *Tl* wirkte kristallisationsbeschleunigend; in diesem Fall war das Gitter nur wenig stärker gestört als bei Zusatz der Alkalien. Bei Unters. der Halogene wurde gefunden, daß Mischungen von Se mit 10—50 At.-% *J* bei Zimmertemp. über Nacht kristallisieren. Se mit 20 At.-% *Br* war dagegen nach einem Tag nur zum kleineren Teil kristallin; bei 2 At.-% Br konnten nur einige Kristallisationszentren an der Oberfläche des Se beobachtet werden. Dagegen wirken Zusätze von *Cl* wieder stärker kristallisationsbeschleunigend als solche von Br. Proben mit 20 At.-% Cl kristallisieren im Laufe eines Tages unter gleichzeitiger Abscheidung von Se_2Cl_2 völlig durch, mit 2 At.-% Cl wird jedoch nur die Oberfläche kristallin. Se-Proben mit ca 5 At.-% Te zeigten nach einem Tag einige krist. Stellen. Se mit 5 At.-% *P* oder *As* ließ sich nur zur Kristallisation bringen, wenn man es zwischen dem Erhitzen öfters mit fl. Luft abkühlte. — Hierauf wurde der Einfl. von *Aminen* auf die Umwandlung des glasigen Se in krist. Phasen untersucht. Als Lösungsm. wurde Bzl. benutzt; in diesem allein erfolgt nach 6 Std. Beginn der Abscheidung von rotem Se; nach 10 Tagen war die Oberfläche des Se mit roten Kristallen besät. In weiteren Verss. wurde der Katalysator in Bzl. gelöst u. zu der Lsg. ein Plättchen glasiges Se gegeben. Bei Zusatz von *prim., sek.* u. *tert. aliphat. Aminen* war das Se nach 1—3 Std. oberflächlich völlig scharf kristallin; nach 10 Tagen betrug das Tiefenwachstum ½—1 mm. *Asymm. Diäthyl-p-phenylendiamin* bewirkt nach 3 Std. Kristallisation der Oberfläche; bei *p-Anisidin* tritt die Kristallisation an der Oberfläche erst nach 4 Tagen ein. *Anilin* beschleunigt die Bldg. von rotem Se. Änderung des Lösungsm. ergab keine wesentlichen Änderungen der Umwandlungsgeschwindigkeiten. Aminoxyde, wie *Triäthylaminoxyd* u. *Dimethylanilinoxyd* übertreffen die Amine in ihrer katalyt. Wirksamkeit. Auch *weinsaures Cu,* zu 0,7% in 70%ig. Methylalkohol gelöst, beschleunigt die Kristallisation des Se. Ebenso bewirken tert. *Phosphine* u. *Stibine* eine sehr deutliche Erhöhung der Kristallisationsgeschwindigkeit. Benzol. Lsg. von *Benzophenonkalium* oder *-natrium* bedingen eine sofortige Kristallisation der glasigen Se-Oberfläche. Eine gesätt. Lsg. von $KMnO_4$ in Aceton entfärbt sich nach Zusatz von amorphem Se im Laufe von 5 Tagen; die Oberfläche des Se wird dabei zur Hälfte kristallin. Ebenso bewirkt eine gesätt. Lsg. von *KCN* in Aceton nach 2 Std. eine völlige Kristallisation der Oberfläche. Bei der Unters. des Einfl. von S^{2-} wurde gefunden, daß eine konz. wss. Lsg. von *Natriumsulfid* den Kristallisationsprozeß außerordentlich beschleunigt. Bei der Diskussion über die Struktur des glasigen Se kommt Vf. zu dem Ergebnis, daß es zu ca. $^1/_3$ aus Se_8-Ringen besteht, während der Rest aus Ringmoll. mit einer Gliederzahl von ca. 1000 Atomen gebildet wird. (Z. anorg. allg. Chem. **265.** 156—68. Juni 1951. Bonn, Univ., Chem. Inst.) Gottfried. 188

H. Krebs, *Über die Struktur und die Eigenschaften der Halbmetalle.* 5. Mitt. *Die Allotropie des Phosphors.* (4. vgl. vorst. Ref.) Nach einem kurzen Überblick über die verschied. Modifikationen des *P* bespricht Vf. die Struktur der roten P-Modifikationen, die als hochpolymere Substanzen anzusehen sind. Zum Teil an Hand eigener Verss. wurde hierauf die Kinetik der katalyt. Umwandlung des weißen P in roten behandelt. Die katalyt. Wirksamkeit von *Alkalimetall* macht sich erst bei höheren Tempp. bemerkbar. Nachgewiesen wurde dann die bisher unbekannte katalyt. Wirksamkeit von Aminen. Experimentell wurde derart vorgegangen, daß der weiße P mit dem Katalysator u. gegebenenfalls Diphenylmethan als Lösungsm. in ein Glasrohr eingeschmolzen u. dann erhitzt wurde. Mit *Diphenylmethan* allein war nach eintägigem Erhitzen auf 250° der ganze P fest geworden u. karminrot gefärbt. Bei Zusatz von 5 Mol-% *Tributylamin* oder *Dibutylamin* zu dem Diphenylmethan war nach eintägigem Erhitzen auf 150° der ganze P tiefrot u. fest geworden. Ebenso wirkt ein Zusatz von 5 Mol.-% *Cyclohexylamin* katalyt. beschleunigend. Ausgeprägt ist die katalyt. Wirksamkeit der *Halogene;* die Abstufung der Reaktionsgeschwindigkeit zeigt sich sowohl ohne als auch mit Lösungsm., im letzteren Falle aber deutlicher. — Aus dem Br-Geh. der von Schenck (Ber. dtsch. chem. Ges. **36.** [1903.] 979 u. 4202) hergestellten P-Sorten (10—30 At.-% Br) läßt sich errechnen, daß von 27—7 P-Valenzen eine mit Halogen abgesätt. ist. Vf. bezeichnet diesen Stoff als Mischpolymerisat u. beschreibt anschließend die wichtigsten aus der Literatur bekannten Mischpolymerisate. Vf. selbst stellte Mischpolymerisate mit *Se* her. Zum Schluß bespricht der Vf. noch kurz die früher von Stock u. Schenck untersuchte Rk.

der Polymerisation des P bei Ggw. von NH_3 oder Aminen. Endlich gelang es dem Vf., die von BRIDGMAN nur bei hohen Drucken erhaltene schwarze Modifikation des P auch auf katalyt. Wege zu erhalten. (Z. anorg. allg. Chem. **266**. 175—84. Nov. 1951. Bonn, Univ., Chem. Inst.) GOTTFRIED. 190

B. Honigmann und **I. N. Stranski**, *Trachtänderung von Hexamethylentetraminkristallen bei konstanter Temperatur und unter dem Einfluß von Temperaturschwankungen.* Es werden Deutungen für die Trachtänderung von Hexamethylentetramin bei konstanter u. bei schwankender Temp. gegeben, die beide auf der Annahme verschied. Dampfdrucks über verschied. Kristallflächen beruhen, jedoch im einzelnen wesentliche Unterschiede aufweisen. An Hand dieser Deutungen wird durchgerechnet, wie weit man bei den Verss. bei konstanter Temp. die sich aus experimentellen Unzulänglichkeiten ergebenden Temperaturschwankungen vernachlässigen kann. Auf Grund der Berechnungen wird eine Versuchsanordnung angegeben, mit der frühere Versuchsergebnisse (vgl. STRANSKI u. HONIGMANN, Naturwissenschaften **35**. [1948.] 156) bestätigt werden konnten. Ferner wurden Zersetzungsverss. durchgeführt, die zeigten, daß bei Tempp. unter 70° eine Beeinflussung der Trachtänderung durch Zersetzungsprodd. nicht in Frage kommt. Einige Beobachtungen über Fremdstoffeinflüsse auf die Trachtänderung werden beschrieben u. kurz diskutiert. (Z. Elektrochem., Ber. Bunsenges. physik. Chem. **56**. 338—42. 1952. Berlin-Dahlem, Kaiser-Wilhelm-Inst. für Physikal. Chem. u. Elektrochem.) LEVI. 190

B. Honigmann, *Trachtänderung von NaCl-Kristallen in gesättigter Lösung unter dem Einfluß von Temperaturschwankungen.* Es wird eine App. zur Durchführung von Kristallwachstumsverss. bei schwankenden Tempp. beschrieben. Als Ausgangsformen wurden folgende Formen benutzt: 1. 0 0 1 (aus gesätt. wss. Lsg.); 2. 1 1 1 bzw. 1 1 1 u. 0 0 1 (aus harnstoffhaltiger Lsg.); 3. 0 1 1 (aus glykokollhaltiger Lsg.). Die unter dem Einfl. der Temperaturschwankungen resultierenden Trachtänderungen ergeben in jedem Falle unabhängig von der Ausgangsform die Flächen 0 0 1, 1 1 1, 0 1 2 u. 0 1 1. Diese mit den Kugelwachstumsverss. von NEUHAUS übereinstimmenden Ergebnisse werden diskutiert. (Z. Elektrochem., Ber. Bunsenges. physik. Chem. **56**. 342—45. 1952.) LEVI. 190

Adelheid Kofler, *Schmelzen und Erstarren von Mischkristallen: Kaliumnitrat/Natriumnitrat.* Vf. erzeugt aus einer Schmelze von 80% $NaNO_3$ u. 20% KNO_3 durch rasches Abkühlen (Erstarren unterhalb der Soliduskurve) homogene Mischkristalle. Aus Beobachtungen der Schmelzvorgänge (8 Mikroaufnahmen) dieser Kristalle auf dem Mikroheiztisch nach KOFLER wird geschlossen, daß der Konzentrationsausgleich der Mischkristalle während des Wachsens außer durch Diffusion auch durch bei 235° (Soliduspunkt) beginnende rhythm. ablaufende Lösungs- u. Kristallisationsprozesse erfolgt. Der F. eines Mischkristalls der angegebenen Zus. liegt bei 276°. Auch die Schmelzvorgänge der beim langsamen Abkühlen erhaltenen Zonenkristalle werden geschildert u. in besonderen Verss. bei 205—208° u. 224—226° die Homogenisierung der Zonenkristalle beobachtet. Während bei der niedrigeren Temp. (nur feste Phase) auch nach 6 Std. keine Änderung im zonalen Aufbau der Kristalle zu beobachten war, war bei der höheren Temp. (Ggw. geringer Schmelzmengen) nach 4std. Erhitzen die Homogenisierung vollständig. Ähnliches Verh. zeigen die Systeme $NaNO_3$-*$NaNO_2$* u. *Phenanthren-Anthracen.* (Chem. Ber. **85**. 447—51. 20/5. 1952.) H. GEHLEN. 190

H. T. Pinnick, *Röntgenbeugung von wärmebehandelten Rußen.* Röntgenograph. wurden Ruße mit Teilchengrößen zwischen 50 u. 3000 Å untersucht, die alle bei Tempp. bis zu 3000° graphitisiert worden waren. Gemessen wurden die Halbwertsbreiten der zweidimensionalen, asymm. 10-Linie, hieraus wurden die Kristallitdurchmesser berechnet. Der mittlere Kristallitdurchmesser betrug etwa ein Drittel der Teilchengröße. Zum Vgl. wurde ein „weicher Koks“ (soft coke) auf verschied. Tempp. erhitzt, um vergleichbare Kristallitgrößen zu geben. Als Anzeichen für den Orientierungsgrad der Schichten wurde das Erscheinen der 1 0 1-Grenzgitterlinie als breites Maximum an der langwelligen Seite der 10-Linie beobachtet. Bei dem „weichen Koks“ trat die 1 0 1-Linie erst auf, wenn der Kristallitdurchmesser 150 Å erreicht hatte. Auch bei den Rußen tritt das 1 0 1-Maximum erst bei einer Kristallitgröße von 150 Å auf. (J. chem. Physics **20**. 756—57. April 1952. Buffalo, N. Y., Univ., Dep. of Phys.) GOTTFRIED. 195

Chester R. Berry, *Gitterdefekte in Silberbromid.* (Sitzungsbericht.) Der Gitterparameter von AgBr wurde bei Zimmertemp. u. im Temperaturintervall von 350—420° gemessen. Die Ergebnisse wurden mit zwei entgegengesetzten Annahmen verglichen, erstens, daß die Gitterausdehnung ident. ist mit der äußeren Volumenzunahme, u. zweitens, daß die äußerliche Veränderung durch Hohlraumbldg. bedingt ist. Die Meßergebnisse lassen innerhalb der Fehlergrenzen auf die Gültigkeit der ersten Annahme schließen.

Physic. Rev. [2] **82.** 331. 15/4.; Bull. Amer. physic. Soc. **26.** Nr. 1. 44. 1/2. 1951. Eastman Kodak Company.) H. JACOB. 195

Elysiário Tavora, *Gitterkonstanten von Harttit.* Harttit krist. im hexagonalen Syst. mit den Achsen $a_H = 6{,}976$, $c_H = 16{,}549$ Å; Achsen des trigonalen Syst. $a_R = 6{,}829$ Å, $\alpha' = 61°24'$; 3 Moll. in der Elementarzelle. Die Formel kann, wie folgt, geschrieben werden: (Sr, Ca) $Al_3(OH)_6SO_4PO_4$. Vf. gibt einen Vgl. mit *Woodhouseit* u. *Svanbergit*, zwischen denen Harttit eine Zwischenstellung einnimmt. (An. Acad. brasil. Ci. **29.** 129—34. 31/3. 1951. Rio de Janeiro, Univ., Dep. nac. da Prod. mineral.) R. K. MÜLLER. 195

T. Ito und **R. Sadanaga,** *Eine Fourier-Analyse der Struktur von Turmalin.* Vff. hatten bereits früher (vgl. ITO, X-Ray Studies on Polymorphism [1950.], Tokyo: Maruzon, u. SADANAGA, J. Geol. Soc. Japan **53.** [1947.] 52) die Struktur des Turmalins röntgenograph. aufgeklärt. In der vorliegenden Arbeit berichten Vff. über eine genaue FOURIER-analyt. Neuunters., wodurch die früher angegebenen Parameter Verbesserungen erfuhren. Untersucht wurde ein rosa gefärbter *Rubellit* aus Brasilien mit der folgenden Zus.: (Na, Ca)(Li, $Al)_3$(Al, Fe, $Mn)_6(OH)_4(BO_3)_3Si_6O_{18}$ u. den wahrscheinlichen Atomverhältnissen Na : Ca = 7 : 1; Li : Al = 1 : 2 u. Al : Fe : Mn = 6 : 0,1 : 0,1. Die hexagonale Zelle mit Z = 3 hat die Dimensionen a = 16,0 Å; c = 7,17 Å. Raumgruppe ist C_{3v}^5—R 3m. Die FOURIER-Analyse ergab die folgenden neuen Parameterwerte: 3 Na, Ca (x =) 0; (y =) 0; (z =) 0,950; 9 Li, Al 0,063; 0,125; 0,460; 18 Al 0,270; 0,297; 0,480; 18 Si 0,188; 0,188; 0,079; 9 B 0,208; 0,104; 0,630; 18 O_I 0,280; 0,280; 0; 9 O_{II} 0,188; 0,094; 0; 9 O_{III} 0,094; 0,188; 0; 18 O_{IV} 0,188; 0,188; 0,320; 9 O_V 0,110; 0,055; 0,610; 18 O_{VI} 0,260; 0,210; 0,640; 3 $(OH)_I$ 0; 0; 0,320; 9 $(OH)_{II}$ 0,125; 0,250; 0,610. Vff. vergleichen hierauf ihre Struktur mit der von DONNAY u. BUERGER (C. **1951.** II. 2162) gefundenen Struktur. Beide Strukturen sind zusammengesetzt aus Si_6O_{18}-Ringen u. BO_3-Dreiecksgruppen, die durch (Li, Al) oder Mg, (Na, Ca), Al u. OH zusammengehalten werden, u. stimmen roh miteinander überein. Während jedoch die Si_6O_{18}-Gruppe bei DONNAY u. BUERGER ditrigonale Symmetrie besitzt, ist diese Gruppe in der Struktur der Vff. hexagonal u. ganz regulär. Die Umgebung von (Na, Ca) ist in beiden Strukturen eigentümlich u. ungewöhnlich. In der Struktur der Vff. hat (Na, Ca) die Koordinationszahl 9, während DONNAY u. BUERGER nur vierfache Koordination angeben. Die (Si, Al) oder Mg besetzen in beiden Gittern angenähert die gleichen Lagen. Die von den Vff. u. von DONNAY u. BUERGER gefundenen Atomabstände sind tabellar. einander gegenübergestellt. (Acta crystallogr. [London] **4.** 385—90. Sept. 1951. Tokyo, Univ., Sci. Dep., Mineral. Inst.) GOTTFRIED. 195

William J. Taylor, *Diffuse Röntgenstreuung durch regellose binäre Legierungen.* 2. Mitt. (1. vgl. C. **1952.** 1959.) Erweiterung der in der 1. Mitt. (vgl. l. c.) gegebenen Analyse der Röntgenstreuung in regellosen bin. Legierungen. (Physic. Rev. [2] **84.** 148—49. 1/10. 1951. Columbus, O., Univ., Dep. of Chem.) GOTTFRIED. 197

R. Smoluchowski, *Statistische Theorie der Eigenschaften fester Lösungen.* (Sitzungsbericht.) Kurze Mitt. zu der C. **1952.** 6820 referierten Arbeit. (Physic. Rev. [2] **85.** 710. 15/2. 1952; Bull. Amer. physic. Soc. **26.** Nr. 6. 14. 24/10. 1951.) FAHLENBRACH. 197

Heinz Wilsdorf und **Doris Kuhlmann-Wilsdorf,** *Eine neue Oberflächenstruktur bei gedehntem Aluminium.* Es wurden elektronenmkr. Unterss. an 99,99%ig. Al unter Verwendung von Oberflächenabdrücken, die durch Bedampfen der Präpp. mit *SiO* hergestellt wurden, durchgeführt. Die Oberflächenfeinheiten wurden in den meisten Fällen durch Schrägbedampfung mit *W-Oxyd* entwickelt. Die von den oben genannten Autoren gefundene Feinstruktur in den Gleitlinien wurde bestätigt, darüber hinaus wurde zwischen den Gleitbändern eine feine Linien- oder Stufenstruktur (Elementarstruktur) gefunden, die ausnahmslos den Gleitbändern parallel läuft. Die Elementarstruktur trat bereits bei einer Dehnung von 0,5—0,8% auf u. wird mit steigender Dehnung deutlicher. Vff. nehmen an, daß die Elementarstruktur eine Vorstufe der Gleitbandbldg. ist, u. erklären ihr gelegentliches Ausbleiben mit experimentellen Umständen. Der Abstand benachbarter Elementarlinien beträgt 200—800 Å, die Stufentiefe bei den feinsten Stufen ca. 10—20 Å. Unter der Annahme, daß die Elementarstruktur durch feinste Abgleitungen zustande kommt u. nicht ein Oberflächen-, sondern ein Volumeneffekt ist, kommt man auf eine Abgleitung von ca. 2%. Vff. halten es für möglich, daß die sogenannte gleitlinienfreie Deformation durch die Elementarstruktur hervorgerufen wird. (Naturwissenschaften **38.** 502. Nov. 1951. Pretoria, Nat. Phys. Labor.; Johannesburg, Univ. of Witwatersrand, Dep. of Phys.) LEVI. 200

Herbert I. Fusfeld, *Erholung der inneren Reibung in α-Messing.* (Sitzungsbericht.) Feinkörnige Proben von 70–30-Messing wurden in verschied. Stärke kalt bearbeitet u. hierauf bei Tempp. unterhalb der Rekristallisationstemp. angelassen. Während des

Anlassens wurde kontinuierlich die innere Reibung gemessen. Ganz allg. ergab sich hierbei, daß die innere Reibung umgekehrt proportional einer einfachen Potenz der Zeit abfällt. (Physic. Rev. [2] **82**. 769. 1/6.; Bull. Amer. physic. Soc. **26**. Nr. 2. 13. 8/3. 1951. Frankford Arsenal.) GOTTFRIED. 200

D. Wahl, *Eine Untersuchung von plastisch deformierten Kristallen.* (Sitzungsbericht.) Untersucht wurde die plast. Deformation von *LiF*-Einkristallen nach Biegen u. anschließendem Anlassen. Mkr. wurden Spuren der 1 1 0-Gleitebenen beobachtet, die nach dem Anlassen verschwanden. Mit gekreuzten Polarisatoren waren die Spannungen sichtbar; sie verschwanden jedoch auch langsam beim Anlassen. Röntgenograph. konnten in einem kleinen Teil der Probe zurückbleibende Spannungen sowie Desorientierungen der Kristallite beobachtet werden. Kristallograph. variierten diese kleinen Blocks um ca. 45 Bogenminuten von einer mittleren Richtung. Beim Anlassen trat bei Tempp. oberhalb 600° Rekristallisation der deformierten Kristalle u. Kristallwachstum ein. Die neuen Körner zeigten die gleichen Abweichungen von der mittleren Richtung u. wuchsen bis zu 0,06 mm entlang der Kurve des Kristalls. Dies deutet auf eine Mosaikblockstruktur mit Spannung in dem deformierten Kristall hin, die beim Anlassen zu einer größeren Blockstruktur ohne Spannung rekristallisiert. (Physic. Rev. [2] **82**. 775. 1/6.; Bull. Amer. physic. Soc. **26**. Nr. 2. 19. 8/3. 1951.) GOTTFRIED. 200

A₇. Gleichgewichte. Kinetik.

Robert Neilson Boyd, *Ein Verfahren zum Lösen von Gleichgewichtsproblemen.* Die Berechnung auch recht verwickelter chem. Gleichgewichte wird auf einfache Weise ermöglicht durch Multiplizieren von Zähler u. Nenner des die Konstante explicit ausdrückenden Bruches mit der Konz. geeigneter, am Gleichgewicht teilnehmender Stoffe (Ionenkonz. in verschied. Potenzen), so daß sie in bekannte Größen, wie gegebene Konzz., ermittelte Löslichkeitsprodd., Dissoziations-, Komplex- u. Redoxkonstanten aufgelöst werden können. (J. chem. Educat. **29**. 198—201. April 1952. New York, N. Y., New York Univ., Washington Square Coll.) BLUMRICH. 221

S. S. Jones und **F. A. Long**, *Komplexionen von Eisen und Äthylendiamintetraacetat: Allgemeine Eigenschaften und radioaktiver Austausch.* Es werden Eigg. u. Beständigkeit der Fe(II)- u. Fe(III)-Komplexe mit Äthylendiamintetraacetat (Y) untersucht, sowie radioakt. Austausch-Rkk. von FeY^{2-} mit Fe^{*2+} u. FeY^- mit Fe^{*3+} diskutiert. Die Unterss. zeigen, daß der Fe(III)-Komplex recht beständig ist, während der Fe(II)-Komplex sowohl in Hinblick auf Dissoziation als auch auf Oxydierbarkeit relativ unbeständig ist. Die Dissoziationskonstante K_D für FeY^{2-} wird mit $\sim 10^{-14}$ berechnet, für den Fe(III)-Komplex wird sie mit $\sim 10^{-24}$ angegeben, berechnet mit Hilfe einer radioakt. Indicatormethode. Chem. Verh. des Fe(III)-Komplexes: Lsgg. von FeY^- sind bei Raumtemp. beständig gegenüber angesäuerter MnO_4^--Lsg.; Sulfidlsgg. bewirken Farbwechsel, dem teilweise Niederschlagsbldg. folgt; SCN^--Lsgg. geben in mäßig saurem Medium deutlichen Farbwechsel, die n. rote Farbe des Fe-Thiocyanatkomplexes tritt aber nur in stärker saurer Lsg. auf; mit o-Phenanthrolin reagiert FeY^- nicht, es wird durch Phthalat-, Benzoat- oder Phosphationen beim p_H 5 nicht zers., auch nicht durch einen ammoniakal. NH_4^+-Puffer; *Alkalihydroxyde* u. *Cupferron* bewirken Fe-Ausfällung. Die Titrationsergebnisse von *HFeY* mit 0,1n*NaOH* werden mit denen von H_4Y verglichen, während letztere eine schwache Säure ist, tritt HFeY bis zum p_H 7 wie eine starke einbas. Säure auf, jedoch bei höheren p_H-Werten ist die Bldg. des Komplexes $FeYOH^{2-}$ (vgl. SCHWARZENBACH u. BIEDERMANN, C. **1949**. I. 916), welche mit einem Farbwechsel verbunden ist, aus der Titrationskurve ersichtlich. Absorptionsspektren 0,0125mol. Lsgg. der Fe(III)- sowie der Fe(II)-Komplexe werden diskutiert. Beim p_H 2,5 erscheint der Fe(III)-Komplex als gelbe Lsg., welche dem BEERschen Gesetz folgt, während beim p_H 9 der $FeYOH^{2-}$-Komplex eine tief orange Färbung besitzt. Die Fe(II)-Komplexe sind farblos. Auf Grund opt. Messungen von Lsgg. der komplexbildenden Komponenten verschied. Zus. diskutieren Vff., daß unter den gegebenen Bedingungen nur 1 Komplex FeY^- im Verhältnis 1 : 1 gebildet wird. Lsgg. von FeY^- sind im Dunklen oder in roten Glasgefäßen aufbewahrt unbegrenzt beständig, unter Einw. vom Sonnenlicht dagegen findet eine schnelle Red. statt, welche unter Luftabschluß etwa nach der Gleichung $FeY^- + h\nu = FeY^{2-} +$ Zersetzungsprodd. von H_4Y verläuft, im Dunklen findet bei Luftzutritt Rückbldg. des Fe(III)-Komplexes gemäß $FeY^{2-} + \frac{1}{2} H_2O = FeY^- + OH^-$ statt, wobei sich jedoch auf Grund der gebildeten OH^- der Komplex $FeYOH^{2-}$ bilden kann u. die oxydierte Lsg. eine orange Farbe erhält. — Infolge der leichten Oxydierbarkeit des Fe(II)-Komplexes konnten von ihm keine festen Salze hergestellt werden. Seine wss. Lsgg. wurden bei Luftzutritt auch sehr schnell, beim Umschütteln quantitativ oxydiert. NH_3 bewirkt beim p_H 9 keine Niederschlagsbldg., Alkalihydroxyde jedoch geben Ndd. von *Fe(OH)*$_2$ u. *Fe(OH)*$_3$. Mit $[Fe(CN)_6]^{3-}$ reagiert das komplexgebundene Fe^{2+} nicht, wohl aber mit *Alkalisulfiden* bzw. *$(NH_4)_2S$* sowie mit *o-Phenanthrolin.* Aus einer 0,025 mol. FeY^{2-}-Lsg. fällt bei einem Anfangs-p_H von 2,3 nach wenigen Std. die Säure H_4Y als fester Nd. aus. Auf Grund von Titrationen von *H_2FeY*-Lsgg. mit 0,1 n NaOH bei Luftzutritt u. unter N_2 diskutieren Vff., daß H_2FeY unter Luftabschluß eine starke zweibas. Säure ist; bei Luftzutritt findet folgende Rk. statt: $H_2FeY + {}^1/_4\,O_2 = HFeY + {}^1/_2\,H_2O$. Die Oxydationsgeschwindigkeit von FeY^{2-} wird mit der von Fe^{2+} verglichen. In einer Lsg., 0,10 mol. an Fe^{2+}, 0,10 mol. an FeY^{2-} u. 0,05 mol. an H^+, sind ungefähr 50% des Fe(II)-Komplexes oxydiert, bevor eine meßbare Oxydation der Fe^{2+} festgestellt werden kann. Der radioakt. Austausch zwischen komplexgebundenem Fe von FeY^{2-} u. Fe^{*2+} tritt im p_H-Bereich von 2—5 fast augenblicklich ein, wie dies auf Grund der Dissoziationskonstanten auch zu erwarten war. Messungen mit radioakt. $Fe_2{}^*(SO_4)_3$ über den FeY^--Fe^{*3+}-Austausch zeigen, daß die Halbwertszeiten für den Austausch bei 25° einige Std. betragen u. daß die Austauschgeschwindigkeit im p_H-Bereich 1—2,5 vom p_H abhängig ist. Der Austausch folgt einem zusammengesetzten Geschwindigkeitsgesetz. Vff. diskutieren ausführlich die Kinetik dieses Austauscheffektes unter verschied. Bedingungen u. zeigen, daß mindestens 3 separate kinet. Stufen hierbei auftreten, etwa nach den Gleichungen $FeY^- + 2\,H^+ = H_2FeY^+$; $H_2FeY^+ + H^+ = Fe^{3+} + H_3Y^-$ u. für die 2. u. 3. Stufe die einfachen bimol. Rkk. $FeY^- + Fe^{*3+} = Fe^*Y^-Fe^{3+}$ sowie $FeY^- + Fe^*OH^{2+} = Fe^*Y^- + FeOH^{2+}$. Für diese Austausch-Rkk. wurde eine Mischung von ^{55}Fe u. ^{59}Fe verwendet. (J. physic. Chem. **56**. 25—33. Jan. 1952. Ithaka, N. Y., Cornell Univ., Dep. of Chem.) SPARMANN. 223

J. Rex Goates, Marvin B. Gordon und **Neal D. Faux,** *Berechnete Werte für die Konstanten der Löslichkeitsprodukte der Metallsulfide.* Auf Grund neuerer Best. der Ionisationskonstanten des H_2S u. der $\Delta F^0_{H_2S}$-Werte wurden die Löslichkeitsprodukts-konstanten bei 25° für folgende Sulfide neu berechnet: *PbS* $8\cdot10^{-28}$; *Tl_2S* $7\cdot10^{-20}$; *ZnS* $8\cdot10^{-25}$; *CdS* $7\cdot10^{-27}$; *HgS* $3\cdot10^{-52}$; *Cu_2S* $1\cdot10^{-48}$; *CuS* $8\cdot10^{-36}$; *Ag_2S* $7\cdot10^{-50}$; *NiS* $2\cdot10^{-21}$; *CoS* $8\cdot10^{-23}$; *Co_2S_3* 10^{-124}; *FeS* $5\cdot10^{-18}$; *MnS* $1\cdot10^{-11}$; *Ce_2S_3* $6\cdot10^{-11}$; *La_2S_3* $2\cdot10^{-13}$; *Bi_2S_3* 10^{-96}. (J. Amer. chem. Soc. **74**. 835—36. 5/2. 1952. South Hadley, Mass., Mount Holyoke Coll.) MOSLÉ. 224

Niels Hofman-Bang, *Die Reaktion zwischen Tetrathionat- und Azidionen. Eine kinetische Untersuchung.* Die Brutto-Rk. gehorcht der Gleichung $S_4O_6{}^{2-} + 2\,N^{3-} \rightarrow 2\,S_2O_3{}^{2-} + 3\,N_2$. Reaktionskinet. Unterss. ergaben, daß die Reaktionsgeschwindigkeit mit steigender $S_2O_3{}^{2-}$-Konz. abnimmt. Der Reaktionsmechanismus wird qualitativ wiedergegeben durch $S_4O_6{}^{2-} + N_3{}^- \rightleftharpoons S_2O_3N_3{}^- + S_2O_3{}^{2-}$ u. $S_2O_3N_3{}^- + N_3{}^- \rightarrow S_2O_3{}^{2-} + 3\,N_2$. Daß diese Deutung nur qualitativ ist, ergibt sich aus der nebenher verlaufenden Disproportionierung von $S_4O_6{}^{2-}$ nach $2\,S_4O_6{}^{2-} \rightarrow S_3O_6{}^{2-} + S_5O_6{}^{2-}$. Die Aktivierungsenergie wurde zu 23700 cal/Mol berechnet. (Acta chem. scand. **5**. 1375—82. 1951. Kopenhagen, Techn. Univ., Chem. Dep. A.) H.-A. LEHMANN. 225

Frederick R. Duke und **Richard C. Pinkerton,** *Reaktionen, die gleichgeladene Ionen enthalten.* 2. Mitt. *Die Geschwindigkeit der Disproportionierung von Uran(V) in Deuteriumoxyd.* (1. vgl. J. Amer. chem. S c. **70**. [1948.] 3975.) Die von KERN u. ORLEMAN (C. **1950**. I. 1323) über die Disproportionierung des U(V) in wss. $HClO_4$ durchgeführten Unterss. wurden in $HClO_4$-saurem D_2O u. in wss. $HClO_4$ ausgeführt. Die Reaktionsgeschwindigkeit in D_2O ist ca. 1,7 mal größer als in H_2O. Dies ist darauf zurückzuführen, daß das Verhältnis der Gleichgewichtskonstanten von $D_2O : H_2O$ der Rk. $UO_2{}^+ + H^+ \rightleftharpoons UOOH^{2+}$ bei 3 liegt, die spezif. Geschwindigkeitskonstante der Rk. $UO_2{}^+ + UOOH^{2+} \rightarrow UO_2{}^{2+} + UOOH^+$ in D_2O niedriger ist als in H_2O u. die Ionenbeweglichkeit in D_2O geringer ist. Im allg. wird in D_2O die Reaktionsgeschwindigkeit erniedrigt. Der Disproportionierungsmechanismus kann durch Elektronenaustausch erklärt werden. (J. Amer. chem. Soc. **73**. 2361—62. Mai 1951. Ames, Iowa, Iowa State Coll., Dep. of Chem.) MOSLÉ. 225

V. Sten Andersen, *Durch Eisen(III)-Salz katalysierte Zersetzung von mit Perchlorsäure angesäuerten Wasserstoffperoxydlösungen.* Nach einer früheren Arbeit (Acta chem. scand. **2**. [1948.] 1) weicht die Geschwindigkeitsgleichung der Zers. von H_2O_2 durch Fe(III)-Salze in Ggw. von HNO_3 vom monomol. Schema ab. BRAY u. PETERSON (C. **1951**. II. 1868) u. ABEL (Mh. Chem. **80**. [1949.] 776) schreiben diese Abweichungen den $NO_3{}^-$-Ionen zu. Vf. wiederholt einen früheren Vers. (l. c.) mit H_2O_2, Fe^{3+} u. Säure, nur daß statt $Fe(NO_3)_3$ *$Fe(ClO_4)_3$* u. statt HNO_3 *$HClO_4$* verwendet wurde. Die experimentellen Ergebnisse werden mit den früher (l. c.) angegebenen Formeln berechnet. Es wurden die Konstanten $A = (0{,}93 \pm 0{,}03)\cdot10^{-3}$ u. $B = (1{,}66 \pm 0{,}02)\cdot10^{-2}$ gefunden, während bei Verwendung von HNO_3 $A = 1{,}50\cdot10^{-3}$ u. $B = 1{,}78\cdot10^{-2}$ war. Vf. trägt og a/x gegen t u. $f(x) = B\cdot t = \log a/x + A\cdot(1/x - 1/a)$ graph. auf. Aus dem Kurvenbild ergibt sich, daß 1. die Zers. von H_2O_2 durch Fe^{3+} auch in $HClO_4$-haltiger Lsg. nicht nach der 1. Ordnung verläuft, 2. daß die Rk. sogar, wenn sie fast zu Ende ist, noch mit großer Annäherung nach dem angegebenen Geschwindigkeitsausdruck verläuft, der für die Berechnung der Verss. verwendet wurde. Der Unterschied zwischen der Größe der Konstanten A u. B, die einerseits aus den Zersetzungsverss. in HNO_3 u. andererseits aus denen in $HClO_4$ berechnet wurden, beruht auf einem Unterschied im Salzeffekt. (Acta chem. scand. 5. 1406—07. 1951. Kopenhagen, Royal Danish School of Pharm., Dep. of Inorg. Chem.) J. MATTNER. 227

J. T. Kummer und **P. H. Emmett**, *Wasserstoffaustauschreaktionen über Eisenkatalysatoren der Ammoniaksynthese bei —195°*. Es werden Geschwindigkeiten der ortho—para-Wasserstoffumwandlung (1) u. des H_2–D_2-Austausches (2) an einem einfach aktivierten Eisenkatalysator (I) mit 2,26% Al_2O_3, 0,2% SiO_2 u. 0,21% ZrO_2 u. an einem doppelt aktivierten Katalysator (II) mit 1,59% K_2O u. 1,3% Al_2O_3 untersucht. (1) wurde wie bei EMMETT u. HARKNESS (J. Amer. chem. Soc. 57. [1935.] 1628), (2) massenspektrometr. verfolgt. (1) zeigt bei —195° an I eine Halbwertszeit von 0,06 Sek. unabhängig davon, ob der Katalysator in He oder in H_2 abgekühlt wurde. Die Halbwertszeit von (2) ist im Falle von He 3—10 Sekunden. II wird durch H_2-Geh. für (1) vergiftet; es ergab sich bei He eine Halbwertszeit von 0,4 Sek., bei H_2 von 8 Sek. (2) ist an II erst in ca. 100 Min. zur Hälfte abgelaufen. II soll (1) durch magnet. Beeinflussung katalysieren, so daß (2), die über atomare Adsorption verlaufen soll, erwartetermaßen langsam ist. I verhält sich wesentlich anders als II, ohne daß der Grund für die unterschiedlichen Eigg. angegeben werden kann. Die bislang bekannten beiden Arten von aktivierter Adsorption des H_2 an Fe, die bei —100 u. + 100° einsetzen, können den schnellen Austausch nach (2) nicht erklären, da reines H_2 oder D_2 mit vorher bei diesen Tempp. adsorbiertem Reaktionspartner nicht reagieren. Es wird daher eine dritte aktivierte Adsorption angenommen, deren Adsorptionswärme geringer ist als die der beiden erwähnten Adsorptionen. Adsorptionsisothermen u. -isobaren bestätigen dies u. zeigen, daß die Tieftemperaturadsorption auch noch erfolgt, wenn I mit H_2 bei höherer Temp. gesätt. ist. Nach der dritten Art adsorbierter H_2 nimmt erwartungsgemäß an einem Austausch mit der Gasphase teil, wie mit Tritium nachgewiesen wurde. Unterschiede in den Geschwindigkeiten der beiden an I über atomare Dissoziation verlaufende Rkk. (1) u. (2) können durch die verschied. Nullpunktsenergien von H_2 u. D_2 bedingt sein. (J. physic. Chem. 56. 258—61. Febr. 1952. Pittsburgh, Pa., Mellon Inst.) THEILE. 227

B. Anorganische Chemie.

V. Gutmann, *Zur Kenntnis des Jodbromids*. 2. Mitt. *Die Reaktionen verschiedener Elemente mit geschmolzenem Jodbromid.* (1. vgl. C. 1952. 2796.) Alle Interhalogenverbb. reagieren allg. so mit Elementen, daß der negative Bestandteil zur Halogenierung verwendet wird, während der positive in elementarer Form zur Abscheidung gelangt, z. B. JBr + Me = MeBr + ½ J_2. JBr wird für Bromierungen in geschmolzenem Zustand angewandt. Es steht in seiner Reaktionsfähigkeit zwischen JCl u. J_2. Von 38 untersuchten Elementen reagierten nur 6 glatt u. vollständig u. unter Bldg. leicht isolierbarer Produkte. *V*, das mit JCl VCl_3 bildet, reagiert mit JBr sehr unvollständig unter Bldg. von *VBr_3*; *Cu* setzt sich zu 98% zu *$CuBr_2$* um, ähnlich *Au* zu *$AuBr_3$*, *Hg* zu *$HgBr_2$*, *Bi* zu *$BiBr_3$*, *Te* zu *$TeBr_4$*, *Fe* zu *$FeBr_3$*. In allen diesen Fällen kann das mitentstandene Jod durch Extraktion mit CCl_4 abgetrennt werden. Die Rkk. mit *Al*, *Ti*, *Sn*, *P*, *As*, *Sb*, *S* u. *Se* verlaufen vollständig, u. zwar ruhig bis stürm., jedoch sind die vermutlich entstandenen Verbb. (*$AlBr_3$*, *$TiBr_4$*, *$SnBr_4$*, *PBr_5* oder *PBr_6J*, *$AsBr_3$*, *$SbBr_3$*, *S_2Br_2* u. *$SeBr_4$*) flüchtig oder in CCl_4 löslich. Andere Elemente (*Ag*, *Mg*, *Ca*, *Ba*, *Zn*, *Mn*, *Co*, *Ni* u. *In*) reagieren wegen der Schwerlöslichkeit ihrer Bromide in geschmolzenem JBr träge. *Na* reagiert nur oberflächlich unter Bldg. von unlösl. *NaBr*, *K* explosionsartig unter Bldg. von leichtlösl. *$KJBr_2$*. Überhaupt nicht mit JBr zur Rk. gebracht werden können Cd, B, C, Si, Pb, Zr, Nb, Ta, Cr, Mo, W, Pt. — Die experimentelle Durchführung der Verss. wird genau beschrieben. (Mh. Chem. 82. 280—86.; S.-B. österr. Akad. Wiss. math.-naturwiss. Kl., Abb. IIb. 160. 280—86. 1951. Wien, TH, Inst. für allg. Chem.) DEWALD. 248

E. Weitz, K. Spohn, J. Singer, F. Becker und **K. Gieles**, *Polythionsäuren mit mehr als 6 Schwefelatomen und Odénsche Schwefelsole.* Beschrieben wird eine Meth. der Fraktionierung von Polythionsäuren über Benzidinhydrochlorid sowie Tolidin- oder Co(III)-Praseo-dien-Salze [$C_{14}H_{16}N_2 \cdot H_2S_nO_6$ bzw. $(Co_{en_2}Cl_2)_2S_nO_6$]. Es wird gezeigt, daß fast alle Darstellungsmethoden für niedrige Polythionate komplizierte Polythionatgemische ergeben. Bei Einbeziehung der ODÉNschen Sole wird eine kontinuierliche Reihe von Polythionsäuren von $H_2S_3O_6$ bis über $H_2S_{60}O_6$ erhalten. Die Entstehung solcher Gemische

wird auf Disproportionierungs-Rkk. gemäß 2 $S_nO_6^{2-} \rightarrow S_{n-x}O_6^{2-} + S_{n+x}O_6^{2-}$ zurückgeführt, wobei x ganz verschied. Werte annehmen kann. (Angew. Chem. **64.** 166. 21/3. 1952. Gießen, Univ., Chem. Inst., u. Frankfurt/M., Univ., Chem. Inst.)
H.-A. LEHMANN. 253

H. J. Emeléus und **F. G. A. Stone,** *Die Reaktion zwischen Diboran und wasserfreiem Hydrazin.* Wasserfreies Hydrazin (I) reagiert mit überschüssigem Diboran (II) bei 0° unter H_2-Entw. zu einer festen, weißen, hygroskop., nichtflüchtigen M., die unlösl. in Ae., Bzl., Chlf., CCl_4, Äthylacetat, Dimethylformamid, fl. NH_3 u. I ist, jedoch mit I langsam weiterreagiert. I u. II reagieren in verschied. Verhältnissen zwischen II : I = 1 : 0,78 u. 1 : 0,97. Die Primärprodd. können $H_3B \cdot NH_2NH_2$ bzw. $H_3B \cdot NH_2NH_2 \cdot BH_3$ sein, die unter H_2-Entw. komplexe Moll. bilden. Das Primärprod. wirkt stark reduzierend u. explodiert beim Erhitzen an offener Luft u. mit konz. H_2SO_4. Bei der Hydrolyse in 3nHCl entstehen höchstwahrscheinlich niedrigere Säuren des B. (J. chem. Soc. [London] **1951.** 840—41. März. Cambridge, Univ., Chem. Labor.) MOSLÉ. 258

W. A. Schuschunow, *Kaliumcarbonyl.* Das Prod. der Rk. von K mit CO — *Kaliumcarbonyl* (I), $(KCO)_x$ — zers. sich bei 275—280° unter Explosion, wobei K frei wird. Es wurde nachgewiesen, daß es sich nicht um eine Beimengung von nicht umgesetztem K handelt. Die Bldg. von Gasen wurde nicht beobachtet. Die therm. Zers. ist stets mit der Bldg. von C verbunden. I ist unlösl. in Bzl., Ae. u. fl. NH_3. I ist pyrophor, unabhängig von etwa beigemengtem K. Die Rkk. mit W. (fl. oder Dampf), Cl_2, HCl-Gas oder Salzsäure u. Eisessig sind exotherm; fast alle verlaufen nur unter gemäßigten Bedingungen ohne Explosion. Auch CCl_4 reagiert bei Zimmertemp. unter Explosion. Keine Rk. erfolgt mit CH_3J. $(CH_3)_2SO_4$ gibt eine schwarze. krist. Masse. Die Einw. von absol. A., ebenso von CH_3OH, führt zur Bldg. einer beträchtlichen Menge *Tetraoxychinonsalz* (II). Mit Acetanhydrid liefert gepulvertes I in 5—7 Tagen *Hexaacetoxybenzol* (III) in 2—4% ig. Ausbeute. Wegen Fehlens eines merklichen Dampfdrucks u. der Unlöslichkeit konnte das Mol.-Gew. von I nicht bestimmt werden. Auf Grund der Versuchsergebnisse kommt Vf. zu dem Schluß, daß die bisherige Annahme, es bilde sich bei der Rk. von K mit CO das Hexakaliumsalz von Hexaoxybenzol, unrichtig ist. Dem entspricht, daß letzteres nicht explosiv ist. II u. III entstehen erst durch weitere Umwandlungen des sehr reaktionsfähigen I. (Доклады Академии Наук СССР [Ber. Akad. Wiss. UdSSR] [N. S.] **79.** 617—19. 1/8. 1951. Gorki, Univ., Wiss. Forschungsinst. für Chemie.)
WÖRFFEL. 260

F. R. Harris, *Das vermeintliche Arsensubsulfid.* Nach BRUNCK (Liebigs. Ann. Chem. **336.** [1905.] 281) entsteht in saurer Arsenitlsg. mit $Na_2S_2O_4$ eine Fällung von amorphem braunem As. Die Rk. verläuft langsam, auch in neutraler, nicht aber in alkal. Lösung. FARMER u. FIRTH (J. chem. Soc. [London] **1926.** 119; **1927.** 2019) u. SCOTT (J. chem. Soc. [London] **1900.** 651) bezeichnen diese Fällung als As_3S. Die Verss. dieser Autoren werden sowohl an Arsenit als auch an Arsenat nachgeprüft. Es wird gezeigt, daß es sich bei dem Nd. um ein Gemisch von As u. S mit Spuren des entsprechenden As-Sulfides handelt, da der Schwefel extrahierbar ist. (J. chem. Soc. [London] **1951.** 698—99. März. Wolverhampton, Techn. Coll.) H.-A. LEHMANN. 265

G. H. Wagner und **W. H. Gitzen,** *Gallium.* Zusammenfassender Bericht über Geschichte, Eigg., Vork., Gewinnung, Analyse, Herst. u. Verwendung von Ga u. seinen Verbindungen. — 39 Literaturangaben. (J. chem. Educat. **29.** 162—67. April 1952. East St. Louis, Ill., Aluminium Co. of America.) BLUMRICH. 295

F. H. Pollard und **G. W. A. Fowles,** *Die Darstellung von kristallinen Vanadium- und Niobnitriden.* Zur Darst. von VN wurde VCl_4 auf 20° erwärmt u. der Dampf (5—6 mm Hg Druck) mit einem Trägergas, aus gleichen Teilen N_2 u. H_2 bestehend (50—60 cm Hg Druck), über einen 0,20 mm starken auf 1540—1570° erhitzten W-Draht geleitet. Auf dem Draht bilden sich gelblichbraune Kristalle von VN. Das Kristallwachstum ist von dem Druck des Trägergases außer bei hohen Drucken unabhängig. Drähte aus Mo sind ebenfalls brauchbar, nicht aber aus Pt oder Ta. Zur NbN-Darst. wurde $NbCl_5$ auf 175° erwärmt, was einem Dampfdruck von 40—50 mm Hg entspricht. Der Dampf wurde mit dem Trägergas (60 cm Hg) über einen auf 1340—1350° erhitzten W-Draht geleitet. Es bilden sich silbergraue N-haltige Kristalle. (J. chem. Soc. [London] **1952.** 2444—45. Juni. Bristol, Univ.) MOSLÉ. 331

M. W. Mallett, A. F. Gerds und **H. R. Nelson,** *Das System Uran-Kohlenstoff.* Die Darst. von U-C-Legierungen aus einer Schmelze von U-Oxyd u. einatomarem C bei ca. 1900° u. deren Analyse werden beschrieben. Die einzelnen Präpp. werden therm. (Best. des F.), röntgenograph. u. metallograph. untersucht; auf Grund der so gewonnenen Daten wird ein Zustandsdiagramm gezeichnet. In dem Syst. konnten 3 Verbb. identifiziert werden: *UC* (F. zwischen 2350 u. 2400°), *UC_2* (F. zwischen 2450 u. 2500°) u. *U_2C_3*, das nur unterhalb 1775° stabil ist u. darüber in UC u. UC_2 zerfällt. Bei einem

C-Geh. unter 4,8 Gew.-% liegt ein Gemisch von UC u., je nach Temp., α-, β- oder γ-U vor. Verbb. mit einem höheren C-Geh. als UC_2 wurden nicht gefunden. UC (kub. flächenzentriert, $a_0 = 4{,}951$ Å, NaCl-Typ) u. UC_2 (tetragonal flächenzentriert, $a_0 = 4{,}96$ u. $c_0 = 5{,}95$ Å) sind bei erhöhter Temp. vollständig ineinander lösl. unter Bldg. einer festen Lösung. Die Lsg. bleibt beim Abkühlen auf Zimmertemp. nicht erhalten, soweit die Legierungen zwischen 5,0 u. 9,0 Gew.-% C enthalten, sondern es bildet sich ein Nd. vom WIDMANSTÄTTEN-Typ, u. zwar derart, daß je nach dem C-Geh. der betreffenden Legierung entweder Einlagerungen von UC in einer UC_2-Muttersubstanz oder umgekehrt entstehen. Bei Legierungen mit über 9,0 Gew.-% C kann UC durch Abkühlung von Tempp. über 1800° leicht in fester Lsg. erhalten werden. Die gewonnenen Präpp. werden eingehend metallograph. u. mkr. untersucht. Außerdem wird die Frage der Lösungsbldg. vom kristallograph. Standpunkt diskutiert. (J. electrochem. Soc. **99.** 197—204. Mai 1952. Columbus, O., Battelle Memorial Inst.) LEVI. 339

J. F. Schairer und **Kenzo Yagi**, *Das System FeO–Al_2O_3–SiO_2.* Es wurden Phasengleichgewichtsunterss. bei u. wenig unter den Tempp. durchgeführt, bei denen eine fl. Phase beständig ist. Vff. konnten eine tern. Verb., das Fe-Analogon des *Cordierits*, der Zus. $2FeO\cdot 2Al_2O_3\cdot 5SiO_2$, die sich bei 1210 ± 10° in *Mullit*, *Tridymit* u. Schmelze zers., isolieren. Die Beständigkeitsgebiete von *Korund* (I), Mullit (II), *Hercynit* (III), Fe-Cordierit (IV), *Cristobalit* (V), Tridymit (VI), *Fayalit* (VII) u. *Wüstit* (VIII) wurden graph. festgelegt. Die folgenden invarianten Punkte wurden bestimmt: VII + VIII + III + Schmelze 1148 ± 5°; VII + IV + VI + Schmelze 1083 ± 5°; VII + IV + III + Schmelze 1088 ± 5°; III + IV + II + Schmelze 1205 ± 10°; IV + II + VI + Schmelze 1210 ± 10°; I + II + III + Schmelze 1380 ± 5°; V + VI + II + Schmelze 1470 ± 10°. IV ist nur mit Schwierigkeiten zur Kristallisation zu bringen. Die metastabilen invarianten Punkte VII + VI + *Spinell* + Schmelze bei 1073 ± 5° u. II + III + VI + Schmelze bei 1205 ± 10° konnten realisiert werden. Weder *Ferrosilit* noch *Almandin-Granat* konnten bei irgendeiner Temp. aus der Schmelze krist. werden, auch dann nicht, wenn diese mit den betreffenden Kristallen geimpft war. Natürlicher Almandin beginnt bereits bei 900° mit beträchtlicher Geschwindigkeit in III, IV u. VII zu zerfallen. (Amer. Mineralogist **37.** 300—01. März/April 1952. Washington, D. C., Geophysical Labor.) LEVI. 354

Leonard I. Katzin und **John R. Ferraro**, *Das System Kobalt(II)-chlorid–Wasser–Aceton bei 25°.* Das Phasendiagramm des Syst. wird in Dreieckskoordinaten wiedergegeben. Die Werte werden tabellar. mitgeteilt. Über einen weiteren Bereich sind $CoCl_2\cdot 6H_2O$, $CoCl_2\cdot 2H_2O$ u. gegebenenfalls ein $CoCl_2\cdot H_2O$ die stabilen Bodenkörper, während die stabilen Bereiche des $CoCl_2\cdot 4H_2O$, erkennbar an der magentaroten Farbe, u. des neu entdeckten $CoCl_2\cdot 3H_2O$, das ein individuelles Purpur aufweißt, eng begrenzt sind. Die Löslichkeit des $CoCl_2$ ist in dem wasserärmeren Bereich des Syst. höher als in dem wasserreicheren. Zurückzuführen ist dies höchstwahrscheinlich auf die Bldg. des neutralen $[CoCl_2(H_2O)_4]$-Komplexes, der eine höhere Löslichkeit als die ionisierten Verbb. in den acetonreicheren Gebieten aufweisen müßte. (J. Amer. chem. Soc. **74.** 2752—54. 5/6. 1952. Chicago, Ill., Argonne Nat. Labor., Chem. Div.) MOSLÉ. 355

Therald Moeller, Inorganic chemistry, an advanced textbook. New York: Wiley. 1952. (975 S. m. Diagr.) $. 10.—.

C. Mineralogische und geologische Chemie.

L. H. Ahrens, W. H. Pinson und **Margaret M. Kearns**, *Assoziation von Rubidium und Kalium und ihr Auftreten in gewöhnlichen Tiefengesteinen und Meteoriten.* Bei der spektrograph. Best. des Rb u. K in Tiefengesteinen wurde festgestellt, daß das Verhältnis K/Rb sowohl in den sauren als auch in den bas. Gesteinen ziemlich konstant 90 beträgt mit Schwankungen von ± 20%. In den *Chondriten* wurde ebenfalls ein verhältnismäßig gleichbleibendes Verhältnis von 100 ± 20% gefunden. Da die Metall- u. Sulfidphase weder K noch Rb enthält, entspricht dieses Verhältnis dem der gesamten Erde. Der K-Geh. in den Chondriten schwankt zwischen 0,06 u. 0,13% u. ist im allg. niedriger als in der Literatur angegeben. Der Rb-Geh. in der Erdrinde beträgt 0,035% u. in den Chondriten 0,0009%. (Geochim. cosmochim. Acta [London] **2.** 229—42. 1952. Harvard Univ., Dep. of Geol., u. Oak River, Nat. Labor.) ENSSLIN. 378

Baar, *Neue Ergebnisse der Kalilagerstättenforschung und Erfolge in der Bergbaupraxis.* Die Hartsalze entstanden durch Herauslösen des $MgCl_2$ aus dem Carnallit durch aus dem Liegenden aufsteigende Lsgg., welche sich vornehmlich in den tekton. Störungslinien bewegten. Neben den Hartsalzen bilden sich hierbei auch vertaubte Salze, wenn das Lösungsm. im Verhältnis zum Carnallitgeh. zunimmt. Sylvinanreicherungen entstanden beim Auftreffen von Hartsalzlaugen auf Carnallit. Diese Erkenntnisse konnten an Bohrungen im Kaliwerk Bleicherode erhärtet werden. (Bergakademie [Freiberg] 3. 218—19. Nov./Dez. 1951. Weimar.) ENSSLIN. 378

Willy Richter, *Untersuchungen zum Auffinden von Kohlensäurenestern im Kalibergbau mit geoelektrischen Meßmethoden.* Um das Vork. von CO_2-Nestern in Kalisalzlagern festzustellen, wurde eine App. entwickelt, die es ermöglicht, durch Messung der DK. die CO_2-Führung u. durch Messung der γ-Strahlung den K_2O-Geh. zu bestimmen. Sie besteht aus einer Meßsonde, dem DK.-Meßgerät, Zählrohr u. Stromversorgungsgerät u. erlaubt es, CO_2-Nester, ca. 3 m vom Stoß entfernt, zu ermitteln. (Bergakademie [Freiberg] 3. 88—91. Juli/Aug. 1951. Freiberg.) OPPERMANN. 378

S. Benedict Levin, *Ursprung von Hornblende-Schalen auf Granat von Adirondack.* Schalen von gemeiner Hornblende umgeben große Granatkristalle im Metagabbro der Barton Granatvorkk. u. ähnlicher Vorkk. in den südöstlichen Adirondacks. Vf. zeigt, daß diese Hornblenden sich zugleich mit den großen Granatkristallen durch metamorphe Neubldg. aus schon im ursprünglichen Gestein vorhanden gewesenen Hornblenden gebildet haben. (Amer. Mineralogist 36. 319. März/April 1951. Fort Monmouth, N. J., Signal Corps, Engng. Labor.) W. FABER. 378

M. S. Amin, *Metamorphe Differentiation von Talk-Magnesit-Chlorit-Gesteinen in Shetland.* In dem auch durch zahlreiche Skizzen beschriebenen Kontaktgebiet geringer Ausdehnung findet sich Talk, Chlorit u. Magnesit in auffallend paralleler, bandartiger Anordnung vor. In bezug auf diese Erscheinung wird dargelegt, daß die am besten lösl. u. transportablen Magnesite bei der metamorphen Umwandlung am weitesten wanderten u. sich in den Verwerfungszonen anreicherten, wodurch eine relative Konz. von Talk u. Chlorit in den mehr zentral gelegenen Bereichen eintrat. Vergleiche mit anderen Vorkk. werden gezogen. (Geol. Mag. 89. 97—105. März/April 1952. London, Imperial Coll., Dep. of Geol.) ZEDLITZ. 378

Horace Winchell und **Richard J. Benoit,** *Taylorit, Mascagnin, Aphthitalit, Lecontit und Oxammit aus Guano.* Chem. Unters. von Taylorit von den Chincha-Inseln ergaben, daß es sich um ein *NH_4-Arcanit* mit der Zus. $K_{4-x}(NH_4)_xSO_4$ mit x nahe 0,35 handelt. Die chem. Analyse lieferte die Daten SO_3 45,18 (%); $(NH_4)_2O$ 5,14; K_2O 47,50; Na_2O 0,0001. Die opt. Daten sind $n_\alpha = 1{,}5008$; $n_\beta = 1{,}5037$; $n_\gamma = 1{,}5062$; 2 V (—) klein. Das Mineral gehört zu der isomorphen Reihe Arcanit–Mascagnin. Künstlicher Mascagnin, $(NH_4)_2SO_4$, hat die opt. Konstanten $n_\alpha = 1{,}5209$; $n_\beta = 1{,}5230$; $n_\gamma = 1{,}5394$; 2 V = (+) 52°; $\alpha = c$; $\beta = b$; $\gamma = a$. Die Daten der Pulverdiagramme von natürlichem Mascagnin sind tabellar. zusammengestellt. Künstlicher Arcanit, K_2SO_4, ist rhomb. mit $n_\alpha = 1{,}4935$; $n_\beta = 1{,}4947$; $n_\gamma = 1{,}4973$; 2 V = (+) 67° 20′; $\alpha = b$, $\beta = a$; $\gamma = c$. Natürlich vorkommendes Mineral wurde nicht untersucht. Aphthitalit hat die Zus. $(KNa)_3Na(SO_4)_2$, ist einachsig positiv u. hat die Brechungsindices $\omega = 1{,}487$—$1{,}491$, $\varepsilon = 1{,}492$—$1{,}499$. Die chem. Analysen, die opt. Daten u. Daten der Pulverdiagramme von Aphthitaliten verschied. Fundorte sind tabellar. zusammengestellt. Die von anderer Seite ausgeführte chem. Analyse von Lecontit führte zu der Zus. $(NH_4K)NaSO_4 \cdot 2H_2O$ mit $NH_4/K \sim 8{,}5$. Die opt. Eigg. sind $n_\alpha = 1{,}440$; $n_\beta = 1{,}452$; $n_\gamma = 1{,}453$; 2 V = (—) 43°; $\alpha = a$; $\beta = c$; $\gamma = b$; Dispersion $r > v$. Die Auswertungen der Pulverdiagramme von Mineralien verschiedener Herkunft sind in Tabellenform wiedergegeben. — Bei Oxammit handelt es sich chem. um ein Ammoniumoxalatmonohydrat. Tabellar. sind wieder die Daten von Pulverdiagrammen von Oxammiten verschied. Fundorte sowie eine chem. Analyse angegeben. (Amer. Mineralogist 36. 590—602. Juli/Aug. 1951. New Haven, Conn., Yale Univ.) GOTTFRIED. 380

F. Walker, H. C. G. Vincent und **R. L. Mitchell,** *Die Chemie und Mineralogie des Tholeiits von Kinkell, Stirlingshire.* Petrograph. wurde Tholeiit von Kinkell (nördlich Glasgow), u. zwar aus dem südlichen Teil des dortigen Steinbruchs untersucht. Aus der mkr. Unters. wurde die folgende Zus. des Gesteins (in Gew.-%) bestimmt: Pyroxen 27,4; Plagioklas 26,1; Eisenerz 13,0; Glas 25,7; Chlorophäit 4,9; Apatit 2,2 u. Opal 0,7. Nach Trennung der einzelnen Bestandteile ergab sich, daß ca. 99% des Pyroxens aus schwachbraunem Augit besteht. Die chem. Analyse ergab die Zus. $Ca_{36}Mg_{45}Fe_{19}$; $D.^{20}$ 3,375—3,391. Der Brechungsindex β wurde in Na-Licht zu 1,696—1,700 neu bestimmt; 2 V 42—44° u. $\gamma : c = 43°$ im Mittel; für γ ergaben sich Werte zwischen 1,710 u. 1,720. Der Plagioklas hat die Zus. $Ab_{41,3}An_{55,7}Or_{2,8}Cn_{0,2}$. Von dem durch CLERICI-Lsg. abgetrennten Erz wurde nachgewiesen, daß die hochmagnet. Fraktion aus Magnetit mit etwas Ilmenit, die schwach magnet. Fraktion aus Ilmenit mit etwas Magnetit besteht; das Verhältnis der beiden Fraktionen ist im Gestein ca. 10:1. Die chem. Analyse lieferte die folgenden Werte: SiO_2 48,55 (%); TiO_2 2,94; Al_2O_3 14,64; Fe_2O_3 5,42;

FeO 8,28; MnO 0,23; MgO 3,92; CaO 8,06; BaO 0,08; Na_2O 2,07; K_2O 1,51; H_2O^+ 2,02; H_2O^- 1,52; S 0,33; P_2O_5 0,83; CO_2 Spur; B_2O_3 —; ZrO_2 —; F 0,07. Das Glas enthält zahlreiche Mikrolithe, kleine idiomorphe Prismen von Augit u. Nadeln von Apatit; Einschlüsse von Eisenerz u. Plagioklas sind seltener. Das Glas hat die Zus. SiO_2 66,80(%) TiO_2 0,18; Al_2O_3 12,10; Fe_2O_3 0,97; FeO 1,50; MnO nicht bestimmt; MgO 0,50; CaO 2,62; BaO 0,29; Na_2O 2,40; K_2O 4,20; H_2O^+ 5,75; H_2O^- 3,00; P_2O_5 0,39; F 0,01. Spektroskop. wurden die Spurenelemente in dem Gestein bestimmt; die Ergebnisse sind tabellar. zusammengestellt. Die Kristallisationsgeschichte des Tholeiits wird ausführlich besprochen. Die zwei Hauptmineralbestandteile des Gesteins — Augit u. Plagioklas — haben den gleichen Kristallisationsbereich u. hatten angenähert gleiche Kristallisationsgeschwindigkeiten, bis das Gestein zu 70% kristallin war. (Mineralog. Mag. J. mineralog. Soc. **29.** 895—908. Juni 1952. Cape Town, Univ., Geology Dep.; Aberdeen, Macaulay Inst. for Soil Res.) GOTTFRIED. 380

H. Heystek, *Differentialthermoanalyse von Begleitmineralen in Chromerzen.* Der Vf. untersucht Chromerze verschiedenster Herkunft u. findet am häufigsten Serpentin, ferner Chlorite u. Calcit (Süd Rhodesia-Erz). Transvaal-Erz enthält noch Pyroxene. Im Bereich von 300—500° liegt die Umwandlung des FeO in den Spinellen in Fe_2O_3. Synthet. Mischungen ergeben die gleichen Kurven wie die natürlichen reinen Erze, so daß man die Erze mittels Differentialthermoanalyse quantitativ analysieren kann. Durch Röntgenunterss. wurden die Komponenten identifiziert. (Amer. ceram. Soc. Bull. **31.** 133—38. April 1952. Pretoria, South Africa, South African Council for Sci. & Industr. Res., Nat. Chem. Res. Labor.) SCHÜTZ. 384

O. Oelsner, *Chromerzlagerstätten der Türkei.* Die Chromitlagerstätten in Anatolien stellen fast durchweg Injektionskörper dar u. weisen einen Geh. von 40—50% Cr_2O_3 auf. Der Abbau ist durch mangelnde Transportmöglichkeiten sehr erschwert oder zur Zeit unmöglich. (Bergakademie [Freiberg] **4.** 14—20. Jan. 1952. Freiberg.) ENSSLIN. 384

D. Organische Chemie.

D_1. Allgemeine u. theoretische organische Chemie.

Fred L. Mohler, Vernon H. Dibeler, Laura Williamson und **Helen Dean,** *Massenspektren der Deuteroacetylene, des Monodeuterobenzols und der Deuteronaphthaline.* Mit einem CONSOLIDATED-Massenspektrometer wurden bei 70 V Ionisierungsspannung die Massenspektren von C_2H_2, C_2HD (I), C_2D_2, C_6H_6, C_6H_5D (II), $C_{10}H_8$, $C_{10}H_7D$ (III) u. eines Gemisches von $C_{10}D_8$ (IV) u. $C_{10}HD_7$ (V) aufgenommen. Bei diesen KW-stoffen, bei denen jedes C-Atom höchstens ein H- bzw. D-Atom trägt, besteht ein hinreichend großer Abstand zwischen dem Erscheinungspotential des Mol.-Ions u. dem des ersten Ions mit einem H- (bzw. D-) Atom weniger. Daher konnte in jeder Probe durch Messungen bei geeignet gewählter Ionisierungsspannung die isotop. Zus. vor Aufnahme des Massenspektr. bestimmt werden. Die Acetylenproben wurden aus CaC_2 mit W., D_2O bzw. einem Gemisch aus $^2/_3\,D_2O$ u. $^1/_3\,H_2O$ hergestellt. Die erhaltenen, auf isotop. reine Zus. korr. Massenspektren sind in Tabellen wiedergegeben. Bei I wird ein H-Atom nahezu doppelt so leicht abgetrennt als ein D-Atom. Bei II u. III besteht keine solche Selektivität, u. es ist möglich, die Spektren der Monodeuteroverbb. auf der Grundlage gleicher Abtrennwahrscheinlichkeit für H- u. D-Atome zu berechnen. Unter der Annahme, daß auch für doppelt geladene Ionen die gleiche Wahrscheinlichkeit gilt, lassen sich aus den beobachteten, halbzahligen Massenwerten die vollständigen Massenspektren der doppelt geladenen Ionen berechnen. In ähnlicher Weise werden die Massenspektren von IV u. V aus dem Spektr. der Mischung berechnet. (J. Res. nat. Bur. Standards **48.** 188—92. März 1952. Washington.) CONRAD. D 100

W. F. Maddams, *Systematische Verschiebungen im UV-Absorptionsspektrum polycyclischer aromatischer Kohlenwasserstoffe.* Für die Reihen der polycycl. aromat. KW-stoffe (1) *Bzl., Naphthalin, Anthracen, Naphthacen, Pentacen, Hexacen* sowie (2) *Bzl., Naphthalin, Phenanthren, Chrysen, Picen* werden die Absorptionsfrequenzen (in cm^{-1}) für die Übergänge ^1L_b, ^1L_a u. ^1B_b gegen das reziproke Mol.-Gew. aufgetragen. Es ergeben sich jeweils lineare Beziehungen. Bei Reihe (1) geht für den ^1L_a-Übergang die Gerade durch den Nullpunkt, was für eine unendlich lange Polyacenkette ein Zusammenfallen von angeregtem Zustand u. Grundzustand ergibt. Bei den ^1L_b- u. ^1B_b-Übergängen ergibt sich dagegen für das Mol.-Gew. ∞ die Existenz einer Seriengrenze bei 18200 bzw. 25000 cm^{-1}. Aus dem Verlauf der entsprechenden Geraden der Reihe (2) folgen Seriengrenzen für die drei Übergänge beim Mol.-Gew. ∞ von 22500, 26600 bzw. 26600 cm^{-1}. Nature [London] **169.** 743—44. 3/5. 1952. Sulton, Surrey.) RUDOLPH. D 118

Samuel B. Knight, William K. Miller und **Arthur Roe,** *Die Ultraviolettabsorptionsspektren einiger Monofluorisochinoline.* Es wurden die UV-Absorptionsspektren von *Isochinolin* (I), *1-*, *3-* u. *4-Fluorisochinolin* (II, III u. IV) in 95% ig. A., 10% ig. A. u. 10% ig. A. + 0,01 mol. HCl aufgenommen. Das Spektr. von I in 95% ig. A. weist zwei Maxima bei 268 u. 319 mμ auf. III u. IV zeigen eine bathochrome, II eine hypsochrome Verschiebung des ersten Maximums. Die Extinktion bei dem ersten Maximum ist bei II u. IV verstärkt, bei III abgeschwächt. Das zweite Maximum unterliegt ähnlichen Verschiebungen, aber die Extinktion ist bei allen Fluorderivv. erhöht. Aus den Spektren in saurer Lsg. ist ersichtlich, daß IV (ebenso wie I) hinreichend bas. ist, um ein Hydrochlorid zu bilden, nicht aber III. Die Verschiebung des Spektr. von II beim Übergang von der neutralen zur sauren Lsg. ist nicht durch Hydrochloridbldg., sondern durch Hydrolyse bedingt. III wird in saurer Lsg. nicht hydrolysiert. (J. Amer. chem. Soc. **74.** 1599—1601. 20/3. 1952. Chapel Hill, N. C., Univ. of North Carolina, Dep. of Chem.) FORCHE. D 118

S. C. Sirkar, *Das Raman-Spektrum des p-Dichlorbenzols.* Kritik einer Arbeit von SAKSENA (vgl. C. **1951.** II. 798) in bezug auf die Wiedergabe von Ergebnissen anderer Autoren u. auf die Schlußfolgerungen über die freie Rotation einzelner Moll. im Kristallgitter, die aus dem RAMAN-Spektr. von festem *p-Dichlorbenzol* gezogen wurden. (J. chem. Physics **20.** 742—43. April 1952. Calcutta, Indian Assoc. for Cultivation of Sci.) GOUBEAU. D 120

B. D. Saksena, *Über den Ursprung der niederfrequenten Raman-Linien des p-Dichlorbenzols und Entgegnung an S. C. Sirkar.* Der Vf. weist die Kritik von SIRKAR (vgl. vorst. Ref.) zurück u. bringt weitere Begründungen für seine Anschauungen über das Entstehen der niederfrequenten RAMAN-Linien in *p-Dichlorbenzol* durch Gitterschwingungen. (J. chem. Physics **20.** 760—61. April 1952. Allahabad, Indien, Univ., Dep. of. Phys.) GOUBEAU. D 120

William W. Wood, Wildon Fickett und **John G. Kirkwood,** *Die absolute Konfiguration von optisch-aktiven Molekülen.* Mit Hilfe der KIRKWOODschen Theorie des opt. Drehungsvermögens wurde das Problem der absol. Konfiguration von opt.-akt. Moll. untersucht. Absol. Konfigurationen wurden für die Enantiomorphen von *2.3-Epoxybutan* u. *1.2-Dichlorpropan* (I) festgelegt. Diese absol. Konfigurationen stehen nicht im Widerspruch mit den experimentellen konfigurationellen Beziehungen zwischen den beiden Verbb. u. mit der FISCHERschen Konfigurationszuordnung. Die berechneten Drehungen der Verbb. stehen in befriedigender Übereinstimmung mit den experimentellen Daten. Die Theorie erklärt befriedigend den Einfl. der Temp. u. des Lösungsm. auf die opt. Drehung von **I.** (J. chem. Physics **20.** 561—68. April 1952. Pasadena, Calif., Inst. of Technol., Gates and Crellin Labor. of Chem.) GOTTFRIED. D 122

Fred Basolo und **R. Kent Murmann,** *Dissoziationskonstanten einiger N-Alkyläthylendiamine.* Vff. bestimmten die Säure–Base-Dissoziationskonstanten folgender *N-Alkyläthylendiamine* nach der Meth. von BJERRUM bei 0° u. 25° in Ggw. von 0,05 mol. $Ba(NO_3)_2$ u. 0,5 mol. KNO_3: Alkyl = *Methyl-*, *Äthyl-*, *Isopropyl-*, *n-Butyl-* u. *n-Propyl-* u. berechnen die jeweiligen Neutralisationswärmen. Ein an sich zu erwartender größerer Unterschied in den pK_a-Werten konnte nicht beobachtet werden. Alle Verbb. haben vergleichbar ähnliche Dissoziationskonstanten, jedoch ergibt sich beim Übergang von der Methyl- zur Butylverb. ein leichtes Maximum bei Äthylverbindung. (J. Amer. chem. Soc. **74.** 2373—74. 5/5. 1952. Evanston, Ill., Northwestern Univ., Dep. of Chem.) NIEMITZ. D 139

Ruth E. Benesch und **Reinhold Benesch,** *Die Rolle der Adsorption bei der Reduktion organischer Quecksilberverbindungen an der Quecksilbertropfelektrode.* Vff. zeigen, daß das Prod., das durch Anlagerung eines Elektrons an gewisse Organo-Hg-Verbb. entsteht, an der Hg-Tropfelektrode adsorbiert wird, wie bereits früher vermutet wurde (vgl. C. **1952.** 3140). Folgende Tatsachen sprechen dafür, daß die beobachtete Vorwelle eine Adsorptionswelle ist: Änderung der Höhe der Vorwelle mit der Konz. u. mit der Höhe des Hg-Vorratsbehälters oberhalb der Capillarenöffnung, Einfl. der Temp., der bei der Vorwelle prakt. gleich Null ist, Einfl. der untersuchten Hg-Verb. (*Phenylquecksilberhydroxyd*) auf die reversiblen Cd- u. Pb-Wellen u. Einfl. organ. Hg-Verbb. (neben C_6H_5HgOH noch *o-* u. *p-Chlorquecksilberbenzoesäure* u. *Mersalyl* in alkal. Lsg.) auf die Elektrocapillaritätskurve des Hg. Die Berechnung der Zahl der adsorbierten Moll. pro Flächeneinheit der Hg-Oberfläche aus der Höhe der Vorwelle liefert mit $5{,}2 \cdot 10^{-10}$ Mol·cm² einen Wert, der in guter Übereinstimmung steht mit den aus der LANGMUIRschen bzw. aus der GIBBSschen Adsorptionsisothermen, sowie mit einem Mol.-Modell berechneten Werten. (J. physic. Chem. **56.** 648—53. Mai 1952. Chicago, Ill., Northwestern Univ., Med. School, Dep. of Exp. Med.) NIEMITZ. D 142

George Calingaert und **William E. Burt,** *Die Entflammbarkeit von Benzol-Chlormischungen.* Der Flammpunkt von bei niedriger Temp. mit Cl_2 gesätt. Bzl. wurde im geschlossenen PENSKY-MARTENS-App. durch Zündung der Gasphase zwischen 13,3 u. 14⁰ gefunden. Bei ca. 80⁰ haben gasförmige Bzl.–Cl_2-Mischungen für abwärts wandernde Flamme die untere Zündungsgrenze bei 8,3—9,2% Bzl., die obere bei 32,6—35%, ungefähr entsprechend dem Dampfdruck von reinem Bzl. bei 16 bzw. 49⁰. Belichtung erweitert diese Grenzen ein wenig. Mit aufwärts wandernder Flamme erhöht sich nur die obere Grenze auf ca. 52%. Flüssige Mischungen, durch Sättigung von Bzl. mit Cl_2 erhalten, werden durch Funkenentladung nicht gezündet; die dabei gebildete Dampfblase aber brennt zwischen 13 oder 14 u. 60⁰ oder noch höher. Obgleich die Zündbarkeit von Cl_2–Bzl.-Mischungen somit geringer als die von Luft–Bzl.-Mischungen ist, stellen auch jene in ihrer Dampfphase eine Gefahrenquelle dar, die in größeren Anlagen erheblichen Schaden verursachen kann. (Ind. Engng. Chem. **43**. 2341—43. Okt. 1951. Detroit, Mich., Ethyl Corp., Res. Labors.) METZENER. D 157

Wilhelm Maier und **Arthur Mez,** *Die Absorption von Ultraschall in verdünnten Lösungen von Phenol in Tetrachlorkohlenstoff.* Die Messung der Absorptionskoeffizienten für Ultraschall von 12,3 MHz an Lsgg. von Phenol in CCl_4 bei kleinen Phenolkonzz. nach einer opt. Meth. ergab, daß die Ultraschallabsorptionsgröße α/ν^2 mit abnehmender Konz. zunimmt, um dann nach Überschreiten eines Maximums bei einem Molenbruch von ca. 0,025 wieder abzunehmen. Dieses experimentelle Ergebnis zeigt, daß die bisherige Annahme, daß die Absorptionsgröße α/ν^2 sich mit der Konz. stets monoton ändert, für gewisse Stoffe nicht richtig ist. Abweichungen können bei kleinen Konzz. eintreten. (Z. Naturforsch. **7a**. 300—01. März/April 1952. Freiburg/Br., Univ., Physikal. Inst.) FALKENHAGEN. D 159

Pierre Terra und **René A. Pâris,** *Die physikalischen Eigenschaften der Gemische aus Schwefelkohlenstoff und Aceton.* 1. Mitt. *Die Viscosität.* Da die Literaturwerte für die Viscositäten im Syst. CS_2–CH_3COCH_3 widersprechend u. fraglich erschienen, haben Vff. mittels eines besonderen, die große Flüchtigkeit der Gemische berücksichtigenden Capillarviscosimeters eine Neubest. der Viscosität für die Tempp. 10, 15, 20 u. 25⁰ vorgenommen. Die Viscositätskurven zeigen alle ein flaches Minimum, das bei ca. 20 Mol-% CS_2 liegt u. bei 10⁰ deutlicher ausgeprägt ist als bei 25⁰. (J. Chim. physique Physico-Chim. biol. **49**. 408—10. Juni 1952. Lyon.) HENTSCHEL. D 172

W. F. Sheehan jr. und **Verner Schomaker,** *Die Molekülstruktur von Perfluorbutin-(2). Zeichen zur Beschreibung von Elektronenbeugungskurven.* Die aus Elektronenbeugungsunterss. gewonnenen Werte für die Bindungsabstände u. den Bindungswinkel von *Perfluorbutin-(2)* (I) sind nahezu ident. mit den von SHOOLERY u. Mitarbeitern (C. **1952**. 6988) hauptsächlich aus Mikrowellenspektren ermittelten Werten von *Trifluormethylacetylen* (II). C—F: I 1,340 Å (II 1,335 Å); C—C: 1,465 Å (1,464 Å); C≡C: 1,22 Å (1,201 Å); Winkel F—C—F 107,5⁰ (107,5⁰). — Vff. schlagen vor, die bemerkenswerten Stellen der Elektronenbeugungskurven durch einfache Bezeichnungen (Punkte, Kreise, Kreuze, Pfeile, Linien) zu markieren, welche in bequemer u. anschaulicher Weise die übliche umständliche Beschreibung mit Worten ersetzen. (J. Amer. chem. Soc. **74**. 4468—69. 5/9. 1952. Pasadena, Calif., California Inst. of Technol., Gates and Crellin Labors. of Chem.) FORCHE. D 182

J. L. Franklin und **H. E. Lumpkin,** *Einige C–S, H–S und S–S-Bindungsstärken, bestimmt mit der Elektronenstoßmethode.* Die Erscheinungspotentiale der durch Elektronenstoß erzeugten ionisierten Bruchstücke der Verbb. *Äthyl-*, *n-Propyl-* u. *tert.-Butylmercaptan* (I), *Methylsulfid, Äthylsulfid, Methyldisulfid* (II) u. *Äthyldisulfid* (III) wurden massenspektrograph. identifiziert. Unter Zuhilfenahme thermochem. Daten wurden hieraus die Valenzenergien der oben genannten Bindungen in S_2, H_2S, H_2S_2 u. einfachen Organoschwefelverbb. berechnet; neu gemessen wurden die Verbrennungswärmen von *Thiophen*, I, II u. III. (J. Amer. chem. Soc. **74**. 1023—26. 20/2. 1952. Baytown, Tex., Humble Oil and Refining Co., Refining Techn. u. Res. Div.) v. BOGDANDY. D 182

C. W. Shoppee, *Die Bootform von Cyclohexan.* Nach Elektronenbeugungsaufnahmen an cis- u. trans-Dekalin besitzt der Cyclohexanring in der Dampfphase u. im Kristallgitter die Sesselform. Seine 12 C—H-Bindungen kann man in 6 polare u. 6 äquatoriale Bindungen aufteilen. Im Gegensatz zu dieser stabilen Sesselform ist die Bootform weniger stabil u. bildet eine bewegliche Struktur; sie wird nur verwirklicht in Cyclohexanderivv. unter speziellen Bedingungen, so z. B. bei Ggw. einer 1 : 4-Brücke oder bei Einbau in ein tricycl. System. Unter diesen Bedingungen können die 12 C—H-Bindungen als „polar" u. „äquatorial" klassifiziert werden, diese scheinen dann Eigg. zu besitzen, die analog denen der entsprechenden Bindungen in der Sesselform sind. An Hand einer Reihe von Beispielen aus der Literatur, vor allem an Camphanderivv., werden die Eigg. der polaren u. äquatorialen Bindungen aufgezeigt; bes. eingegangen wird auf die thermodynam. Stabilität der Bindungen u. ihre Reaktionsfähigkeit bei ion. Eliminierungen bzw.bei Pinakolinumlagerungen. (Chem. and Ind. **1952**. 86—87. 26/1. Swansea, Univ. Coll., Dep. of Chem.) GOTTFRIED. D 184

Y. L. Chang, *Orientierung von an festen Körpern adsorbierten und in einer Membran kristallisierten Methylenblaumolekülen.* Es wurde zuerst die Orientierung von Methylenblaumoll. auf frischen Spaltflächen von Glimmer untersucht, zu diesem Zweck wurde ein Tropfen einer 4%ig. methylalkoh. Lsg. von Methylenblau auf die Oberfläche gebracht u. verdunstet. In allen Fällen ist die lange Achse b der Moll., die flach liegen, nach 2 Richtungen orientiert, die einen Winkel $> 90^0$ miteinander bilden; sie bilden demnach Winkel $> 45^0$ mit der Richtung des langsamen Strahls. Weitere Unterss. wurden durchgeführt über die Orientierung der Moll. auf polierten Flächen von Gips sowie auf flachen Bruchflächen von Glas. Auf Glasflächen, die Spuren von organ. Verunreinigungen enthielten, trat Sphärulithbldg. auf. Zum Schluß wurde die Orientierung der Moll. in Membranen untersucht, die erhalten wurden durch Eintauchen von Drahtschlingen in die methylalkoh. Lsg. des Farbstoffs. (Science Rec. [Shanghai] **4**. 134—47. Juni 1951. Academia Sinica, Inst. of Geol. [Orig.: engl.]) GOTTFRIED. D 190

Arthur H. Mones und Benjamin Post, *Röntgenbeugungsuntersuchung von kristallinem Neopentan (Tetramethylmethan).* Nach WAHL (1913) ist kristallines *Neopentan* bei -180^0 doppelbrechend u. geht weit unterhalb seines F. in eine isotrope Form über. Da Pulveraufnahmen oberhalb des Umwandlungspunktes nicht befriedigend waren, wurden Einkristalldiagramme bei -50 ± 5^0 hergestellt; sie ließen sich indizieren auf der Grundlage einer flächenzentriert kub. Zelle mit $a = 8{,}78 \pm 0{,}05$ Å u. $z = 4$. Berechnete Strukturfaktoren unter der Annahme einer geordneten bzw. ungeordneten Struktur u. mit den 4 tetraedr. zugeordneten C-Atomen jedes Mol. u. statist. Besetzung der 8 Würfelecken standen nicht in Übereinstimmung mit den beobachteten Strukturfaktoren. Pulveraufnahmen bei -150 ± 5^0 konnten versuchsweise unter Annahme einer tetragonalen Zelle mit $a = 11{,}2 \pm 0{,}1$ Å; $c = 11{,}5 \pm 0{,}1$ Å indiziert werden. (J. chem. Physics **20**. 755—56. April 1952. Brooklyn, N. Y., Polytechnic Inst.) GOTTFRIED. D 195

G. Chiurdoglu, P. J. C. Fierens und C. Henkart, *Isomerisationsgleichgewicht von cyclischen Kohlenwasserstoffen.* 1. Mitt. *Isomerisation von Cyclopentan- und Cyclohexanderivaten der Formel C_8H_{16} mittels Aluminiumchlorid.* Folgende cycl. KW-stoffe der Formel C_8H_{16} wurden bei 100^0 in Ggw. von $AlCl_3$ bis zur Einstellung des Gleichgewichtes isomerisiert: *n-Propyl-, Isopropyl-, cis-* u. *trans-1-Methyl-2-äthyl-, cis-* u. *trans-1.2.4-Trimethylcyclopentan, Äthyl-, 1.1-*, je *cis-* u. *trans-1.2-, -1.3-, -1.4-Dimethylcyclohexan.* Im Isomerisationsgleichgewicht, das RAMAN-spektralanalyt. untersucht wurde u. bei allen eingesetzten KW-stoffen sich als gleich erwies, ergab sich folgende Zus.: 12% 1.1-, 8% trans-1.2-, 45% cis-1.3-, 5% trans-1.3-, 30% trans-1.4-Dimethylcyclohexan. Die Ergebnisse sind in Übereinstimmung mit den thermodynam. Eigg. der Cyclane C_8H_{16}. *1.1-Dimethylcyclohexan*, $Kp._{760}$ $119{,}60^0$, aus Dimedon durch Hydrierung an Ni u. Dehydratation ($\rightarrow$ *1.1-Dimethylcyclohexadien-(2.4)*, $Kp._{760}$ 112,1 bis $112{,}3^0$, $D.^{20}_4$ 0,80809, $n_{He\gamma}^{20}$ 1,45277) u. Hydrierung an Pt-Schwarz; $D.^{20}_4$ 0,78075, $D.^{30}_4$ 0,77255, $n_{He\gamma}^{20}$ 1,42898. — *β-Methyladipinsäure*, F. 96^0, durch Oxydation von p-Methylcyclohexanol; *Diäthylester*, $Kp._{760}$ $145{,}3^0$, $D.^{0}_4$ 1,01170, $D.^{20}_4$ 0,99342, $n_{He\gamma}^{20}$ 1,43055. — *2.4-Dimethylcyclopentanon-(1)-carbonsäure-(5)-äthylester*, $Kp._{760}$ 116^0, durch Cyclisierung vorst. Esters mit Na u. nachfolgende Methylierung der Na-Verb., $D.^{20}_4$ 1,0163, $D.^{30}_4$ 1,0075, $n_{He\gamma}^{20}$ 1,44626. — *2.4-Dimethylcyclopentanon-(1)*, $Kp._{760}$ 151^0, durch 7std. Kochen vorst. Verb. mit 50%ig. H_2SO_4, $D.^{20}_4$ 0,89490, $D.^{30}_4$ 0,88342, $n_{He\gamma}^{20}$ 1,43246. — *1.2.4-Trimethylcyclopenten-(1)*, Kp. $118{,}7^0$, aus dem rohen 1.2.4-Trimethylcyclopentanol ($Kp._{29}$ 64—71^0, Darst. in verd. Lsg. in der Kälte) durch Wasserabspaltung mit HCOOH, neben ~4% des Δ^5-Isomeren; $D.^{20}_4$ 0,78777, $D.^{30}_4$ 0,77873, $n_{He\gamma}^{20}$ 1,44045. — Durch Hydrierung oder Red. der vorst. Verb. unter verschied. Bedingungen wurde ein Isomerengemisch erhalten, aus dem isoliert werden konnten: *1.2.4-Trimethylcyclopentan* mit $Kp._{760}$ 109^0, $D.^{20}_4$ 0,7452, $n_{He\gamma}^{20}$ 1,40955; mit $Kp._{760}$ 117^0, $D.^{20}_4$ 0,7635, $n_{He\gamma}^{20}$ 1,41890 u. $Kp._{760}$ 120^0, $D.^{20}_4$ 0,7705, $n_{He\gamma}^{20}$ 1,42275. — Die RAMAN-Spektren der letzten 3 Verbb. werden mitgeteilt. Zur Durchführung der RAMAN-spektroskop. Analysen werden die Spektren von *1.1-, cis-* u. *trans-1.2-, 1.3-, 1.4-Dimethylcyclohexan* angeführt u. Spektren von synthet. Mischungen aufgenommen. (Bull. Soc. chim. belges **59**. 140—55. 1950. Bruxelles, Univ. libre, Labor. Chim. gen. II.) GOUBEAU. D 221

G. Chiurdoglu, P. Fierens und C. Henkart, *Isomerisationsgleichgewicht von cyclischen Kohlenwasserstoffen.* 2. Mitt. *Isomerisation von Cyclopentan- und Cyclohexanderivaten der Formel C_9H_{18} mittels Aluminiumchlorid.* (1. vgl. vorst. Ref.) Folgende cycl. KW-stoffe wurden bei 100^0 mittels $AlCl_3$ bis zur Gleichgewichtseinstellung isomerisiert:

n-Butyl-, cis- u. *trans-1-Methyl-2-propyl-, cis-* u. *trans-1.2-Diäthylcyclopentan, n-Propyl-, Isopropyl-, 1-Methyl-2-äthyl-, 1-Methyl-3-äthyl-, 1-Methyl-4-äthyl-, 1.1.3-, 1.2.3-, 1.2.4-Trimethylcyclohexan* (alles Isomerengemische), *cis-* u. *trans-1.3.5-Trimethylcyclohexan.* In allen Fällen resultiert dasselbe Isomerengemisch, das sich auf Grund der RAMAN-Spektralanalyse zusammensetzt nach: 14% 1.1.3-, 10% 1.1.4-, 10% 1.2.3-, 27% 1.2.4- (Isomerengemische), 34% cis-1.3.5- u. 5% trans-1.3.5-Trimethylcyclohexan. Die Ergebnisse stimmen mit thermodynam. Überlegungen überein. *cis-* (I, F. 35°) u. *trans-1.1.3-Trimethylhexanol-(5)* (II), F. 55°, durch Hydrierung von Isophoron. — Δ^4- oder Δ^5-*1.1.3-Trimethylcyclohexen*, Kp.$_{760}$ 133,7—134,7°, aus II mit Oxalsäure oder 20% ig. H_2SO_4, $n_{He\gamma}^{20}$ 1,4397. — Aus I entsteht bei gleicher Rk. ein Gemisch beider Isomeren. — *1.1.3-Trimethylcyclohexan*, Kp.$_{760}$ 136,8—136,9°, aus den Dehydratationsprodd. von I oder II durch Hydrierung, D.$^{20}_4$ 0,7788, $n_{He\gamma}^{20}$ 1,4292. — *1.2.3-Trimethylcyclohexan*, durch sukzessive Einführung von Oxymethylgruppen in Benzylchlorid mit Mg u. CH_2O in stark verd. Lsg. über die Stufen *2-Methylbenzylalkohol*, F. 34—35°, Kp.$_{21}$ 119—121° (62% Ausbeute); *2-Methylbenzylchlorid*, Kp.$_{21}$ 91—93° (90%); *2.3-Dimethylbenzylalkohol*, F. 64—65°, Kp.$_{21}$ 134—136° (47%), dessen Hydrierung in Ggw. von Pt bei 20° zu *Hemellithol* (III), Kp.$_{760}$ 176—176,2°, D.$^{20}_4$ 0,8950, n_D^{20} 1,5115, u. Weiterhydrierung in Ggw. von Ni bei 180°. — Die RAMAN-Spektren werden mitgeteilt von 1.1.3-, 1.2.3-, 1.2.4-Trimethylcyclohexan, Butylcyclopentan, Isopropylcyclohexan, cis- u. trans-Trimethylcyclohexan u. III. (Bull. Soc. chim. belges 59. 156—73. 1950.)

GOUBEAU. D 221

G. Chiurdoglu und **P. J. C. Fierens**, *Isomerisationsgleichgewicht von cyclischen Kohlenwasserstoffen.* 3. Mitt. *Experimenteller Nachweis der räumlichen Konfiguration der stereoisomeren 1.3.5-Trimethylcyclohexane.* (2. vgl. vorst. Ref.) Zum Nachw. der räumlichen Struktur der in vorst. Arbeit beschriebenen *1.3.5-Trimethylcyclohexane* (I) werden diese aus den beiden *1.3.5-Trimethylcyclohexenen-(1)* (II) durch Hydrierung dargestellt. **IIa**, Kp. 149,5°, wird aus *1.3.5-Trimethylcyclohexanol-(1)* erhalten, über Na isomerisiert es zu einem Isomeren mit dem Kp. 142,5° (**IIb**), $n_{He\gamma}^{20}$ 1,4470. Die Hydrierung von **IIa** liefert nur ein Isomeres **Ia**, Kp. 140,5°, $n_{He\gamma}^{20}$ 1,4310. Demnach besitzen **IIa** u. **Ia** die trans-Form. In Übereinstimmung mit den theoret. Erwartungen liefert **IIb** bei der Hydrierung die beiden isomeren Formen von I, besitzt also die cis-Form, ebenso wie die niedrigsd. Form von **Ib** mit dem Kp. 138,5°. (Bull. Soc. chim. belges 59. 174—77. 1950.)

GOUBEAU. D 221

H. M. E. Cardwell und **A. E. H. Kilner**, *Eliminierungsreaktionen.* 1. Mitt. *Säurekatalysierte Enolisierung und Substitutionsreaktionen von Ketonen.* Vff. bestimmten die Ausbeuten an den beiden isomeren Monobromderivv., die bei der säurekatalysierten Bromierung von Methylketonen entstehen. Da der geschwindigkeitsbestimmende Schritt bei solchen Halogenierungen die Enolisierung des Ketons ist, kann aus den Ergebnissen u. aus alten Daten über die Jodierungsgeschwindigkeit auf die Geschwindigkeit der beiden Enolisierungs-Rkk. (a) $R_1R_2CHCOCH_3 \rightarrow R_1R_2C{=}C(OH)CH_3$ u. (b) $R_1R_2CHCOCH_3 \rightarrow R_1R_2CHC(OH){=}CH_2$ geschlossen werden. Die Bromketone wurden durch fraktionierte Dest. unter vermindertem Druck getrennt; Ergebnisse: Methyläthylketon → 73% *α-Bromäthylmethylketon*, 27% *Brommethyläthylketon*; Methyl-n-propylketon → 63% *α-Brompropylmethylketon*, 37% *Brommethyl-n-propylketon*; Methyl-n-butylketon (Kp.$_{760}$ 125°) → 77% *3-Bromhexanon-(2)* (I, Kp.$_{30}$ 82°, n_D^{20} 1,4591) u. 23% *1-Bromhexanon-(2)* (II, Kp.$_{30}$ 96°, n_D^{20} 1,4649); Methyl-n-amylketon (Kp.$_{750}$ 149,5°) → 60% *3-Bromheptanon-(2)* (III, Kp.$_4$ 61,5—64°, n_D^{18} 1,4610) u. 40% *1-Bromheptanon-(2)* (IV, Kp.$_4$ 77,5—79,0°, n_D^{18} 1,4650); Methyl-n-hexylketon (Kp.$_{750}$ 169—170°) → 80% *3-Bromoctanon-(2)* (V, Kp.$_{2-3}$ 61,5—63,5°) u. 20% *1-Bromoctanon-(2)* (VI, Kp.$_{2-3}$ 77,4—79°, n_D^{20} 1,4660); Methylisopropylketon (Kp.$_{760}$ 93—94°) → 76% *3-Brom-3-methylbutanon-(2)* (Kp.$_{100}$ 78°, Kp.$_{160}$ 93,5°, n_D^{20} 1,4575) u. 24% *1-Brom-3-methylbutanon-(2)* (VII, Kp.$_{75}$ 93°, Kp.$_{125}$ 107—108°, n_D^{20} 1,4635); Methylisobutylketon (Kp.$_{744}$ 114,5°) → 52% *3-Brom-4-methylpentanon-(2)* (VIII, Kp.$_{40}$ 79°, Kp.$_{100}$ 102°, n_D^{19} 1,4619) u. 48% *1-Brom-4-methylpentanon-(2)* (IX, Kp.$_{40}$ 94°, Kp.$_{100}$ 122°, n_D^{19} 1,4638) u. Methyl-sek.-butylketon (Kp.$_{760}$ 115—117°) → 78% *3-Brom-3-methylpentanon-(2)* (X, Kp.$_{24}$ 65°, Kp.$_{50}$ 80,5°, n_D^{21} 1,4634) u. 22% *1-Brom-3-methylpentanon-(2)* (XI). Zur Deutung dieser Ergebnisse verweisen Vff. auf die Ähnlichkeit der Übergangszustände bei der säurekatalysierten Enolisierung [$>CH—C{=}OH^{(+)} \leftrightarrow >CH—C^{(+)}—OH$] u. bei der monomol. Dehydratation von Alkoholen oder überhaupt von Eliminierungs-Rkk. [$>CH—C—OH_2^{(+)} \rightleftharpoons >CH—C^{(+)} + H_2O$]. In beiden Fällen wird derjenige der möglichen Übergangszustände am stärksten ausgebildet, bei dem α- oder β-ständige Alkylgruppen durch Hyperkonjugation am stärksten stabilisierend wirken können. Die Orientierung bei der Enolisierung von gesätt. aliphat. u. monocycl. Ketonen wird dadurch bestimmt, die Geschwindigkeit der Rk. außerdem durch die

Zahl der vorhandenen α-H-Atome. α- u. β-Substituenten haben ungefähr gleich starken Einfl., allg. kann man als modifizierte SAYTZEFF-Regel aussagen: Bei dem Halogenwasserstoffentzug aus gesätt. aliphat. Haliden wie bei der säurekatalysierten Enolisierung gesätt. aliphat. Ketone wird die Doppelbindung (im Olefin oder Enol) vorzugsweise zwischen C-Atomen ausgebildet werden, deren Nachbar-C-Atome die größte Zahl von H-Atomen tragen. — Bei Verlängerung der n-Alkylkette macht sich ein alternierender Effekt deutlich bemerkbar, den Vff. mit Hyperkonjugationseffekten der Art: —$CH{=}CH_2$—$CH_2{=}CH_2$— in Verb. bringen. Außer bei Orientierung bei der Halogenierung können die Ergebnisse auch angewandt werden bei der Deutung anderer Keton-Rkk., bei denen die Enolisierung geschwindigkeitsbestimmend ist, so z. B. bei der säurekatalysierten Oxydation mit CeO_2 oder mit HNO_3, Aldolkondensation u. Acylierung mit CH_3COCl oder Acetanhydrid in Ggw. von BF_3. — Nachweis-Rkk. der Bromketone: a) Kondensation mit Thioharnstoff, Darst. der *2-Amino-4-methyl-5-alkylthiazole*: *5-n-Propyl-* ($C_7H_{12}N_2S$, F. 45—45,5° [PAe., Kp. 40—60°]; *Pikrat*, aus Aceton, F. 218—220° [Zers.]; aus I), *5-n-Butyl-* ($C_8H_{14}N_2S$, F. 41—42°; *Pikrat*, F. 192 bis 193° [Zers.]; aus III), *5-n-Amyl-* ($C_9H_{16}N_2S$, F. 26—27°; aus V); *5-Isopropylverb.* (F. 72—73°; *Pikrat*, F. 210° [Zers.]; aus VIII). *2-Amino-4-alkylthiazole*: *4-n-Butyl-* ($Kp._{1,0}$ 110—111°, n_D^{21} 1,5515; *Pikrat*, aus Aceton, F. 214—216° [Zers.]; aus II), *4-n-Amyl-* ($Kp._{1,5}$ 134°, n_D^{20} 1,5429; *Pikrat*, F. 183—184° [Zers.]; aus IV), *4-Isobutyl-* ($Kp._{1,5}$ 112°, n_D^{20} 1,5441; *Pikrat*, F. 201—202°, aus IX), *4-Isopropyl-* ($C_6H_{10}N_2S$, $Kp._{0,5}$ 105—107°, n_D^{29} 1,5616; *Pikrat*, F. 209—211° [Zers.]; aus VII) u. *4-sek.-Butylverb.* ($Kp._2$ 109—111°, n_D^{21} 1,5558; *Pikrat*, F. 188—189° [Zers.]; aus XI). b) Anilinoverbb.: *1-* ($C_{12}H_{17}ON$, aus Aceton, F. 74,5—75°) u. *3-Anilinohexanon-(2)*, $Kp._{1,0}$ 106°, n_D^{20} 1,5399), *1-* ($C_{13}H_{19}ON$, aus PAe. [Kp. 60—80°] F. 73—74°) u. *3-Anilinoheptanon-(2)* ($Kp._{1,0}$ 132°, n_D^{20} 1,5449); *1-Anilinooctanon-(2)* ($C_{14}H_{21}ON$, aus PAe., F. 67—68°); *1-Anilino-4-methylpentanon-(2)* ($C_{12}H_{17}ON$, aus Ae., F. 54,5—55°) u. *3-Anilino-3-methylpentanon-(2)* ($Kp._{1,5}$ 125°, n_D^{20} 1,5476). — *1-* ($C_{13}H_{16}O_3$, $Kp._5$ 154°, F. 34—35° [PAe. oder Aceton bei —50°], aus IX) u. *3-Benzoyloxy-4-methylpentanon-(2)* (F. 35—36° [PAe.], aus VIII), aus den Bromketonen mit K-Benzoat. (J. chem. Soc. [London] **1951.** 2430—41. Sept. Oxford, Dyson Perrins Labor.) KRESZE. D 225

H. M. E. Cardwell, *Eliminierungsreaktionen.* 2. Mitt. *Basen-katalysierte Ionisation und Substitutionsreaktionen von Ketonen und Nitroparaffinen.* (1. vgl. vorst. Ref.) Alkylgruppen verhindern induktiv die Abionisation eines Protons aus einer ionisierbaren Verb., anders als bei säurekatalysierten Rkk. ist daher bei vielen basenkatalysierten Rkk. von Ketonen (Jodierung, Aldolkondensationen, Carboxylierung durch Rk. mit Na-Triphenylmethid in Ae. u. Behandlung mit CO_2) die Orientierung durch eine übertragene HOFMANsche Regel gegeben. Andrerseits folgen viele Keton-Rkk. unter Wrkg. von Basen der erweiterten SAYTZEFF-Regel. Durch Betrachtung der Dissoziationsgeschwindigkeiten u. Gleichgewichte bei Nitroparaffinen (Daten vgl. MARON u. LAMER, J. Amer. chem. Soc. **60.** [1938.] 2588 u. TURNBULL u. MARON, J. Amer. chem. Soc. **65.** [1943.] 212) versuchen Vff. diese Diskrepanz zu erklären. Nach ihrer Deutung hindern zwar Alkylgruppen die Ausbldg. des Übergangszustandes bei basenkatalysierten Rkk., stabilisieren den gebildeten Übergangszustand jedoch durch Hyperkonjugation. Bei Methylketonen sollte daher von den Geschwindigkeitskonstanten $RCH_2COCH_3 \rightleftharpoons RCH{=}C(CH_3)O^-$ (k_1^a, k_2^a) u. $RCH_2COCH_3 \rightleftharpoons RCH_3C(O^-){=}CH_2$ (k_1^b, k_2^b) $k_1^b > k_1^a$, jedoch $k_2^b \gg k_2^a$ sein. Wird daher das Enolat gleich nach seiner Bldg. verbraucht, erfolgt Orientierung nach HOFMAN, tritt vor Weiter-Rk. Gleichgewichtseinstellung beim Enolat ein, so erfolgt Orientierung nach SAYTZEFF. Als Beispiel führen Vff. an, daß bei der Behandlung von (—)-*Menthon* (I) mit $NaNH_2$ in Ae. u. Carboxylierung Inversion unter Bldg. von (+)-*Carboxyisomenthon* auftritt; aus I ($[\alpha]_D^{20}$ —22,9°) u. Na-Triphenylmethid in Ae. u. Rk. mit Trockeneis dagegen entsteht (nach Methylierung mit CH_2N_2) (—)-*2-Carbomethoxymenthon*, $Kp._{6-7}$ 122—124°, $[\alpha]_D^{20}$ —29,0° (c = 6,0 in Methanol). (J. chem. Soc. [London] **1951.** 2442—45. Sept.) KRESZE. D 225

Barnett Cohen, Ervin R. van Artsdalen und **Joseph Harris,** *Reaktionskinetik tertiärer aliphatischer β-Chloräthylaminen in verdünnter wässeriger Lösung.* 2. Mitt. *Hydrolyse des Äthylenimmoniumions.* (1. vgl. C. **1948.** II. 1050.) Die Hydrolyse von β-Chloräthylaminen verläuft in zwei Schritten: (1) $RR'NCH_2CH_2{-}Cl \rightarrow RR'\overline{N^+CH_2CH_2}$ (EJ) + Cl′ u. (2) EJ + HOH → $RR'NCH_2CH_2OH + H^+$. (1) ist reversibel u. verläuft schnell. (2) ist geschwindigkeitsbestimmend u. 1. Ordnung. Bei Anwesenheit mehrerer —CH_2CH_2Cl-Gruppen erfolgt die Hydrolyse stufenweise. Das Hydrolysenprod. der 2. CH_2CH_2Cl-Gruppe tritt in merklicher Konz. auf, wenn die 1. CH_2CH_2Cl-Gruppe zu 40% hydrolysiert ist. Kinet. verfolgt wurde jetzt die Hydrolyse des 1. Äthylenimmoniumions EJ durch Best. der gebildeten Cl′-Ionen, der Aufnahme von S_2O_3''-

Ionen, oder der gebildeten H^+-Ionen bei p_H-Werten zwischen 3,6 u. 8,5 u. in 0,001- u. 0,0025mol. Lsgg. bei 37 u. 47°. Zur Unters. gelangten Verbb. mit $R' = CH_2CH_2Cl$ u. $R = (CH_3)_2CH$ (I); $R = CH_3(CH_2)_2$ (II); $R = CH_3(CH_2)_3$ (III); $R = C_2H_5$ (IV); $R = CH_3$ (V) sowie $R = CH_3$, $R' = CH_2CH_2OH$ (VI) u. $R=R' = CH_2CH_2Cl$ (VII). VII reagiert bei 37° zu schnell mit H_2O, die Unters. wurde in diesem Falle bei 25° ausgeführt. Bei der Hydrolyse des ersten Immoniumions der Tris- u. Bis-β-chloräthylamine treten keine Dimeren auf. Die reversible Rk. bei (1) ist in verd. wss. Lsgg. zu vernachlässigen. Umsatz von EJ mit OH'-Ionen wurde im untersuchten p_H-Bereich nicht beobachtet, Rk. von EJ mit seinem Äthanolamin erfolgt bei genügend niedrigem p_H nicht. Die Reaktionsgeschwindigkeit ist vom p_H unabhängig. Die Bldg. von Nebenprodd. ist jedoch nicht ausgeschlossen, bei der Hydrolyse von VI tritt ein Dimeres, Pikrylsulfonat, F. 203°, auf. Außerdem ändert sich bei VI die Reaktionsgeschwindigkeit mit dem p_H, bleibt jedoch erster Ordnung. Bei p_H 9,2 tritt eine beschleunigte Rk. ein, wahrscheinlich infolge des Umsatzes zwischen VI u. dem gebildeten Methyldiäthanolamin. Ergebnisse (Werte in der Reihenfolge: $pK_a^{37°}$, $k_h \cdot 10^4$ bei 37° u. 47° [beide in Liter/Mol·min u. bei p_H 7,4], E u. $\Delta F^{\neq}$ (kcal/Mol), $-\Delta S^{\neq}$ (cal/Grad·Mol]): I, 6,5; 1,36; 2,67; 13,4, 26,2; 43; II, 6,3; 0,960; 2,49; 18,8; 26,4; 27; III, 6,15; 0,724; 2,14; 21,4; 26,6; 19; IV, 6,10; 0,672; 1,59; 17,0; 26,6; 33; V, 5,97; 0,906; 2,38; 19,8; 26,4; 23; VI, 7,02; 0,168; 0,44 (bei p_H 4,0 u. 5,0); 19,1; 27,5; 29; VII, 4,0 (bei 25°); 6,60. — log k_h ist eine lineare Funktion von pK_a mit Ausnahme der Methylderivv., steht also in enger Beziehung zur Elektronendichte am reagierenden C-Atom. Bei V treten Abweichungen vom einfachen Schema der Gesamthydrolyse — 4 irreversible Folge-Rkk. 1. Ordnung — also nur beim letzten Schritt, der Hydrolyse des EJ von VI, auf. (J. Amer. chem. Soc. **74.** 1875—78. 20/4. 1952. Baltimore, Md., Johns Hopkins Univ., Dep. of Physiol. Chem.) KLEINWÄCHTER. D 225

Barnett Cohen, Ervin R. van Artsdalen und **Joseph Harris,** *Reaktionskinetik tertiärer aliphatischer β-Chloräthylamine in verdünnter wässeriger Lösung.* 3. Mitt. *Reaktionen des Äthylenimmoniumions mit verschiedenen Anionen.* (2. vgl. vorst. Ref.) Es wird die Rk. der EJ $RR'\overline{N^+CH_2CH_2}$ mit S_2O_3'', HCO_3', Cl', Propionat- u. Benzoationen untersucht. Bei den Rkk. wird ein prim. Salzeffekt beobachtet, der auf Grund der DEBYE-HÜCKELschen Theorie auf ein einfach geladenes Ion schließen läßt. Bei der Rk. mit S_2O_3'' ergeben sich folgende Geschwindigkeitskonstanten für die EJ aus den β-Chloräthylaminen, wenn man die Ionenkonz. auf 0 extrapoliert: *Tris-[β-chloräthyl]-amin* (I), 2500 (Liter/Mol.min). *Isopropyl-* (II), 260; *n-Propyl-* (III), 160; *Methyl-* (IV), 140, u. *Äthyl-bis-[β-chloräthyl]-amin* (V), 118 bei 15° u. p_H 4,0. Bei der Rk. mit HCO_3' ergeben sich folgende bimol. Konstanten: II $9{,}72 \cdot 10^2$; III $5{,}88 \cdot 10^2$; IV $4{,}88 \cdot 10^2$; *n-Butyl-bis-[β-chloräthyl]-amin* $4{,}28 \cdot 10^2$; V $4{,}56 \cdot 10^2$ bei p_H 7,6 u. 37°. Der entsprechende Ester ist nicht zu isolieren, die Hydrolyse verläuft über die Stufe des Esters vermutlich schneller als in reinem Wasser. Für die Rk. mit Cl' wird nur der Umsatz von IV angeführt. Mit steigender Ionenkonz. von 0—0,520 fällt die bimol. Geschwindigkeitskonstante von 0,133—0,046 bei p_H 3,6 u. 37°. Die Gleichgewichtskonstante für $CH_3 \cdot (ClCH_2CH_2)\overline{N^+CH_2CH_2} + Cl' \rightleftarrows CH_3(ClCH_2CH_2)_2N$ ergibt sich bei 37° zu 3,68 Mol/Liter entsprechend einer 99,86%ig. Dissoziation. Bei den Umsätzen des EJ von IV mit Na-Propionat u. -Benzoat war kein Einfl. auf die Hydrolysegeschwindigkeit festzustellen. Da die Geschwindigkeitskonstanten bei den Rkk. mit Cl', Propionat u. Benzoat, auf die Ionenkonz. 0 extrapoliert, keine wesentlichen Unterschiede ergeben, ist der ster. Einfl. bei diesen Rkk. zu vernachlässigen. (J. Amer. chem. Soc. **74.** 1878—82. 20/4. 1952.) KLEINWÄCHTER. D 225

Stanley J. Cristol, Norman L. Hause und **John S. Meek,** *Mechanismus von Eliminierungsreaktionen.* 3. Mitt. *Die Kinetik der alkalischen HCl-Abspaltung der Benzolhexachloridisomeren.* 2. Mitt. (2. bzw. 1. vgl. C. **1948.** II. 284.) Die Geschwindigkeit der HCl-Abspaltung von 4 der isomeren Benzolhexachloride (α, β, γ u. ε) mit NaOH wird in 76%ig. wss. A. gemessen. (Vgl. auch VAN DER LINDEN, Ber. dtsch. chem. Ges. **45.** [1912.] 231.) Die durch die Gleichung $C_6H_6Cl_6 + 3\,OH^- \rightarrow C_6H_3Cl_3 + 3\,Cl^- + 3\,H_2O$ darstellbare Rk. wird bei Tempp. zwischen 0 u. 48° titrimetr. verfolgt. Die kinet. Daten sind vereinbar mit der Annahme, daß bei den 4 Isomeren jeweils die 1. der 3 aufeinanderfolgenden Teil-Rkk. (Eliminierung von je 1 HCl) geschwindigkeitsbestimmend oder wenigstens annähernd geschwindigkeitsbestimmend ist (letzteres offenbar bei dem γ-Isomeren; vgl. dagegen das in der 2. Mitt. beschriebene abweichende Verh. des δ-Isomeren, welches die Isolierung einer Zwischenstufe, nämlich eines $C_6H_5Cl_5$ gestattet). Es ergeben sich die folgenden Werte bei 30° für die Geschwindigkeitskonstanten in Liter·sec^{-1}Mol^{-1}, die Aktivierungsenergien E in kcal/Mol u. die Aktivierungsentropien Δ S in cal/Grad in der angegebenen Reihenfolge: α-Isomeres 0,500; 18,5; —1,0. β-Isomeres 2,11·10^{-5}; 31,0; 20,2. γ-Isomeres 0,151; 20,6; 3,6. ε-Isomeres 0,182; 21,4; 6,5. (Geschätzte Unsicherheiten von E weniger als ± 1 kcal u. von Δ S weniger als ± 3 kcal/Grad.) Das β-Isomere, in dem zum Unterschied von den 3 anderen Isomeren alle benachbarten Paare von H- u. Cl-Atomen in cis-Stellung stehen, reagiert also 7000—24000mal langsamer u. mit 9,6—12,5 kcal/Mol größerer Aktivierungsenergie als die übrigen Isomeren, in denen trans-Eliminierung möglich ist. Eine Diskussion zeigt, daß Abstoßungskräfte als Hauptursache für die Überlegenheit der trans-Eliminierung über die cis-Eliminierung als unwahrscheinlich auszuschließen sind. Die Daten scheinen am besten durch die Annahme zweier verschied. Eliminierungsmechanismen erklärt werden zu können: die trans-Eliminierung umschließt einen komplexen Einstufenprozeß, in dem gleichzeitig das Proton entfernt, die Doppelbindung gebildet u. das Halogenidion entwickelt wird; der 2. Mechanismus, der offenbar bei der cis-Eliminierung beobachtet wird, umfaßt einen Mehrstufenprozeß, bei dem im geschwindigkeitsbestimmenden Schritt nur das Proton entfernt wird, wobei sich intermediär ein Carbanion bildet. Eine Näherungsberechnung des Unterschiedes der Aktivierungsenergien beider Prozesse ist in Übereinstimmung mit den beobachteten Unterschieden. — Darst. eines *Pentachlorcyclohexens* aus δ-Benzolhexachlorid bei 0° in 95%ig. A. durch Zusatz der für die Eliminierung von 1 HCl/Mol berechneten Menge NaOH, aus wss. A., F. 68—68,5°. (J. Amer. chem. Soc. **73**. 674—79. Febr. 1951. Boulder, Colo., Univ. of Colorado, Dep. of Chem.) REITZ. D 225

K. Knox, R. G. W. Norrish und **G. Porter**, *Der photochemische Zerfall von Keten bei sehr hoher Lichtintensität.* Die Unters. ist eine Fortsetzung der photochem. Studien mittels Blitzentladung großer Intensität, die hohe Radikalkonz. liefert (vgl. PORTER, C. **1952**. 2791 u. Discuss. Faraday Soc. **9**. [1950.] 60). Das Entladungsrohr war um das Quarzreaktionsgefäß gewickelt. Die Entladung eines auf 4000 V geladenen Kondensators von 480 μF erfolgte durch Ar von 10 cm Hg u. dauerte 1,5 Millisekunden. Bei dem Umsatz von über 3000 Joule pro Blitz wurden mehr als 10^{20} Quanten zwischen 2000 u. 5000 Å ausgesandt. Die Intensität der Lampe sinkt mit der Zeit durch Niederschlagung von Elektrodenmaterial am Glas. Die *Keten* (I)-Drucke betrugen 10—180 mm Hg, N_2-Zusatz 0—320 mm, CH_4-Zusatz 0—300 mm Hg. Analyt. wurden bestimmt CO, dessen Menge dem I-Zerfall entspricht, H_2, CH_4, C_2H_2, C_2H_4, C_2H_6 u. die C-haltige Abscheidung, die einer solchen aus einer rußenden C_2H_2-Flamme ähnelt. Die C-Partikel haben etwa einheitliche Größe, die elektronenmkr. zu ca. 500 Å bestimmt wurde. Der I-Zerfall ist bei hoher Intensität erheblich (ca. 90% u. mehr). N_2 u. CH_4 wirken etwas hemmend. Die Quantenausbeute ist über 6. Bei geringer Intensität u. viel Inertgas bilden sich mit geringer Quantenausbeute (ca. 1) die n. Photolyseprodd. CO u. C_2H_4. Bei hoher Intensität u. geringem Inertgaszusatz entstehen mit großer Quantenausbeute Pyrolysenprodd.: C_2H_2, H_2 u. Kohlenstoff, da in der kurzen Zeit der Energieeinstrahlung starke Erwärmung auf Tempp. erfolgt, die mit denen von KW-stoff-flammen vergleichbar sind. Aus der Abwesenheit merklicher Mengen höherer KW-stoffe wird geschlossen, daß die Kohlenstoffbldg. nicht über diese verläuft, sondern durch Dehydrierung von C_2-Verbb. erfolgt. Da sich im Bereich von 2300—5000 Å kein CH_2-Spektr. finden ließ, darf entweder das Radikal keinen erlaubten Elektronenübergang in dem Bereich besitzen oder es muß durch Polymerisation zu C_2H_4 im Zweierstoß sehr schnell verschwinden. (J. chem. Soc. [London] **1952**. 1477—86. April. Cambridge, Univ., Dep. of Phys. Chem.) THEILE. D 226

Lloyd E. Line jr., Betty Wyatt und **Hilton A. Smith**, *Der Einfluß von Nitroverbindungen auf die katalytische Austauschreaktion zwischen Deuteriumgas und Essigsäure. Ein Beweis für den Mechanismus der katalytischen Hydrierung von Nitrogruppen.* (Vgl. SMITH u. BEDOIT, J. Phys. Coll. Chem. **55**. [1951.] 1085.) Vff. untersuchen die Austausch-Rk. zwischen D_2 u. *Essigsäure* (I) mit wechselnden Zusätzen von *Nitrobenzol* (II) u. *Nitroäthan* (III) über einem Pt-Katalysator nach ADAMS, um einen weiteren Einblick in die Kinetik der beiden Hydrierungs-Rkk. zu gewinnen. Bei I allein ist die Austausch-Rk. von 1. Ordnung in bezug auf den D_2-Anfangsdruck, von nullter Ordnung in bezug auf die Essigsäurekonz. (zwischen 10—100% in n-Heptan) u. hat eine Aktivierungsenergie von 13,6 kcal/Mol. Durch geringe Zusätze von II wird die Austausch-Rk. vollkommen unterdrückt, während III keinen Einfl. ausübt. In beiden Fällen werden die Nitrogruppen zu den entsprechenden Aminogruppen red. u. deuteriert. Für II wird von Vff. angenommen, daß dieses während der Deuterierung eine vollkommen geschlossene monomol. Schicht auf der Katalysatoroberfläche ausbildet, während das D_2 aus der fl. Phase geliefert wird oder von einer schwach adsorbierten VAN DER WAALSschen Schicht. Als Reaktionsmechanismus wird dem von RIDEAL-ELEY (ELEY, Quart. Rev. [London] **3**. [1949.] 213) gegenüber dem von LANGMUIR-HINSHEL-

WOOD der Vorzug gegeben. Für III gilt, daß Hydrierung u. Austausch unabhängig voneinander verlaufen, denn erstere ist unabhängig vom D_2-Druck. Es wird vermutet, daß die Rkk. an verschied. Katalysatorbezirken vor sich gehen, oder daß I stärker als Deuterium, dieses wieder stärker als Nitroäthan adsorbiert wird u. so der unabhängige Ablauf der Rkk. zustande kommt. (J. Amer. chem. Soc. **74**. 1808—11. 5/4. 1952. Knoxville, Tenn., Univ., Dep. of Chem.) G. WINKLER. D 227

D_2. Präparative organische Chemie. Naturstoffe.

A. G. Passynski und **R. Ss. Tschernjak**, *Oxydation der Sulfhydrylgruppen in Gegenwart von denaturierenden Stoffen.* Durch direkte Messung bestimmten Vff. die Luft–O_2-Aufnahme von wss. 0,003 u. 0,01 mol. *Thioglykolsäure-*, 0,008 u. 0,002 mol. *Thiomilchsäure-* u. 0,0025 u. 0,01 mol. *Cystein*-Lsgg. in Ggw. von *Harnstoff* (I) u. ähnlichen Verbindungen. Es zeigte sich, daß die Oxydation der SH-Gruppen in Ggw. von I u. ihm ähnlichen Verbb. stark beschleunigt wird. Hierbei geht die SH-Gruppe vorwiegend in die Disulfidform über. Bei Zugabe von KCN zur oxydierten Lsg. stellt sich der ursprüngliche Titer der SH-Gruppe ein. Die Bedeutung der NH_2-Gruppe wird daraus ersichtlich, daß symm.-Diäthylharnstoff fast ohne Wrkg. auf die Oxydation der SH-Gruppen ist. Äthylamin, in dem die NH_2-Gruppe nicht als Acceptor des Protons auftreten kann, übt einen nur sehr schwachen Einfl. auf die SH-Oxydation aus. Vf. sieht in den Ergebnissen die Bestätigung dafür, daß die chem. Aktivität der SH-Gruppen weitgehend durch die Beweglichkeit der H-Atome bedingt ist. (Биохимия [Biochemie] **17**. 198—201. März/April 1952. Moskau, Inst. für Biochem. der Akad. der Med. Wiss. der UdSSR.) LEBTAG. 450

A. W. D. Avison, *Die Anwendung von Lithiumaluminiumhydrid zur Darstellung einiger Aminoalkanole.* Es wird die Darst. einiger *Aminoalkanole* durch Red. von Dicarbonsäuremonoamiden (Darst. nach bekannten Verff.) u. deren Estern, aromat. Ketosäureamiden u. Nitrilen mit $LiAlH_4$ beschrieben. 3.4-Dibenzyloxybenzaldehydcyanhydrin kann zum DL-*Noradrenalindibenzyläther* (V) red. werden.

Versuche: *N.N-Pentamethylenmalonamidsäureäthylester* (I), $C_{10}H_{17}O_3N$, Kp.$_{0,1}$ 124—127°, aus 6,2 g Malonsäuremonoäthylesterchlorid u. 7 g Piperidin in absol. Ae. unter Eiskühlung; hellgelbes Öl; 2,3 g (Ausbeute). — *N.N-Diäthylsuccinamidsäureäthylester* (II), $C_{10}H_{19}O_3N$, Kp.$_{0,8}$ 102—104°, aus 46,8 g Bernsteinsäuremonoäthylesterchlorid u. 42 g $(C_2H_5)_2NH$ in absol. Ae.; Öl; 77%. — *N.N-Pentamethylenglutaramidsäureäthylester* (III), $C_{12}H_{21}O_3N$, Kp.$_{0,8}$ 132—134°, aus Glutarsäuremonoäthylesterchlorid (Rohprod. aus 23,4 g Halbester u. $SOCl_2$) mit 24,9 g Piperidin wie beschrieben; 22 g. — *N.N-Diäthylglutaramidsäureäthylester*, $C_{11}H_{21}O_3N$, Kp.$_{0,5}$ 115—118°; hellgelbes Öl. — *N.N-Pentamethylenadipinamidsäureäthylester* (IV), $C_{13}H_{23}O_3N$, Kp.$_{0,5}$ 148—152°, aus Adipinsäurehalbester mit $SOCl_2$ u. Rk. des Chlorids mit Piperidin. — *3-Piperidinopropanol-(1)*, aus 2,3 g I in absol. Ae. mit 1,2 g $LiAlH_4$ in Ae. unter Rühren, 18 std. Stehen; identifiziert als *3-Piperidinopropylchlorid*, F. 212—213°, durch Umsetzung mit $SOCl_2$. — *N.N-Dimethylbernsteinsäurehalbamid*, $C_6H_{11}O_3N$, F. 93°, aus 20 g Succinanhydrid u. 34 g 27%ig. alkoh. Dimethylaminlsg. unter Rühren (Eiskühlung); Kristalle; 13,2 g. — *4-Dimethylaminobutanol-(1)*, $C_6H_{15}ON$, Kp.$_{12}$ 78°, durch SOXHLET-Extraktion von 23,3 g vorst. Verb. in eine Lsg. von 14 g $LiAlH_4$ in 800 cm³ absol. Ae. (Rühren, Feuchtigkeitsausschluß; 18 Std.); Öl; 11,3 g. — *4-Diäthylaminobutanol-(1)*, $C_8H_{19}ON$, Kp.$_{12}$ 96°, aus 20,1 g II u. 9,5 g $LiAlH_4$ in Ae.; Öl; 11,2 g. — *5-Piperidinopentanol-(1)*, $C_{10}H_{21}ON$, Kp.$_{13}$ 141—142°, aus 19,4 g III u. 7,8 g $LiAlH_4$; Öl; 11,0 g. — *5-Diäthylaminopentanol-(1)*, analog. — *6-Piperidinohexanol-(1)*, $C_{11}H_{23}ON$, Kp.$_{18}$ 162 bis 165°, aus IV; Öl. — *2-Amino-1-phenyläthanol-(1)-hydrochlorid*, $C_8H_{12}ONCl$, F. 211°, aus 3 g Phenylglyoxylamid u. 1,8 g $LiAlH_4$ in Ae.; Überführung ins Salz mit äther. HCl; Kristalle aus Aceton; 1,2 g; oder aus Benzoylcyanid u. $LiAlH_4$. — *Phenylglyoxylsäurediäthylamid*, $C_{12}H_{15}O_2N$, Kp.$_{15}$ 170—176°, durch Behandeln von 15 g Säure bei 40—45° (18 Std.) mit 12 cm³ $SOCl_2$, Entfernen des $SOCl_2$-Überschusses u. Umsetzung des Rohsäurechlorids in Ae. mit 15 g Diäthylamin; hellgelbes Öl; 4,6 g. — Daraus mit 2,1 g $LiAlH_4$ in Ae. *2-Diäthylamino-1-phenyläthanol-(1)*, $C_{12}H_{19}ON$, Kp.$_{14}$ 135—137°; Öl; 1,45 g. — *m-Benzyloxybenzoesäure*, F. 137—138°, aus m-Oxybenzoesäure in Methanol mit konz. H_2SO_4, 4 Std. Kochen, dann Einengen im Vakuum, W. zusetzen, ausäthern, Ae. abdampfen, Öl durch Einengen des mit Bzl. versetzten Rückstands im Vakuum trocknen, in Bzl. aufnehmen u. den *Methylester* mit PAe. (60—80°) fällen (Kristalle, F. 72—74°); Nd. in absol. A. lösen, $NaOC_2H_5$ zusetzen, dann $C_6H_5CH_2Cl$ zugeben u. 3 Std. kochen (Rühren); Reaktionsgemisch mit 50%ig. wss. NaOH 1 Std. kochen; 76%. — *2-Amino-1-[m-benzyloxyphenyl]-äthanol-(1)-hydrochlorid*, $C_{15}H_{18}O_2NCl$, F. 190° (absol. A./Ae.), aus 12,1 g m-Benzyloxybenzoylchlorid (Darst. mit $SOCl_2$) in absol. Ae. mit 10 g HCN (wasserfrei) beim Zutropfen von 15 cm³ Pyridin u. Red. des dabei entstandenen *m-Benzyloxybenzoylcyanids* (5,2 g) mit $LiAlH_4$. — *2-Amino-1-[3.4-dibenzyloxyphenyl]-äthanol-(1)* (V). 10 g 3.4-Dibenzyloxybenzaldehyd wurden behandelt mit 25 cm³ HCN (wasserfrei), 4 Tropfen gesätt. KCN-Lsg. u. 25 cm³ A., nach 4 Tagen wurde der HCN-Überschuß abdest., A. zugesetzt, im Vakuum eingedampft, der gummiartige Rückstand in Ae. aufgenommen, mit Na_2SO_4 getrocknet u. die Lsg. mit $LiAlH_4$ red.; *Pikrat*, $C_{22}H_{23}O_3N \cdot C_6H_3O_7N_3$, F. 169° (W./A.). Daneben bildeten sich 4,9 g einer Verb. mit F. 65—68°, wahrscheinlich 3.4-Dibenzyloxybenzylalkohol. (J. appl. Chem. 1. 469—72. Okt. 1951. Welwyn Garden City, Roche Prod. Ltd., Res. Dep.) GOEBEL. 450

A. N. Pudowik, *Acetylen-Allen-Umlagerungen*. 2. Mitt. *Einwirkung von alkoholischer Lauge, Alkoholaten und Acetaten der Alkalimetalle auf Acetylen- und Allenchloride.* (1. vgl. C. **1952**. 2820.) Durch Einw. von Alkalien in alkoh. Lsg. auf Dimethyläthinylchlormethan (I) oder Dimethylvinyläthinylchlormethan (II) unter Bedingungen, die den bimol. Mechanismus der Rk. begünstigen, d. h. bei nicht zu niedriger Alkalikonz. (vgl. HUGHES, INGOLD, MASTERMANN u. NULTY, J. chem. Soc. [London] **1940**. 899), wurden *Äther* des *Dimethyläthinylcarbinols* bzw. *Dimethylvinyläthinylcarbinols*, außerdem im 1. Falle *Isopropenylacetylen* (III), im 2. Falle *Isopropenylvinylacetylen* (IV) erhalten. Die gleichen Reagentien ergaben mit 1-Chlor-3-methylbutadien-(1.2) (V) bei Durchführung der Rk. in methylalkoh. Lsg. in schlechter Ausbeute *1-Methoxy-3-methylbutadien-(1.2)* (VI). In Abwesenheit von Alkalien ergab die Alkoholyse von I, die nach dem monomol. Mechanismus verläuft u. mit CH_3OH u. A. durchgeführt wurde, die Äther u. nur wenig III. Zur Sicherstellung der Identität der Äther wurde am Beispiel von Dimethyläthinylcarbinol die Bldg. aus diesem u. CH_3OH bzw. A. herangezogen. — Acetylen-Allen-Umlagerungen erfolgten bei vorst. Rkk. nicht.

Versuche: Aus 25 g I wurden mit 17 g KOH in 80 g A. durch 4std. Erhitzen auf dem Wasserbad 8,3 g *Dimethyläthinylcarbinoläthyläther* (VII), $C_7H_{12}O$, Kp. 93°; $D.^{20}_4$ 0,8125; n_D^{20} 1,4042; Mol.-Refr. ($[MR]_D$) 33,71, u. 6,1 g III, Kp. 32—33°; n_D^{20} 1,4090, erhalten. — Eine Lsg. von 8 g Na in 100 g absol. A. gab bei der Einw. auf 30 g I 8 g VII u. 7,6 g III. — Durch 6std. Erhitzen von 15 g I mit 10 g KOH in 60 ml absol. Methanol im Bombenrohr auf 70—80° entstanden 8,9 g *Dimethyläthinylcarbinolmethyläther* (VIII), $C_6H_{10}O$, Kp. 81°; $D.^{20}_4$ 0,8135; n_D^{20} 1,4015, u. 1,1 g III. — 20 g I mit 5 g Na, gelöst in 85 g Methanol, 2 Std. gekocht, lieferten 2 g III u. 10 g VIII. — Aus 20 g Phenol, 15 g KOH, 15 g W. u. 15 g I (3 Std. auf dem Wasserbad, anschließend Fraktionierung der Reaktionsprodd.) wurde *Dimethyläthinylcarbinolphenyläther*, $C_{11}H_{12}O$, $Kp._{11}$ 82—83°; $D.^{20}_4$ 0,9838; n_D^{20} 1,5150; $[MR]_D$ 49,15, gewonnen. — *Dimethyläthinylcarbinolmethyläther* (VIII), Kp. 81—82°; aus 20 g des Carbinols, 12 g Methanol u. 1,5 ml konz. H_2SO_4 bei 6std. Erhitzen auf dem Wasserbad; $D.^{20}_4$ 0,8140; n_D^{20} 1,4025; 3,3 g. — *Dimethyläthinylcarbinoläthyläther* (VII), $Kp._{760}$ 93—94°; $D.^{20}_4$ 0,8132; n_D^{20} 1,4050; 5,3 g aus 15 g Carbinol. — *1-Methoxy-3-methylbutadien-(1.2)* (VI), $C_6H_{10}O$, $Kp._{110}$ 56—58°; aus 15 g V u. 4 g Na in Methanol (gesätt. CH_3ONa-Lsg.) durch 10std. Erhitzen im Rohr auf 150°; $D.^{20}_4$ 0,8562; n_D^{20} 1,4575; $[MR]_D$ 31,20; 2,1 g neben höhersd. Produkten. Hieraus durch kurze Einw. von 5%ig. H_2SO_4 bei Zimmertemp. *β.β-Dimethylacrolein* (*2.4-Dinitrophenylhydrazon*, F. 175—176°; *Semicarbazon*, F. 219—220°). — Aus 40 g II entstanden mit 25 g KOH in 166 ml Methanol *Dimethylvinyläthinylcarbinolmethyläther*, $Kp._{43}$ 59—61°; $D.^{20}_4$ 0,8445; n_D^{20} 1,4520; 17,5 g, u. *Isopropenylvinylacetylen* [*2-Methylhexadien-(1.5)-in-(3)*] (IV), $Kp._{60}$ 42—44°; n_D^{20} 1,4955; 7 g. Diese 2 Verbb. können auch aus II u. CH_3ONa -Lsg. erhalten werden. — Aus 25 g II u. 9,2 g CH_3COONa in 50 ml Eisessig wurden durch 8std. Erhitzen auf 80° 3,5 g IV u. 8,4 g *Dimethylvinyläthinylcarbinolacetat*, $Kp._{16}$ 70—72°; $D.^{20}_4$ 0,9404; n_D^{20} 1,4639, gebildet. Besser ist die Ausbeute an letzterem bei Anwendung von CH_3COOK. (Журнал Общей Химии [J. allg. Chem.] **21**. (**83**.) 1462—71. Aug. 1951. Kasan, Univ., Labor. für organ. Chemie.) v. PEZOLD. 530

A. N. Pudowik und **L. A. Muchamedowa**, *Acetylen-Allen-Umlagerungen*. 3. Mitt. *Einwirkung magnesiumorganischer Verbindungen auf Dimethylvinyläthinylchlormethan.* (2. vgl. vorst. Ref.) Vff. untersuchten die Rk. von Dimethylvinyläthinylchlormethan (I) mit C_6H_5MgBr u. mit C_2H_5MgBr, die zur Bldg. eines Gemisches isomerer *KW-stoffe* $C_{13}H_{14}$ bzw. C_9H_{14} führte. In beiden Fällen fand teilweise Acetylen-Allen-Umlagerung statt. Die Uneinheitlichkeit der Reaktionsprodd. ließ sich auf Grund des Oxydationsergebnisses folgern.

Versuche: Gemisch von *KW-stoffen* $C_{13}H_{14}$. 50 g I werden zur Lsg. von $C_6H_5 \cdot MgBr$ (70 g C_6H_5Br; 10,8 g Mg; 150 cm³ Ae.) unter Rühren u. Kühlen mit W. zugetropft; darauf wird 4 Std. auf 60° erwärmt; $Kp._7$ 94—96; $D.^{20}_4$ 0,9223; n_D^{20} 1,5390; Mol.-

Refr. 57,73; 14,8 g (Ausbeute). Bei der Oxydation mit $KMnO_4$-Lsg. entstehen *Aceton*, *Benzoesäure* u. *Dimethylphenylessigsäure*. — Gemisch von *KW-stoffen* C_9H_{14}, aus I u. C_2H_5MgBr-Lsg. analog Vorst.; Kp.$_{30}$ 43—44,5°; D.$^{20}_4$ 0,7782; n_D^{20} 1,4630; Mol.-Refr. 43,17; 21,7 g aus 50 g I. Die Oxydation mit $KMnO_4$-Lsg. liefert *Aceton*, HCO_2H, *Dimethyläthylessigsäure* u. etwas *2-Ketobuttersäure*, die Ozonisierung in Chlf. außerdem *Oxalsäure*. (Журнал Общей Химии [J. allg. Chem.] 21. (83.) 1472—76. Aug. 1951.)
v. PEZOLD. 530

J. D. Cox, H. S. Turner und **R. J. Warne,** *Syntnesen mit isotopen Tracerelementen.* 1. Mitt. *Darstellung von mit Kohlenstoffisotopen markiertem Methanol und Natriumacetat.* Als Ausgangsmaterial für radioakt. organ. Verbb. dient Vff. $K^{13}CN$ u. $Ba^{14}CO_3$. Ersteres wird entweder methyliert u. verseift, wobei Essigsäure mit markierter Carboxylgruppe entsteht, oder es wird aus beiden markiertes CO_2 dargestellt. Dieses wird unter N_2 mit einer $LiAlH_4$-Lsg. red. u. es entsteht *^{13}C- bzw. ^{14}C-Methanol*. Verwendung von Äthylenglykoldiäthyläther (IV) als Lösungsm. für $LiAlH_4$ führt durch Spaltung zur Bldg. von Äthanol, das nur schwierig vom Methanol zu trennen ist. In Tetrahydrofurfuryloxytetrahydropyran (III) finden Vff. ein Lösungsm. für das Hydrid, das in Verbindung mit Tetrahydrofurfurylalkohol (II) als Hydrolysen-Fl. neben der größten Ausbeute auch das reinste Endprod. (als Verunreinigung geringe Mengen W., Formaldehyd u. II) ergibt. Dest. der entstehenden Methanole mit HJ führt zu den entsprechenden markierten Methyljodiden. Durch Rk. dieser mit KCN entstehen hierdurch Essigsäuren mit markierten CH_3-Gruppen. Für den Reduktionsmechanismus nehmen Vff. an, daß er über Formiat, Metallsalz des Methandiols, Formaldehyd u. Methylat verläuft.

Versuche (Apparaturen s. Original): *$^{14}CO_2$*, aus dem entsprechenden $BaCO_3$ durch Pyrolyse oder nach VAN SLYKE u. FOLCH (J. biol. Chemistry 136. [1940.] 509). Ausgangsmaterialien: Tetrahydropyran, Kp. 87—88°; n_D^{24} 1,4180. Diäthylenglykoldiäthyläther (IV), Kp.$_{23,5}$ 88°; n_D^{25} 1,4098. Diäthylenglykolmonobutyläther (V), Kp.$_{28}$ 130°; n_D^{25} 1,4304. Äthylenglykolmonophenyläther (I), Kp.$_{14}$ 123°; n_D^{25} 1,5342. Tetrahydrofurfurylalkohol (II), Kp.$_{20}$ 80°; n_D^{20} 1,4520. Tetrahydrofurfuryloxytetrahydropyran (III), $C_{10}H_{18}O_3$, Kp.$_{25}$ 135°; durch Rk. vorst. Verb. mit 2.3-Dihydropyran; D.$^{20}_4$ 1,045; n_D^{20} 1,4617. — *$^{13}CO_2$*, aus einem Gemisch von KCN u. $K^{13}CN$ durch Reinigen, Auflösen in CO_2-freiem W., Zufügen von 120% 0,25n$Ba(OH)_2$, Filtrieren, Waschen, 4std. Sieden des Filtrats mit $KMnO_4$ in 6nNaOH, Zufügen von 10nH_2SO_4 u. Auffangen des $^{13}CO_2$ in Kältefallen. — *$^{14}CO_2$*, aus $Ba^{14}CO_3$ durch Aufnehmen in W. mit Perjodsäure unter Hochvakuum u. CO_2-Methanolkühlung, nach beginnender Rk. Erwärmen auf 30° u. Auffangen des CO_2 in einer Kältefalle; 100% (Ausbeute). Für kleinere Ansätze (1 Millimol u. weniger) eignet sich die $PbCl_2$-Meth. von ZWIEBEL u. Mitarbeitern (C. 1950. I. 1330) besser. — *^{13}C- u. ^{14}C-Methanol*, durch Einleiten von vorst. CO_2 in eisgekühlte $LiAlH_4$-Lsg. (50% Überschuß) im Vakuum, langsames Zufügen von entsprechendem hydrolysierenden Alkohol (12 mol. Menge zu CO_2), Erwärmen auf ca. 110°/70 mm unter Abdest. des gebildeten Methanols u. Auffangen in Kältefallen. Bei Verwendung von IV als Lösungsm. u. Benzylalkohol, V oder I zur Hydrolyse 68—77% (Ausbeute). Verwendung von Tetrahydropyran liefert azeotropes Gemisch von Methanol u. Lösungsm., aus dem das Methanol nur durch Verwandlung in das Methyljodid (Kp. 42—43°; n_D^{25} 1,526; 66%) befreit werden kann. Verwendung von III liefert 85—92%. *p-Nitrophenylurethan*, F. 175,5°. *α-Naphthylurethan*, F. 122°. — Aus dem Rückstand bei der Dest. von ^{14}C-Methanol bei Verwendung von III durch Ansäuern, Dampfdest., Einstellen auf p_H 7,5, Eindampfen *Ameisensäure*, nachgewiesen als *S-Benzylthiuroniumderiv.*, $C_9H_{12}O_2N_2S$, F. + Misch-F. 152°. — *^{14}C-Methyljodid*, n_D^{20} 1,5301—1,5308; D.$^{20}_4$ 2,24—2,26; 83% (Gesamtausbeute). — *Na-Acetat* a) *$^*CH_3\cdot COONa$*: Durch Einleiten von $^{14}CH_3J$ in wss. KCN-Lsg., 12std. Schütteln bei Raumtemp., Kühlen auf —78°, Dest. in CO_2-freie 20nNaOH, 4std. Erhitzen bei 80° in Druckflasche, Verdünnen mit W., kurzes Einleiten von Dampf, Ansäuern mit H_2SO_4, Zufügen von Ag_2SO_4 u. Abblasen der Essigsäure in Alkali; 99%. Bei Verwendung von $^{13}CH_3J$ 60—66% bzw. 81%. b) *$CH_3\cdot{}^*COONa$*: Wie vorst. unter Verwendung von $K^{13}CN$ (97—100%) oder aus CH_3MgJ u. $^{14}CO_2$ bei —20° in Ae.; 96%. (J. chem. Soc. [London] 1950. 3167—76. Nov. Teddington, Middlesex, D. S. I. R., Chem. Res. Labor.)
LEHWALD. 560

J. D. Cox und **H. S. Turner,** *Synthesen mit isotopen Tracerelementen.* 2. Mitt. *Darstellung von mit isotopem Kohlenstoff markiertem Äthanol.* (1. vgl. vorst. Ref.) Zur Darst. radioakt. Äthanols dient Vff. wasserfreies radioakt. Na-Acetat. Dieses wird mit HCl in die *freie Säure* verwandelt u. ergibt bei Einw. von Phthaloylchlorid das radioakt. *Acetylchlorid*, das trotz geringer Verunreinigungen in diesem Zustand einer $LiAlH_4$-Hydrierung in Diäthylenglykoldiäthyläther unterworfen wird u. nach Alkoholyse mit

Äthylenglykolmonophenyläther u. Dest. 96%ig. radioakt. *Äthanol* liefert. — Eine 2.Meth. besteht in der Verwandlung des Na-Acetats mittels Äthylsulfats in das *Äthylacetat*. Hierbei entstehen permanente Gase, die vor der Red. wie vorst. zuerst herausdest. werden. Nach Red. bekommt man das radioakt. Äthanol in 86% radioakt. Ausbeute.

Versuche (Apparaturen s. Original): $^{14}CH_3COOH$, durch 2std. Erhitzen von $^{14}CH_3COONa$ im Vakuum bei 200°, Überleiten von HCl_{Gas} bei 100° u. Reinigen (s. Original); 97—99% (Ausbeute). — $^{14}CH_3COCl$, durch Rk. vorst. Verb. mit Phthaloylchlorid 1 Std. bei 120° u. Dest.; 94—95%. Daneben 3—4% HCl u. 2% Essigsäure. — $^{14}CH_3CH_2OH$, C_2H_6O, Kp. 78°, a) durch langsames Einleiten vorst. Verb. in auf —78° gekühltes $LiAlH_4$ in Diäthylenglykoldiäthyläther, nach 2std. Rühren bei 0° Zutropfen von Äthylenglykolmonophenyläther, 2std. Erhitzen auf 100° unter Abdest. des Äthanols; n_D^{25} 1,3600; 91% (Ausbeute an ^{14}C); b) aus nachst. Verb. wie vorst.; 84%. — *^{14}C-Äthylacetat*, durch Erhitzen von vorst. Na-Acetat mit Äthylsulfat auf 160°, dann 10 Min. auf 190°; 0,547 g aus 0,598 g Na-Acetat; enthält etwas SO_2. (J. chem. Soc. [London] **1950**. 3176—80. Nov.) LEHWALD. 560

J. D. Cox und **R. J. Warne**, *Synthesen mit isotopen Tracerelementen*. 3. Mitt. *Darstellung von mit isotopem Kohlenstoff markiertem Äthylenoxyd und Äthanol*. (2. vgl. vorst. Ref.) *^{14}C-Acetylen* kann in 97%ig. Ausbeute an ^{14}C durch Schmelzen von $Ba^{14}CO_3$ mit Ba u. Behandeln des gebildeten Carbids mit W. dargestellt werden. Red. mit $CrCl_2$ liefert *^{14}C-Äthylen*, das durch Behandeln mit HOCl in das entsprechende *^{14}C-Äthylenchlorhydrin* verwandelt wird. Einw. von KOH liefert hieraus *^{14}C-Äthylenoxyd* u. Red. desselben mit $LiAlH_4$ *^{14}C-Äthanol*.

Versuche (Apparaturen s. Original): *^{14}C-Acetylen*, durch Erhitzen von $Ba^{14}CO_3$ + Ba im Überschuß über freier Flamme im Argonstrom; nach Absprengen der festen M. einschließlich Glas u. Einführen in einen Kolben, Verdrängen der Luft durch H_2, Zutropfen von W., 20 Min. langes Sieden unter Abdest. u. Auffangen des Acetylens in mehreren Kältefallen: 97% (Ausbeute an ^{14}C). — *^{14}C-Äthylen*, durch Einleiten vorst. Verb. in $CrCl_2$, das in fl. N_2 eingeschmolzen ist, u. langsames Erwärmen; 95%. — *^{14}C-Äthylenchlorhydrin*, durch Einleiten vorst. Verb. in eine HOCl-Lsg. bei —196°. — *^{14}C-Äthylenoxyd*, durch Zufügen von Ätzkali zu vorst. Verb. in gefrorenem Zustand u. langsames Erwärmen u. mehrfache Wiederholung des Prozesses. Aus dem alkal. Rückstand durch Ansäuern mit H_3PO_4, Zufügen von Ba-Wismutat u. Dest. entsteht *Formaldehyd*, nachgewiesen als *Dimedonderiv.*, F. 189°. — *^{14}C-Äthanol*, C_2H_6O, durch 1std. Red. von 15,95 Millimol vorst. Verb. bei 0° mit $LiAlH_4$ in Tetrahydrofurfuryloxytetrahydropyran, Alkoholyse mit Tetrahydrofurfurylalkohol u. Dest.; n_D^{20} 1,3617; $D.^{20}_4$ 0,794; 0,746 g (darin 3% Methanol). (J. chem. Soc. [London] **1951**. 1893—96. Juli) LEHWALD. 560

J. K. Whitehead und **H. R. Bentley**, *Darstellung und Eigenschaften einiger aliphatischer Sulfoximine*. Vf. bezeichnen Verbb. der Struktur RR'S(=O)=NH als *Dialkylsulfoximine*, solche der Struktur RR'S=NH als *Dialkylsulfidimine*. Die Dialkylsulfoximine lassen sich durch Hydrolyse der Toluol-p-sulfonyldialkylsulfoximide oder besser aus den Dialkylsulfoxyden u. N_3H darstellen, sie entstehen auch bei der Einw. von N_3H auf die Dialkylsulfide, wahrscheinlich über die instabilen Dialkylsulfidimine, die sofort zu den Sulfoxyden hydrolysiert werden, die dann mit weiterer N_3H reagieren. Wegen ihrer Instabilität konnten Dialkylsulfidimine nicht dargestellt werden, wohl aber Toluol-p-sulfonylderivv. davon; die Oxydation dieser Derivv. mit $KMnO_4$ in W., wss. NaOH oder Eisessig führt nur zu Toluol-p-sulfonamid, in Aceton oder mit H_2O_2 in Aceton trat keine Oxydation ein. Die S—N-Bindung in den Sulfoximinen ist beständig gegen Hydrolyse, wird aber leicht durch Oxydationsmittel angegriffen.

Versuche: *Diäthylsulfoximin*, $C_4H_{11}ONS$, $Kp._{0,1}$ 135—140° (Bad), aus Diäthylsulfoxyd, NaN_3 u. konz. H_2SO_4 (D. 1,84) in Chlf.; 49% (Ausbeute). *Pikrat*, F. 122 bis 123°. — *Methyl-n-propylsulfoximin*, $C_4H_{11}ONS$, $Kp._{0,1}$ 180—185° (Bad), wie vorst. aus Methyl-n-propylsulfoxyd; 13%. *Pikrat*, F. 112°. — *n-Butylmethylsulfoximin*, wie vorst. aus n-Butylmethylsulfoxyd; zers. sich beim Vers. der Destillation. *Pikrat*, $C_5H_{13}ONS \cdot C_6H_3O_7N_3$, F. 118°. — *Toluol-p-sulfonyl-2-chloräthylmethylsulfidimid*, $C_{10}H_{14} \cdot O_2NClS_2$, F. 124°, durch Schütteln von 2-Chloräthylmethylsulfid mit Chloramin T (I) in W.; aus A. kleine Nadeln; 82%. — *Toluol-p-sulfonyl-2-oxyäthylmethylsulfidimid*, $C_{10}H_{15}O_3NS_2$, F. 108°, aus I u. 2-Oxyäthylmethylsulfid in heißem A. während 30 Min., Filtration u. Einengen; aus Bzl. Stäbchen; 61%. — *Dimethylsulfoximin* (II), $Kp._{20}$ 155 bis 160°, durch Eintragen von 2 Mol NaN_3 während 6 Std. in die Mischung von 20 g Dimethylsulfid mit H_2SO_4 (D. 1,84) u. Chlf. bei 40° unter Rühren u. fraktionierte Dest.; 3,3 g. *Pikrat*, F. 179°. Als Vorlauf wurden 2 g *Dimethylsulfoxyd*, $Kp._{20}$ 92—95°, erhalten. II gibt beim Kochen mit Na in Bzl. ein gelbes *N-Na-Deriv.*, aus dem mit Toluol-psulfonylchlorid *Toluol-p-sulfonyldimethylsulfoximid*, F. 167—169°, entsteht. Desaminierung von II in wss. HCl mit wss. $NaNO_2$-Lsg. bei 75—80° ergab neben unverändertem II *Dimethylsulfon*, $C_2H_6O_2S$, F. 103—104°, $Kp._{20}$ 170—180°. — *DL-Methioninsulfoximin*, F. 219°, aus DL-Methionin wie II; 27%. (J. chem. Soc. [London] **1952**. 1572—74. Mai. St. Albans, Herts., Res. Assoc. of Brit. Flour Millers, Cereals Res. Stat., u. Glasgow, Royal Techn. Coll.) SPAETH. 600

Robert M. Lusskin und **John J. Ritter**, *Eine neue Reaktion von Nitrilen*. 5. Mitt. *Darstellung von N-[2-Halogenäthyl]-amiden*. (4. vgl. HARTZEL u. RITTER, C. **1949**. E. 697.) Vff. stellen durch Rk. von Nitrilen (*Acetonitril, Benzonitril, Phenylacetonitril* u. *Cyanessigsäureäthylester*) mit Halogenalkenen oder Halogenhydrinen (*Methallylchlorid, Styrolchlor-* u. *-bromhydrin, α-Methylstyrolchlorhydrin*) eine Anzahl *1-mono-* bzw. *1.1-dialkylsubstituierter [2-Halogenäthyl]-säureamide* (I) dar, von denen sich einige in alkal. Lsg. unter Halogenwasserstoffabspaltung zu den entsprechenden *Oxazolinen* (II) cyclisieren lassen.

V e r s u c h e: Dargestellt wurden nachst. I, $R''CO—NH—C(RR')—CH_2—X$, durch Zufügen von 0,1 Mol des entsprechenden Halogenhydrins oder Halogenalkens zu 0,3 Mol Nitril in 70 cm³ konz. H_2SO_4 (35—40°), nach 3std. Rühren Gießen in Eiswasser, Zufügen von 20 g Na_2CO_3 u. Filtrieren (soweit nicht bes. vermerkt R = H, X = Cl): $R' = C_6H_5$, $R'' = CH_3$, $C_{10}H_{12}ONCl$, F. 100° (wss. Aceton); 78% (Ausbeute). — R u. $R'' = CH_3$, $R' = C_6H_5$, $C_{11}H_{14}ONCl \cdot 2H_2O$, F. 97,5° (Aceton); 84%. — $R' = C_6H_5$, $R'' = CH_3$, $X = Br$, $C_{10}H_{12}ONBr$, F. 84°; 92%. — $R = R' = R'' = CH_3$, $C_6H_{12}ONCl$, F. 200° (W.); 55%. — $R = R' = CH_3$, $R'' = C_6H_5$, $C_{11}H_{14}ONCl$, F. 130° (Hexan); 40%. — $R = R' = CH_3$, $R'' = C_2H_5O—CO—CH_2—$, $C_9H_{16}O_3NCl \cdot H_2O$, F. 124° (Essigester); 65%. — $R' = CH_3$, $R'' = C_6H_5—CH_2—$, $C_{11}H_{14}ONCl$, F. 99° (W.); 40%. — $R = R' = CH_3$, $R'' = C_6H_5—CH_2—$, $C_{12}H_{16}ONCl$, F. 98,5° (Aceton + W.); 74%. — Nachst. *2-Oxazoline* II, durch Vermischen von 0,1 Mol der entsprechenden vorst. Verb. mit 0,1 Mol KOH in A. bei 65°, Zufügen von 1 g Bicarbonat u. Filtrieren; 60—70%: $R' = C_6H_5$, $R'' = CH_3$, $C_{10}H_{11}ON$, F. 120°. — $R = R' = CH_3$, $R'' = C_6H_5$, $C_{11}H_{13}ON$, $Kp._1$ 105—110°; F. 87,5°. — $R = R' = CH_3$, $R'' = C_6H_5—CH_2—$, $C_{12}H_{15}ON$, F. 75°. — $R = R' = CH_3$, $R'' = C_2H_5O—CO—CH_2$, $C_9H_{15}O_3N$, $Kp._5$ 100—103°; F. 101°. — Nachst. Oxyamide aus vorst. Chloramiden durch 12std. Stehen in Sodalsg. bei Raumtemp., 1std. Rückflußkochen u. Extraktion mit Essigester. *N-[2-Oxy-1-phenyläthyl]-acetamid* (III), F. 114—116° (Bzl. + A.); 90%. — *N-[1-Oxy-2-methylpropyl-(2)]-benzamid*, Kp. 231—240°; 55%. — *α-Acetamidophenylessigsäure*, F. 191,5—192°; durch Zufügen von $KMnO_4$ zu III in verd. NaOH bei 30 bis 32°; nach ½ Std. Filtrieren, Entfärben mit $NaHSO_3$, Ansäuern mit HCl u. Abkühlen; 55%. (J. Amer. chem. Soc. **72**. 5577—78. Dez. 1950. New York, N. Y., Univ., Chem. Labor.) LEHWALD. 800

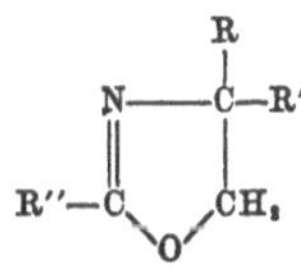

II

J. D. Cox und **R. J. Warne**, *Synthesen mit isotopen Tracerelementen*. 4. Mitt. *Darstellung von mit isotopem Kohlenstoff markiertem Methylamin und Diazomethan*. (3. vgl. C. **1953**. 838.) Vff. stellen aus markiertem Methyljodid u. K-Phthalimid markiertes *Methylamin* dar, das durch 2-[N-Methyl-N-nitrosamino]-isobutylketon oder Methylnitrosoharnstoff in radioakt. *Diazomethan* verwandelt wird.

V e r s u c h e: *N-^{13}C-Methylphthalimid*, $C_9H_7O_2N$, F. 133°, a) durch Erhitzen eines unter Vakuum stehenden Gemisches von K-Phthalimid + $^{13}CH_3J$ (vgl. C. **1953**. 837) unter Verschluß auf 180° (6 Std. bis 2 Tage) u. Gießen in Eiswasser + 0,1 nKOH; 98%; bei Verwendung von vorher nicht getrocknetem CH_3J 70%. b) Durch 16std. Rk. wie vorst. bei Ggw. von Dimethylformiat bei 100°, Gießen in W. u. Extraktion mit Chlf.; 95%. — *^{13}C-Methylaminsulfat* (I), durch 4std. Erhitzen vorst. Verb. mit konz. HCl, Kühlen auf 0°, Alkalisieren mit NaOH, Dest. u. Auffangen in 1,038n-H_2SO_4; 100%. — *^{13}C-Diazomethan*, a) durch Zufügen von wachsartiger M. (aus 2 g Na u. 6,5 g Cyclohexanol) zu einer äther. Lsg. von 5 g Methyl-2-methylnitrosaminoisobutylketon u. Dest. (90%) oder durch Rk. einer äther. Lsg. von Methylnitrosoharnstoff mit 10nNaOH; 91%. b) Durch Zufügen von 10nKOH zu einer Lsg. von I, Zutropfen von Mesityloxyd bei 0° unter Rühren, nach 2std. Stehen bei Zimmertemp. Zufügen von Eisessig bei 0°, dann $NaNO_2$, Extrahieren der Nitrosoverb. mit Ae. u. Behandeln wie vorst.; 59%, oder durch Zufügen von Na-Cyanat + etwas 0,1nH_2SO_4 zu einer wss. Lsg. von I nach ¼std. Rückflußkochen Kühlen auf —5°, Zufügen von 2,75nH_2SO_4, dann langsam $NaNO_2$ u. Aufarbeiten des äther. Extraktes wie vorstehend. — *Mesodibrombernsteinsäure ^{13}C-dimethylester*, $C_6H_8O_4Br_2$, F. 63°, durch Behandeln einer äther. Lsg. von $^{13}CH_2N_2$ mit Mesodibrombernsteinsäure bis zur Entfärbung; 65—68%. (J. chem. Soc. [London] **1951**. 1896—97. Juli. Teddington, Middlesex, D. S. I. R., Chem. Res. Labor.) LEHWALD. 910

Bernard F. Erlanger und **Erwin Brand**, *Optische Drehung von Peptiden.* 3. Mitt. *Lysindipeptide.* (2. vgl. BRAND u. Mitarbeiter, C. **1952.** 5076.) Es wurden 8 Lysindipeptide dargestellt; ihre opt. Drehungen werden mitgeteilt.

Versuche (FF. korr.): *ε-Carbobenzoxy-L-lysinbenzylesterhydrochlorid*, $C_{21}H_{26}O_4N_2$.HCl, aus *ε-Carbobenzoxy-L-lysincarbaminoanhydrid* (aus L-Lysinhydrochlorid über Dicarbobenzoxylysin) (vgl. 1. Mitt.), aus W., F. 139°, $[\alpha]_D^{22}$ —9,9° (0,5%ig. in 0,1nHCl); 58% (Ausbeute). — *ε-Carbobenzoxy-D-lysinbenzylesterhydrochlorid*, F. 139°, $[\alpha]_D^{25}$ +9,5° (0,5%ig. in 0,1nHCl). — Carbobenzoxydipeptidester: Lsgg. von *Carbobenzoxyglycinazid* u. *Carbobenzoxyalaninazid* wie in der 1. Mitt.; *Dicarbobenzoxy-L-lysinazid* nach BERGMANN (Ber. dtsch. chem. Ges. **65.** [1932.] 1692). Die kalte äther. Lsg. des Azids gibt man zur kalten, äther. Lsg. eines Aminosäureesters u. erwärmt auf 25°; 20 Std. bei Raumtemp. u. Abkühlen auf —5°; weiße Kristalle aus Essigester–PAe.; 50—60%. — *Carbobenzoxyglycyl-ε-carbobenzoxy-L-lysinmethylester*, $C_{25}H_{31}O_7N_3$, F. 97°. — *α.ε-Dicarbobenzoxy-L-lysylglycinäthylester*, $C_{26}H_{33}O_7N_3$, F. 90°.— *α.ε-Dicarbobenzoxy-L-lysylglycinbenzylester*, $C_{31}H_{35}O_7N_3$, F. 125°. — *Carbobenzoxy-L-alanyl-ε-carbobenzoxy-L-lysinmethylester*, $C_{26}H_{33}O_7N_3$, F. 90°. — *Carbobenzoxy-D-alanyl-ε-carbobenzoxy-L-lysinmethylester*, $C_{26}H_{33}O_7N_3$, F. 130°. — *Carbobenzoxy-L-alanyl-ε-carbobenzoxy-D-lysinmethylester*, $C_{26}H_{33}O_7N_3$, F. 128°. — *α.ε-Dicarbobenzoxy-L-lysyl-L-alaninäthylester*, $C_{27}H_{35}O_7N_3$, F. 119°. — *α.ε-Dicarbobenzoxy-L-lysyl-L-alaninbenzylester*, $C_{32}H_{37}O_7N_3$, F. 132°. — *α.ε.-Dicarbobenzoxy-L-lysyl-D-alaninäthylester*, $C_{27}H_{35}O_7N_3$, F. 131,5°. — *α.ε-Dicarbobenzoxy-L-lysyl-ε-carbobenzoxy-L-lysinmethylester*, $C_{37}H_{46}O_9N_4$, aus A.–Ae., F. 115—117°; 45%. — *α.ε-Dicarbobenzoxy-L-lysyl-ε-carbobenzoxy-D-lysinmethylester*, $C_{37}H_{46}O_9N_4$, F. 134°. — Carbobenzoxydipeptidhydrazide (vgl. 1. u. 2. Mitt.): *Carbobenzoxyglycyl-ε-carbobenzoxy-L-lysinhydrazid*, $C_{24}H_{31}O_6N_5$, F. 167°. — *Carbobenzoxy-L-alanyl-ε-carbobenzoxy-L-lysinhydrazid*, $C_{25}H_{33}O_6N_5$, F. 165°. — *Carbobenzoxy-L-alanyl-ε-carbobenzoxy-D-lysinhydrazid*, $C_{25}H_{33}O_6N_5$, F. 190—191°. — *α.ε-Dicarbobenzoxy-L-lysyl-ε-carbobenzoxy-L-lysinhydrazid*, $C_{36}H_{46}O_8N_6$, F. 187°. — *α.ε-Dicarbobenzoxy-L-lysyl-ε-carbobenzoxy-D-lysinhydrazid*, $C_{36}H_{46}O_8N_6$, F. 176°. — Carbobenzoxydipeptide: 2std. Verseifung der Carbobenzoxydipeptidester durch methanol. 2nNaOH bei 37°, Eingießen in W. u. Ansäuern mit 2nHCl; aus Essigester–PAe.; 70—80%. — *α.ε-Dicarbobenzoxy-L-lysylglycin*, $C_{24}H_{29}O_7N_3$, F. 160°. — *Carbobenzoxyglycyl-ε-carbobenzoxy-L-lysin*, $C_{24}H_{29}O_7N_3$, F. 75°. — *Carbobenzoxy-L-alanyl-ε-carbobenzoxy-L-lysin*, $C_{25}H_{31}O_7N_3$, F. 134°. — *Carbobenzoxy-D-alanyl-ε-carbobenzoxy-L-lysin*, $C_{25}H_{31}O_7N_3$, F. 162°. — *α.ε-Dicarbobenzoxy-L-lysyl-L-alanin*, $C_{25}H_{31}O_7N_3$, F. 150°. — *α.ε-Dicarbobenzoxy-L-lysyl-D-alanin*, $C_{25}H_{31}O_7N_3$, F. 159°. — — *α.ε-Dicarbobenzoxy-L-lysyl-ε-carbobenzoxy-L-lysin*, $C_{36}H_{44}O_9N_4$, F. 145°. — *α.ε-Dicarbobenzoxy-L-lysyl-ε-carbobenzoxy-D-lysin*, $C_{36}H_{44}O_9N_4$, F. 146°. — Lysindipeptide, durch 2std. Hydrogenolyse von 0,01 Mol Carbobenzoxydipeptid in 100 cm³ CH_3OH, das die entsprechende Menge n-HCl enthält, mit Pd-Schwarz. Bei Benzylestern zusätzlich 80% Essigsäure u. insgesamt 4 Stunden. Isolierung als Hydrochloride, aus CH_3OH + A. u./oder Ae.; 60—80%. $\alpha = [\alpha]_D^{24}$ (c = 2 in 0,5nHCl, gerechnet als freies Peptid): *L-Lysylglycinhydrochlorid*, $C_8H_{17}O_3N_3 \cdot HCl$; α + 40,7° (bei 25°). — *Glycyl-L-lysinhydrochlorid*, $C_8H_{17}O_3N_3 \cdot HCl$; α —12,8° (bei 25°). — *L-Alanyl-L-lysinhydrochlorid*, $C_9H_{19}O_3N_3 \cdot HCl$; α —7,4°. — *D-Alanyl-L-lysinhydrochlorid*, $C_9H_{19}O_3N_3$. HCl, α —30,4°. — *L-Lysyl-L-alaninhydrochlorid*, $C_9H_{19}O_3N_3 \cdot HCl$; α + 2,7°. — *L-Lysyl-D-alaninhydrochlorid*, $C_9H_{19}O_3N_3 \cdot HCl$; α + 80,4°. — *L-Lysyl-L-lysin, Dihydrochlorid*, $C_{12}H_{26}O_3N_4 \cdot 2HCl$. *Trihydrochloridmonohydrat*, $C_{12}H_{26}O_3N_4 \cdot 3HCl \cdot H_2O$; α + 8,2°. — *L-Lysyl-D-lysindihydrochlorid*, $C_{12}H_{26}O_3N_4 \cdot 2HCl$; α + 44,7°. (J. Amer. chem. Soc. 73. 4025—27. Aug. 1951. New York, N. Y., Columbia Univ., Dep. of Biochem.)

K. F. MÜLLER. 950

Erwin Brand, Bernard F. Erlanger, Jerome Polatnick, Howard Sachs und **Donald Kirschenbaum,** *Optische Drehung von Peptiden.* 4. Mitt. *Lysintripeptide.* (3. vgl. vorst. Ref.) 7 Lysintripeptide wurden dargestellt; ihre spezif. Drehungen werden mitgeteilt.

Versuche (FF. korr.): Carbobenzoxytripeptidester, durch Kupplung der Azide aus Carbobenzoxydipeptidhydraziden mit Aminosäurebenzylestern (vgl. 1. Mitt.); 70—80% (Ausbeute): *Carbobenzoxyglycyl-ε-carbobenzoxy-L-lysylglycinbenzylester*, $C_{33}H_{38}O_8N_4$, aus Essigester–PAe., F. 120—122°. — *Carbobenzoxy-L-alanyl-ε-carbobenzoxy-L-lysyl-L-alaninäthylester* (I), $C_{30}H_{40}O_8N_4$, aus 95%ig. A., F. 191—192°.— *Carbobenzoxy-L-alanyl-ε-carbobenzoxy-L-lysyl-L-alaninbenzylester*, $C_{35}H_{42}O_8N_4$, aus 85%ig. CH_3OH, F. 183—184°. — *Carbobenzoxy-L-alanyl-ε-carbobenzoxy-D-lysyl-L-alaninbenzylester*, $C_{35}H_{42}O_8N_4$, aus 85%ig. CH_3OH, F. 160—161°. — *Carbobenzoxy-L-alanyl-ε-carbobenzoxy-D-lysyl-D-alaninbenzylester*, $C_{35}H_{42}O_8N_4$, aus 85%ig. CH_3OH, F. 173—174°. — *α.ε-Dicarbobenzoxy-L-lysyl-ε-carbobenzoxy-L-lysyl-ε-carbobenzoxy-L-lysinmethylester*, $C_{51}H_{64}O_{12}N_6$, aus 95%ig. A., F. 142—145°. — *α.ε.Dicarbobenzoxy-L-lysyl-ε-carbobenz-*

oxy-L-lysyl-ε-carbobenzoxy-L-lysinbenzylester, $C_{57}H_{68}O_{12}N_6$, aus 95%ig. A., F. 153 bis 154°. — *α.ε-Dicarbobenzoxy-L-lysyl-ε-carbobenzoxy-D-lysyl-ε-carbobenzoxy-L-lysinbenzylester*, $C_{57}H_{68}O_{12}N_6$, aus 95%ig. A., F. 141—142°. — *α.ε-Dicarbobenzoxy-L-lysyl-ε-carbobenzoxy-D-lysyl-ε-carbobenzoxy-D-lysinbenzylester*, $C_{57}H_{68}O_{12}N_6$, aus 95%ig. A., F. 151—152°. — *Carbobenzoxy-D-alanyl-ε-carbobenzoxy-L-lysyl-L-alaninhydrazid*, $C_{28}H_{38}O_7N_6$, aus I durch 1½std. Erhitzen mit $N_2H_4 \cdot H_2O$ in A., aus 95%ig. A., F. 208°; 75%. — Lysintripeptide, durch Hydrogenolyse von 0,005 Mol Carbobenzoxytripeptidbenzylester in 100 cm³ 85%ig. Essigsäure, welche die entsprechende n-HCl-Menge enthält, mit Pd-Schwarz; aus 95% ig. CH_3OH u. absol. A.; Isolierung als Hydrochloride; 70—80%. Spezif. Drehungen in 0,5n HCl (c = 2; gerechnet als freies Peptid): *Glycyl-L-lysylglycinhydrochlorid*, $C_{10}H_{20}O_4N_4 \cdot HCl$, $[\alpha]_D^{25}$ —32,1°. — *L-Alanyl-L-lysyl-L-alaninhydrochlorid*, $C_{12}H_{24}O_4N_4 \cdot HCl$, $[\alpha]_D^{25}$ —42,5°. — *L-Alanyl-D-lysyl-L-alaninhydrochlorid*, $C_{12}H_{24}O_4N_4 \cdot HCl$, $[\alpha]_D^{19}$ + 14,2°. — *L-Alanyl-D-lysyl-D-alaninhydrochlorid*, $C_{12}H_{24}O_4N_4 \cdot HCl$, $[\alpha]_D^{24}$ + 12,4°. — *L-Lysyl-L-lysyl-L-lysintrihydrochlorid*, $C_{18}H_{38}O_4N_6 \cdot 3HCl$, $[\alpha]_D^{24}$ —2,2°. — *L-Lysyl-D-lysyl-L-lysintrihydrochlorid*, $C_{18}H_{38}O_4N_6 \cdot 3HCl$, $[\alpha]_D^{22}$ + 27,7°. — *L-Lysyl-D-lysyl-D-lysintrihydrochlorid*, $C_{18}H_{38}O_4N_6 \cdot 3HCl$, $[\alpha]_D^{22}$ + 54,9°. (J. Amer. chem. Soc. 73. 4027—28. Aug. 1951.) K. F. MÜLLER. 950

E. A. Braude und **C. J. Timmons**, *Alkenylierung durch Lithiumalkenyle*. 1. Mitt. *Die Kondensation von Isobutenyllithium mit Benzaldehyd und Acetophenon und die oxotrope Umlagerung der entstandenen Carbinole*. (*Untersuchungen über molekulare Umlagerungen*. 3. Mitt.) (2. vgl. J. chem. Soc. [London] **1950**. **793**.) Da Alkenylhalogenide entweder keine oder nur sehr unvollkommen GRIGNARD-Verbb. bilden, versuchen Vff., Verbb. mit Äthylensystemen mittels Li-Alkenylen darzustellen. Rk. von hochgereinigtem *Isobuten-(1)-ylbromid* (I) mit Li in Ae. u. anschließende Einw. von Trockeneis ergab *2.5-Dimethylhexadien-(2.4)* (II), *β-Methylcrotonsäure* (V) u. *Phoron* (III). Vff. sind der Ansicht, daß II durch Rk. von I mit *Isobutenyl-Li* (IV) entsteht, während III durch Rk. des Li-Salzes von V mit einem 2. Mol IV entsteht. Rk. von IV mit Acetophenon oder Benzaldehyd führte zu dem erwarteten *Phenylmethylisobutenylcarbinol* (VII) bzw. *Phenylisobutenylcarbinol* (VI) neben etwas II. Rk. von I mit Benzaldehyd bei Ggw. von Li ergab außer VI durch Dehydratisierung *1-Phenyl-3-methylbutadien-(1.3)*. Die Struktur von VI wurde durch Hydrierung zu *Phenylisobutylcarbinol*, das zu *Isovalerophenon* oxydiert wurde, bewiesen. VI wurde durch verd. HCl in *Styryldimethylcarbinol* umgelagert, VII zu *4-Phenyl-2-methylpenten-(3)-ol-(2)* (VIII), das aber zum Teil zu *4-Phenyl-2-methylpentadien-(1.3)* dehydratisiert wurde. VIII weist gegenüber anderen Styrylhomologen einen variochromen Effekt auf (UV), was Vff. darauf zurückführen, daß infolge gegenseitiger Hinderung der beiden Methylgruppen in 4- u. 2-Stellung Teile des Mol. aus der normalerweise planaren Lage herausgedreht wurden.

Versuche (FF. auf dem KOFLER-Block; korr.): *1.2-Dibromisobutan*, Kp. 152°, durch Einleiten von Isobuten in Br_2; n_D^{20} 1,5078; 85% (Ausbeute). — *Isobuten-(1)-ylbromid* (I), Kp. 91—91,3°, aus vorst. Verb. durch Rückflußkochen in alkoh. KOH u. Rektifikation; n_D^{21} 1,4603; 27%. — *β-Methylcrotonsäure* (V), F. 69—70° (PAe.), aus I mit Li in Ae. (→ IV) u. Zufügen von Trockeneis; 7%. — *2.5-Dimethylhexadien-(2.4)* (II), Kp. 132—133°, F. 11°, bei vorst. Rk. durch Rektifikation; n_D^{19} 1,4780; λ_{max} 2410 Å (ε = 22500; A.); 36%. *Dihydrobromid*, Platten, F. 68—69°, nach Sublimation; durch 17std. Erhitzen mit HBr im Bombenrohr bei 100°. — *Phoron* (III), bei vorst. Carboxylierung, nachgewiesen als *2.4-Dinitrophenylhydrazon*, $C_{15}H_{18}O_4N_4$, rote Nadeln, F. 115—116°. — *Phenylisobutenylcarbinol* (VI), $C_{11}H_{14}O$, $Kp._{0,01}$ 79°, a) durch Zufügen von Benzaldehyd zu IV in Ae. bei 0° unter Rühren, Zers. mit NH_4Cl-Lsg. u. Rektifikation; n_D^{18} 1,5373; λ_{max} 2590, 2640 u. 2780 Å (ε = 710, 670 u. 360; A.); 33%, daneben II; b) durch Zufügen einer Mischung von I u. Benzaldehyd zu Li in Ae.; 33%; daneben *1-Phenyl-3-methylbutadien-(1.3)*, $Kp._{0,1}$ 73—76°; 18%. — *Phenylisobutylcarbinol*, $Kp._{0,05}$ 74—76°, aus 3,1 g vorst. Verb. durch Hydrierung in Essigester bei Ggw. von PtO_2; n_D^{15} 1,5072; 2,7 g. — *Isovalerophenon*, durch Oxydation vorst. Verb. in H_2SO_4 mit $K_2Cr_2O_7$; *2.4-Dinitrophenylhydrazon*, F. + Misch-F. 134—136°. — *Styryldimethylcarbinol*, Nadeln aus Pentan, F. 36—37°, durch 2std. Stehen von VI in 0,01n HCl-enthaltender, 60%ig. wss. Dioxanlsg.; λ_{max} 2510, 2820 u. 2910 Å (ε = 17300, 1200 u. 800). — *Phenylmethylisobutenylcarbinol* (VII), $C_{12}H_{16}O$, $Kp._{7 \cdot 10^{-4}}$ 63—64°, aus IV u. Acetophenon wie vorst.; n_D^{17} 1,5283; λ_{max} 2510 Å (ε = 245; A.); 25%; daneben II. — *Phenylisobutylmethylcarbinol*, $Kp._{10^{-3}}$ 64°, durch Hydrierung von 1,3 g vorst. Verb. mit PtO_2 wie oben; n_D^{19} 1,5058; 0,8 g. — *α-Methylstyryldimethylcarbinol* (VIII), $C_{12}H_{16}O$, $Kp._{10^{-2}}$ 85—88°, a) durch 3std. Stehen von VII (8 g) in 0,02n HCl-enthaltender, 60%ig. wss. Lsg. von Aceton; n_D^{22} 1,5430; 65 g; b) durch 24std. Schütteln von 24 g VII in 2n H_2SO_4; 12 g; c) durch Behandeln von 9,5 g *β*-Methylzimtsäureäthylester ($Kp._{0,2}$ 83 bis 85°; n_D^{23} 1,5438) mit CH_3MgBr; 5 g. — *4-Phenyl-2-methylpentanol-(2)*, $C_{12}H_{18}O$,

Kp.$_{10-2}$ 66—68°; durch Hydrierung vorst. Verb. in Methanol; n_D^{19} 1,5061. *3.5-Dinitrobenzoat*, $C_{19}H_{20}O_6N_2$, Platten aus Hexan–Bzl., F. 97—98°. — *2-Phenyl-4-methylpentadien-(2.4)*, $C_{12}H_{14}$, Kp.$_{0,1}$ 63—66°, als Nebenprod. bei vorst. b); n_D^{20} 1,5537; λ_{max} 2510, 2580, 2660 u. 2760 Å (ε = 11000, 12000, 11000 u. 9000; A.). — *α-Methylstyrol*, Kp. 165°; durch Dehydratisieren von Phenyldimethylcarbinol (*p-Nitrobenzoat*, $C_{16}H_{15}O_4N$, F. 134—135°) durch Dest. über $KHSO_4$; λ_{max} 2440 u. 2500 Å (ε = 12400 u. 11200; A.). *Dimeres α-Methylstyrol*, $C_{18}H_{23}$, Kp.$_1$ 147—152°; n_D^{29} 1,5662; λ_{max} 2420 Å (ε = 13500); Mol.-Gew. 232. (J. chem. Soc. [London] 1950. 2000—06. Aug. London, Imp. Coll. of Sci. and Technol.) LEHWALD. 980

E. A. Braude und **C. J. Timmons**, *Alkenylierung durch Lithiumalkenyle.* 2. Mitt. *Die Kondensation von Isobutenyllithium mit Acrolein und Crotonaldehyd und die oxotrope Umlagerung der entstehenden Carbinole.* (*Untersuchungen über molekulare Umlagerungen.* 4. Mitt.) (1. bzw. 3. vgl. vorst. Ref.) Einw. von Isobutenyl-Li (I) auf Acrolein (II) bzw. Crotonaldehyd (III) ergab *Vinylisobutenyl-* (IV) bzw. *Propenylisobutenylcarbinol* (V). Hydrierung von IV mit PtO_2 lieferte das erwartete *Äthylisobutylcarbinol*, V nahm zunächst nur 1 Mol. H_2 auf u. bildete *Propylisobutenylcarbinol* (nachgewiesen durch Ozonisierung zu Aceton), ließ sich jedoch durch Pd/$CaCO_3$ weiterhydrieren. IV u. V lagerten sich sehr leicht in verd. Säure in *2-Methylhexadien-(3.5)-ol-(2)* (VI) bzw. *2-Methylheptadien-(3.5)-ol-(2)* (VII) um. IV lagerte sich bei Behandlung mit stärkerer Mineralsäure zum Teil in *5-Methylhexadien-(2.4)-ol-(1)* (VIII) um. VIII ist ebenfalls aus VI analog darstellbar, jedoch ist die Umlagerungsgeschwindigkeit um den Faktor 10^3 kleiner als bei Verwendung von IV als Ausgangsmaterial. Letzteres stellt eine reversible oxotrope Umlagerung im Fünfkohlenstoffsyst. dar. Als Nebenprod. entstand durch Dehydratisierung *2-Methylhexatrien-(1.3.5)*. Analog wurde VII zu einem Gemisch von VII u. *6-Methylheptadien-(3.5)-ol-(2)* (IX) umgelagert, dessen Trennung durch Rektifikation aber nicht einwandfrei durchgeführt werden konnte. Auch hier entstand ein Dehydratisierungsprod., *2-Methylheptatrien-(1.3.5)*. IX ließ sich jedoch aus dem Gemisch durch OPPENAUERsche Oxydationsverschiebung herausholen, bei der VII nicht angegriffen wurde u. IX in *6-Methylheptadien-(3.5)-on-(2)* umgewandelt wurde. Letzteres wurde auf anderem Wege durch Red. von β-Methylcrotonsäure mit $LiAlH_4$ zu *3-Methylcrotylalkohol*, Oxydation zum entsprechenden *Aldehyd* u. Kondensation mit Aceton gewonnen.

Versuche (FF. auf KOFLER-Block u. korr.): *Vinylisobutenylcarbinol* (IV), $C_7H_{12}O$, Kp.$_8$ 57°, durch langsames Zufügen von II in Ae. zu I in Ae. bei 10°, Zers. mit NH_4Cl-Lsg. u. Rektifikation; n_D^{18} 1,4614; 36% (Ausbeute). — *Äthylisobutylcarbinol*, Kp.$_{140}$ 100—102°, durch Hydrieren von 1,6 g vorst. Verb. mit PtO_2 in Methanol; n_D^{24} 1,4170; 1,2 g. — *Äthylisobutylketon*, durch Oxydation vorst. Verb. in H_2SO_4 mit $K_2Cr_2O_7$. *Semicarbazon*, F. 149—153°; *2.4-Dinitrophenylhydrazon*, F. 74—76°. — *2-Methylhexadien-(3.5)-ol-(2)* (VI), $C_7H_{12}O$, Kp.$_{85}$ 92—93°, durch 4 std. Stehen von 9 g IV in 0,01 mol. H_2SO_4 enthaltender, 60%ig. wss. Acetonlsg. bei Zimmertemp.; n_D^{20} 1,4758; λ_{max} 2235 Å (ε = 26000; A.); 7 g. — *Lactonsäure* $C_{10}H_{13}O_2COOH$, Nadeln aus W. u. Platten nach Sublimation, F. 204—207°, durch 3 tägiges Stehen von 1 g vorst. Verb. mit Maleinsäureanhydrid (X); 0,7 g. — *5-Methylhexadien-(2.4)-ol-(1)* (VIII), $C_7H_{12}O$, Kp.$_{12}$ 87°, durch 17 std. Schütteln von 12 g IV in 0,1 mol. HCl u. Rektifikation der oberen Schicht; n_D^{17} 1,4996; λ_{max} 2360 Å (ε = 18700; A.); 3 g. Daneben VI, Kp.$_{12}$ 56°; n_D^{17} 1,4763; 5 g. Oder durch 5 tägiges Stehen von VI in 0,04 mol. H_2SO_4 enthaltender, 80%ig. wss. Acetonlösung. Daneben *2-Methylhexatrien-(1.3.5)*, Kp.$_{110}$ 48 bis 52°; n_D^{16} 1,5127; λ_{max} 2480, 2570 u. 2670 Å (ε = 21000, 28000 u. 22000; A.). — *Propenylisobutenylcarbinol* (V), $C_8H_{14}O$, Kp.$_6$ 74°, aus 30 g III u. I analog IV; n_D^{21} 1,4666; 40%. — *Propylisobutenylcarbinol*, $C_8H_{16}O$, Kp.$_{12}$ 73—75°, durch Hydrierung von 9 g vorst. Verb. mit PtO_2 wie oben; n_D^{24} 1,4444; 8,5 g. *3.5-Dinitrobenzoat*, $C_{15}H_{18}$·O_6N_2, Nadeln aus Pentan, F. 46—48°. — *Propylisobutylcarbinol*, Kp.$_{130}$ 113—114°; durch Hydrieren vorst. Verb. (1,8 g) in Methanol mit Pd/$CaCO_3$; n_D^{23} 1,4198; 1 g. b) Aus Isovaleraldehyd u. n-Propyl-MgBr. *3.5-Dinitrobenzoat*, $C_{14}H_{20}O_6N_2$, Platten aus Pentan, F. 66—68°. — *2-Methylheptadien-(3.5)-ol-(2)* (VII), $C_8H_{15}O$, Kp.$_9$ 68—69°, aus 9 g V analog VI; n_D^{17} 1,4850; λ_{max} 2270 Å (ε = 26600; A.); 7 g. — *Lactonsäure* $C_{12}H_{16}O_4$, Nadeln aus wss. Methanol, F. 204—206°, aus vorst. Verb. (1 g) u. X wie oben; 0,7 g. — *Dimethyl-n-amylcarbinol*, Kp.$_{18}$ 74°; Kp.$_{109}$ 106°, a) durch Hydrieren von 2 g VII mit PtO_2; n_D^{17} 1,4248; 1,5 g; b) aus n-Amyl-MgBr u. Aceton. *3.5-Dinitrobenzoat*, $C_{15}H_{20}O_6N_2$, Nadeln aus Pentan, F. 47—48°; λ_{max} 2260 Å (ε = 27600; A.). — *3.5-Dinitrobenzoylbromid*, $C_7H_3O_5N_2Br$, Nadeln aus Pentan, F. 61—62°, aus der Säure u. PBr_5. — *6-Methylheptadien-(3.5)-ol-(2)* (IX), $C_8H_{14}O$, Kp.$_9$ 78—80° (unrein), a) durch Umlagerung von V analog VIII; n_D^{18} 1,4975; b) aus VII analog VIII. Daneben 2-Methylheptatrien-(1.3.5), C_8H_{12}, Kp.$_{100}$ 66—68° (unrein); n_D^{16} 1,5246; λ_{max} 2610 u. 1710 Å (ε = 41000 u. 31000;

A.). — *6-Methylheptadien-(3.5)-on-(2)*, Kp.$_{16}$ 83°, a) durch 5std. Rückflußkochen von 5 g V u. Al-tert.-Butylat in Bzl.; b) durch Red. von 5,5 g β-Methylcrotonsäure mit $LiAlH_4$ in Ae. zu *3-Methylcrotylalkohol* (Kp.$_{80}$ 84—86°; n_D^{20} 1,4382; 3,8 g), 30std. Erhitzen mit Al-tert.-Butylat in Bzl. + Aceton; Kp.$_{0,3}$ 45°; n_D^{20} 1,5278; λ_{max} 2860 Å (ε = 18000; A.). *Semicarbazon*, F. 189—192°. *2.4-Dinitrophenylhydrazon*, $C_{14}H_{16}O_4N_4$, rote Nadeln aus Bzl., F. 217—220°; λ_{max} 2700, 3080 u. 3990 Å (ε = 20000, 21600 u. 38000; Chlf.). (J. chem. Soc. [London] **1950**. 2007—11. Aug.) LEHWALD. 980

E. A. Braude und **J. A. Coles**, *Alkenylierung durch Lithiumalkenyle*. 3. Mitt. *Synthese ungesättigter Ketone aus Isobutenyllithium.* (2. vgl. vorst. Ref.) Zur Unters. der Synth. ungesätt. Ketone mittels Li-Alkenylen kondensieren Vff. Li-Acetat mit Isobutenylbromid (I) + Li bzw. Acetylchlorid mit Isobutenyl-Li (II) u. erhalten *Mesityloxyd* (V). Li-Benzoat bzw. Li-Crotonat kondensieren mit II analog zu *Phenylisobutenylketon* (III) bzw. *Propenylisobutenylketon* (IV). Bei Verwendung des Säurechlorids an Stelle des Li-Salzes werden nur geringe Mengen an Keton erhalten. III u. IV bilden bei Einw. von CH_3MgBr *Phenylmethylisobutenylcarbinol* bzw. *Isobutylisobutenylketon* (*Dihydrophoron*). Durch PtO_2 läßt sich die aliphat. Doppelbindung in III hydrieren. — Für I wird eine einfache Darstellungsmeth. aus V angegeben.

Versuche (FF. korr.): *Isobutenylbromid* (I), Kp. 91—92°; durch Oxydation von V mit 15%ig. NaOCl-Lsg. zu *β-Methylcrotonsäure*, Bromieren bei 0° zu *Dibromisovaleriansäure* (F. 107°), ½std. Rückflußkochen von 800 g hiervon mit Soda u. Dampfdest.; n_D^{22} 1,4610; 130 g (Ausbeute). — *Mesityloxyd* (V), a) durch langsames Zufügen von I zu Li-Acetat u. Li in Ae., nach 24std. Stehen Behandeln mit gesätt. NH_4Cl-Lsg. bei Trockeneis–Aceton-Kühlung; 36% (*2.4-Dinitrophenylhydrazon*, F. 203°); b) durch Zufügen von II zu Acetylchlorid in Ae. bei 0° unter N_2 u. 2std. Rühren; 19%; daneben *2.5-Dimethylhexadien-(2.4)*, nachgewiesen als *Dihydrobromid*, F. 66°; bei vorst. a) 26%, bei b) 30%. — *Phenylisobutenylketon* (III), $C_{11}H_{12}O$, gelbe Fl., Kp.$_4$ 120—121°, aus Li-Benzoat u. II wie vorst.; n_D^{19} 1,5598; λ_{max} 2590 u. 3410 Å (ε = 19600 u. 140; A.); 40%. *p-Nitrophenylhydrazon*, $C_{17}H_{17}O_2N_3$, orangefarbene Platten, F. 168° (Methanol); λ_{max} 3080 u. 4250 Å (ε = 5300 u. 35400; Chlf.). *2.4-Dinitrophenylhydrazon*, $C_{17}H_{16}O_4N_4$, dunkelrote Kristalle aus A., F. 185—186°; λ_{max} 3910 Å (ε = 29000; Chlf.). — *Phenylisobutylketon*, Kp.$_{16}$ 108°, durch Hydrierung von 3 g vorst. Verb. in Eisessig bei Ggw. von PtO_2 bei 20°; n_D^{19} 1,5108; 2,5 g. *Oxim*, F. 76—77°. *Semicarbazon*, F. 209—210°. *2.4-Dinitrophenylhydrazon*, $C_{17}H_{18}O_4N_4$, F. 136°; λ_{max} 3860 Å (ε = 25700; Chlf.). — *Phenylmethylisobutenylcarbinol* [*2-Phenyl-4-methylpenten-(3)-ol-(2)*], Kp.$_{10^{-4}}$ 66°; aus III u. CH_3MgBr in Ae. u. Zers. mit NH_4Cl-Lsg.; n_D^{20} 1,5289; 91%. — *Propenylisobutenylketon* (IV), $C_8H_{12}O$, gelbe Fl., Kp.$_{16}$ 72°, a) aus Li-Crotonat u. II wie vorst.; n_D^{21} 1,4922; λ_{max} 2560, 3400 Å (ε = 16500 u. 870; A.); 30%; b) aus Crotonylchlorid u. II; 5%. *2.4-Dinitrophenylhydrazon*, $C_{14}H_{16}O_4N_4$, dunkelrote Platten aus Methanol, F. 141°; λ_{max} 2590 u. 3870 Å (ε = 18600 u. 34000; Chlf.). — *Propylisobutylketon*, Kp. 154°; durch Hydrierung wie vorst.; n_D^{20} 1,4098. *Semicarbazon*, F. 124—125°. — *Isobutylisobutenylketon*, $C_9H_{16}O$, Fl., Kp.$_{0,1}$ 31°, aus IV u. CH_3MgBr in Ae.; n_D^{17} 1,4534; λ_{max} 2390 u. 3230 Å (ε = 11200 u. 530; A.); 66%. *2.4-Dinitrophenylhydrazon*, $C_{15}H_{20}\cdot O_4N_4$, rote Platten aus Methanol, F. 92°; λ_{max} 3720 Å (ε = 28500; CH_3OH). *Semicarbazon*, F. 137—138° (PAe.). (J. chem. Soc. [London] **1950**. 2012—14. Aug.) LEHWALD. 980

E. A. Braude und **J. A. Coles**, *Alkenylierung durch Lithiumalkenyle*. 4. Mitt. *Die Kondensation von Cyclohexenyllithium mit Aldehyden und Ketonen und einige Reaktionen der entstandenen Carbinole.* (*Untersuchungen über molekulare Umlagerungen.* 5. Mitt.) (3. vgl. vorst., 4. vgl. vorvorst. Ref.) Cyclohexanon wird durch PCl_5 in *1-Chlorcyclohexen* verwandelt, aus dem ohne Neben-Rkk. mit Li *Cyclohexen-(1)-yl-Li* (I) erhalten wird. Einw. von CO_2 liefert *Cyclohexen-(1)-carbonsäure* u. *Bis-[cyclohexen-(1)-yl]-keton.* Kondensation von I mit Benzaldehyd ergibt [*Cyclohexen-(1)-yl*]*-phenylcarbinol* (**IV**), das in Aceton + HCl zu *2-Benzyliden-cyclohexanol* umgelagert wird. Hieraus entsteht durch H_2O-Abspaltung u. anschließender Dehydrierung *Diphenylmethan*. Kondensation von I mit Benzophenon liefert [*Cyclohexen-(1)-yl*]*-diphenylcarbinol*, das in HCl zu *2-Benzhydrylidencyclohexanol* umgelagert wird. Es spaltet bei der O_3-Behandlung Benzophenon ab u. ergibt nach H_2O-Abspaltung *3-Benzhydrylidencyclohexen*. Kondensation von I mit Acrolein oder Crotonaldehyd liefert *Cyclohexen-(1)-ylvinyl* (II)- bzw. *Cyclohexen-(1)-ylpropenylcarbinol* (III). Bei der Umlagerung mit HCl entsteht aus II *2-Allylidencyclohexanol*, das nach Hydrierung u. Oxydation *2-n-Propylcyclohexanon* bildet. Demgegenüber lagert sich III zu *4-[Cyclohexen-(1)-yl]-buten-(3)-ol-(2)* (V) um, dessen Struktur durch OPPENAUER-Oxydation zu *4-[Cyclohexen-(1)-yl]-buten-(3)-on-(2)* nachgewiesen wurde.

Versuche (FF. korr.): *1-Chlorcyclohexen*, Kp.$_{160}$ 95°, durch langsames Zufügen von Cycolhexanon zu PCl_5 unter Eiskühlung u. Ausäthern nach vorsichtigem Verdünnen mit

W. nach 12std. Stehen; n_D^{20}1,4798; 60% (Ausbeute). — *Cyclohexen-(1)-yl-Li* (I), durch Zufügen von vorst. Verb. zu Li in Ae. u. 12std. Rühren; nimmt blaugrüne Färbung an. — *Cyclohexen-(1)-carbonsäure*, F. 37° (PAe.), durch 12std. Stehen von I u. Trockeneis in Ae.; aus der äther. Schicht durch Sodaextraktion; λ_{max} 2120 Å (ε = 11000; A.); 5%. *Amid*, $C_7H_{11}ON$, Platten aus W., F. 136°. — *Bis-[cyclohexen-(1)-yl]-keton*, $C_{13}H_{18}O$, Prismen aus PAe., F. 50°, aus der alkal. ausgewaschenen äther. Lsg. bei vorst. Vers.; λ_{max} 2420 u. 3190 Å (ε = 14800 u. 90; A.). *2.4-Dinitrophenylhydrazon*, $C_{19}H_{22}O_4N_4$, F. 159°, nach Chromatographie; λ_{max} 2560 u. 3880 Å (ε = 15500 u. 30600; Chlf.). — *Dicyclohexylketon*, Kp.$_{0,3}$ 103°, durch Hydrieren von 3,3 g vorst. Verb. in Essigester bei Ggw. von PtO_2; 3,0 g. *Oxim*, F. 164°. *Semicarbazon*, F. 195—196° (A.). — *[Cyclohexen-(1)-yl]-phenylcarbinol* (IV), $C_{13}H_{16}O$, Kp.$_{2\cdot10^{-4}}$ 116°, aus Benzaldehyd u. I wie vorst.; n_D^{18} 1,5589; λ_{max} 2450 Å (ε = 1700; A.); 70%. — *Cyclohexylphenylcarbinol*, Kp.$_2$ 128°, durch Hydrierung vorst. Verb. (3,4 g) wie oben; F. 38—40° (Pentan); 3 g. — *2-Benzylidencyclohexanol*, $C_{13}H_{16}O$, Kp.$_{10^{-3}}$ 110°, Nadeln aus Methanol, F. 62°, durch 18std. Behandlung von 4 g IV in 0,1mol. HCl enthaltender, 80%ig. Acetonlsg.; λ_{max} 2430 Å (ε = 14200; A.); 3,5 g. *p-Nitrobenzoat*, $C_{20}H_{19}O_4N$, F. 124° (PAe.). — *3-Benzylidencyclohexen*, $C_{13}H_{14}$, Kp.$_{10^{-4}}$ 81°, a) durch Dest. vorst. Verb. über $KHSO_4$; n_D^{21} 1,6190; λ_{max} 2230 u. 2810 Å (ε = 7700 u. 18700; A.); b) durch 20std. Rühren von 1-Chlorcyclohexen, Li u. Benzaldehyd in PAe. unter N_2; 20%. — *Diphenylmethan*, a) durch 3std. Rückflußkochen von 1 g vorst. Verb. mit N-Bromsuccinimid u. Benzoylperoxyd in CCl_4; 0,3 g; nachgewiesen durch Oxydation zu *Benzophenon* als *2.4-Dinitrophenylhydrazon*, F. 238—239°; b) durch 22std. Dehydrierung vorst. Verb. mit Pd/Kohle bei 200° unter N_2; ~55%. — *[Cyclohexen-(1)-yl]-diphenylcarbinol*, $C_{19}H_{20}O$, Prismen aus A., F. 154—155°, aus I u. Benzophenon; λ_{max} 2560, 2580 u. 2640 Å (ε = 420, 450 u. 345; A.); 60%. — *2-Benzhydrylidencyclohexanol*, $C_{19}H_{20}O$, Prismen aus A., F. 110 bis 111°, durch Umlagerung vorst. Verb. in Aceton + HCl, Neutralisieren, Abdampfen des Acetons, Ausäthern u. Extrahieren des Abdampfrückstandes mit Pentan, als unlösl. Komponente; λ_{max} 2400 u. 2500 Å (ε = 13200 u. 11000; A.); durch Ozonolyse in CCl_4 (18 Std.) u. anschließender Zers. des Ozonids in sd. W. mit Zn-Staub entsteht *Benzophenon* (*Phenylhydrazon*, F. 138—139°; 62%). — *3-Benzhydrylidencyclohexen*, $C_{19}H_{18}$, als hellgelbe M. aus A., F. 67—68°, aus dem Pentanextrakt bei vorst. Verb.; λ_{max} 2260 u. 2810 Å (ε = 14800 u. 22000; A.). — *Triphenylmethan*, F. 92,5°, aus vorst. Verb. u. Pd/Kohle wie oben. — *Cyclohexen-(1)-yl-vinylcarbinol* (II), $C_9H_{14}O$, Kp.$_{13}$ 94°, Kp.$_{0,4}$ 64°, aus Acrolein u. I; n_D^{20} 1,4986; 40%. — *1-Cyclohexylpropanol-(1)*, $C_9H_{18}O$, Kp.$_{16}$ 88°, durch Hydrierung von 9,45 g vorst. Verb. mit PtO_2; n_D^{19} 1,4662; 8,5 g. — *Cyclohexyläthylketon*, Kp.$_{16}$ 82°, durch Oxydation von 5 g vorst. Verb. mit $K_2Cr_2O_7$ in H_2SO_4; n_D^{21} 1,4528; 3 g. *Oxim*, F. 70—72°; *Semicarbazon*, F. 154°. — *2-Allylidencyclohexanol*, $C_9H_{14}O$, Kp.$_{16}$ 109°, F. 41—43°, durch Umlagerung von II wie vorst.; n_D^{20} 1,5340; λ_{max} 2330 Å (ε = 27000; A.); 75%. — *2-n-Propylcyclohexanon*, Kp.$_{16}$ 88°, a) durch Hydrierung vorst. Verb. mit PtO_2; b) durch Zufügen von Cyclohexanon u. n-Propylbromid zu einer sd. Lsg. von K-tert.-Butylat in tert.-Butanol u. Ansäuern nach 20 Min. Sieden; n_D^{19} 1,4677; n_D^{21} 1,4502; 30%. *Semicarbazon*, $C_{10}H_{19}ON_3$, F. 116 bis 118° (A.). *2.4-Dinitrophenylhydrazon*, $C_{15}H_{20}O_4N_4$, nach Chromatographie aus Bzl. + Chlf. rote Platten aus Essigester, F. 153—154°; λ_{max} 3680 Å (ε = 22400; Chlf.). — *Cyclohexen-(1)-yl-propenylcarbinol* (III), $C_{10}H_{16}O$, Kp.$_{0,8}$ 88°, aus 5 g Crotonaldehyd u. I; n_D^{18} 1,4998; 55%. — *4-[Cyclohexen-(1)-yl]-buten-(3)-ol-(2)* (V), $C_{10}H_{16}O$, Kp.$_{16}$ 116°, durch Umlagerung von 5 g III in 60%ig. Aceton mit HCl; n_D^{21} 1,5250; λ_{max} 2350 Å (ε= 23000; A.); 3 g; daneben *Bis-[4-(cyclohexen-(1)-yl)-buten-(3)-yl-(2)]-äther*, $C_{20}H_{30}O$, Kp.$_{10^{-3}}$ 130°; n_D^{18} 1,5312; λ_{max} 2320 Å (ε = 28000; A.). — *2-Äthoxy-4-[cyclohexen-(1)-yl]-buten-(3)*, $C_{12}H_{20}O$, Kp.$_{16}$ 107°, durch Umlagerung von 10 g III in 0,1nHCl oder Essigsäure enthaltendem, 60%ig. wss. A.; n_D^{20} 1,5012; λ_{max} 2350 Å (ε = 23000; A.). — *4-[Cyclohexen-(1)-yl]-buten-(3)-on-(2)*, Kp.$_{0,1}$ 65°, aus 4 g V durch Erhitzen mit Al-tert.-Butylat; n_D^{19} 1,5401; 2 g. *2.4-Dinitrophenylhydrazon*, dunkelrote Prismen aus Essigester, F. 196—197°. (J. chem. Soc. [London] 1950. 2014—19. Aug.) LEHWALD. 980

E. A. Braude und **J. A. Coles**, *Alkenylierung durch Lithiumalkenyle. 5. Mitt. Bildung und einige Reaktionen von cis-Propenyllithium.* (4. vgl. vorst. Ref.) Bei der dem Isobutylbromid (vgl. vorvorst. Ref.) analogen Darst. von *Propenylbromid* entsteht überwiegend die cis-Verb. (**IV**), die nach sorgfältiger Reinigung glatt mit Li reagiert. Einw. von Trockeneis auf die Li-Verb. (**II**) führt zu *Dipropenylketon* (**III**) (nachgewiesen als *Dinitrophenylhydrazon* u. durch Hydrierung zu *Di-n-propylketon*) u. *Tetrolsäure* (**V**). Vff. nehmen an, daß die Darst. von III über das Li-Salz der *cis-Crotonsäure* u. die Darst. von **V** über *Propinyl-Li* (I) erfolgt, das entweder durch direkte HBr-Abspaltung aus **IV** oder Abspaltung von LiH aus II entsteht. Einw. von Benzaldehyd auf II (+ I) ergibt 35% *Phenyl-cis-propenylcarbinol* (**VI**) u. 7% *Phenylpropinylcarbinol* (**VII**), von denen letzteres ebenfalls aus Propinyl-MgBr u. Benzaldehyd dargestellt wurde. Der Strukturbeweis von **VI**, dessen p-Nitrobenzoat niedriger schm. als das der entsprechenden trans-Verb., welche aus Crotonaldehyd (nach YOUNG, J. Amer. chem. Soc. **54**. [1932.] 2948, normalerweise stets trans-Konfiguration) u. Phenyl-MgBr entsteht, erfolgte 1. durch die Hydrierung zu *1-Phenylbutanol*, u. 2. durch Synth. aus **VII** mittels Hydrierung bei Ggw. von Pt-Oxyd, bei dem nach CAMPBELL u. CAMPBELL (Chem. Reviews **31**. [1942.] 148) stets Hydrierung in cis-Stellung erfolgt, solange diese stabil ist. (Infrarotspektren von cis- u. trans-Verb. s. Original.) Einw. von Acrolein auf **II** ergab neben erheblichen Mengen Polymerisationsprodd. *cis-Propenylvinylcarbinol* (**VIII**). Verss., **VIII** durch Einw. von Propinyl-MgBr auf Acrolein u. anschließende partielle Hydrierung mittels 0,3%ig. Pd-$CaCO_3$-Katalysators darzustellen, führten zur Bldg. von *cis-Propenyläthylcarbinol* (**X**) als Nebenprod., das sich durch Fraktionierung nur schwer abtrennen ließ. Bei Verwendung von 1,2%ig. Pd-Katalysator oder Pt-Oxyd entstand vorwiegend **X**, dessen Struktur durch Ozonisierung (Bldg. von Acetaldehyd) u. durch Synth. aus Propinyl-MgBr u. Propaldehyd bei anschließender partieller Hydrierung bewiesen wurde. Einw. von Crotonaldehyd auf **II** (+**I**) ergab 40% *cis–trans-Dipropenyl-* (**XI**) u. 7% *trans-Propenylpropinylcarbinol* (**XII**), die durch ihre *α-Naphthylurethane* charakterisiert wurden. Strukturbeweis von **XI** erfolgte durch Hydrierung zu *n-Heptanol-(4)* u. Oxydation zu *Di-n-propylketon*. Für die nicht weiter geprüfte Konfiguration wird von Vff. cis-Konfiguration für die aus **IV** entstandenen u. trans-Konfiguration für die aus dem Crotonaldehyd stammenden Äthylengruppen angenommen. Abschließend diskutieren Vff. ausführlich den möglichen Reaktionsmechanismus.

Versuche (FF. korr.): *cis-Propenylbromid* (**IV**), 1. durch Zutropfen von Brom zu Crotonsäure in CS_2 bei 0°, nach 12std. Stehen Abdest. des Lösungsm., Behandeln mit überschüssiger Sodalsg., Abblasen mit Wasserdampf, Ausziehen mit Ae. u. Abdampfen, Kp. 85°, n_D^{24} 1,4542; 16% (Ausbeute); 2. durch 5std. Rückflußkochen von Dibrombuttersäure in Pyridin, Gießen auf Eis + HCl u. Aufarbeiten wie vorst.; 20%. — *cis-Propenyl-Li* (**II**), analog der Darst. des Isobutenyl-Li (vgl. viertvorst. Ref.). — *Tetrolsäure* (**V**), durch Zufügen von Trockeneis zu einer Lsg. von Li in Ae. u. vorst. Verb. in Ae., 3std. Rühren, Zufügen von NH_4Cl-Lsg. u. anschließend 2nHCl, Abtrennen der äther. Schicht, Extrahieren mit gesätt. Bicarbonatlsg., Ansäuern derselben u. Kristallisation des gebildeten Öls aus PAe., F. 76°; 6%. — *Heptadien-(2.5)-on-(4)* (**III**), $C_7H_{10}O$, aus vorst. anfallender äther. Lsg. durch Rektifikation, gelbe Fl., Kp.$_{20}$ 67—70°, n_D^{21} 1,4837; λ_{max} 2450, 2510 u. 3360 Å (A.), ε = 15900, 15500 u. 15555. *2.4-Dinitrophenylhydrazon*, $C_{13}H_{14}O_4N_4$, nach Chromatographie an Al_2O_3 aus wss. Methanol in roten Prismen vom F. 152°, λ_{max} 2580 u. 3870 Å (Chlf.), ε = 17000 u. 31000. — *Di-n-propylketon*, aus vorst. Verb. durch Hydrierung in methanol. Lsg. mit PtO_2. *2.4-Dinitrophenylhydrazon*, aus Methanol, F. 74—75°. — *cis-1-Phenylbuten-(2)-ol-(1)* (**VI**), $C_{10}H_{12}O$, durch Zufügen von Benzaldehyd in Ae. zu **II** (+**I**)-Li-Lsg. u. Rektifikation der nach Rückflußkochen u. Eis + HCl-Behandlung abgetrennten äther. Lsg., Kp.$_{0,2}$ 81°, n_D^{21} 1,5412;. 35%. *p-Nitrobenzoat*, F. 56—57°. — *n-Butyrophenon*, durch Hydrierung vorst. Verb. mit Pt-Oxyd in methanol. Lsg. bei 27°, Filtrieren u. Abdampfen, Aufnehmen in Ae- u. Oxydation mit $K_2Cr_2O_7$ in $2nH_2SO_4$. *Semicarbazon*, F. 189,5—190,5° (A.). *2.4-Dinitrophenylhydrazon*, aus Essigester in roten Platten, F. 192—193°. — *1-Phenylbutin-(2)-ol-(1)* (**VII**), 1. bei der Rektifikation von **VI**, Kp.$_{0,2}$ 110°, F. 37°, n_D^{26} 1,5519- λ_{max} 2510, 2570 u. 2640 Å (A.), ε = 370, 440, 390; 7%; 2. durch Zufügen von Benz, aldehyd in Ae. zu einer Lsg. aus Propin u. Äthyl-Mg-Bromid, Behandeln mit gesätt NH_4Cl-Lsg. u. Rektifikation der äther. Schicht; 30%; *p-Nitrobenzoat*, $C_{17}H_{13}O_4N$, lange Prismen aus Methanol, F. 107°; wird wie vorst. zu **VI** (λ_{max} 2550 Å [A.], ε = 2000) hydriert (nachgewiesen als p-Nitrobenzoat, λ_{max} 2650 Å [A.], ε = 16500). — *cis-Hexadien-(1.4)-ol-(3)* (**VIII**), $C_6H_{10}O$, wie vorst. unter **VI** unter Verwendung von Acrolein statt Benzaldehyd; nach Sättigen mit NH_4Cl Abfiltrieren der polymeren Prodd. u. Rektifikation der äther. Lsg., Kp.$_{87}$ 86—87°; n_D^{27} 1,4559; absorbiert nicht zwischen 2200 u. 3000 Å; 30%. *α-Naphthylurethan*, $C_{17}H_{17}O_2N$, Nadeln aus PAe., F. 86—88° (Misch-F. mit der entsprechenden trans-Verb. 89,1—91,5°). — *n-Propyläthylketon-2.4-dinitrophenylhydrazon*, aus vorst. Verb. durch Red. mit Pt-Oxyd, Oxydation mit Bichromat u. Überführung in das Deriv., nach Chromatographie an Al_2O_3 aus Essigester mit F. 128—130°. — *Hexen-(1)-in-(4)-ol-(3)* (**IX**), C_6H_8O, durch Zutropfen von Acrolein in Ae. zu Propinyl-MgBr in Ae. (0°), nach 12std. Rühren Zufügen von 600 cm³ gesätt., kalter NH_4Cl-Lsg. u. Fraktionieren der abgetrennten äther. Schicht, Kp.$_{26}$ 73°, n_D^{21} 1,4712, absorbiert nicht zwischen 2200 u. 4000 Å; 37%. *α-Naphthylurethan*, $C_{17}H_{15}O_2N$, aus PAe. in Büscheln vom F. 97—99°. — *Hexin-(4)-ol-(3)*, $C_6H_{10}O$, wie vorst. unter Verwendung von Propionaldehyd statt Acrolein, Kp.$_{18}$ 51—52°,

n_D^{21} 1,4490; 40%. *α-Naphthylurethan*, $C_{17}H_{17}O_2N$, F. 82—83° (PAe.). — *cis-Hexen-(4)-ol-(3)* (**X**), $C_6H_{12}O$, durch Hydrierung vorst. Verb. mit 1,2%ig. Pd-$CaCO_3$, Kp.$_{14}$ 44—46°, n_D^{21} 1,4342; 2,2 g. *α-Naphthylurethan*, $C_{17}H_{19}O_2N$, F. 74—75° (PAe.). — Hydrierung von **IX** 1. 8 Std. mittels 0,3%ig. Pd-$CaCO_3$ ergab Gemisch von **VIII** u. **X**, das mit α-Naphthylisocyanat behandelt, nur zum Urethan von **X** führte. **VIII** wurde hier durch Säurebehandlung des Gemisches nachgewiesen, bei dem sich **VIII** zu *Hexadien-(3.5)-ol-(2)* isomerisierte, das sich leicht von **X** abtrennen ließ; 2. mittels 1,3%ig. Pd-$CaCO_3$ oder Pt-Oxyd sehr wenig **VIII** u. viel **X**, nachgewiesen durch Ozonisierung zu *Acetaldehyd* u. Überführung in das *2.4-Dinitrophenylhydrazon* (F. 164°). — *cis–trans-Heptadien-(2.5)-ol-(4)* (**XI**), $C_7H_{12}O$, wie vorst. unter Zutropfen von Crotonaldehyd zu **II** (+ **I**) u. Rektifikation, Kp.$_{16}$ 72°, n_D^{21} 1,4617; 38%; wird mit Pt-Oxyd u. anschließender Bichromatoxydation in *Di-n-propylketon* verwandelt. *α-Naphthylurethan* von **XI**, $C_{18}H_{19}O_2N$, F. 108° (PAe.). — *cis-Hepten-(2)-in-(5)-ol-(4)* (**XII**), aus vorst. Rektifikation, Kp.$_{16}$ 78°, n_D^{21} 1,4690; 7%. *α-Naphthylurethan*, $C_{18}H_{17}O_2N$, F. 132—133° (PAe.). (J. chem. Soc. [London] **1951**. 2078—84. Aug. South Kensington, London, Imp. Coll. of Sci. and Technol.) LEHWALD. 980

E. A. Braude, T. Bruun, B. C. L. Weedon und **R. J. Woods**, *Alkenylierung mit Lithiumalkenylen*. 6. Mitt. *Synthese und spektrale Eigenschaften einiger 6.6-Dimethylcyclohexenylderivate*. (5. vgl. vorst. Ref.) Aus *1-Chlor-6.6-dimethylcyclohexen* u. Li wird *6.6-Dimethylcyclohexenyl-Li* (**I**) dargestellt. Ersteres entsteht zusammen mit *1.1-Dichlor-2.2-dimethylcyclohexan* durch Behandlung von 2.2-Dimethylcyclohexanon mit PCl_5. **I** reagiert mit Benzaldehyd zu *[6.6-Dimethylcyclohexen-(1)-yl]-phenylcarbinol* (**II**). Analog entsteht bei Verwendung von Benzophenon zur Kondensation *[6.6-Dimethylcyclohexen-(1)-yl]-diphenylcarbinol* (**III**). **II** erleidet in 0,1n HCl Umlagerung zu *2-Benzyliden-3.3-dimethylcyclohexanol*, während **III** unter diesen Bedingungen durch Umlagerung u. Dehydratisierung *3-[Diphenylmethylen]-4.4-dimethylcyclohexen* bildet. Rk. von **I** mit Crotonaldehyd liefert *1-[6.6-Dimethylcyclohexen-(1)-yl]-buten-(2)-ol-(1)*, das erwartungsgemäß unter Wanderung der OH-Gruppe in *4-[6.6-Dimethylcyclohexen-(1)-yl]-buten-(3)-ol-(2)* übergeht. Die Konst. dieser Verb. läßt sich durch Oxydation zum entsprechenden bekannten *Keton* beweisen. Bei der Rk. von **I** mit Sorbinaldehyd entsteht als Endprod. nicht das erwartete *1-[6.6-Dimethylcyclohexen-(1)-yl]-hexadien-(2.4)-ol-(1)*, sondern es tritt sofort Umlagerung zu *6-[6.6-Dimethylcyclohexen-(1)-yl]-hexadien-(3.5)-ol-(2)* ein. — Die UV-Spektren der Verbb. ähneln stark denen der nichtmethylierten Cyclohexenylderivv. (l. c.), sind jedoch von geringerer Intensität. An Hand von räumlichen Modellbildern versuchen Vff., diese Hypochromie der Dimethylcyclohexenylderivv. zu deuten, u. kommen nach eingehenden Erörterungen zu dem Ergebnis, daß infolge der räumlichen Hinderung der Molekülschwingungen durch die *gem.*-Dimethylgruppen die für die Spektrenbldg. verantwortlichen Resonanzschwingungen gehemmt sind.

Versuche: *1-Chlor-6.6-dimethylcyclohexen*, $C_8H_{13}Cl$, Kp.$_{10}$ 52°; durch Zutropfen von 103 g 2.2-Dimethylcyclohexanon zu 206 g PCl_5 unter Rühren u. Kühlen; nach 1std. Rühren bei Raumtemp. Gießen auf Eiswasser, Wasserdampfdest., Ausäthern des Destillats u. Rektifizieren; n_D^{23} 1,4731—1,4739; 56 g. Daneben als schwerer flüchtige Komponente *1.1-Dichlor-2.2-dimethylcyclohexan*, $C_8H_{14}Cl_2$, Kp.$_{ca.\,10}$ 80°, F. 123°; 26,5 g; aus 13,3 g hiervon durch Behandlung mit $NaNH_2$ in fl. NH_3 6,3 g vorst. Verbindung. — *[6.6-Dimethylcyclohexen-(1)-yl]-phenylcarbinol* (**II**), $C_{15}H_{20}O$, F. 73,5°; durch Rk. von 43,5 g vorst. Monochlorverb. mit 4,2 g Li in Ae. (l. c.), Zutropfen von 23,8 g Benzaldehyd unter Kühlen, 18std. Rühren bei 20° u. Zufügen gesätt. NH_4Cl-Lsg.; Nadeln aus Pentan; λ_{max} 2580 u. 2640 Å (ε = 205 u. 160; A.); 30,7 g. — *2-Benzyliden-3.3-dimethylcyclohexanol*, $C_{15}H_{20}O$, Kp.$_{10^{-4}}$ 70°, F. 58,5°; durch 48std. Stehen von 6 g vorst. Verb. in 0,1mol. H_2SO_4 u. wss. Aceton bei 20°, Neutralisieren mit Bicarbonat, Abdampfen des Acetons, Ausäthern u. Dest.; Prismen aus Ae.; λ_{max} 2370 Å (ε = 6700; A.); 3,1 g. — *3-Benzyliden-4.4-dimethylcyclohexen*, $C_{15}H_{18}$, Kp.$_{10^{-4}}$ 85° (Bad); durch 20 Min. langes Erhitzen von 3 g **II** mit 2 g $KHSO_4$ unter vermindertem Druck auf 80°, Dest. im Hochvakuum, Verdünnen mit Pentan, nach Kühlen auf —30° u. Abfiltrieren unveränderten Ausgangsmaterials erneute Dest.; n_D^{25} 1,5720; λ_{max} 2570, 2700 u. 2880 Å (ε = 10000, 13000 u. 13000; A.); 1,1 g. — *[6.6-Dimethylcyclohexen-(1)-yl]-diphenylcarbinol* (**III**), $C_{21}H_{24}O$, Kp.$_{10^{-4}}$ 160° (Bad), F. 95,5°; aus Benzophenon u. **I** in Ae. wie vorst.; Prismen aus wss. A.; λ_{max} 2580 Å (ε = 290; A.); 14%. — *3-[Diphenylmethylen]-4.4-dimethylcyclohexen*, $C_{21}H_{22}$, F. 63—64°; durch 20std. Rk. von 0,8 g **III** in 0,1n HCl in wss. Aceton bei 20° wie vorst.; Nadeln aus A.; λ_{max} 2520, 2680 u. 2800 Å (ε = 1550, 15500 u. 15500; A.); 0,623 g. — *1-[6.6-Dimethylcyclohexen-(1)-yl]-buten-(2)-ol-(1)*, $C_{12}H_{20}O$, Kp.$_{10^{-3}}$ 60—65° (Bad); durch Rk. von Crotonaldehyd mit **I** wie vorst.; n_D^{25} 1,4990; keine Absorption bei 2200—3000 Å; 60%. — *4-[6.6-Dimethylcyclohexen-(1)-yl]-buten-(3)-*

ol-(2), $C_{12}H_{20}O$, Kp.$_{10^{-3}}$ 60—65° (Bad); durch Umlagerung von 4,3 g vorst. Verb. wie oben; n_D^{22} 1,5045; λ_{max} 2360 Å (ε = 11000; A.); 3,35 g. — *4-[6.6-Dimethylcyclohexen-(1)-yl]-buten-(3)-on-(2)*, Kp.$_{10^{-3}}$ 60°; a) durch 48std. Sieden von 3,6 g vorst. Verb., 11,5 g Al-tert.-Butylat in Aceton u. Bzl. u. Gießen in verd. H_2SO_4; 3,8 g (roh); b) durch 3std. Schütteln von 2 g vorst. Verb. in PAe. mit MnO_2 bei 20°, Filtrieren u. Dest.; n_D^{20} 1,5111; 1,51 g. *Semicarbazon*, Plättchen aus Methanol, F. 187—188°. *2.4-Dinitrophenylhydrazon*, rote Nadeln aus Essigester + Methanol, F. 157°. — *6-[6.6-Dimethylcyclohexen-(1)-yl]-hexadien-(3.5)-ol-(2)*, $C_{14}H_{22}O$, Kp.$_{10^{-4}}$ 80° (Bad); aus Sorbinaldehyd u. I wie vorst.; n_D^{33} 1,5316; λ_{max} 2680 u. 2800 Å (ε = 15000 u. 15000; A.); 26%; läßt sich nicht umlagern. — *6-[6.6-Dimethylcyclohexen-(1)-yl]-hexadien-(3.5)-on-(2)*, $C_{14}H_{20}O$, Kp.$_{10^{-4}}$ 80° (Bad); durch Oxydation von 65 g vorst. Verb. mit Al-tert.-Butylat wie vorst. u. Chromatographie an Al_2O_3; n_D^{21} 1,5680; λ_{max} 2680, 2800, 3260 u. 3430 Å (ε = 18500, 18500, 15500 u. 11500; A.); 0,58 g. (J. chem. Soc. [London] **1952.** 1419—25. April. London, Imp. Coll. of Sci. and Technol.) LEHWALD. 980

E. A. Braude und **J. A. Coles**, *Alkenylierung mit Lithiumalkenylen.* 7. Mitt. *Die Reaktion von Isobutenyllithium mit Äthylenketonen.* (6. vgl. vorst. Ref.) Vff. stellen durch Chlorieren von Isobutyraldehyd mit PCl_5 u. anschließende HCl-Abspaltung *Isobutenylchlorid* dar. Hieraus entsteht durch Rk. mit Li *Isobutenyl-Li* (I). Rk. von I mit Methylvinylketon führt neben polymerem Material zur Bldg. von *2.5-Dimethylhexadien-(2.4)*, wobei Vff. annehmen, daß der Zusammenschluß von I nur eine Teil-Rk. der Polymerisation ist. Rk. von I mit Methylpropenylketon u. mit Mesityloxyd liefert in niedriger Ausbeute *4.6-Dimethylheptadien-(2.5)-ol-(4)* (II) bzw. *2.4.6-Trimethylheptadien-(2.5)-ol-(4)* (III). Daneben entstehen höhersd. Produkte. III kann in guter Ausbeute durch GRIGNARD-Rk. von Diisobutenylketon dargestellt werden. II u. III lagern sich in n. Weise bei Ggw. von verd. Säuren um. Hierbei entsteht aus II *2.4-Dimethylheptadien-(3.5)-ol-(2)*, dessen Konst. durch katalyt. Hydrierung zu *2.4.6-Trimethylheptanol-(2)* sichergestellt ist. Aus III entsteht bei der Umlagerung *2.4.6-Trimethylheptadien-(3.5)-ol-(2)*, dessen UV-Spektr. infolge ster. Hinderung anomal ist. Im Gegensatz zu vorst. Rkk. liefert I mit β-Methylcrotonaldehyd das erwartete *Diisobutenylcarbinol*, das äußerst empfindlich gegenüber Säuren ist u. zu *2.6-Dimethylheptadien-(3.5)-ol-(2)* umgelagert wird. Letzteres spaltet leicht W. ab u. ergibt *2.6-Dimethylheptatrien-(1.3.5)*, das ebenfalls aus Phoron durch $LiAlH_4$-Red. dargestellt werden kann.

Versuche (Rkk. unter N_2; FF. auf KOFLER-Block u. korr.): *1.1-Dichlor-2-methylpropan*, Kp. 107—108°; durch Zufügen von 170 g Isobutyraldehyd zu PCl_5 bei 0°, nach 2std. Stehen Zutropfen von Eiswasser, Ausäthern u. Rektifizieren; 135 g (Ausbeute). — *Isobutenylchlorid*, Kp.$_{740}$ 63°; durch 6std. Erhitzen von 135 g vorst. Verb. mit 65 g KOH u. Äthylenglykol bei 120° u. Dest.; n_D^{20} 1,4192; 50 g. — *Isobutenyl-Li* (I), durch langsames Zufügen vorst. Verb. zu Li in Ae. u. 12std. Rückflußkochen nach Beendigung der nach ca. 30 Min. einsetzenden Reaktion. — *2.5-Dimethylhexadien-(2.4)*, Kp.$_{135}$ 60—65°, F. 10°; durch langsames Zufügen vorst. Verb. in Ae. zu Methylvinylketon in Ae. bei 0°, nach 2std. Stehen Zers. mit NH_4Cl-Lsg., Filtrieren u. Rektifizieren der äther. Schicht; n_D^{13} 1,4752; λ_{max} 2420 Å (ε = 21500; A.); 33%. — *2.4-Dimethylheptadien-(2.5)-ol-(4)* (II), $C_9H_{16}O$, Kp.$_{17}$ 77—79°; durch Rk. einer konstant sd. Mischung von Methylpropenylketon u. 15% Mesityloxyd mit I wie vorst. u. Rektifikation; n_D^{22} 1,4667; keine Absorption bei 2200—4000 Å; 15%. Weitere Prodd. bei der Rektifikation: neben unverändertem *Methylpropenylketon Mesityloxyd* u. 13 g einer *Verb.*, Kp.$_{0,5}$ 140°; n_D^{23} 1,4922; kein UV-Spektr. u. kein Dinitrophenylhydrazon. — *2.4-Dimethylheptadien-(3.5)-ol-(2)*, $C_9H_{16}O$, Kp.$_{16}$ 95°; durch 1std. Stehen von II in 0,002mol. salzsaurem 60%ig. Aceton bei Zimmertemp.; n_D^{22} 1,4802; λ_{max} 2280 Å (ε = 13000; A.). — *2.4.6-Trimethylheptadien-(2.5)-ol-(4)* (III), $C_{10}H_{18}O$, Kp.$_{0,2}$ 41°, F. 56°; a) durch Rk. von I mit Mesityloxyd wie vorst.; 8%; b) durch Rk. von Phoron mit Methyl-MgBr in Ae., Zers. mit NH_4Cl u. Extraktion mit Ae.; n_D^{21} 1,4638; Nadeln aus Pentan; 60%. Daneben bei vorst. Rk. a) *Verb.* vom Kp.$_{0,2}$ 81°, F. 73—74°, n_D^{19} 1,4722; kein UV-Spektr. u. kein Dinitrophenylhydrazon. — *2.4.6-Trimethylheptadien-(3.5)-ol-(2)*, $C_{10}H_{18}O$, Kp.$_{0,2}$ 41°; a) durch Umlagerung von 4 g III in 0,001mol. HCl wie vorst.; 3,4 g; b) durch langsames Zufügen einer Mischung von Mesityloxyd u. Bromessigsäuremethylester zu Zn-Granulat in sd. Bzl., 3std. Sieden nach Beendigung der Anfangs-Rk., Zufügen von ca. 15%ig. H_2SO_4, Trennen der Schichten u. Rektifizieren; Zutropfen von 13 g des so gebildeten *3.5-Dimethylhexadien-(2.4)-säuremethylesters* [$C_9H_{14}O_2$, Kp.$_{0,5}$ 74°; λ_{max} 2700 u. 2800 Å (ε = 6500 u. 6300; A.); n_D^{22} 1,4761; 48%] zu einer Mischung von Methyl-MgBr bei 0° in Ae. u. Zers. nach 1tägigem Stehen mit NH_4Cl-Lsg.; n_D^{21} 1,4680; λ_{max} 2290 Å (ε = 8000; A.); 82%. — *2.4.6-Trimethylheptanol-(2)*, $C_{10}H_{22}O$, Kp.$_{25}$ 85—88°; durch Hydrierung von 3 g vorst.

Verb. mit PtO_2 in A. bei Zimmertemp.; n_D^{23} 1,4352; 2,6 g. *3.5-Dinitrobenzoat*, $C_{17}H_{24}O_6N_2$, Nadeln aus Methanol, F. 81—83°. — *2.6-Dimethylheptadien-(2.5)-ol-(4)*, $C_9H_{16}O$, Kp.$_{0,4}$ 43—44°; aus β-Methylcrotonaldehyd u. I in Ae. wie vorst.; n_D^{23} 1,4833; 48%; zeigt keine Absorption zwischen 2200—4000 Å; instabil an der Luft. — *2.6-Dimethylheptadien-(3.5)-ol-(2)*, $C_9H_{16}O$, Kp.$_{0,05}$ 42°; durch Umlagerung von 3 g vorst. Verb. in 0,001 mol. HCl + Aceton; n_D^{16} 1,4983; 2,1 g. — *2.6-Dimethylheptatrien-(1.3.5)*, C_9H_{14}, Kp.$_{15}$ 54°, Kp.$_{0,1}$ 32°; durch Dest. vorst. Verb. über $KHSO_4$; n_D^{21} 1,5130—1,5190; λ_{max} 2610, 2700 u. 2880 Å (ε = 22000, 32000 u. 24000; A.); läßt sich ebenfalls durch Red. von Phoron mit $LiAlH_4$ in Ae. bei —10° darstellen; 5 g aus 9 g Phoron. — *4-Methyl-2-phenylpenten-(3)-ol-(2)*, Kp.$_{0,3}$ 64°; durch Rk. von Isobutenylphenylketon u. Methyl-Li in Ae. u. Zers. mit NH_4Cl-Lsg. nach 2std. Stehen; n_D^{21} 1,5286; 80%. — *Neopentylphenylketon-2.4-dinitrophenylhydrazon*, $C_{18}H_{20}O_4N_4$, rote Plättchen aus Dioxan, F. 277 bis 278°; λ_{max} 3850 Å ($E_{1\%}^{1cm}$ 900; Chlf.); bei vorst. Rk. aus der ersten Fraktion durch Einw. von BRADYs Reagens; 0,03 g. (J. chem. Soc. [London] **1952**. 1425—29. April.) LEHWALD. 980

Gy. Géczy, *Über einige neue Stickstoff enthaltende Derivate des Didepsids der Salicylsäure.* Durch Rk. von N-haltigen Salicylsäurederivv. mit Salicoylchloriden werden N-haltige *Derivv.* der *Salicoylsalicylsäure* dargestellt.

V e r s u c h e : Die Verbb. werden wie folgt erhalten: Man löst 1,1 Mol substituierte Salicylsäure in 2,2 Mol 2nNaOH, kühlt auf —10° u. läßt 1 Mol des in Aceton gelösten Salicoylchlorids zutropfen, wobei die Temp. konstant bleiben muß. Es wird dann auf das 5fache Vol. verd. u. mit verd. HCl oder H_2SO_4 angesäuert. *O-[2'-Oxybenzoyl]-5-p-nitrobenzolazo-2-oxybenzoesäure*, $C_{20}H_{13}O_7N_3$, F. 143°; aus 5-p-Nitrobenzolazosalicylsäure u. Salicoylchlorid; orangerotes Pulver; 99% (Ausbeute). — *O-[2'-Oxybenzoyl]-5-α-naphthalinazo-2-oxybenzoesäure*, $C_{24}H_{16}O_5N_2$, F. 67°; aus 5-α-Naphthalinazosalicylsäure u. Salicoylchlorid; rosafarbenes Pulver; 39,3%. — *O-[3'.5'-Dinitro-2'-oxybenzoyl]-5-benzolazo-2-oxybenzoesäure*, $C_{20}H_{12}O_9N_4$, F. 179°; aus 5-Benzolazosalicylsäure u. 3.5-Dinitrosalicoylchlorid; braunes Pulver; 57,3%. — *O-[3'.5'-Dinitro-2'-oxybenzoyl]-3.5-bis-[benzolazo]-2-oxybenzoesäure*, $C_{26}H_{16}O_9N_6$, F. 155°; aus 3.5-Bis-[benzolazo]-salicylsäure u. 3.5-Dinitrosalicoylchlorid; dunkelbraunes Pulver; 48,7%. — *O-[3'.5'-Dibrom-2'-oxybenzoyl]-5-p-nitrobenzolazo-2-oxybenzoesäure*, $C_{20}H_{11}O_7N_3Br_2$, F. 181° (Zers.); aus 5-p-Nitrobenzolazosalicylsäure u. 3.5-Dibromsalicoylchlorid; gelblich-braunes Pulver, Farbumschlag von Gelb nach Purpur bei p_H 6—7,2; 31,3%. — *O-[3'.5'-Dinitro-2'-oxybenzoyl]-5-amino-2-oxybenzoesäure*, $C_{14}H_9O_9N_3$, F. 111° (Zers.); aus 5-Aminosalicylsäure u. 3.5-Dinitrosalicoylchlorid; graues Pulver mit an Acetamid erinnerndem Geruch; 43,8%. — *O-[3'.5'-Dibrom-2'-oxybenzoyl]-5-amino-2-oxybenzoesäure*, $C_{14}H_9O_5NBr_2$, F. 188° (Zers.); aus 5-Aminosalicylsäure u. 3.5-Dibromsalicoylchlorid; lichtgraues Pulver; 84,5%. Die beiden letzten Verbb. entstehen bei 40—50°, da die Löslichkeit des Na-Salzes der 5-Aminosalicylsäure mit sinkender Temp. stark abnimmt. (Magyar Kémiai Folyóirat [Ung. Z. Chem.] **57**. 108—10. 1951. Budapest, Techn. Univ., Textilchem. Inst.) PLANK. 1250

Gabor Fodor, Dénes Beke und Ödön Kovács, *Reduktive Kondensation von Ketonaldehyden.* In einer früheren Arbeit (C. **1950**. I. 2223) berichteten Vff. über eine Synth. von adrenalinähnlichen Verbb. durch reduktive Kondensation von Oxyarylglyoxalen mit Alkylaminen. Die von der Temp. wenig abhängige Löslichkeit der Arylglyoxale verursacht bei der Reinigung durch Kristallisation große Verluste, es zeigte sich jedoch, daß deren K-Bisulfitverbb. zur Reinigung sehr gut verwendbar sind. Letztere sind säure- u. laugenbeständig u. können direkt zur reduktiven Kondensation mit Alkylaminen verwendet werden. In der ersten Stufe entstehen Alkylaminosulfonsäuren, aus welchen durch Hydrogenolyse Alkylaminoacetophenon-Derivv. gebildet werden. Arylglyoxale ohne Hydroxylgruppe können hierbei nicht zu Aminoketonen kondensiert werden.

V e r s u c h e : Reduktive Kondensation von Arylglyoxalen zu folgenden *Aminoacetophenonen*: *p-Oxy-ω-methylaminoacetophenon* (I), F. 147°; aus Methylamin u. p-Oxyphenylglyoxal durch Hydrierung (RANEY-Ni, A.); gelbe Kristalle. Hydrochlorid, F. 235°. — *p-Oxy-ω-n-butylamino-* (II), F. 119—120°; analog Vorst. mit n-Butylamin; Kristalle. *Hydrochlorid*, $C_{12}H_{17}O_2N \cdot HCl$, F. 225°. — *p-Oxy-ω-phenylamino-* (III), $C_{14}H_{13}O_2N$, F. 158° (vgl. unten, die Redaktion) aus p-Oxyphenylglyoxal u. Anilin; gelbe Kristalle. *Hydrochlorid*, F. 202°. — *m-Oxy-ω-methylamino-* (IV), F. 128°; aus Methylamin u. m-Oxyphenylglyoxal; gelbe Kristalle. *Hydrochlorid*, F. 234°. — *m-Oxy-ω-äthylamino-* (V), F. 208—210°; aus Äthylamin u. m-Oxyphenylglyoxal. *Hydrochlorid*, $C_{10}H_{13}O_2N \cdot HCl$, F. 221—222°. — *3.4-Dioxy-ω-methylamino-*, F. 241°; aus Methylamin u. 3.4-Dioxyphenylglyoxal; gelbe Kristalle. — *3.4-Dioxy-ω-isopropylamino-*, F. 243°; mit Isopropylamin. — Anwendung von Arylglyoxalbisulfitverbb. zur reduktiven Kondensation: *K-p-Oxyphenylglyoxalbisulfit*, (a) aus 0,1 Mol p-Oxyphenylglyoxalhydrat in wss. Lsg. mit 0,1 Mol $K_2S_2O_5$ u. mit konz. HCl auf p_H 5 eingestellt; (b) p-Oxyphenyltrichlormethylcarbinol mit 0,1 Mol $CaCO_3$ gekocht u. 0,1 Mol $K_2S_2O_5$ zugesetzt; (c) analog (a) mit 0,2 Mol $K_2S_2O_5$. Liefert mit o-Phenylendiamin *2-[4'-Oxyphenyl]-chinoxalin*, F. 204°. — *K-m-Oxyphenylglyoxalbisulfit*, aus m-Oxyphenylglyoxal u. $K_2S_2O_5$. — *K-2-p-Oxyphenyl-2-oxo-1-methylaminoäthansulfonat* (VI), $C_9H_{10}O_5NSK$, aus K-p-Oxyphenylglyoxalbisulfit u. Methylamin in A.; gelbe Blättchen. — *K-2-p-Oxyphenyl-2-oxo-1-phenylaminoäthansulfonat* (VII), $C_{14}H_{12}O_5NSK$, F. 239—241°; aus K-p-Oxyphenylglyoxalbisulfit u. Anilin; Kristalle. — Red. von VI bzw. VII in Ggw. von Raney-Ni liefert I bzw. III. Reduktive Kondensation von K-p-Oxyphenylglyoxalbisulfit ohne Isolierung der intermediären Prodd.: Mit Methylamin in Ggw. von Raney-Ni in A. ergibt I; mit n-Butylamin Kristalle von II; mit Anilin gelbe Kristalle von III, F. 125° (vgl. oben; die Redaktion). — Reduktive Kondensation des K-m-Oxyphenylglyoxalbisulfits ohne Isolierung der Zwischenprodd. liefert mit Methylamin IV u. mit Äthylamin V. — Aus der K-Bisulfitverb. des Phenylglyoxals entsteht bei der Kondensation mit Methylamin eine gelbe, salbenartige M., welche neben viel N Spuren von S enthält. (Magyar Kémiai Folyóirat [Ung. Z. Chem.] **56**. 24—30. 1950. Szeged, Univ., Organ.-Chem. Inst., u. Budapest, Pharmazeut. Fabrik Dr. Wander, Forschungslabor.)

Plank. 1340

Alfred S. Spriggs, Carl M. Hill und **Gilbert W. Senter,** *Die Lithiumaluminiumhydridreduktion von dimerem Cyclohexylketen und [ω-Cyclohexylalkyl]-keten.* Red. von dimeren Ketenen, die durch Halogenwasserstoffabspaltung aus ω-cyclohexylsubstituierten Fettsäurechloriden dargestellt wurden, mit $LiAlH_4$ führte unter Aufspaltung des β-Lactonringes, Red. der Carbonylgruppe u. Isomerisierung der Enolgruppe zu β-Oxyketonen. Diese wurden von HJO_4 nicht angegriffen, lieferten Mono-3.5-dinitrobenzoate, mit 2.4-Dinitrophenylhydrazin substituierte Pyrazoline u. wurden von $LiAlH_4$ nicht weiter reduziert.

Versuche: Zugabe von 0,027 Mol dimerem Cyclohexylketen ($Kp._2$ 108—111°) zu 0,047 Mol $LiAlH_4$ in absol. Ae., so daß das Reaktionsgemisch am Sieden blieb. Zers. mit W. unter Kühlung, Zugabe von 20%ig. H_2SO_4 unter Eiskühlung, Waschen der Äther. Schicht mit $NaHCO_3$-Lsg. u. W., Entfernung des Ae. im Vakuum u. Dest. lieferte das *β-Oxyketon* $C_6H_{11}(CH_2)_{n+1}COCH(CH_2OH)(CH_2)_nC_6H_{11}$ (*n = 0*), $C_{16}H_{28}O_2$, $Kp._4$ 145 bis 148°, F. 58,5—60°; 21% (Ausbeute). *3.5-Dinitrobenzoat*, $C_{23}H_{30}O_7N_2$, F. 104—104,4°. *Pyrazolinderiv.*, $C_{22}H_{30}O_4N_4$, F. 64—65°. — Ebenso wurden die nachst. *β-Oxyketone* der gleichen Formel dargestellt: *n = 1*, $C_{18}H_{32}O_2$, $Kp._3$ 168—172°, F. 52,5—53,5°; 62%. *3.5-Dinitrobenzoat*, $C_{25}H_{34}O_7N_2$, F. 58—58,5°. *Pyrazolinderiv.*, $C_{24}H_{34}O_4N_4$, F. 109°. — *n = 2*, $C_{20}H_{36}O_2$, $Kp._{10}$ 94—96°, n_D^{20} 1,4771; 45%. *3.5-Dinitrobenzoat*, $C_{27}H_{38}O_7N_2$, F. 55—56°. — *n = 4*, $C_{24}H_{44}O_2$, F. 39,5—40°; 71%. *3.5-Dinitrobenzoat*, $C_{31}H_{46}O_7N_2$, F. 59°. *Pyrazolinderiv.*, $C_{30}H_{46}O_4N_4$, F. 112—113°. (J. Amer. chem. Soc. **74**. 1555—56. 20/3. 1952. Nashville, Tenn., Tennessee A. and I. State Univ., Dep. of Chem.)

Horst Baganz. 1980

Eugene Rothstein, *Die Reaktion zwischen aromatischen Verbindungen und den Derivaten tertiärer Säuren.* 6. Mitt. *Die gleichzeitige Bildung offenkettiger und cyclischer Ketone aus einigen alkylierten Phenylpropionylchloriden.* (5. vgl. J. chem. Soc. [London] **1949**. 1961.) Seitenkettenmethylierte β-Phenylpropionylchloride erfahren in aromat. Lösungsmitteln mit $AlCl_3$ entweder Ringschluß unter Indanonbldg. oder kondensieren mit den Lösungsmitteln zu offenkettigen Ketonen. Die Richtung der Rk. ist abhängig von der Natur des aromat. Reaktionspartners, *Bzl.*, *Toluol* (I) oder *Anisol* (II) u. von dem Grad der Seitenkettenmethylierung. Während *β-Phenylpropionylchlorid* (III) in Bzl. vollständig cyclisiert wird, entstehen mit I u. II β-Phenylpropylketone, deren Menge mit zunehmender Konz. an I oder II u. zunehmender Reaktionsfähigkeit wächst. Die zunehmende Methylierung des Propionsäurerestes hat den umgekehrten Effekt. *β-Phenyl-α.α.β-trimethylbutyrylchlorid* (IV) liefert *2.2.3.3-Tetramethylindanon* (V) als einziges Reaktionsprodukt.

Versuche: *p-[β-Phenylpropionyl]-anisol*, $C_{16}H_{16}O_2$, F. 101—102°, aus Ae., Bzn. oder A. Tafeln; 85%. *Oxim*, $C_{16}H_{17}O_2N$, F. 115°, aus 95%ig. Alkohol. *Semicarbazon*, $C_{17}H_{19}O_2N_3$, F. 135°, Nadeln. — *p-[β-Phenylpropionyl]-toluol* (VI), $C_{16}H_{16}O$, $Kp._{0,1}$ 145°, F. 70—71°, aus Benzin. *Oxim*, $C_{16}H_{17}ON$, F. 99°, aus Alkohol. *Semicarbazon*, $C_{17}H_{19}ON_3$, F. 138—139°. — *β-[p-Anisoyl]-α-phenylisobutan* (VII), $C_{18}H_{20}O_2$, $Kp._{0,1}$ 151°. *Oxim*, $C_{18}H_{21}O_2N$, F. 157°, aus A. Nadeln. *Semicarbazon*, $C_{19}H_{23}O_2N_3$, F. 156—157°, aus A. Prismen. — *2.2-Dimethylindanon*, $C_{11}H_{12}O$, $Kp._{0,1}$ 64°, F. 45—46°, aus Pivaloylchlorid, aus PAe.; neben VII. *Semicarbazon*, $C_{12}H_{15}ON_3$, F. 180—203° (Mischung geometr. Isomerer). *Oxim*, $C_{11}H_{13}ON$, F. 115°, aus wss. A. Prismen. — *Indanon (1)*, $Kp._{0,2}$ 73°, F. 42°, aus I u. III mit $AlCl_3$, aus PAe. Nadeln; neben VI. — *2.2.3.3-Tetramethylindanon* (V),

$C_{13}H_{16}O$, Kp.$_{0,1}$ 80—81°, aus IV (Kp.$_7$ 127—128°) mit II; 100%. *Semicarbazon*, $C_{14}H_{19}$·ON_3, F. 206°, aus A. Prismen. *Oxim*, $C_{13}H_{17}ON$, F. 143—144°, aus A. Tafeln. (J. chem. Soc. [London] **1951.** 1459—61. Juni.) GOLD. 2650

László Szekeres, *Darstellung von 3.4-Bis-[β-naphthyl]-n-hexan.* Vf. wendet die Meth. der THIELEschen therm. Zers. zur Darst. von symm. Äthanderivv. an. Aus Naphthalin u. Propionylchlorid wurde nach FRIEDEL-CRAFTS *β-Propionaphthon* u. aus diesem mit Hydrazinhydrat das *Ketazin* erhalten, welches katalyt. hydriert das *Hydrazinderiv.* lieferte. Letzteres wurde an der Luft zu *α.α'-Bis-[β-naphthyl]-α.α'-azopropan* oxydiert. Wird diese gelbliche kristalline Verb. ohne Lösungsm. auf 130° erhitzt, so entsteht unter lebhafter N_2-Entw. *3.4-Bis-[β-naphthyl]-n-hexan,* F. 215°, wahrscheinlich als Meso-Form. Die Racem-Form konnte nicht rein dargestellt werden. (Magyar Kémiai Folyóirat [Ung. Z. Chem.] **56.** 379—80. 1950. Szeged, Univ., Inst. für organ. Chemie.) PLANK. 2700

E. Clar und D. G. Stewart, *Aromatische Kohlenwasserstoffe.* 61. Mitt. *Pentaphen.* (60. vgl. C. **1952.** 3624.) Die Umsetzung von Phthalsäureanhydrid (I) mit o-Tolyl-MgBr liefert im Gegensatz zu WEISZ u. Mitarbeitern (Mh. Chem. **45.** [1914.] 207; **65.** [1934.] 481) nicht 2 Verbb. mit Phthalid-Konst., sondern eine Mischung von *1.2-Di-o-toluylbenzol* (**II**) u. *Di-o-tolylphthalid* (III). III konnte in guter Ausbeute durch Oxydation von *Tri-o-tolylcarbinol* (**IV**) mit verd. HNO_3 dargestellt werden, während II nur mit wenig III verunreinigt, bei der Rk. von asymm.-Phthaloylchlorid mit o-Tolyl-MgBr entstand. II, das mit Hydrazin leicht das in A. lösl. *1.4-Di-o-tolyl-phthalazin* (**V**) u. durch Red. mit Zn u. Eisessig leicht eine gelbe, blau fluorescierende Lsg. des *Isobenzofurans* **VI** liefert, ergab bei der Oxydation mit verd. HNO_3 u. mit $KMnO_4$ das Dispiran **VII**, das auch bei der Oxydation von III unter gleichzeitiger Umlagerung in guter Ausbeute gebildet wird. **VII** war das wichtige Zwischenprod. zur Darst. von *Pentaphen* (**VIII**) (vgl. auch Ber. dtsch. chem. Ges. **64.** [1931.] 981), denn es konnte durch Red. über das Diphthalid **IX** in das *1.2-Di-[o-carboxybenzyl]-benzol* (**X**) übergeführt werden, das beim Ringschluß mit H_2SO_4 *8-Oxypentaphen-5.14-chinon* (**XI**) ergab. **X** u. **XI** lieferten bei der Zn-Staubschmelze **VIII.** — UV-Absorptionsspektren von **VIII, IX** u. **X** vgl. Original.

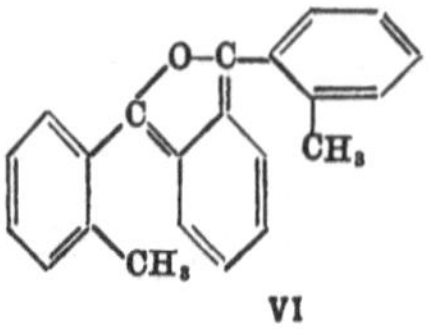

VI

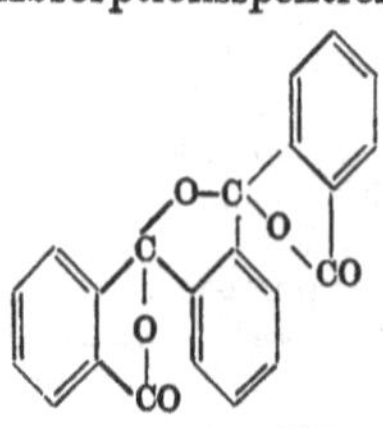

VII

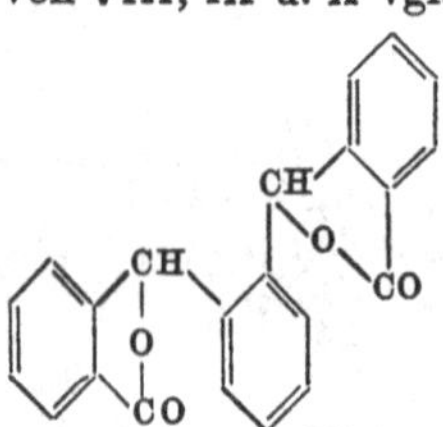

IX

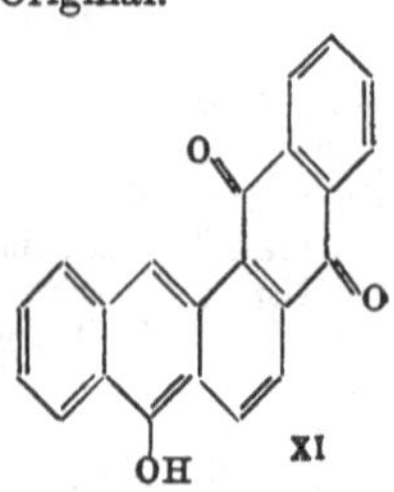

XI

Versuche: *Tri-o-tolylcarbinol* (**IV**), F. 105°, aus o-Toluylchlorid u. o-Tolyl-Li in Ae., aus PAe. Nadeln, neben 8% eines Prod. vom F. 240—242°. — *Di-o-tolylphthalid* (III), $C_{22}H_{18}O_2$, F. 174°, aus **IV** u. Nitrobenzol in sd. 20%ig. HNO_3 (16 Std.) u. Extrahieren aus dem Reaktionsprod. mit sd. verd. NaOH, aus Eisessig u. A. Tafeln; in H_2SO_4 mit orangeroter Farbe löslich. — *1.2-Di-o-toluylbenzol* (II), $C_{22}H_{18}O_2$, F. 146°, aus asymm.-Phthaloylchlorid in Bzl. mit äther. o-Tolyl-MgBr als in der Lösungsmittelmischung leichter lösl. Anteil (76%), aus Bzl. u. aus A. Kristalle; daneben *o-Tolylphthalid,* C_{15}·$H_{12}O_2$, F. 262°, als schwerer lösl. Anteil. *2-o-Toluylbenzoesäure,* F. 125—129°, durch Extraktion aus der vorst. Reaktionsmischung mit verd. NaOH. — *1.4-Di-o-tolylphthalazin* (V), $C_{22}H_{18}O_2$, F. 162—163°, aus der aus I u. o-Tolyl-MgBr erhaltenen Mischung von II u. III mit 100%ig. Hydrazinhydrat in sd. A. als in A. leichtlösl. Anteil, neben in A. schwerlösl. **III** vom F. 174°. — *Dihydroisobenzofuran-1.3-bis-spiro-[3-phthalid]* (**VII**), $C_{22}H_{12}O_5$, F. 302—303°, durch Oxydation von II oder III oder einer Mischung von beiden mit 20%ig. HNO_3 unter Druck bei 210° (10 Std.) oder mit Nitrobenzol in sd. 20%ig. HNO_3 (48 Std.) u. anschließende Oxydation mit $KMnO_4$, aus Eisessig Nadeln; 60—100%. Die Lsg. in konz. H_2SO_4 wird beim Erwärmen dunkelgrün. — *1.3-Di-[o-carbomethoxyphenyl]-1.3-dihydroisobenzofuran,* $C_{24}H_{20}O_5$, F. 160°, aus VII mit methanol. HCl, aus Bzl. Nadeln. — *o-Di-[phthalidyl-(3)]-benzol* (**IX**), $C_{22}H_{14}O_4$, F. 211—212°, aus VII in sd. 20%ig. NaOH mit Zn-Staub, aus Essigsäure Nadeln; 100%. — *1.2-Di-[o-carboxybenzyl]-benzol* (**X**), $C_{22}H_{18}O_4$, F. 242—243°, aus **IX**, rotem P u. 55%ig. HJ in sd. Xylol (36 Std.), aus Eisessig Nadeln; 76%. — *8-Oxypentaphen-5.14-chinon* (**XI**), $C_{22}H_{12}O_3$, F. 349—351°, aus X in konz. H_2SO_4 bei 120° (10 Min.) u. Verdünnen mit W. als Nd., aus Nitrobenzol u. durch Sublimation im Vakuum rote Nadeln; liefert eine rotbraune Küpe, die beim Aufbewahren ausbleicht. *Pentaphen* (**VIII**), $C_{22}H_{14}$, F. 256

bis 257°, als Nebenprod. bei der Darst. von **X** aus **IX**, oder aus **X** oder **XI** mit 1,2 Teilen Zn-Staub, 1,2 Teilen NaCl u. 7 Teilen feuchtem $ZnCl_2$ bei 300° (15 Min.), nach der Sublimation aus Xylol gelbe Nadeln oder hellgelbe Tafeln. (J. chem. Soc. [London] **1951**. 3215—18. Nov. Glasgow, Univ.) GOLD. 2950

Modeste Martynoff, *Untersuchung der Acylcumarone und ihrer Stickstoffderivate.* 2. Mitt. *Synthese und Reaktivität der β-Benzofurylalkylketone und der entsprechenden Imine.* (1. vgl. C. **1952**. 1643.) Zum Vgl. der Spektren u. der chem. Eigg. mit denen der α-Reihe stellt Vf. aus β-Brombenzofuran durch SANDMEYER-Rk. *β-Cyanbenzofuran* dar, das er mit Methyl-, Äthyl- u. tert. Butyl-Mg-Halogeniden zu *Methyl* (I)- u. *Äthyl-β-benzofurylketon* (II) u. *tert.-Butyl-β-benzofurylketimin* (III) kondensiert. Das Imin von I ist instabil u. verharzt teilweise bei der Hydrolyse. Aus I lassen sich *Oxim* u. *Semicarbazon* darstellen, letzteres in 2 stereoisomeren Formen. Das Imin von II konnte ebenfalls nicht isoliert werden, da es bei der Aufarbeitung verseift wird. III ist sehr stabil u. ist nicht durch sd. HCl verseifbar. Es bildet leicht ein Dimerisationsprod., das durch HCl oder polare Lösungsmittel wieder gespalten wird.

Versuche: *β-Cyanbenzofuran*, C_9H_5ON, F. 93° (Cyclohexan), durch 18std. Erhitzen eines Gemischs von CuCN, β-Brombenzofuran u. Pyridin auf 215—240° u. Dest. mit Wasserdampf; 82% (Ausbeute). Als Rückstand ein *Polymeres*, F. 215° (Toluol). — *β-Benzofurylmethylketon* (I), $C_{10}H_8O_2$, F. 36°, Kp.$_{14}$ 120—135°, aus vorst. Verb. u. CH_3MgJ in äther. Lsg. u. Zers. mit NH_4Cl-Lösung. *Oxim*, $C_{10}H_9O_2N$, F. 148° (A.). *Semicarbazon*, $C_{11}H_{11}O_2N_3$, aus A. in 2 Stereoisomeren, das weniger lösl. in großen glänzenden Kristallen, F. 252°, das leichter lösl. in kleinen Kristallen, F. 230°. — *β-Benzofuryläthylketon* (II), $C_{11}H_{10}O_2$, F. 73° (Cyclohexan), Kp.$_{15}$ 152°, wie vorst. unter Verwendung von C_2H_5MgBr; Blättchen. *Oxim*, $C_{11}H_{11}O_2N$, F. 97° (PAe.). *Semicarbazon*, $C_{12}H_{13}O_2N_3$, F. 193° (A.). — *β-Benzofuryl-tert.-butylketimin* (III), $C_{13}H_{15}ON$, *Monomeres*, F. 120°, *Dimeres*, F. 175° (Cyclohexan), wie vorst. unter Verwendung von tert.-Butyl-MgCl; ist resistent gegenüber HCl; bildet *Additionsverbb.*: mit Hydroxylaminhydrochlorid, $C_{13}H_{15}ON \cdot NH_2OH$, Nadeln, F. 248° (A.); mit O-Benzylhydroxylamin, $C_{13}H_{15}ON \cdot NH_2OC_7H_7$, F. 138° (PAe.); mit Phenylhydrazin $C_{13}H_{15}ON \cdot C_6H_5NHNH_2$, F. 202°. (C. R. hebd. Séances Acad. Sci. **233**. 878—80. 15/10. 1951.) LEHWALD. 3061

E. A. Weilmuenster, R. F. Toomey, W. J. Schubert, W. E. Hill, J. F. Welch und **T. A. Robinson,** *Darstellung gewisser quaternärer Thenylammoniumhalogenide.* Zur Prüfung auf germicide Aktivität wurden *N.N-Dimethyl-* u. *N.N-Diäthylthenylamin* durch LEUCKART-Synth. dargestellt u. mit Alkyljodiden zu den entsprechenden quaternären Salzen umgesetzt.

Versuche: *N.N-Dimethylthenylamin*, Kp. 165—169°, durch Einleiten von Dimethylamin (aus dem Hydrochlorid mit KOH) in Ameisensäurelsg. unter Rühren, Entfernen des W., Zugabe von Thiophenaldehyd-(2), 4std. Kochen, Zugabe von W., Alkalisieren, Wasserdampfdest., Ae.-Extraktion u. fraktionierte Destillation. — *N.N-Diäthylthenylamin*, analog. — Zur Darst. der quaternären Salze wurden äquimol. Mengen Amin u. Alkyljodid in Bzl. 1—18 Std. auf 70° erwärmt. N-Alkyl-N.-N-dimethylthenylammoniumjodide: *Methyl-*, $C_8H_{14}NJS$, F. 151—152° [A.-Essigester (Ee.)], 1 (Std. Erwärmungsdauer); 91% (Ausbeute). — *Äthyl-*, $C_9H_{16}NJS$, F. 134—135° (A.-Ee.), 1; 80%. — *n-Propyl-*, $C_{10}H_{18}NJS$, F. 124—126° (A.-Ee.), 4; 48%. — *n-Butyl-*, $C_{11}H_{20}NJS$, F. 123—123,5° (A.-Ee.), 4; 46%. — *n-Amyl-*, $C_{12}H_{22}NJS$, F. 128—129° (A.-Ee.), 8; 94%. — *n-Hexyl-*, $C_{13}H_{24}NJS$, F. 118° (A.-PAe.), 8; 86%. — *n-Heptyl-*, $C_{14}H_{26}NJS$, F. 77,5° (A.-Ee.), 8; 70%. — *n-Nonyl-*, $C_{16}H_{30}NJS$, F. 132—134° (A.-Ee.), 8; 50%. — *n-Tetradecyl-*, $C_{21}H_{40}NJS$, F. 56—57° (A.-Ee.), 16; 85%. — *n-Hexadecyl-*, $C_{23}H_{44}NJS$, F. 73—73,5° (A.-Ee.), 6; 90%. — *n-Octadecyl-*, $C_{25}H_{48}NJS$, F. 80—81° (A.-Ee.), 6; 90%. — N-Alkyl-N.N-diäthylthenylammoniumjodide: *Methyl-*, $C_{10}H_{18}NJS$, F. 154° (A.-Ee.), 1; 63%. — *Äthyl-*, $C_{11}H_{20}NJS$, F. 161° (A.-Ee.), 2; 62%. — *n-Propyl-*, $C_{12}H_{22}NJS$, F. 149—151° (A.-Ee.), 10; 54%. — *n-Butyl-*, $C_{13}H_{24}NJS$, F. 142—143° [A.-Isopropanol (Is.)], 12; 52%. — *n-Amyl-*, $C_{14}H_{26}NJS$, F. 99—101° (A.-Is.), 18; 39%. — *n-Tetradecyl-*, $C_{23}H_{44}NJS$, F. 11—12° (A.-Is.), 5; 24%. — *n-Hexadecyl-*, $C_{25}H_{48}NJS$, F. 26° (A.-Is.), 5; 26%. — *n-Octadecyl-*, $C_{27}H_{52}NJS$, F. 34—35° (A.-Is.), 4; 43%. (J. org. Chemistry **17**. 404—06. März 1952. Cleveland, O., John Carroll Univ., Dep. of Chem.) SPAETH. 3071

David A. Shirley und **Morris J. Danzig,** *Synthese des 2-Thianaphthaldehyds und einiger seiner Derivate.* Das aus Thianaphthen u. n-Butyl-Li erhältliche *Thianaphthyl-(2)-Li* (II) (vgl. C. **1952**. 6847) gibt mit N-Methylformanilid (III) *2-Thianaphthaldehyd* (I), mit dem einige für aromat. Aldehyde typ. Rkk. durchgeführt werden.

Versuche: *2-Thianaphthaldehyd* (I), C_9H_6OS, F. 34—35° (A.), durch Zufügen der Ae.-Lsg. von III zur Ae.-Lsg. von II, 1std. Kochen, Eingießen in 3nHCl u. Eis,

Versetzen des Ae.-Rückstands mit A. u. gesätt. wss. $NaHSO_3$-Lsg., Abfiltrieren der Bisulfitverb. nach 20 Min. u. Zers. mit wss. Sodalsg.; 62% (Ausbeute). *Thiosemicarbazon*, $C_{10}H_9N_3S_2$, F. 219—220° (A.), in 60%ig. A.; 83%. — *2-Thianaphthencarbonsäure*, F. u. Misch.-F. 234—236°, durch Oxydation von I mit $KMnO_4$ in Aceton. — *2-Thianaphthal-4'-carboxyanilin*, $C_{16}H_{11}O_2NS$, F. 300—305° (Zers.), durch 2std. Stehen von I u. p-Aminobenzoesäure in A.; 56%. — *2-Thianaphthal-3'-oxy-4'-carboxyanilin*, $C_{16}H_{11}\cdot O_3NS$, F. 208,5—209° (Xylol), wie vorst. aus I u. p-Aminosalicylsäure; 22%. — *1-[Thianaphthyl-(2)]-2-cyan-2-phenyläthylen*, $C_{17}H_{11}NS$, F. 127—128°, aus I u. Benzylcyanid durch Zufügen von 30%ig. wss. KOH; 80%. — *2.2'-Thianaphthoin*, $C_{18}H_{12}O_2S_2$, F. 154 bis 156° (A.), durch 2std. Kochen von I in 50%ig. A. mit KCN u. Ansäuern mit $CH_3\cdot COOH$; 92%. (J. Amer. chem. Soc. **74**. 2935—36. 5/6. 1952. New Orleans, La., Tulane Univ., Richardson Chem. Labor.) Spaeth. 3071

H. R. Fleck, *Antikrampfmittel.* 1. Mitt. *Hydantoinderivate.* Übersicht über Konst., Vork. bzw. Synth. u. physiol. Wirksamkeit von *1.3-Diazolderivv.* (*Hydantoin, Histamin, Histidin, Parabansäure, Harnsäure, Purin, Allantoin, Biotin, Pilocarpin*; *2-Benzylimidazolin* [*Priscol, Vasodil*], *p-Oxybenzylimidazolin*, *2-[Naphthyl-(1)-methyl]-imidazolin* [*Privin, Naphthazolin*]) unter besonderer Berücksichtigung der Antikrampfmittel *5.5-Diphenylhydantoin* (*Phenytoin, Dilantin*), *3-Methyl-5-äthyl-5-phenylhydantoin* (*Mesantoin, Phenantoin*) u. *5-Phenyl-5-[thienyl-(2)]-hydantoin* (*Thiantoin*), deren Darst. beschrieben wird. — [*Bromdiphenylacetyl*]-*harnstoff*, durch Kochen von Tribromäthylalkohol mit Chlorbenzol u. Na in absol. A., Filtration, Oxydation des nach Eindampfen erhaltenen *Bromdiphenyläthylalkohols* zur entsprechenden substituierten Essigsäure, die mit PCl_3 in das Säurechlorid übergeführt wird, das mit Harnstoff in A. $+NaHCO_3$ gekocht wird. — *5.5-Diphenylhydantoin*, F. 295°, durch 3std. Erhitzen vorst. Verb. mit 5%ig. alkoh. NH_3 im Autoklaven unter 5 at u. Filtration in der Wärme; 80% (Ausbeute); wird in Form des Na-Salzes verwendet. — *Phenyläthylketon*, aus Bzl. u. Propionylchlorid in Ggw. von $AlCl_3$; 70%. — *5-Äthyl-5-phenylhydantoin*, durch 2mal 18std. Erwärmen vorst. Verb. in A. mit KCN u. $(NH_4)_2CO_3$ im Autoklaven auf 110°; 60%. — *Mesantoin*, durch Zutropfen von Dimethylsulfat zu vorst. Verb. in wss. NaOH $<40°$ unter Rühren; 70%; wird als Na-Salz verwendet. — *Phenyl-[thienyl-(2)]-keton*, F. 44°, aus Thiophen u. Benzoylchlorid in Ggw. von $AlCl_3$; Kp.$_{10}$ 160°; 70—80%. — *5-Phenyl-5-[thienyl-(2)]-hydantoin*, F. 256—257°, aus vorst. Verb. in A. mit KCN u. $(NH_4)_2CO_3$ wie oben; 56%. — Analog lassen sich nachst. 5-substituierte *5-[Thienyl-(2)]-hydantoine* darstellen: *5-Äthyl-*, F. 177—178°; 76%. *5-n-Propyl-*, F. 178—179°; 86%. *5-n-Butyl-*, F. 230—231°; 88%. *5-n-Amyl-*, F. 154—155°; 82%. *5-[1-Äthylpropyl]-*, F. 208—209°; 13%. *5-Isobutyl-*, F. 155—156°; 71%. *5-Cyclohexyl-*, F. 244—245°; 71%. *5-[β-Phenyläthyl]-*, F. 183—184°; 52%. *5-[o-Tolyl]*, keine Daten angegeben. (Manufact. Chemist 23. 181—84. Mai 1952.) Spaeth. 3122

A. C. Davis und **A. L. Levy**, *Peptidsynthese aus heterocyclischen Zwischenprodukten.* 1. Mitt. *2-Thiothiazolidon-(5)-derivate von Valin, Leucin, Norleucin, Methionin, l-Thyrosin, Glutamin, α-Aminoisobuttersäure und Aminomalonamid.* Die 2-Thiothiazolidon-(5)-Derivv. (I) aus *Valin* (II), *L-Leucin* (III), *Norleucin*, *DL-Methionin* (IV), *L-Tyrosin* (V), *Glutamin*, *α-Aminoisobuttersäure* u. *Aminomalonamid* wurden durch Cyclisierung der Dithiocarbamate der entsprechenden α-Aminosäureamide mit wss. Mineralsäuren dargestellt. III, IV u. V wurden über ihre Methylester in die Amide übergeführt u. diese mit CS_2 zu den Dithiocarbamaten umgesetzt. Das Thiothiazolidon von V war opt.-akt., racemisierte jedoch in 2—3 Std. in methanol. Lsg.; in Ggw. von 0,1 Äquivalent HCl oder in alkoh. Lsg. oder in Essigesterlsg. ist es wesentlich stabiler. Zur Darst. von *Glutaminamid* (VI) versagte die

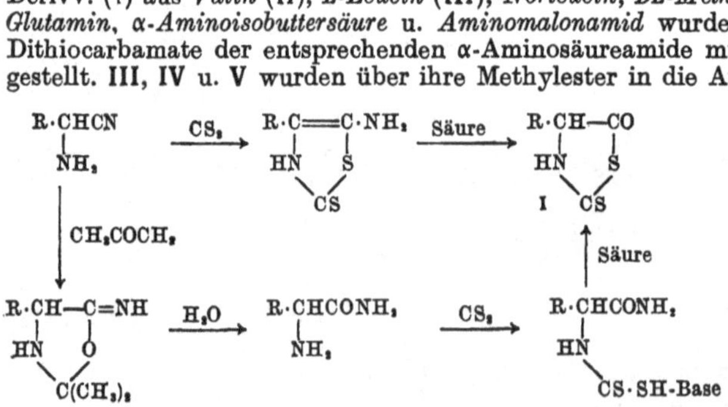

Ammonolyse von Diäthyl- oder Dimethylglutamat, die lediglich *Pyrrolidon-5-carbonamid* ergab. Die Hydrierung von *N-Carbobenzyloxy-L-glutaminsäure-γ-methylester-α-anilid* ergab nur *Pyrrolidon-5-carboxyanilid.* Unreines VI wurde durch Entbenzylierung von *N-Carbobenzyloxy-L-glutamamid* mit Na in fl. NH_3 erhalten; es konnte durch Behandlung mit CS_2 u. Ansäuern mit schlechter Ausbeute in *4-[2'-Carbamyläthyl]-2-thiothiazolidon-(5)* übergeführt werden. Das Thiothiazolidon von II, das ziemlich stabil gegen Säuren ist, wurde auf üblichem Weg aus dem II-Amid, das aus *α-Aminoisovalero-*

nitril (VII) durch Kondensation mit Aceton u. Hydrolyse darstellbar ist, erhalten; einfacher ist die Synth. durch Desaminierung von *5-Amino-2-mercapto-4-isopropylthiazol* (**X**) (aus VII u. CS_2). *α-Aminoisobutyronitril* konnte nur schwierig mit Aceton kondensiert werden; durch Vermischen mit konz. H_2SO_4 u. Eingießen in A. konnte jedoch das Amid erhalten u. dieses in *4.4-Dimethyl-2-thiothiazolidon-(5)* (VIII) übergeführt werden. VIII gibt mit Morpholin in Aceton *Morpholinium-2-[formomorpholidyl]-propyl-(2)-dithiocarbamat* (das mit Säuren wieder in VIII übergeht) u. unter schärferen Bedingungen das *Morpholiniumsalz der Morpholinodithiokohlensäure.*

Versuche (unter Mitarbeit von: **R. Sayers** u. **L. Steensgaard**): *L-4-[p-Oxybenzyl]-2-thiothiazolidon-(5)*, $C_{10}H_9O_2NS_2$, aus L-Tyrosinamid in A. u. CS_2 u. $(C_2H_5)NH$ (2 Std. bei Raumtemp.) u. Cyclisierung des *L-Tyrosinamiddithiocarbamattriäthylaminsalzes* ($[\alpha]_D^{23}$ +43,0 ± 0,4° [c = 3 in W.]; 96% [Ausbeute]) mit 4n HCl, aus Essigester–PAe., F. 154°, $[\alpha]_D^{22}$ +174° (c = 2,4 in CH_3OH); 93%. — *DL-Tyrosylglycylglycinäthylesterhydrochlorid*, $C_{15}H_{22}O_5N_3Cl$, aus vorst. Verb. u. Glycylglycinäthylesterhydrochlorid in $(C_2H_5)_3N$ enthaltendem A. u. Zugabe von 2 Äquivalenten HCl in A., aus CH_3OH–Ae., F. 212° (Zers.); R_F-Wert 0,76 (in Butanol–Essigsäure); 78%. — *4-Isobutyl-2-thiothiazolidon-(5)*, $C_7H_{11}ONS_2$, aus *L-Leucinamid* (F. 101—102°, $[\alpha]_D^{22}$ —34,8° [c = 1,27 in Chlf.]) wie vorhin, Nadeln aus PAe., F. 94°. — *4-[2'-Methylmercaptoäthyl]-2-thiothiazolidon-(5)*, $C_6H_9ONS_3$, aus *DL*-Methioninamid in A. u. CS_2 bei 0° u. HCl-Behandlung bei 0°, Nadeln aus Cyclohexan, F. 97°; 95%. — *N-Carbobenzyloxy-L-glutaminsäure-γ-methylester-α-anilid*, $C_{20}H_{22}O_5N_2$, aus N-Carbobenzyloxy-L-glutaminsäure-α-anilid in CH_3OH u. HCl, Nadeln aus A., F. 152°. — *Pyrrolidon-(2)-carboxyanilid-(5)*, $C_{11}H_{12}O_2N_2$, durch Hydrierung voriger Verb. in Essigester + Essigsäure mit 5%ig. Pd-Tierkohle, F. 186—187°. — *4-[2'-Carbamyläthyl]-2-thiothiazolidon-(5)*, $C_6H_8O_2N_2S_2$; N-Carbobenzyloxy-L-glutaminsäure wird mit HCl/CH_3OH in den öligen *Dimethylester* übergeführt, der mit methanol. NH_3 das *Diamid* (67%) gibt; dieses wird in fl. NH_3 mit Na behandelt; Zugabe von NH_4J, A.-Extraktion, Lösen des Rückstands in CH_3OH u. Rk. mit CS_2 bei 0°; Cyclisierung mit konz. HCl bei 0°, Nadeln aus Essigester + PAe., F. 143—145°. *Morpholinderiv.*, Nadeln, F. 224°. — *4-Isopropyl-2-thiothiazolidon-(5)* (**IX**), $C_6H_9ONS_2$, 1. aus Valinamid (aus VII u. Aceton in Ggw. von CH_3ONa in CH_3OH [7 Tage bei Raumtemp.], Erhitzen mit W. auf 60°) in Essigester u. CS_2, Ansäuern der wss. Dithiocarbamatsalzlsg. mit konz. HCl bei 0°, Nadeln aus Cyclohexan, F. 101°; 11%. 2. aus *5-Amino-2-mercapto-4-isopropylthiazol* (**X**, $C_6H_{10}N_2S_2$, aus **VII** in Chlf. u. CS_2, gelbe Tafeln aus Chlf.–PAe., F. 141—142°; 55%) u. konz. HCl u. Wasserzugabe (Temperaturanstieg bis 60°), gelbe Nadeln aus Cyclohexan, farblos nach Sublimation, F. 101°; 66%. — *5-Isopropyl-2.4-dithiohydantoin* (**XI**), $C_6H_{10}N_2S_2$, aus **X** u. 20%ig. NaOH u. Ansäuern, gelbe Prismen aus Essigester, F. 232° (nach Dunkelwerden u. Sintern bei 200°); 80%. *Additionsverbindung aus* **IX** *u.* **XI**, $C_{12}H_{19}ON_3S_4$, durch 5 Min. Erhitzen von **X** auf 175—180°, gelbe Platten aus Essigsäure, F. 246° (Zers.). — *4.4-Dimethyl-2-thiothiazolidon-(5)* (**VIII**), $C_5H_7ONS_2$, aus *α-Aminoisobutyramid* (durch tropfenweise Zugabe von α-Aminoisobutyronitril zu eisgekühlter H_2SO_4 + W. u. Eingießen in 200 cm³ A.; Hochvakuumsublimation, F. 125—126°; 64%) u. CS_2 in Essigester (2 Min. Erhitzen) u. Ansäuern des Dithiocarbamats, rechteckige Tafeln aus Bzl.–PAe., F. 132°; 86%. — *Morpholinium-2-[formomorpholidyl]-propyl-(2)-dithiocarbamat*, $C_{13}H_{25}O_3N_3S_2$, aus **VIII** u. Morpholin in Essigester (5 Min. bei 70°), Prismen, F. 128—129° (unter Aufschäumen). — *Morpholiniummorpholinodithiocarbonat*, $C_9H_{18}O_2N_2S_2$, durch 15 Min. Erhitzen voriger Verb. in Essigester–CH_3OH (1 : 1), sublimiert bei 180°. — *4-n-Butyl-2-thiothiazolidon-(5)*, $C_7H_{11}ONS_2$, aus *DL-Norleucinamid* (*Hemihydrat*, $C_6H_{14}ON_2 \cdot {}^1/_2\, H_2O$, durch 24 Std. Erhitzen auf 70° im Autoklaven von 2-Brom-n-hexanoylbromid u. methanol. NH_3, Nadeln aus Cyclohexan, F. 91°; 71%. *Hydrochlorid*, $C_6H_{15}ON_2Cl$, Nadeln aus CH_3OH–Aceton, F. 228—229°) u. CS_2 u. Ansäuern, hexagonale Prismen aus Cyclohexan, F. 73—74°; 86%. — *4-Carbamyl-2-thiothiazolidon-(5)*, $C_4H_4O_2N_2S_2$, aus Aminomalonamid, 2n $NaCO_3$-Lsg. u. CS_2 bei Raumtemp. (3 Tage) u. Ansäuern (17%) oder aus Aminomalonamid in Pyridin u. CS_2 (5 Min. Erhitzen) u. Ansäuern des Dithiocarbamats (90%), Nadeln aus Essigsäure, F. 190° (Zers.). *Morpholinverb.*, $C_4H_4O_2N_2S_2 \cdot C_4H_9ON$, rechteckige Tafeln aus CH_3OH, F. 181°. *Anilinverb.*, Prismen, F. 128—129° (Zers.). *Benzylaminverb.*, Prismen, F. 138—139° (Zers.). (J. chem. Soc. [London] **1951**. 2419—25. Sept. London, S. Kensington, Imp. Coll. of Sci. and Techn., u. Berkeley, Calif., Univ., Dep. of Biochem.) K. F. MÜLLER. 3142

V. N. Byatnal, R. D. Desai und **M. S. Maraballi**, *Heterocyclische Verbindungen.* 21. Mitt. *Cumarine aus Arylamiden der β-Resorcylsäure.* Vff. berichten über die Darst. von *7- u. 5-Oxycumarinderivv.* durch Kondensation von Acetessigester (**VII**) mit 2.4-Dioxybenzamid (**I**), -benzanilid (**II**), -benz-p-tolylamid (**III**), -benz-p-anisylamid (**IV**), -benz-α-naphthylamid (**V**) u. -benz-β-naphthylamid (**VI**) in Ggw. von 99% ig. H_2SO_4 oder $AlCl_3$.

Versuche: *4-Methyl-7-oxycumarincarbonsäure-(6)-amid*, $C_{11}H_9O_4N$, F. 304 bis 305°; Darst. aus je 1 Mol VII u. I mit 20 cm³ konz. H_2SO_4, schütteln unter Kühlung bis Lsg. homogen ist, dann auf Eis gießen; aus A. feine Nadeln; 10% (Ausbeute). — *4-Methyl-7-oxycumarincarbonsäure-(6)-anilid*, $C_{17}H_{13}O_4N$, F. 256—257°; aus II u. VII; braune Mikronädelchen aus A.; 50%. — *4-Methyl-7-oxycumarincarbonsäure-(6)-p-tolylamid*, $C_{18}H_{15}O_4N$, F. 293—294°; aus III u. VII; feine Nadeln aus A.; 31%. — *4-Methyl-7-oxycumarincarbonsäure-(6)-p-anisylamid*, $C_{18}H_{15}O_5N$, F. 239—240°; aus VII u. IV; Nadeln aus A.; 27%. — *4-Methyl-7-oxycumarincarbonsäure-(6)-α-naphthylamid*, $C_{21}H_{15}$·O_4N, F. 252—253°; aus VII u. V; aus A. Nadeln; 2%. — *4-Methyl-5-oxycumarincarbonsäure-(6)-amid*, $C_{11}H_9O_4N$, F. 262°; aus je 1 Mol I u. VII in absol. Nitrobenzol mit 2 Mol $AlCl_3$, 12 Std. kühlen, dann 6 Std. 110—120°, mit HCl/Eis zers. u. $C_6H_5NO_2$ mit Dampf abtreiben; aus A. weiße Flocken; 52%. — Analog wurden folgende Derivv. der *4-Methyl-5-oxycumarincarbonsäure-(6)* dargestellt: *Anilid*, $C_{17}H_{13}O_4N$, F. 220°; aus A. graue flockige M.; 31%. — *p-Tolylamid*, $C_{18}H_{15}O_4N$, F. 249°; 32%. — *p-Anisylamid*, $C_{18}H_{15}O_5N$, F. 255—256°; aus A. hellbraune Flocken; 30%. — *α-Naphthylamid*, $C_{21}H_{15}$·O_4N, F. 235°; aus A. schwach rosa gefärbte Nadeln; 25%. — *β-Naphthylamid*, $C_{21}H_{15}$·O_4N, F. 238—239°; Nadeln aus Essigsäure; 59%. (J. Indian chem. Soc. **29**. 443—46. Juni 1952. Bombay, Univ., Dep. of Chem. Technol., u. Ahmedabad,, L. D. Arts Coll. & M. R. Sci. Inst., Dep. of Chem.) GOEBEL. 3211

R. D. Desai und **H. P.Shroff**, *Heterocyclische Verbindungen. 22. Mitt. Die Wirkung von Brom auf einige Naphthachromone.* (21. vgl. vorst. Ref.) Im Gegensatz zu SENIONIS u. PEBSCHECK (Ber. dtsch. chem. Ges. **46**. [1913.] 2014), die bei der Bromierung von 2-Methylchromon eine Bromaddition an der Doppelbindung annahmen, sind Vff. der Ansicht, daß hierbei Perdibromide (I) entstehen, da sich bereits mit schwefliger Säure die Ausgangschromone zurückbilden. Beim Erhitzen der I in Eisessig entstehen *Brompyrone*. Die Rk. wurde untersucht an *2'.3'-Dimethyl-1.4-naphtho-γ-pyron* (II), seinen *4-Brom-* u. *4-Nitroderivv.* u. an *2'-Methyl-3'-äthyl-1.4-naphtho-γ-pyron.*

Versuche: *2'.3'-Dimethyl-1.4-naphtho-γ-pyronperdibromid*, $C_{15}H_{12}O_2Br_2$, F. 187°, aus II in absol. Chlf. mit Br_2 bei 0°, dann 4 Std. Zimmertemp.; tiefgelbe Nadeln; 75% (Ausbeute). [Daneben aus der Chloroformlsg. eine nicht näher untersuchte *Verb.* $C_{15}H_{10}O_2Br_2 \cdot 3\,H_2O$, F. 174°; hellgelbe Platten (A.).] Daraus mit H_2O/SO_2 II u. durch 8std. Kochen in Eisessig unter Br_2- u. HBr-Entw. *8-Brom-2'.3'-dimethyl-1.4-naphtho-γ-pyron* (?), $C_{15}H_{11}O_2Br$, F. 183°, Nadeln aus A., dann Bzl./Hexan; daneben aus der Mutterlauge *Verb.* $C_{15}H_9O_2Br_3 \cdot 3\,H_2O$, F. 205—206°; aus A. Nadeln. — *4-Brom-2'.3'-dimethyl-1.4-naphtho-γ-pyron-perdibromid*, $C_{15}H_{11}O_2Br_3$; F. 195°; analog; gelbe Nadeln; 80%. — *4-Nitro-2'.3'-dimethyl-1.4-naphtho-γ-pyron-perdibromid*, $C_{15}H_{11}O_4NBr_2$, F. 190°; braungelbe Platten; 80%. Liefert mit H_2O/SO_2 das Ausgangspyron zurück, F. 226°. — *2'-Methyl-3'-äthyl-1.4-naphtho-γ-pyronperdibromid* (III), $C_{16}H_{14}O_2Br_2$, F. 165°; glänzendgelbe Nadeln; 75%. Daneben wenig *6-Brom-2-methyl-3-äthyl-1.4-α-naphthopyron*, $C_{16}H_{13}O_2Br$, F. 181°; aus A. Nadeln, u. ein *Dibromderiv.* $C_{16}H_{12}O_2Br_2 \cdot 3\,H_2O$, F. 104°; aus A. Nadeln. — III lieferte bei 8std. Kochen in Eisessig wenig Prod., F. 221—222° (A.; nicht identifiziert), daneben Nadeln, $C_{16}H_{13}O_2Br$, mit F. 179—180° (A.), nicht ident. mit 4-Brom-2'-methyl-3'-äthyl-1.4-naphtho-γ-pyron, F. 181°. (J. Indian chem. Soc. **29**. 447—50. Juni 1952.) GOEBEL. 3211

T. Zsolnai, *Die Reaktion halogenierter Chinone mit Pyridin.* (Vorl. Mitt.) Bei der Einw. von Tetrachlor-p-benzochinon auf Pyridin erstarrt die M. nach 5—6 Min. langem Erhitzen auf dem sd. Wasserbade zu einem braunen Kristallbrei. Das Prod. ist in warmer HCl (1,5) lösl., aus der dunkelroten Lsg. fallen beim Abkühlen glänzende, ockergelbe Kristalle von *2.5-Bis-[α-pyridyl]-3.6-dichlor-p-benzochinon* aus. Die Verb. ist in W. lösl., unlösl. in Aceton, Pyridin, Chlf., Essigester. Selbst in einer Konz. von 1 : 5000 ist die Verb. gegen Staphylococcus aureus Duncan bakteriostat. wirkungslos. Trichlortoluchinon u. 2.3-Dichlor-1.4-naphthochinon reagieren mit Pyridin in ähnlicher Weise. (Magyar Kémiai Folyóirat [Ung. Z. Chem.] **57**. 378—79. Dez. 1951. Debrecen, Univ., Biochem. Inst.) PLANK. 3231

Nelson J. Leonard und **Robert L. Foster**, *Reaktionen von Chinoliniumverbindungen mit Phenylacetonitril und seinen Homologen.* Bei der Kondensation von 1-Methylchinoliniumjodid (I) mit Phenylacetonitril (III) in Ggw. von Basen bildet sich *1-Methyl-4-[α-cyanbenzyl]-1.4-dihydrochinolin* (II); der Angriffspunkt von III wurde bestimmt durch Überführung von II in das entsprechende Amid (VII) u. nachfolgende Red. in 2 Stufen zum substituierten Dekahydrochinolin, das sich als ident. erwies mit der Verb., die durch Red. von auf andere Art dargestelltem 4-[α-Carbamylbenzyl]-chinolinmethochlorid erhalten wurde. Die Lage der Doppelbindung in II wurde durch Vgl. des UV-Absorptionsspektr. mit dem anderer 1.4-Dihydrochinoline bestimmt. Aus I entstand mit α-Phenylpropionitril (IV) *1-Methyl-4-[α-cyan-α-methylbenzyl]-1.4-dihydrochinolin*, das mit dem α-Methylierungsprod. von II ident. war. Analog wurden *1-Methyl-4-[α-cyan-o-methylbenzyl]-* u. *1-Methyl-4-[α-cyan-p-methylbenzyl]-1.4-dihydrochinolin* dargestellt. II u. verwandte Verbb. gehen einige ungewöhnliche Rkk. ein; die $C_{(4)}$—$C_{(\alpha)}$-Bindung ist außerordentlich leicht spaltbar.

Versuche (FF. korr.): *1-Methyl-4-[α-cyanbenzyl]-1.4-dihydrochinolin* (II), $C_{18}H_{16}N_2$, F. 118—120°, aus mol. Mengen I u. III in absol. A. u. Zugabe von $NaOC_2H_5$ unter Rühren u. Eiskühlung (5 Std.); Prismen aus PAe.; in 95%ig. A. λ_{max} 312, 236 u. 207 mμ (log ε = 3,80, 4,47 bzw. 4,34); 92% (Ausbeute). Liefert mit alkoh. Pikrinsäure *1-Methychinoliniumpikrat* (VI), $C_{16}H_{12}O_7N_4$, F. 168,5—169°, aus A. gelbe längliche Prismen. — II liefert beim Aromatisierungsvers. (mit K-Acetat in absol A. + J_2, 80°) *1-Methylchinoliniumjodid* (I), $C_{10}H_{10}NJ$, F. 144—146°, daneben *1-Methyl-3-jodchinoliniumjodid*, $C_{10}H_9NJ_2$, F. 289—291° (Zers.), das bei Vakuumsublimation (Bad 360°/0,7 mm) *3-Jodchinolin* (V), C_9H_6NJ, F. 61,5—62,5°, Nadeln aus 55%ig. A., liefert; *Methojodid*, F. 289—291° (Zers.), gelbe Nadeln. *Pikrat*, F. 188—188,5° (A.). V wurde auch aus 3-Aminochinolin nach SANDMEYER dargestellt; 52%. — II liefert mit J_2/K-Acetat in A. bei 20° *1-Methyl-3-jod-4-[α-cyanbenzyl]-1.4-dihydrochinolin*, $C_{18}H_{15}N_2J$, F. 130—131,5°, aus A. hexagonale Platten. — *1-Methyl-4-[α-carbamylbenzyl]-1.4-dihydrochinolin* (VII), $C_{18}H_{18}ON_2$, F. 209—210°, aus II durch 12std. Stehen bei 20° in konz. H_2SO_4, dann in Eis/NH_4OH (Überschuß) gießen; aus absol. A. Prismen; 67% Bildet mit Pikrinsäure VI. — Hydrierung von VII in Eisessig mit PtO_2, 20°, 3—4 at 12 Std. liefert neben Ausgangsprod., *Phenylacetamid* (VIII), C_8H_9ON, F. 156—158° (Vakuumsublimation) u. wahrscheinlich *cis-1-Methyldekahydrochinolin*, isoliert als *Pikrat*, $C_{16}H_{22}O_7N_4$, F. 197—199°; in A. mit H_2/PtO_2 entstanden unter gleichen Bedingungen VIII, daneben *1-Methyl-4-[α-carbamylbenzyl]-1.2.3.4-tetrahydrochinolin* (IX), $C_{18}H_{20}ON_2$, F. 247—248° (A., Prismen) u. *1-Methyl-1.2.3.4-tetrahydrochinolin*, isoliert als *Pikrat*, $C_{16}H_{16}O_7N_4$, F. 138—139°; dieselben Verbb. wurden in A. mit $PdCl_2/H_2$ erhalten. — *1-Methyl-4-[α-carbamylbenzyl]-dekahydrochinolin* (X), $C_{18}H_{26}ON_2$, F. 155 bis 162°, aus IX in A./HCl mit PtO_2 bei 20°, 3—4 at, 8 Std., Prismen aus Hexan. *Hydrochlorid*, $C_{18}H_{27}ON_2Cl$, F. 327—329°. *Pikrat*, $C_{24}H_{29}O_8N_5$, F. 225—227° (Zers.), aus W. gelbe Nadeln. — *4-[α-Cyanbenzyl]-chinolin*, F. 88,5—90°, aus $NaNH_2$ in Ae. (aus Na in fl. NH_3 mit etwas $Fe(NO_3)_3$, dann NH_3 durch Ae. ersetzen) bei 20° mit III in Ae., dann 4-Chlorchinolin in Ae. zutropfen u. 30 Min. rühren, W. zusetzen, abtrennen, Ae.-Phase mit 6n HCl extrahieren u. mit NH_4OH neutralisieren; hellgelbe Prismen aus PAe.; 78%. — *4-[α-Carbamylbenzyl]-chinolin*, F. 270°, nach CUTLER u. Mitarbeiter (J. Amer. chem. Soc. **71**. [1949.] 3375); Prismen aus n-Butanol; 93%. — *1-Methyl-4-[α-carbamylbenzyl]-chinoliniumjodid*, $C_{18}H_{17}ON_2J$, F. 256—257°, aus vorst. Verb. in Dimethylformamid mit etwas $C_6H_5CH_2OH$ u. Überschuß CH_3J (erwärmen); aus W. gelbe lange Prismen. — Daraus in heißem W. mit AgCl *1-Methyl-4-[α-carbamylbenzyl]-chinoliniumchlorid*, Zers. bei ca. 177°; 63%. Daraus mit H_2/PtO_2 in A. X. — *1-Methyl-4-[α-cyan-α-methylbenzyl]-1.4-dihydrochinolin* (XI), $C_{19}H_{18}N_2$, F. 132—133°, aus I, IV u. $NaOC_2H_5$ bei 0°; Nadeln aus PAe.; 80%; in A. λ_{max} 313, 236 u. 206 mμ (log ε = 3,65, 4,20 bzw. 4,14); gibt mit Pikrinsäure VI. — Aus II in absol. Ae. mit $NaNH_2$ u. CH_3J entsteht XI. — *1-Methyl-4-[α-cyan-p-methylbenzyl]-1.4-dihydrochinolin*, $C_{19}H_{18}N_2$, F. 133—134°, aus I, p-Tolylacetonitril u. $NaOC_2H_5$ bei 0°; Nadeln aus PAe.; 88%. — *1-Methyl-4-[α-cyan-o-methylbenzyl]-1.4-dihydrochinolin*, $C_{19}H_{18}N_2$, F. 96—97°, analog mit o-Tolylacetonitril; Prismen aus Ae.; 59%. (J. Amer. chem. Soc. **74**. 3671—76. 20/7. 1952. Urbana, Ill., Univ. of Illinois, Noyes Chem. Labor.) GOEBEL. 3231

A. Je. Porai-Koschitz und **G. Ss. Ter-Ssarkissjan**, *Kondensationsreaktionen von Benzoderivaten des 9-Methylacridins*. 2. Mitt. *Umwandlungen von 9-Methyl-1.2-benzacridin und 9-Methyl-3.4; 5.6-dibenzacridin*. (1. vgl. C. **1952**. 4929.) 9-Methyl-1.2-benzacridin (I) verhält sich in Bezug auf Reaktivität der CH_3-Gruppe wie das früher untersuchte 9-Methyl-3.4-benzacridin. Es reagiert nicht mit p-Nitrosodimethylanilin (II), tritt nur mit einer der aktivsten Diazoverbb., p-Nitrobenzoldiazoniumsalz (III), in Rk., u. kondensiert sich mit p-Dimethylaminobenzaldehyd (IV) u. m-Nitrobenzaldehyd (V) nur in Ggw. von Kondensationsmitteln. 9-Methyl-3.4; 5.6-dibenzacridin (VI) vermag sich weder mit II oder III noch mit aromat. Aldehyden zu kondensieren. Eine Erhöhung der Reaktivität tritt bei den quartären Salzen von I u. VI ein. So reagiert 9-Methyl-1.2-benzacridinmethomethylsulfat (VII) mit o- u. p-Nitrobenzaldehyd ohne Kondensationsmittel. Mit IV in Isoamylalkohol bildet es 2 Verbb., von denen die niedrigschm. auch aus I in Acetanhydrid u. die höherschm. aus I in Ggw. von $ZnCl_2$ erhalten wird. Wahrscheinlich liegt cis–trans-Isomerie vor. 9-Methyl-3.4; 5.6-dibenzacridinmethomethylsulfat (VIII) kondensiert sich mit IV schon unter milden Bedingungen.

Versuche: *9-Methyl-1.2-benzacridin* (I), F. 144—145°; aus äquimol. Mengen β-Naphthylphenylamin u. Acetanhydrid in Ggw. von $ZnCl_2$ bei 4—5std. Erhitzen auf 185—190°, anschließend $^1/_2$ Std. auf 250—265°; gelbe Nadeln aus Bzl., dann A.; 26,8% (Ausbeute). *Methomethylsulfat* (VII), F. ca. 200° (Zers.); aus I u. $(CH_3)_2SO_4$ in Bzl. auf dem Wasserbad; citronengelbe Nadeln mit starker Fluorescenz aus CH_3OH; 80%. — *9-Methyl-3.4; 5.6-dibenzacridin* (VI), $C_{22}H_{15}N$, F. 222—223°; analog Vorst. aus α.α-Dinaphthylamin (dieses nach COOK, A. P. 165 747 [1937.], mit p-Toluolsulfonsäure statt α-Naphthalinsulfonsäure als Kondensationsmittel); gelbe Octaeder. *Methomethylsulfat* (VIII), F. ca. 220° (Zers.); fluoresciert grüngelb. — *9-[o-Nitrostyryl]-1.2-benzacridin*, $C_{25}H_{16}O_2N_2$, F. 193,5—194,5°; aus 0,58 g VII u. 0,26 g o-Nitrobenzaldehyd beim Erhitzen auf 135°, schließlich 185°; lange, gelbe Nadeln aus Isoamylalkohol nach vorhergehender Chromatographie an Al_2O_3; 0,48 g. — *9-[m-Nitrostyryl]-1.2-benzacridin*, $C_{25}H_{16}O_2N_2$, F. 200,5—201,5°, aus 0,4 g I u. 0,25 V + 0,5 g $ZnCl_2$, 6 Std. bei 150—155°; nach Chromatographie an Al_2O_3 hellgelbe Nadeln aus Isoamylalkohol; 0,43 g. — *9-[p-Nitrostyryl]-1.2-benzacridin*, $C_{25}H_{16}O_2N_2$, F. 211—212°; aus VII u. p-Nitrobenzaldehyd analog der o-Verb. bei 145—160°; lange, gelbe Nadeln; die Lsg. in Bzl. fluoresciert grüngelb, die feste Verb. gelb; 80%. — *9-[p-Dimethylaminostyryl]-1.2-benzacridin* $C_{27}H_{22}N_2$. a) Form vom F. 194—195,5°; aus äquimol. Mengen I u. IV bei 2std. Sieden in Acetanhydrid; orange Nadeln aus Butylalkohol; schwer lösl. in A.; 80,8%. b) Form vom F. 295—296°; aus I u. IV in Ggw. von $ZnCl_2$, $1^1/_2$ Std. bei 150—155°; nach Chromatographie an Al_2O_3 gelbe Rhomben aus Dioxan; schwerlösl. in Alkoholen, gut in heißem Dioxan; die Lsgg. in Bzl., Dioxan u. Aceton fluorescieren grün, in Heptan blau; 67,8%. c) Beide Formen entstehen bei $1^1/_4$std. Kochen von 0,35 g VII mit 0,2 g IV in 10 cm³ Isoamylalkohol; man dest. das Lösungsm. mit Wasserdampf ab, gibt wenig NH_3 zum Rückstand, chromatographiert die Lsg. des Nd. in Bzl. u. krist. fraktioniert. — *Kupplungsprod.* von I mit III (*9-Formyl-1.2-benzacridin-p-nitrophenylhydrazon ?*), $C_{24}H_{16}O_2N_4$, F. 262,5—264,5°; aus I u. III in Essigsäure + Na-Acetat; hellgelbe Plättchen aus Pyridin + A., dann Benzolpolychloriden; 52,5%. — *9-[p-Dimethylaminostyryl]-3.4; 5.6-dibenzacridin*, $C_{31}H_{24}N_2$, F. 284—286°; aus 0,4 g VIII u. 0,2 g IV in Isoamylalkohol bei 2std. Kochen; man scheidet das Reaktionsprod. mit NH_3 ab; gelbe Nadeln aus Bzl. u. Isoamylalkohol; 0,3 g. (Известия Академии Наук СССР, Отделение Химических Наук [Nachr. Akad. Wiss. UdSSR, Abt. chem. Wiss.] **1951.** 771—76. Nov./Dez. Inst. für organ. Chem. der Akad. der Wiss. der UdSSR.)

QUECK. 3231

E. J. Alford und **K. Schofield,** *Cinnoline.* 28. Mitt. *Die Natur der $C_{(3)}$-Position.* 1. Mitt. *Die Neber-Bossel-Synthese von 3-Oxycinnolin.* (27. vgl. C. **1952.** 3983.) Als Ausgangsverbb. für die Cinnolinsynth. dienen Vff. hier 2-Nitro- u. 5-Chlor-2-nitrobenzaldehyd (I), die sie in die entsprechenden *Mandelsäurenitrile* verwandeln. *5-Methoxy-2-nitromandelsäurenitril* erhalten sie direkt nach ROBINSON u. ROBINSON [1915.]. Aus vorst. Nitrilen entstehen durch katalyt. Hydrierung u. Hydrolyse *2-Amino* (II)- u. *5-Methoxy-2-aminomandelsäure* (III). Analoge Rk. an I führt zur Abspaltung von Halogen, jedoch läßt sich die Rk. mittels $FeSO_4 + Ba(OH)_2$ durchführen, wobei das entsprechende *Ba-Salz* entsteht, aus dem über das *Na-Salz* durch vorsichtige Hydrolyse die *2-Amino-5-chlormandelsäure* (IV) in Freiheit gesetzt wird. Die Charakterisierung der Aminomandelsäuren erfolgt durch Verwandlung in die *Diacetylderivv.*, die unter diesen Bedingungen die isomeren *O.N-Diacetyldioxindole* liefern. Nach Verwandlung von II in das *Diazoniumsalz* wird dieses mittels $SnCl_2$ zum entsprechenden *Hydrazin* red., aus dem durch Sieden in saurem Medium *3-Oxycinnolin* entsteht. Verwendung von 2-Amino-5-chlormandelsäure (IV) liefert das analoge *6-Chlor-3-oxycinnolin* in erheblich geringerer Ausbeute. Verwendung von III ergibt bei der Cyclisierung durch Hydrolyse wahrscheinlich *3.6-Dioxycinnolin*, von dem ein *Monobenzoyl*-Deriv. hergestellt wird.

Versuche: *5-Chlor-2-nitrobenzaldehyd* (I), F. 78° (A.), aus m-Chlorbenzaldehyd zu HNO_3 (D. 1,42) + konz. H_2SO_4 bei 0—5° u. Gießen in Eis nach 1std. Rühren; 95% (Ausbeute). — *5-Methoxy-2-nitrobenzaldehyd*, F. 82,5—84°, aus 12,5 g der 5-Oxyverb. u. Methylsulfat auf dem Wasserbad; 1,9 g. — *2-Nitromandelsäurenitril*, F. 92—93°, aus o-Nitrobenzaldehyd in Essigsäure u. einer ca. 33%ig. wss. KCN-Lsg. bei 0—5°, 5std. Rühren u. 12std. Stehen; 91,2%. — *5-Chlor-2-nitromandelsäurenitril*, F. 81—83° (Chlf.-PAe.), aus I wie vorst.; 76,5%. — *5-Methoxy-2-nitromandelsäurenitril*, F. 93,5 bis 95°, aus 35 g 5-Methoxy-2-nitrobenzaldehyd u. KCN in Essigsäure durch 5tägiges Stehen, Verdünnen mit W. u. Extrahieren mit Ae.; Nadeln aus Bzl.; 37,4 g. — *o-Nitromandelsäure* (V), F. 139—142°, durch $^1/_2$std. Sieden des Nitrils (107 g) in konz. HCl; 112,5 g. — *5-Chlor-2-nitromandelsäure* (VI), F. 134—135°; wie vorst.; 78%. — *5-Methoxy-2-nitromandelsäure* (VII), $C_9H_9O_6N$, F. 122—125°, aus 37,4 g Nitril wie vorst.; Prismen aus Bzl.; 38,5 g. — *o-Aminomandelsäure* (II), F. 142—145°, aus 5 g V durch

Neutralisation u. 4std. Hydrierung mit 5%ig. Pd-Kohle; 3,6 g. — *5-Chlor-2-aminomandelsäure* (**IV**), F. 138—140° (Gasentw.), durch Zufügen einer sd. Lsg. von **VI** + $Ba(OH)_2$ zu einer sd. Lsg. von $FeSO_4$, nach $^1/_2$std. Erhitzen Filtrieren, Sättigen mit CO_2, Filtrieren, Einengen, Zufügen von etwas Na_2CO_3, Filtrieren, Einengen u. Zufügen von etwas H_2SO_4; 41,3%. Aus der Mutterlauge durch stärkeres Ansäuern *5-Chlorisatin*, $C_8H_4O_2NCl$, F. 249°, rote Kristalle. Aus der Mutterlauge durch Stehen vermutlich ein *Isatid*, F. 217°. — *5-Methoxy-2-aminomandelsäure* (**III**), F. 153—155°; durch katalyt. Red. von 1 g **VII** wie vorst.; hellbraune M.; 0,71 g. — *O.N-Diacetyldioxindol*, $C_{12}H_{11}O_4N$, F. 88—89°, durch 2tägiges Stehen einer Suspension von **II** in Acetanhydrid u. ½std. Erhitzen; Nadeln aus Methanol. — *o-Acetamidomandelsäure*, F. 142—144°, durch Schütteln der Säure mit W. u. etwas Acetanhydrid. — *O.N-Diacetyl-5-chlordioxindol*, $C_{12}H_{10}O_4NCl$, F. 130,5—131,5°, aus 0,5 g **IV** wie vorst.; federartige Nadeln aus A.; 0,3 g. — *O.N-Diacetyl-5-methoxyindol*, $C_{13}H_{13}O_5N$, F. 97,5—98°; analog aus **III**; Prismen. — *3-Oxycinnolin*, $C_8H_6ON_2$, F. 201—203° (vorher sinternd), durch Einengen der Lsg. des Rohprod. von 100 g **II**, Zufügen von $NaNO_2$ u. konz. HCl unter Rühren u. Zufügen der Lsg. zu eisgekühlter Lsg. von $SnCl_2$ in konz. HCl, nach 2 std. Rühren u. 12std. Stehen im Eisschrank Abfiltrieren des Nd., Aufnehmen in W., Einleiten von H_2S, Abfiltrieren, Zufügen von konz. HCl u. Neutralisieren mit Na-Acetat, gelbe Nadeln aus W. u. dann Bzl.; 62%. *Benzoylderiv.*, $C_{15}H_{10}O_2N_2$, F. 148—149° (A.). — *6-Chlor-3-oxycinnolin*, $C_8H_5ON_2Cl$, F. 262—265° (unter Verfärbung), aus der katalyt. red. Lsg. von 5 g **VI** wie vorst; gelbe Nadeln; 0,32 g. —*6 (3)-Benzoyloxy-3(6)-oxycinnolin*, $C_{15}H_{10}O_3N_2$, F. 233 bis 235° (nach Dunkelfärbung), durch Behandlung der katalyt. Reduktionslsg. von 5 g **VII** wie vorst., Aufnehmen des gebildeten grüngelben Pulvers (1,4 g; bräunt sich bei 300° ohne sicheren F.) in HCl, Zufügen von Na-Acetat, Aufnehmen des anfallenden gelben Nd. in Alkali u. Zufügen von Benzoylchlorid; federartige gelbe Kristalle; 0,93 g (roh). Hieraus durch Hydrolyse *3.6-Dioxycinnolin*, $C_8H_6O_2N$, gelbe Knötchen aus 5nHCl. (J. chem. Soc. [London] **1952**. 2102—08. Juni. Exeter, Washington Singer Labor.) LEHWALD. 3272

J. Druey und **B. H. Ringier**, *Hydrazinderivate der Phthalazin- und Pyridazinreihe.* Zur Unters. auf ihre pharmakolog. Eigg. stellen Vff. *1-Hydrazinophthalazine* u. davon abgeleitete Verbb. dar. — Die Verbb. mit der Grundstruktur (*Hydrazinopyridazine* u. *-phthalazine*) sind leicht aus den entsprechenden Chlorverbb. u. Hydrazinhydrat (**VIII**) zu gewinnen. Ähnlich wurde aus 3-Benzoylpicolinsäure über das Phenylpyridopyridazon u. die Chlorverb. *5-Phenyl-8-hydrazinopyrido-[2.3 : d]-pyridazin* dargestellt. — *Homologe 1-Hydrazinophthalazine* mit Substituenten an der Hydrazinogruppe entstehen aus substituierten Hydrazinen u. 1-Chlorphthalazinen. Sie geben mit Acetessigester (**III**) nicht die erwarteten Pyrazolone, sondern kondensierte symm.-Triazolderivate. 1-Hydrazinophthalazin (**II**) wird dabei z. B. zu *3-Methyl-symm.-triazolo-[3.4 : a]-phthalazin* (**I**) acetyliert; sicher tritt dabei Kondensation der Hydrazinogruppe der tautomeren Form von **II** mit der Ketogruppe von **III** ein, wonach Ringschluß unter C—C-Spaltung des **III**-Restes (Austritt von Essigester) erfolgt. Analog **III** reagieren verschied. andere Oxoverbindungen. **I** entsteht auch mit Methylbenzylketon u. mit Methylamylketon, wobei aber höhere Tempp. als bei **III** angewendet werden müssen; andere Phthalazinylhydrazone konnten wiederum nicht gespalten werden; die Rk. läßt sich also zur Best. der Haftfestigkeit organ. Reste ausnutzen. Das *Cyclopentanonphthalazinyl-(1)-hydrazon* wurde, allerdings in schlechter Ausbeute, bei 250° gespalten; die erhaltene *Verb.* $C_{13}H_{14}N_4$ kann aber nicht das unter Ringöffnung u. Isomerisierung entstandene 3n-Butylhomologe von **I** sein (welches auf unabhängigem Wege synthetisiert wurde), da es nicht nur in Säuren, sondern auch in Alkali unlösl. ist, also ein saures Imino-H-Atom enthalten muß. *Brenztraubensäurephthalazinyl-(1)-hydrazon* spaltet oberhalb des F. nur W. ab, wobei wahrscheinlich die Verb. **IV** entsteht, die bereits durch kalte NaOH rückhydrolysiert wird. — Einfacher entstehen die *Triazolophthalazine* durch Acylierung von **II** u. seinen Derivv. in Analogie zur Bldg. von symm. Triazolen aus Hydrazidinen (Amidrazonen); dabei wird die tautomere Form von **II** am Hydrazino-N acyliert, wonach Ringschluß der =NNHCOR-Gruppe als =NN=C(OH)R-Gruppe mit der NH-Gruppe des Phthalazinkerns erfolgt. Chlorameisensäureäthylester lieferte nicht die zu **I** analoge 3-Äthoxyverb., sondern ein Prod. unbekannter Konst.; das rohe Prod. gab jedoch mit NaOH die *3-Oxyverb.*, die über die Chlorverb. den mit der aus **II** u. HCOOH erhaltenen Verb. ident. Grundkörper **XI** lieferte. — Benzoesäureäthylester führte nicht zu der aus C_6H_5COCl entstehenden 3-Phenylverb., sondern wahrscheinlich zu *symm.-Bis-[phthalazinyl-(1)]-hydrazin* (**VII**). — Aus **II**-Hydrochlorid u. KOCN entsteht nicht die **I** entsprechende 3-Aminoverb., sondern *Phthalazinyl-(1)-semicarbazid*; mit NH_4SCN wurde dagegen nicht das analoge Thiosemicarbazid, sondern **II**-*Rhodanid* gewonnen. — Allylsenföl gibt mit 1-Hydrazino-4-methylphthalazin zunächst das erwartete *Allylthiosemicarbazid* V, das jedoch schon beim Umkristallisieren aus Eisessig unter Allylamin- u. H_2S-Abspaltung 2 Sekundärprodd. liefert, *3-Mercapto-* u. *3-Allylamino-6-methyltriazolophthalazin*; offenbar reagiert V in der Form Va weiter. — II u. $NaNO_2$ liefern das *Tetrazolophthalazin* VI.

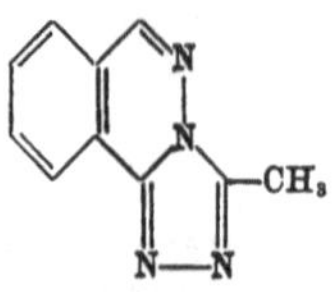
I

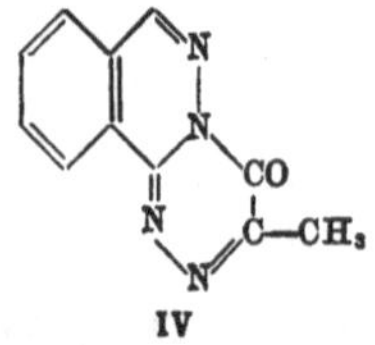
IV

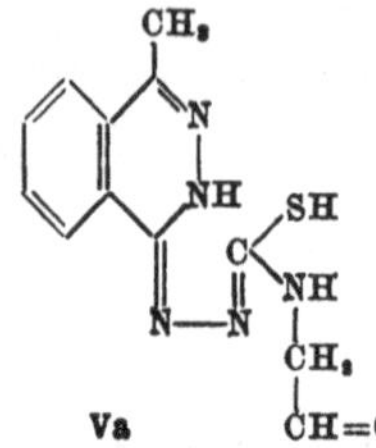
Va

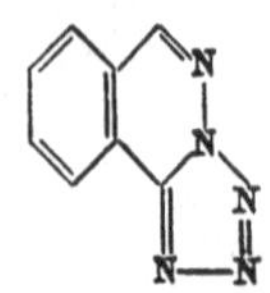
VI

V e r s u c h e: *1-Hydrazinophthalazin* (II), $C_8H_8N_4$, F. 172—173° (CH_3OH), aus 30 g Phthalazon über das rohe 1-Chlorphthalazin, welches mit A. u. Hydrazinhydrat (VIII) 2 Std. auf dem Wasserbad erhitzt wurde; gelbe Nädelchen; 20—25 g (Ausbeute); *Hydrochlorid*, $C_8H_8N_4 \cdot HCl$, F. 273° (Zers.). Als Nebenprod. orangefarbenes VII. — *4-[p-Methoxyphenyl]-phthalazon-(1)*, F. 241°, aus 168 g 2-[p-Methoxybenzoyl]-benzoesäure in A. u. VIII; 140 g. — *1-Chlor-4-[p-methoxyphenyl]-phthalazin*, F. 147°, aus 35 g vorst. Verb. durch $^1/_2$std. Erhitzen mit $POCl_3$ auf dem Wasserbad, Eingießen in Eiswasser u. Aufnehmen in NH_4OH; 28 g. — *1-Hydrazino-4-[p-methoxyphenyl]-phthalazin*, $C_{15}H_{14}ON_4$, F. 173—175° (Toluol), wie II. *Hydrochlorid*, F. 211—213°. — *4-[p-Dimethylaminophenyl]-phthalazon-(1)*, F. 283—285°, aus 2-[p-Dimethylaminobenzoyl]-benzoesäure; 90%. — *1-Chlor-4-[p-dimethylaminophenyl]-phthalazin*, F. 195—197° (Dioxan). — *1-Hydrazino-4-[p-dimethylaminophenyl]-phthalazin*, $C_{16}H_{17}N_5$, F. 203° (C_6H_5Cl). *Hydrochlorid*, F. 168—172°. — *1-Hydrazino-7-methoxyphthalazin*, $C_9H_{10}ON_4$, F. 160°, aus 7-Methoxyphthalazon. *Hydrochlorid*, $C_9H_{10}ON_4 \cdot HCl$, F. 242°. — *1-Hydrazino-7-oxyphthalazinhydrochlorid*, $C_8H_8ON_4 \cdot HCl$, F. 307° (Zers.), aus 3 g des vorst. Hydrochlorids durch 2std. Erhitzen mit Pyridinhydrochlorid auf 150° u. Zers. mit W.; 1,45 g gelbes Kristallpulver. — *1-Chlor-4-hydrazinophthalazinhydrochlorid*, $C_8H_7N_4Cl \cdot HCl$, Schwarzfärbung über 200°, aus 1.4-Dichlorphthalazin (IX) u. VIII in A.; Nadeln. *Hydrazon mit Aceton*, $C_{11}H_{11}N_4Cl$, F. 117—118°. — *1-Chlor-4-methoxyphthalazin*, $C_9H_7ON_2Cl$, F. 108° (Cyclohexan), durch Zugabe von IX zu CH_3OH + Na unter Kühlung u. $^1/_2$std. Kochen. — *1.4-Dihydrazinophthalazin*, $C_8H_{10}N_6$, F. 180° (Zers.), aus vorst. Verb. u. VIII in A.; aus W. rotorangefarbene Nädelchen. *Sulfat*, $C_8H_{10}N_6 \cdot H_2SO_4$, Nadeln aus 2n H_2SO_4, F. 233° (Zers.). — Ferner wurden folgende *1-Hydrazinophthalazine* dargestellt: *4-Methyl-*, *Hydrochlorid*, $C_9H_{10}N_4 \cdot HCl$, F. 285°. — *4-Äthyl-Hydrochlorid*, $C_{10}H_{12}N_4 \cdot HCl$, F. 205°. — *4-n-Propyl-*, $C_{11}H_{14}N_4$, F. 185°. *Hydrochlorid*, F. 209—211°. — *4-Isobutyl-*, *Dihydrochlorid*, $C_{12}H_{16}N_4 \cdot 2\,HCl$, F. 190—193°. — *4-Phenyl-*, $C_{14}H_{12}N_4$, F. 135°. *Hydrochlorid*, $C_{14}H_{12}N_4 \cdot HCl$, F. 290—291°. — *3-[Naphthyl-(2')]-pyridazinon-(6)*, $C_{14}H_{12}ON_2$, F. 205°, aus 69 g β-[Naphthoyl-(2)]-propionsäureäthylester u. VIII in A. durch 1std. Kochen; 43,2 g. — *3-[Naphthyl-(2')]-pyridazon-(6)*, $C_{14}H_{10} \cdot ON_2$, F. 256°, aus 32 g vorst. Verb. in Eisessig durch Versetzen mit Br_2 bei 140—150°; 30 g. — *3-[Naphthyl-(2')]-6-chlorpyridazin*, F. 160°. — *3-[Naphthyl-(2')]-6-hydrazinopyridazinhydrochlorid*, $C_{14}H_{12}N_4 \cdot HCl$, F. 229—231°. — *3.5-Diphenylpyridazinon-(6)*, $C_{16}H_{14}ON_2$, F. 164°, aus 46 g α-Phenyl-β-benzoylpropionsäure u. VIII in A. durch 1std Kochen; 43 g. — *3.5-Diphenylpyridazon-(6)*, $C_{16}H_{12}ON_2$, F. 182°, aus 50 g vorst. Verb. u. Br_2 in Eisessig; 35,8 g. — *3.5-Diphenyl-6-chlorpyridazin*, $C_{16}H_{11}N_2Cl$, F. 102—103° (A.), aus vorst. Verb. u. $POCl_3$; 85%. — *3.5-Diphenyl-6-hydrazinopyridazindihydrochlorid*, $C_{16}H_{14}N_4 \cdot 2\,HCl$, F. 205—208° unter Zers. (Chlf.), aus vorst. Verb., A. u. VIII durch 3std. Erhitzen auf 120°, Eindampfen, Digerieren mit $NaHCO_3$-Lsg., Ausschütteln mit Bzl., Abdampfen u. Lösen in 2n HCl. — *3-Methyl-6-hydrazinopyridazin*, F. 74—75°. *Hydrochlorid*, $C_5H_8N_4 \cdot HCl$, F. 221—222° (Zers.). — *3-Phenyl-6-hydrazinopyridazin*, F. 143—144°. *Hydrochlorid*, $C_{10}H_{10}N_4 \cdot HCl$, F. 231—233° (Zers.). *Hydrazon mit Aceton*, $C_{13}H_{14}N_4$, F. 163°. — *5-Phenyl-8-hydrazinopyridino-[2.3 : d]-pyridazin*, $C_{13}H_{11}N_5$, Zers. bei ca. 200°, aus 5-Phenyl-8-chlorpyridopyridazin (dieses aus der 8-Oxyverb. u. $POCl_3$; F. ca. 200° [Toluol]) u. VIII in A. (2 Std., 110°); schimmernde Kriställchen. *Hydrochlorid*, $C_{13}H_{12}N_5Cl$, F. 259° (wss.-alkoh. HCl), orangefarbene Nädelchen. — *asymm.-[4-Methylphthalazinyl-(1)]-methylhydrazin*, F. 145°, aus Methylhydrazinsulfat in wss. CH_3OH durch Versetzen mit methanol. KOH, Einengen der Lsg., 1std. Kochen mit 1-Chlor-4-methylphthalazin (X), Eindampfen des Filtrats, Lösen in W., Sättigen mit Pottasche u. Ausziehen mit $CHCl_3$. *Hydrochlorid*, $C_{10}H_{12}N_4 \cdot HCl$, aus der Lsg. in alkoh. HCl durch Fällen mit Essigester; F. 236—237°. — *4-Methyl-1-morpholylaminophthalazin*, $C_{13}H_{16} \cdot$

ON_4, F. 123°, aus 4,5 g X durch 16std. Erhitzen mit 5,1 g 1-Aminomorpholin auf 110°, Zugeben von W. u. K_2CO_3-Lsg. u. Ausziehen mit Chlf.; aus Essigester gelbe Kristalle; 3,4 g. *Hydrochlorid*, F. 270°, aus methanol. HCl durch Fällen mit Essigester. — *asymm.-[4-Methylphthalazinyl-(1)]-benzylhydrazin*, F. 145—148°. *Hydrochlorid*, $C_{16}H_{16}N_4 \cdot HCl$, F. 215°. — *N-[4-Methylphthalazinyl-(1)]-N.N'-dimethylhydrazin*, F. 79—80°. *Dihydrochlorid*, $C_{11}H_{14}N_4 \cdot 2\,HCl$, F. 202—203°. — *3-Methyl-symm.-triazolo-[3.4 : a]-phthalazin* (I), $C_{10}H_8N_4$, F. 171—172° (Isopropanol), a) aus 8 g II u. 6,5 g Acetessigester (III) durch 4std. Erwärmen auf 100°; 8,5 g; b) aus 4,8 g II u. 10 ml Acetanhydrid durch ½std. Erhitzen auf dem Wasserbad; 4,5 g; c) aus II u. Methylbenzylketon durch 6std. Erhitzen auf 150—160° im Rohr; $Kp._{11}$ 252°; leichtlösl. in verd. HCl, unlösl. in Alkalien. — *Formaldehydphthalazinyl-(1)-hydrazon*, $C_9H_8N_4$, F. 116—117° (wss. CH_3OH), aus 4,8 g II, CH_3OH u. Formalin; 4 g. — *Methylbenzylketonphthalazinyl-(1)-hydrazon*, aus den Komponenten in A.; F. 92—93°. — *Methylamylketonphthalazinyl-(1)-hydrazon*, $C_{15}H_{20}N_4$, F. 85—86° (Essigester), aus II u. Methylamylketon durch 6std. Erhitzen auf 140°; gelbe Kristalle; $Kp._{11}$ 230°. Bei der Vakuumdest. entsteht eine geringe Menge I, das auch aus 9 g des vorst. Hydrazons durch 4std. Erhitzen auf 250° im N_2-Strom u. Anreiben mit Essigester gebildet wird; 2,5 g. — *Cyclopentanonphthalazinyl-(1)-hydrazon*, $C_{13}H_{14}N_4$, F. 111—112° (Hexan), aus II u. Cyclopentanon in 2nEssigsäure; gelb. Nach 1std. Erhitzen auf 250° unter N_2, Auskochen mit Cyclohexan u. Einengen wurde eine *Substanz* mit gleichem F. u. gleicher Zus. gewonnen, die jedoch einen Misch-F. von ca. 80° zeigte; sie ist farblos u. im Gegensatz zum vorst. Hydrazon in Alkali löslich. — *Brenztraubensäurephthalazinyl-(1)-hydrazon*, $C_{11}H_{10}O_2N_4$, F. 181° (Zers.), aus II u. Brenztraubensäure in CH_3OH. Gibt bei dem Vers. der Cyclisierung wahrscheinlich die *Verb.* **IV**, $C_{11}H_8ON_4$, die aus dem Hydrazon auch durch einfaches Kochen mit Eisessig entsteht; F. 250—252°. Mit heißer n-NaOH wird das Hydrazon zurückgewonnen. — Folgende weitere *Phthalazinyl-(1)-hydrazone* werden beschrieben: *Aceton-*, $C_{11}H_{12}N_4$, $Kp._{12}$ 195°; F. 114°. — *Benzaldehyd-*, $C_{15}H_{12}N_4$, F. 177—178°. — *Acetophenon-*, $C_{16}H_{14}N_4$, F. 143—144°. — *symm.-Triazolo-[3.4 : a]-phthalazin* (XI), $C_9H_6N_4$, F. 190—191° (A.), aus 3,2 g II u. 85%ig. HCOOH durch Kochen u. Eindampfen im Vakuum; 2,8 g; entsteht auch mit Formamid. — Folgende Derivv. wurden gewonnen: *3-n-Butyl-*, $C_{13}H_{14}N_4$, F. 101—102° (Cyclohexan), aus 4,8 g II in Pyridin durch Zutropfen von n-Valeroylchlorid, 1std. Erwärmen, Behandeln mit alkoh. HCl u. Zers. des *Hydrochlorids* (F. 197 bis 198°, aus Aceton) mit NH_4OH; 2,1 g. — *3-Dichlormethyl-*, $C_{10}H_6N_4Cl_2$, F. 213—215° (30%ig. CH_3COOH, dann A.), aus sd. Dichloressigsäure durch Zugabe von II, dann von H_2O. — Nach Rk. von 9,6 g II in Pyridin mit 13,2 g Chlorameisensäureäthylester, zuletzt auf dem Wasserbad, u. Auskochen mit n-HCl wurden 4,1 g der *Verb.* $C_{12}H_{10}O_3N_4$ unbekannter Konst. erhalten; F. 198—200° (25%ig. Essigsäure). Die in Säuren u. Alkali unlösl. Verb. gibt mit sd. NaOH nach Zusatz von HCl *3-Oxytriazolo-[3.4 : a]-phthalazin*, $C_9H_6ON_4$, F. 275—277° (W.); feine Nadeln. — *3-Chlortriazolo-[3.4 : a]-phthalazin*, $C_9H_5N_4Cl$, F. 205° (Bzl.-Aceton), durch 6std. Erhitzen vorst. Verb. auf 190—200° u. Behandeln des nach Eindampfen erhaltenen Rückstandes mit W. + NaOH — XI, aus vorst. Verb. in 50%ig. A. durch Hydrierung mit Pd-Kohle. — *symm.-[Bis-phthalazinyl-(1)]-hydrazin* (VII), $C_{16}H_{12}N_6$, F. 272—275° (Carbitol), aus 5 g II u. 20 ml Benzoesäureäthylester; später Verdünnen mit A.; orangefarben; 3,9 g; *Dihydrochlorid*, F. 235°, citronengelb. — Weitere *symm.-Triazolo-[3.4 : a]-phthalazine*: *3-Isobutyl-*, $C_{13}H_{14}N_4$, F. 91—92°. — *3-n-Hexyl-*, $C_{15}H_{18}N_4$, F. 71—73°. — *3-Phenyl-*, $C_{15}H_{10}N_4$, F. 208—209°. — *3-Phenyl-6-methyl-*, $C_{16}H_{12}N_4$, F. 210°. — *3-Chlormethyl-*, $C_{10}H_7N_4Cl$, F. 188—189°. — *1-[Phthalazinyl-(1')]-semicarbazid*, $C_9H_9ON_5$, F. 278—280°, aus 10 g II-Hydrochlorid u. 4 g KOCN in W.; gelbe feine Kristalle; 7,5 g. — Nach Rk. von 14 g 1-Hydrazino-4-methylphthalazin in CH_3OH mit 8 g Allylsenföl wurden 20 g *1-[4'-Methylphthalazinyl-(1')]-4-allylthiosemicarbazid* (V) erhalten. *Hydrochlorid*, $C_{13}H_{16}N_5ClS$. Werden 15 g V in Eisessig erhitzt, krist. 4,5 g *3-Mercapto-6-methyltriazolo-[3.4 : a]-phthalazin*, $C_{10}H_8N_4S$, F. ca. 300° (Zers.); in verd. NaOH mit gelber Farbe löslich. Das Eisessigfiltrat gibt nach Vakuumverdampfen, Lösen in verd. HCl, Sättigen mit Pottasche u. Ausziehen mit Bzl. 5 g *3-Allylamino-6-methyltriazolo-[3.4 : a]-phthalazin*, $C_{13}H_{13}N_5$, F. 139—140° (Essigester); gelb. *Allylamin* aus dem Eisessigrückstand durch Dampfdest., Auffangen in verd. HCl u. Dest. mit NaOH; 0,9 g. — *Tetrazolophthalazin* (VI), $C_8H_5N_5$, F. 209—210° (50%ig. A.), aus 4,8 g II in 2nEssigsäure durch Zugabe von 2,1 g $NaNO_2$ in W.; 4,6 g. (Helv. chim. Acta **34**. 195—210. 1/2. 1951. Basel, CIBA A. G., Forschungslabors., Pharmaz. Abt.) NITZSCHKE. 3272

G. E. Dunn, R. H. Meen und George F. Wright, *Polymerisation von Tris-[β-nitroxyäthyl]-amin. Tris-[β-nitroxyäthyl]-ammoniumnitrat* (**Ia**) läßt sich durch Veresterung von Tris-[β-oxyäthyl]-amin (II) mit HNO_3 in Acetanhydrid darstellen u. wird dabei gelegentlich in einer polymorphen Form (F. 65°) an Stelle der üblichen Form (F. 75°) (vgl.

BARBIÈRE, Bull. Soc. chim. France [5] **11.** [1944.] 470) erhalten. Das aus **Ia** mit Alkali erhältliche freie *Tris-[β-nitroxyäthyl]-amin* (I) polymerisiert sich leicht, wahrscheinlich unter Bldg. von *Tetrakis-[β-nitroxyäthyl]-piperaziniumdinitrat* (III), III ist beständiger als **Ia** u. das sehr unbeständige I, doch sinkt sein F. nach mehrjähriger Aufbewahrung um ~20°.

Versuche (FF. korr.): *Tris-[β-nitroxyäthyl]-ammoniumnitrat* (**Ia**), $C_6H_{13}O_{12}N_5$, F. 74,5—75° bzw. 64—65°, durch gleichzeitiges Zutropfen von 95%ig. II u. 99%ig. HNO_3 zu Acetanhydrid bei —5 bis —10°, 90 Min. Rühren u. Eingießen in Eiswasser; 77% (Ausbeute). — *Tris-[β-nitroxyäthyl]-amin* (I), $C_6H_{12}O_9N_4$, in unreiner Form durch Eintragen von **Ia** in wss. NaOH bei 0°. — *Tetrakis-[β-nitroxyäthyl]-piperaziniumdinitrat* (III), F. 216° (Zers.), durch 16tägiges Stehen von I bei 25° u. Schütteln mit Aceton; aus W. Kristalle; 18%. — Beide Formen von **Ia** sowie **III** wurden röntgenograph. untersucht. (J. Amer. chem. Soc. **74.** 1344—75. 5/3. 1952. Toronto, Ontario, Univ., Dep. of Chem.) SPAETH. 3272

Saul Roseman, Robert H. Abeles und **Albert Dorfman,** *Verhalten von Kohlenhydraten gegen stark basische Ionenaustauschharze. Amberlit IRA-400,* vorbehandelt mit 1,0nNaO (gesätt. mit $Ba(OH)_2$) u. gewaschen mit CO_2-freiem W., vermag die reduzierenden Zucker *Glucose, Mannose, Arabinose, Galaktose, Glucosamin, Fructose* u. *Lactose* zurückzuhalten, während die nichtreduzierenden Verbb. *Sorbit, Mannit* u. *Methyl-α-d-glucopyranosid* nur in geringen Mengen zurückgehalten werden. Ausnahme macht nur *Rohrzucker.* Die zurückgehaltenen Zucker können durch verschied. Elektrolyte, wie Essigsäure, Natriumphosphat u. NaCl, ausgewaschen werden. (Arch. Biochem. Biophysics **36.** 232—33. März 1952. Chicago, Ill., Univ., Dep. of Pediatrics and Biochem.) BÖHM. 3400

P. Bächli und **E. G. V. Percival,** *Die Synthese von Laminaribiose (3-β-D-Glucosyl-D-glucose) und Beweis ihrer Identität mit Laminaribiose aus Laminarin.* Die Synth. von *Laminaribiose* (I) gelingt durch Rk. von 1.2; 5.6-Diisopropylidenglucose mit Tetraacetylglucosylbromid, Desacetylierung u. Entfernung der Isopropylidenreste. Das synthet. Prod. ist mit dem aus Laminarin hergestellten ident., damit ist seine Struktur als *3-β-D-Glucosyl-D-glucose* (I) bewiesen. Das α- u. *β-Oktaacetat* von **I**, *Heptaacetyllaminaribiosylbromid, Heptaacetylmethyl-β-laminaribiosid* u. *Methyl-β-laminaribiosid* werden hergestellt.

Versuche: *1.2; 5.6-Diisopropyliden-3-[β-tetraacetyl-D-glucosyl]-D-glucose,* durch 12std. Schütteln von 1.2;5.6-Diisopropylidenglucose (10 g) mit Silbercarbonat u. Drierit (entwässert) in trockenem Bzl., Zugabe von J_2, langsame Zugabe von 2.3.4.6-Tetraacetylglucosylbromid (15,7 g) u. 1std. Schütteln im Dunkeln; wenn mit alkoh. $AgNO_3$ kein Nd. mehr auftritt, Filtration durch „Filter Cel" u. Extraktion der unveränderten Diisopropylidenglucose mit W., Benzollsg. trocknen, filtrieren u. eindampfen, glasiger Rückstand; 16,8 g (Ausbeute). — *3-β-D-Glucosyl-D-glucose* (I), $C_{12}H_{22}O_{11}$, F. 204—206°: Vorst. Verb. wird durch 6std. Schütteln mit 0,1nCH_3ONa-Lsg. desacetyliert, die Isopropylidengruppen werden durch Behandlung mit 0,01n Oxalsäure bei 100° entfernt; nach Neutralisation u. Desionisierung über Amberlit IR-100H u. IR-4B eindampfen; Sirup (10,3 g), der über einer Cellulosekolonne chromatographiert wird, Lösungsm. Butanol/Pyridin/W. 2:1:1, eluiert mit Butanol (300 cm³) u. Butanol/W./Pyridin 6:1:1 (2130 cm³); I in den nächsten 600 cm³, nach dem Eindampfen Glas, das aus A. krist.; Nadeln; $[\alpha]_D^{16}$ +24,9° (20 Min.) → +18,6° (konstant nach 9 Std.) (c = 2,5, W.); 9,5%. Daraus *3-β-Glucosylglucosazen,* $C_{24}H_{32}O_9N_4$, F. 199—201°, aus heißem W. mit Pyridin Nadeln; $[\alpha]_D^{\cdot 5}$ —76,0° (c = 0,5, A.). — **I**, aus Laminarin durch 7std. Hydrolyse mit wss. Oxalsäure bei 100°, Trennung von den anderen Hydrolysenprodd. über einer Holzkohle/Filter-Cel-Kolonne nach WHISTLER u. DURSE (C. **1950.** II. 2718); Misch.-F. mit synthet. I u. Vgl. der Röntgendiagramme ergibt Identidät mit dem synthet. Produkt. *Oktaacetyl-β-laminaribiose,* $C_{28}H_{38}O_{19}$, F. 160—161°, aus synthet. oder natürlichem I durch Acetylierung mit Na-Acetat u. Essigsäureanhydrid bei 100°; nach 40 Min. Zugabe von W., das gebildete Öl wird von der überstehenden Fl. getrennt u. krist. bei Zugabe von CH_3OH zu seiner Chloroformlsg.; prismat. Nadeln aus Ae./PAe.; $[\alpha]_D^{18}$ —28,8° (c = 2,5, Chlf.). *Oktaacetyl-α-laminaribiose,* $C_{28}H_{38}O_{19} \cdot C_2H_5OH$, F. 77 bis 78°: Die überstehende Fl. (vgl. β-Verb.) wird neutralisiert u. mit Chlf. extrahiert, das beim Eindampfen erhaltene Öl wird durch Erhitzen mit Essigsäureanhydrid u. geschmolzenen $ZnCl_2$ isomerisiert; nach 45 Min. Zugabe von W.; prismat. Nadeln aus Chlf./A.; $[\alpha]_D^{17}$ +20° (c = 3,6, Chlf.). — *Heptaacetyllaminaribiosylbromid,* $C_{26}H_{35}O_{17}Br$, F. 180,5 bis 181,5°, aus einer Mischung von α- u. β-Oktaacetat durch Schütteln in mit HBr gesätt. Eisessig bei 0°, nach 5 Min. Kühlung abbrechen, nach 3 Std. bei Raumtemp. Zugabe von Toluol u. eindampfen; Nadeln aus Chlf./A.; $[\alpha]_D^{18}$ +85,0° (c = 3,0, Chlf.); 83%. — *Heptaacetylmethyl-β-laminaribiosid,* $C_{27}H_{38}O_{18}$, durch Schütteln vorst. Verb.

mit getrocknetem CH_3OH, Bzl., $AgCO_3$ u. J_2 im Dunkeln, bis kein Nd. mehr mit $AgNO_3$ auftritt, Zugabe von Chlf., filtrieren u. eindampfen; F. 164—165° (A.); die Verb. wird beim weiteren Erhitzen wieder fest u. schm. dann bei 179—180°; $[\alpha]_D^{16}$ —45° (c = 1,7, Chlf.); 86%. — *Methyl-β-laminaribiosid*, $C_{13}H_{24}O_{11} \cdot H_2O$, aus vorst. Verb. durch 1std. Kochen mit CH_3ONa in CH_3OH; Nadeln aus A./Ae.; F. 165—166°; $[\alpha]_D^{19}$ —28° (c = 2,5, W.). (J. chem. Soc. [London] **1952**. 1243—46. April. Edinburgh, Univ.) ROSSOW. 3400

Judith Polonsky, *Über die chemische Konstitution der Asiatsäure, des Aglykons des Asiaticosids. 1. Mitt. Funktionelle Gruppen der Asiatsäure.* Auf dem Wege zur Aufklärung der Struktur der *Asiatsäure* (I), der schließlich zur Aufstellung nebenst. Konstitutionsformel führte, wurden die funktionellen Gruppen von I bestimmt. I entsteht durch saure oder alkal. Hydrolyse des aus Centella asiatica gewonnenen Glykosids *Asiaticosid*; als Säure bildet I ein *Na-Salz* u. einen *Methylester* (**Ia**), der sich mit $LiAlH_4$ zum zugehörigen Alkohol reduzieren läßt. **Ia** ist schwer verseifbar, wie das von Estern bekannt ist, deren Carboxylgruppe an ein tert. C-Atom gebunden ist. I oder **Ia** liefern mit Acetanhydrid die entsprechenden *Triacetate* (**Ib** bzw. **Ic**), die nicht krist. erhalten werden konnten; **Ib** ergibt durch Red. nach ROSENMUND u. Desacetylierung den *Asiataldehyd.* — Die Nachbarstellung von 2 der 3 OH-Gruppen in I ergibt sich aus der Perjodatoxydation. Bei der Methylierung von I mit CH_2N_2 oder Methylsulfat bilden sich neben **Ia** noch zwei weitere Substanzen, von denen die eine als ein *Asiatsäuremonomethylâthermethylester* identifiziert wurde, in dem eine der beiden Glykol-OH-Gruppen veräthert ist (kein HJO_4-Verbrauch); die zweite Substanz ist möglicherweise ein Isomeres hiervon. — I besitzt eine wenig reaktionsfähige Doppelbindung, die sich nicht katalyt. hydrieren läßt, doch gibt **Ib** durch CrO_3-Oxydation in der Kälte ein *α.β-ungesätt. Keton* (**II**), das im Gegensatz zu **Ib** ein UV-Maximum bei 250 mμ (log ε = 4,15) zeigt, das dem —CO—C=-Chromophor zugeschrieben wird. Die Oxydation einer CH_2-Gruppe zur CO-Gruppe in α-Stellung zu einer Doppelbindung ist eine in der Triterpenreihe bekannte Reaktion.

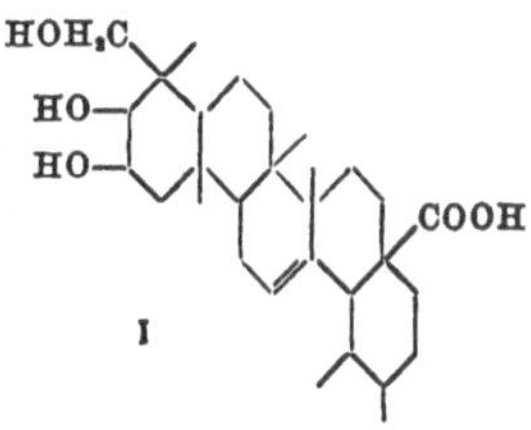

I

Versuche (FF. nach KOFLER korr.): *Asiatsäure* (I), $C_{30}H_{48}O_5$, F. 300—305°, $[\alpha]_D$ +51° (c = 2,06 in A.), +53° (c = 1,54 in Pyridin). *Methylester* (**Ia**), $C_{31}H_{50}O_5$, F. 220° (CH_3OH oder Bzl.), durch Zugabe von äther. CH_2N_2 zur Lsg. von I in CH_3OH u. chromatograph. Reinigung des nach dem Eindampfen erhaltenen Prod.; $[\alpha]_D$ +54,5° (c = 1,008 in Chlf.); krist. aus A. in einer bei 160—170° schm. Form, die Schmelze wird dann wieder fest u. schm. erneut bei 220°, $[\alpha]_D$ +57,4° (c = 1,148 in Chlf.). — *Asiatsäuremonomethyläthermethylester*, $C_{32}H_{52}O_5$, F. 255—257° (Bzl.-Ae.), aus den ersten Eluaten der chromatographierten Mutterlaugen von **Ia** oder aus **Ia** mit CH_2N_2. *Diacetat*, $C_{36}H_{56}O_7$, F. 209—212° (Ae.). — *Triacetylasiatsäure* (**Ib**), durch 5std. Erwärmen von I mit Acetanhydrid, Ausäthern, Eindampfen u. 4std. Kochen des Rückstands mit CH_3OH; bleibt auch nach Chromatographie amorph. *Methylester* (**Ic**), $C_{37}H_{56}O_8$, ebenfalls amorph, $[\alpha]_D$ +39,4° (c = 1,01 in Chlf.). — *Asiatalkohol*, durch Red. von I, **Ia** oder Asiaticosid mit $LiAlH_4$. *Tetraacetat*, $C_{38}H_{58}O_8$, F. 168—170°, aus 90%ig. CH_3OH glänzende Blättchen, $[\alpha]_D$ +40,32° (c = 1,40 in Chlf.). — *Asiataldehyd*, $C_{30}H_{48}O_4$, F. 218—220°, durch Überführung von **Ib** mit $SOCl_2$ in Bzl. in das *Säurechlorid* u. dessen Hydrierung in Xylol bei 120—125° in Ggw. von $Pd/BaSO_4$ während 10 Std., Eindampfen, Ae.-Extraktion, Acetylierung u. Isolierung des *Triacetats* [$C_{36}H_{54}O_7$, F. 163—165°, aus 80%ig. CH_3OH Prismen, $[\alpha]_D$ +38,7° (c = 0,94 in Chlf.), λ_{max} 280 mμ (ε = 110); *Semicarbazon*, $C_{37}H_{57}O_7N_3$, F. 222—225°, aus A. rechteckige Prismen] mit GIRARD-Reagens P; das Triacetat wurde durch 3std. Kochen mit n/10 KOH verseift; aus verd. A. lange seidige Nadeln, $[\alpha]_D$ +58° (c = 1,05 in Chlf.). — **Ia** verbraucht 96% der theoret. HJO_4-Menge (für 1.2-Glykole) u. liefert dabei *Verb.* $C_{31}H_{48}O_5$. — *Triacetylketoasiatsäure* (**II**), $C_{36}H_{52}O_9$, F. 270—275°, durch 44std. Oxydation von **Ib** in Bzl. mit CrO_3 in CH_3COOH bei Raumtemp.; aus Ae. Nadeln, $[\alpha]_D$ +60,8° (c = 1,27 in Chlf.). *Methylester*, $C_{37}H_{54}O_9$, F. 258 bis 264°, aus 20%ig. CH_3COOH Nadeln, $[\alpha]_D$ +54,9° (c = 1,02 in Chlf.), λ_{max} 250 mμ (log ε = 4,1). (Bull. Soc. chim. France, Mém. [5] **19**. 649—54. Mai/Juni 1952. Paris, Inst. de Biol. Physico-chim.) SPAETH. 3450

Judith Polonsky, *Über die chemische Konstitution des Asiaticosids und insbesondere der Asiatsäure. 2. Mitt. Über einige neue Derivate der Asiatsäure.* (1. vgl. C. **1949**. E. 560.) Inhaltlich in der vorst. referierten Arbeit enthalten. Für den *Asiatalkohol* (*Asiaticol*), aus dem Tetraacetat durch Verseifung erhalten, werden folgende Eigg. angegeben: F. 195° (Essigester), $[\alpha]_D$ +61,2° (c = 1,14 in Chlf.) bzw. F. 163° (Bzl.), $[\alpha]_D$ +53,4°

(c = 1,26 in Chlf.); die Analysen für diese Verb. zeigten zu niedrige C-Werte. (FF. korr.) (C. R. hebd. Séances Acad. Sci. **230**. 485—87. 30/1. 1950.) SPAETH. 3450

Judith Polonsky, *Über die chemische Konstitution des Asiaticosids und insbesondere der Asiatsäure. 3. Mitt. Über die Lactonisierung und Decarboxylierung der Asiatsäure.* (2. vgl. vorst. Ref.) Durch Behandlung von *Asiatsäure* (I) mit HCl in Essigsäure wurde festgestellt, daß I zum Teil lactonisiert, zum anderen Teil decarboxyliert wird. Es wurden drei isomere *Triacetyllactone* $C_{36}H_{54}O_8$ isoliert: F. 260°; F. 244°, $[\alpha]_D$ + 30,0° (c = 0,75); F. 208°, $[\alpha]_D$ + 6,3° (c = 0,63), von denen die beiden ersten durch Verseifung mit alkoh. KOH dasselbe *Lacton* $C_{30}H_{48}O_5$, F. 270°, gaben, das dritte lieferte ein *isomeres Lacton*, F. 180 u. 280°. Das Decarboxylierungsprod. wurde als *Diacetat* $C_{33}H_{52}O_5$, F. 188—190°, $[\alpha]_D$ + 5,4° (c = 1,01), u. als *Triacetat* $C_{35}H_{54}O_6$, F. 208—210°, $[\alpha]_D$ + 15,4° (c = 1,1) isoliert, beide liefern durch alkal. Verseifung das *Triol* $C_{29}H_{48}O_3$, F. 262—266°, $[\alpha]_D$+20,3° (c = 1,03). Aus dem Triacetat entsteht durch CrO_3-Oxydation das *α.β-ungesätt. Keton* $C_{35}H_{52}O_7$, F. 240—245°, λ_{max} 255 mμ (log ε = 3,87). (FF. korr., Drehungen in Chlf.). (C. R. hebd. Séances Acad. Sci. **230**. 1784—86. 15/5. 1950.) CORDS. 3450

Judith Polonsky, *Über die chemische Konstitution des Asiaticosids und insbesondere der Asiatsäure. 4. Mitt. Über die Natur der OH-Gruppen der 1.2-Glykolfunktion.* (3. vgl. vorst. Ref.) Die beiden OH-Gruppen der 1.2-Glykolgruppe der *Asiatsäure* (I) sind sek., da bei der Blockierung der 3. OH-Gruppe durch partielle Acetylierung (aus I-Methylester mit CH_3COOH + HCl oder aus Triacetylasiatsäuremethylester durch partielle Verseifung mit CH_3OH + HCl u. Chromatographie) entstehende *Monoacetylasiatsäuremethylester* [$C_{33}H_{52}O_6$, F. 122—127°, aus wss. Dioxan lösungsmittelhaltige Prismen, $[\alpha]_D$ + 32,4° (c = 1,08, Chlf.)], in dem das Vorhandensein der freien 1.2-Glykolgruppierung durch Perjodatoxydation nachgewiesen wurde, bei der Oxydation mit CrO_3 in Bzl.-CH_3COOH in der Kälte ein enolisierbares *α-Diketon* [$C_{33}H_{48}O_6$, F. 100—105°, aus Dioxan nach Chromatographie an Al_2O_3 u. Elution mit Bzl.-Ae., braunrote $FeCl_3$-Rk., λ_{max} 272 mμ (log ε = 3,6)] lieferte, das mit alkal. H_2O_2 ein saures Prod. ergab, das zur Zeit noch untersucht wird. (C. R. hebd. Séances Acad. Sci. **232**. 1878—80. 16/5. 1951.) SPAETH. 3450

Manuel M. Baizer, Kurt S. Ellner und **Athanasios Loter,** *Die Umlagerung von Kodein in Dihydrokodeinon.* Bei näherer Unters. der Umlagerung von *Kodein* (I) in *Dihydrokodeinon* (II) durch Edelmetalle fanden Vff. folgende optimale Bedingungen: 30 g I werden in 5 ml konz. H_2SO_4 u. 195 ml W. mit 12,5 g Pd-Kohle (5% Pd) 1¹/₄ Std. unter Rückfluß erhitzt. Die Ausbeute an II, das über die Bisulfitverb. isoliert wurde, lag in keinem Falle über 50%. Als Nebenprodd. entstanden ca. 20% alkalilösl. Substanzen. Eine Dehydrierung von Dihydrokodein zu II unter den Bedingungen der Umlagerung trat nicht ein. Aus den Befunden wurde geschlossen, daß die Red. von I zu Dihydro-I nicht die erste Stufe der nicht komplexen Rk. ist. Dagegen scheint zunächst eine Dehydrierung von I zu Kodeinon (dessen Bldg. allerdings nicht beobachtet wurde) einzutreten, das dann zu II red. wird. Im sauren Medium tritt außerdem die Bldg. von phenol. Nebenprodd. auf, die auch durch Hydrogenolyse der Ätherbrücke entstanden sein können. (J. Amer. pharmac. Assoc., sci. Edit. **40**. 580—82. Nov. 1951. Brooklyn, New York Chinin u. chem. Werke, Res. Labor.) NEZEL. 3500

Edward F. Rogers, H. R. Snyder und **Rudolph F. Fischer,** *Pflanzeninsekticide. 2. Mitt. Alkaloide von Haplophyton cimicidum.* (1. vgl. C. **1948**. E. 223.) Aus der mexikan. Apocynacee Haplophyton cimicidum A. D. C. werden durch Extraktion mit Chlf.-CH_3OH 2 insecticide Alkaloide, *Haplophytin* (I) u. *Cimicidin* (II), mit 0,007—0,03 bzw. 0,003% Ausbeute (bezogen auf getrocknetes Pflanzenmaterial) isoliert. I, $C_{27}H_{31}O_5N_3$, Zers. bei 290—293° (Capillare) oder 288—292° (FISHER-Block), $[\alpha]_D^{25}$ + 109,0° (Chlf.), bei 240—246°/10^{-3} Torr sublimierend, ist leichtlösl. in verd. Säure, Alkali, Chlf., Bzl., Dioxan u. Äthylacetat, mäßiglösl. in Aceton, A. u. CH_3OH, unlösl. in Ae., PAe. u. W.; es enthält 2 OCH_3- u. 1 (oder 2) (N)CH_3-Gruppen. II, $C_{23}H_{28}O_5N_2$, F. 259—262° (Zers.) (FISHER-Block), $[\alpha]_D^{25}$ + 123° (Chlf.), besitzt 1 OCH_3-Gruppe u. ähnelt I in seinen Löslichkeitseigg., ist aber in A. u. Aceton schwerer löslich. Nach ihren UV-u. u. IR-Spektren sind I u. II nahe verwandt u. enthalten wahrscheinlich 2 CO-, aber keine NH- oder OH-Gruppen. I u. II sind Kontakt-, Fraß- u. Injektionsgifte für Küchenschaben; die LD_{50} beträgt für I 18 γ/g, für II ca. 60 γ/g bei 48std. Kontakt; im Falle des I wirken aber schon weit geringere Dosen paralysierend. Die Toxizität von Haplophyton dürfte im wesentlichen auf ihren Gehalt an I beruhen. (J. Amer. chem. Soc. **74**. 1987—89. 20/4. 1952. Rahway, N. J., Merck & Co., Inc., Res. Labors., u. Urbana, Ill., Univ. of Illinois, Noyes Chem. Labor.) BOIT. 3500

Carl Djerassi, E. Batres, M. Velasco und **G. Rosenkranz,** *Steroidsapogenine. 16. Mitt. Einführung der 11-Keto- und 11α-Oxygruppen in im Ring C unsubstituierte Steroide.*

3. Mitt. *In 11-Stellung oxydierte Sapogenine.* (15. vgl. C. **1952.** 7662; 2. vgl. C. **1952.** 6378.) Die Synth. von *11-Keto-* (I), *11α-Oxy-* (II) u. *11β-Oxy-22-isoallospirostan-3β-ol* (III) als Zwischenprodd. einer Corticosteroidsynth. wird, ausgehend vom *$\Delta^{7,9,11}$-22-Isoallospirostadien-3β-olacetat* (**X**), beschrieben. *9α.11α-Oxido-22-isoallospirostan-3β-ol-7-on-3-acetat* (**IV**), dessen Darst. aus **X** bereits (vgl. J. Amer. chem. Soc. **73.** [1951.] 3546) beschrieben worden ist u. dessen Konst. nun durch Überführung in das bekannte *9α.11α-Oxido-22-isoallospirostan-3β-olacetat* gesichert werden konnte, wurde in alkal. Medium zum *$\Delta^{8,9}$-22-Isoallospirosten-3β.11α-diol-7-on* (**Va**) isomerisiert. Nach Hydrierung von **Va** zum gesätt. *3β.11α-Dioxy-7-keton* wurde die 7-Ketogruppe nach HUANG-MINLON reduktiv entfernt, wobei II erhalten werden konnte; die α-Konfiguration der 11-Oxygruppe ergab sich aus der leichten Acetylierbarkeit von **Va** (zu **Vb**) u. II. Nach Oxydation von II zum *3.11-Diketon* (VI) konnte aus diesem entweder durch Hydrierung mit RANEY-Ni I oder durch $LiAlH_4$-Red. III erhalten werden. — Bei der Red. von IV mit $LiAlH_4$ oder $NaBH_4$ wurde *9α.11α-Oxido-22-isoallospirostan-3β.7(β?)-diol* erhalten, das zum entsprechenden *Dion* (VII) oxydiert wurde. Der intakte Epoxydring in VII konnte durch alkal. Isomerisierung zum *$\Delta^{8,9}$-22-Isoallospirosten-11α-ol-3.7-dion* nachgewiesen werden (UV-Spektr.), dessen Oxydationsprod., das *3.7.11-Trion* (VIII), ident. war mit dem aus **Va** dargestellten Oxydationsprodukt. — VIII ließ sich durch selektive Red. u. Acetylierung in *$\Delta^{8,9}$-22-Isoallospirosten-3β-ol-7.11-dionacetat* (IX) überführen, das auch direkt durch Bichromatoxydation von X in 4%ig. Ausbeute zugänglich war; IX lieferte bei Zn-Staub-Red. das *gesätt. 7.11-Dion.*

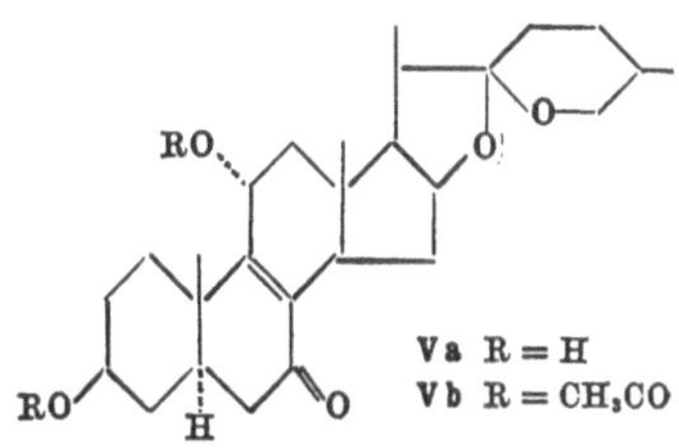

Va R = H
Vb R = CH_3CO

V e r s u c h e (Drehungen in Chlf., UV-Spektren in 95%ig. A.): *9α.11α-Oxido-22-isoallospirostan-3β-ol-7-cycloäthylenmercaptol-3-acetat*, $C_{31}H_{46}O_5S_2$, durch 18std. Stehen von IV mit Äthandithiol, wasserfreiem Na_2SO_4 u. $ZnCl_2$ in Dioxan bei Raumtemp.; aus Chlf.-Methanol Nadeln, F. 288—290°, $[\alpha]_D^{20}$ —86° (in Dioxan); 72% (Ausbeute). — *9α.11α-Oxido-22-isoallospirostan-3β-olacetat*, durch 3std. Kochen von 0,4 g vorst. Verb. mit W-2 RANEY-Ni in A.; aus Chlf.-Methanol 0,21 g, F. u. Misch.-F. 246 bis 250°, $[\alpha]_D^{20}$ —65,3°. — *$\Delta^{8,9}$-22-Isoallospirosten-3β.11α-diol-7-on* (**Va**), $C_{27}H_{40}O_5$, durch 30 Min. Kochen von 10 g IV mit 7 g K_2CO_3 in W.-Methanol; nach Einengen u. Ausfällen mit W. 9,2 g Kristalle aus Aceton, F. 215—216°, $[\alpha]_D^{20}$ —27°, λ_{max} 252 mμ (log ε = 4,08), IR-Bande bei 1656 cm^{-1} (Nujol) u. freie OH-Bande. *Diacetat* (**Vb**), $C_{31}H_{44}O_7$, aus Hexan-Aceton, F. 171—172°, $[\alpha]_D^{20}$ +4°, λ_{max} 251 mμ (log ε = 4,04), IR-Banden bei 1736 (Acetat) u. 1676 cm^{-1} (Δ^8-7-Keton, in CS_2). — *22-Isoallospirostan-3β.11α-diol-7-on*, $C_{27}H_{42}O_5$, durch Hydrierung von 1,9 g **Va** mit 10%ig. Pd-Tierkohle in A. oder Essigester (2 Std. bei Raumtemp.; Aufnahme 1 Mol H_2); aus Essigester 1,27 g, F. 236—237°, $[\alpha]_D^{20}$ —137°, IR-Banden bei 1702 cm^{-1} (gesätt. Keton) u. freie Hydroxylbande (in Chlf.). *Diacetat*, $C_{31}H_{46}O_7$, aus Ae.-Hexan, F. 225—227°, $[\alpha]_D^{20}$ —96,7°. — *22-Isoallospirostan-3β.11α-diol* (II), $C_{27}H_{44}O_4$, aus 4 g vorst. Diols durch Red. mit Hydrazinhydrat u. KOH in Äthylenglykol; aus Aceton 2,27 g Kristalle, F. 217 bis 218°, $[\alpha]_D^{20}$ —69°, im IR keine Carbonylbande. *Diacetat*, $C_{31}H_{48}O_6$, F. 175—177°, $[\alpha]_D^{20}$ —84°. — *22-Isoallospirostan-3.11-dion* (VI), $C_{27}H_{40}O_4$, durch Oxydation von II mit $Na_2Cr_2O_7$ in Bzl.-Eisessig; aus Ae.-Hexan, F. 236—238°, $[\alpha]_D^{20}$ —19°, im IR Ketobande bei 1704 cm^{-1} (in Chlf.). — *22-Isoallospirostan-3β-ol-11-on* (I), $C_{27}H_{42}O_4$, durch Hydrierung von 0,3 g VI mit W-4 RANEY-Ni in A.; aus Aceton 0,26 g Kristalle, F. 223 bis 225°, $[\alpha]_D^{20}$ —30°, im IR Bande bei 1702 cm^{-1} u. freie Hydroxylbande (in Chlf.). *Acetat*, F. u. Misch.-F. 222—223°, $[\alpha]_D^{20}$ —32°. — *22-Isoallospirostan-3β.11β-diol* (III,) $C_{27}H_{44}O_4$, durch $LiAlH_4$-Red. von 0,3 g VI in sd. Ae.; aus Hexan-Ae. 0,19 g Kristalle, F. 202—204°, $[\alpha]_D^{20}$ —49°. *3-Monoacetat*, $C_{29}H_{46}O_5$, F. 225—227°, $[\alpha]_D^{20}$ —47°, im IR Acetyl- u. freie OH-Banden. — *9α.11α-Oxido-22-isoallospirostan-3β.7(β?)-diol*, $C_{27}H_{42}O_5$, durch $LiAlH_4$-Red. von 0,88 g IV in sd. Tetrahydrofuran; aus Aceton 0,63 g, F. 237—239°, $[\alpha]_D^{20}$ —66,5°, im IR freie Hydroxylbande. Das gleiche Prod. wurde auch bei der Red. von IV mit $NaBH_4$ in Methanol bei 50° erhalten. — *9.11α-Oxido-22-isoallospirostan-3.7-dion* (VII), $C_{27}H_{38}O_5$, durch Oxydation des vorst. Diols (1 g) mit $Na_2Cr_2O_7$ in Bzl.-Eisessig bei Raumtemp.; aus Aceton 0,48 g, F. 271—272,5°, $[\alpha]_D^{20}$ —104°, λ_{max} 286 mμ (log ε = 1,85), im IR Bande bei 1716 cm^{-1} (Nujol). — *$\Delta^{8,9}$-22-Isoallospirosten-3.7-dion-11α-ol*, $C_{27}H_{38}O_5$, durch 1std. Kochen von 0,5 g VII mit K_2CO_3 in Methanol; aus Chlf.-Aceton 0,38 g Kristalle, F. 262—264°, $[\alpha]_D^{20}$ —23,6°, λ_{max} 254 mμ (log ε = 4,11); im IR Banden bei 1718 cm^{-1} (3-Keton), 1660 cm^{-1} (Δ^8-7-Keton) u. freie OH-Bande (in Nujol). *Acetat*, $C_{29}H_{40}O_6$, aus Aceton, F. 216—218°, $[\alpha]_D^{20}$ +11,7°. —

$\Delta^{8,9}$-22-Isoallospirosten-3.7.11-trion (VIII), $C_{27}H_{36}O_5$, a) aus vorst. 11α-Ol (0,6 g) durch CrO_3-Oxydation; aus Chlf.–Ae. 0,31 g gelbliche Kristalle, F. 243—245°, $[\alpha]_D^{20}$ —3°, λ_{max} 268 mμ (log ε = 3,95), im IR Banden bei 1715 u. 1682 cm^{-1} (in Chlf.); b) ebenso aus 1 g **Va**; 0,47 g. — *$\Delta^{8,9}$-22-Isoallospirosten-3β-ol-7.11-dionacetat* (**IX**), $C_{29}H_{40}O_6$, a) aus 4 g **X** durch $Na_2Cr_2O_7$-Oxydation in Bzl.–Eisessig; nach GIRARD-Trennung u. Al_2O_3-Chromatographie der Ketofraktion (0,8 g) aus Methanol 0,15 g gelbliche Kristalle, F. 212—215°, $[\alpha]_D^{20}$ —22°, λ_{max} 270 mμ (log ε = 3,97), im IR Banden bei 1736 cm^{-1} (Acetat) u. 1686 cm^{-1} (Δ^8-7.11-Dionsyst., in CS_2); b) aus 2 g **VIII** durch Hydrierung mit W-4 RANEY-Ni in A. (1/2 Std.); nach Acetylierung u. Al_2O_3-Chromatographie 0,94 g, F. 213—214°, $[\alpha]_D^{20}$ —18°. — *22-Isoallospirostan-3β-ol-7.11-dionacetat*, durch 3std. Erhitzen von 0,5 g **IX** mit Zn-Staub in Eisessig auf dem Dampfbad; nach Al_2O_3-Chromatographie aus Aceton 0,245 g, F. 234—236°, $[\alpha]_D^{20}$ +76°, im IR Banden bei 1736 u. 1716 cm^{-1} (in CS_2). (J. Amer. chem. Soc. **74**. 1712—15. 5/4. 1952. Mexico City, D. F., Syntex, S. A., Res. Labors.) FRUHSTORFER. 3650

O. Mancera, D. H. R. Barton, G. Rosenkranz und **Carl Djerassi**, *Steroidsapogenine.* 17. Mitt., zugleich 18. Mitt. über *die Anwendung der Methode der molekularen Rotationsdifferenzen auf Steroide. $\Delta^{8,14}$-22-Isoallospirosten-3β-ol und 3β-Oxy-$\Delta^{8,14}$-allopregnen-20-on.* (16. vgl. vorst. Ref.; 17. vgl. BARTON, C. **1953**. 705.) *$\Delta^{8,14}$-22-Isoallospirosten-3β-ylacetat* (I) wurde durch Druckhydrierung von *$\Delta^{5,7}$-22-Isoallospirostadien-3β-ylacetat* (II), durch Hydrierung von *$\Delta^{7,9,11}$-22-Isoallospirostadien-3β-ylacetat* (III) mit RANEY-Ni oder durch Umlagerung der Doppelbindung des *Δ^7-22-Isoallospirosten-3β-ylacetats* (IV) mit Pd-Tierkohle in Essigester–Eisessig dargestellt. Durch Behandlung von I mit Acetanhydrid wurde *$\Delta^{8,14,20,22}$-Allofurostadien-3β.26-dioldiacetat* erhalten, das nach Hydrolyse u. CrO_3-Oxydation in das *$\Delta^{8,14,16}$-20-Ketoallopregnadien-3β-ylacetat* (V) übergeführt werden konnte. Hydrierung von V lieferte *$\Delta^{8,14}$-20-Ketoallopregnen-3β-ylacetat* (VI), das auch durch Umlagerung der Doppelbindung des *Δ^7-20-Ketoallopregnen-3β-ylacetats* (VII) erhalten werden konnte. Die $\Delta^{8,14}$-Stellung der Doppelbindung in I u. VI wurde bewiesen a) durch chem. Analogien zur Sterinreihe, b) durch Vgl. der mol. Rotationsdifferenzen von Estern u. Alkoholen mit entsprechenden Verbb. der Sterinreihe. Der Einfl. der Doppelbindung auf die mol. Drehwerte ($\Delta^{8,14}$-Verb. zu gesätt. Allo-Verb.) zeigt bei I eine sehr erhebliche, bei VI eine kleinere Abweichung gegenüber den Normwerten der Sterinreihe; Erklärungsmöglichkeiten für diese Abweichung werden diskutiert; c) das UV-Spektr. spricht für eine vollsubstituierte Doppelbindung, die zu zwei Ringen exocycl. angeordnet ist; d) die Doppelbindung reagiert nicht mit OsO_4. Dagegen konnte die Doppelbindung weder in I bzw. dem entsprechenden Benzoat noch in VI mit trockenem HCl-Gas in Chlf. in die $\Delta^{14,15}$-Stellung umgelagert werden, wie dies bis zu einem Gleichgewicht in der Sterinreihe (Ringe A/B trans) möglich ist; Vff. diskutieren den Einfl. der Seitenkette auf die relative Stabilität der Doppelbindung in $\Delta^{8,14}$- bzw. $\Delta^{14,15}$Stellung.

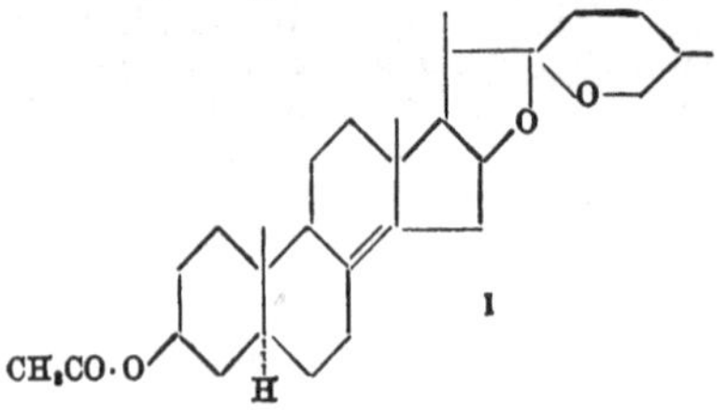

I

V e r s u c h e (Drehungen in Chlf., UV-Spektren in absol. A. u. unkorr. im Bereich von 195—220 mμ, IR-Spektren in CS_2): *$\Delta^{8,14}$-22-Isoallospirosten-3β-ylacetat* (I), $C_{29}H_{44}O_4$, a) durch 8std. Druckhydrierung (Schütteln bei ca. 140—165 at u. 150°) von reinem II mit RANEY-Ni (W-4); aus Chlf.–Methanol nach Chromatographie an Al_2O_3 (eluiert mit Bzl.–PAe. 1:1), F. 210—212°, $[\alpha]_D$ —32° (c = 8,11), λ_{max} 203 mμ (ε = 7700; ε_{215} = 4050); 58% (Ausbeute) (unter den gleichen Bedingungen wurde aus Δ^5-22-Isospirosten-3β-ylacetat in 90%ig. Ausbeute *22-Isoallospirostan-3β-ylacetat* erhalten); b) durch ähnliche Hydrierung von 1,5 g **III**; 0,31 g; c) durch 18std. Schütteln von 2 g **IV** mit vorred. 10%ig. Pd-Tierkohle unter H_2 in Eisessig–Essigester (2:3); 1,7 g. Die Umlagerung von **IV** erfolgte auch in Ggw. von W-4 RANEY-Ni. — I wurde unverändert zurückerhalten; a) nach Schütteln mit Hg(II)-Acetat in Chlf.–Essigsäure; (75%); b) nach 12tägigem Stehen mit OsO_4 u. wenig Pyridin in Ae. bei Raumtemp. (78%); c) nach 1/2std. Behandeln mit HCl-Gas in Chlf. bei Raumtemp.; im letzteren Fall wurde sogar eine Reinigung von I erzielt, die sonst nur durch sorgfältige Chromatographie erreicht worden war. — *$\Delta^{8,14}$-22-Isoallospirosten-3β-ylbenzoat*, $C_{34}H_{46}O_4$, durch 2std. Kochen von I mit 10% KOH in Dioxan–Methanol (1:1) u. Benzoylierung des Rohprod.; aus Chlf.–Methanol, F. 179°, $[\alpha]_D$ —27° (c = 9,32). Das Benzoat wurde bei Behandlung mit HCl-Gas in Chlf. (s. oben) unverändert zurückerhalten. — *$\Delta^{8,14}$-22-Isoallospirosten-3β-ol*, $C_{27}H_{42}O_3$, durch Verseifen des Benzoats wie vorst.; aus Methanol, F. 178—179°

(Depression beim Misch.-F. mit dem Benzoat), $[\alpha]_D$ —24° (c = 5,75). Durch Acetylierung wurde reines I zurückerhalten. — *$\Delta^{8,14,20,22}$-Allofurostadien-3 β.26-diol*, $C_{27}H_{42}O_3$, durch 10 std. Erhitzen von I mit Acetanhydrid im Einschlußrohr auf 200°; das rohe *Diacetat* wurde durch 30 Min. Kochen mit 5%ig. methanol. KOH verseift u. dann an neutralem u. nicht zu akt. Al_2O_3 (zur Vermeidung von Umlagerungen) chromatographiert (eluiert mit Ae.); aus Hexan–Aceton Platten, F. 167—168°, $[\alpha]_D^{20}$ +54° (c = 0,67). — *$\Delta^{8,14,16}$-20-Ketoallopregnadien-3 β-ylacetat* (V), $C_{23}H_{32}O_3$, aus vorst. Verb. durch Acetylierung u. nachfolgende Oxydation mit CrO_3; nach Hydrolyse (wie für das $\Delta^{7,16}$-Isomere angegeben; vgl. 8. Mitt., C. **1952**. 5900) u. Acetylierung aus Chlf.–Methanol, F. 189—190°, $[\alpha]_D$ + 90° (c = 0,67), IR-Banden bei 1760 cm^{-1} (Δ^{16}-20-Keton) u. 1736 u. 1239 cm^{-1} (Acetatbanden), λ_{max} 230 mμ (log ε = 4,07); 36%. — *$\Delta^{8,14}$-20-Ketoallopregnen-3 β-ylacetat* (VI), $C_{23}H_{34}O_3$, a) durch Hydrierung von 0,5 g **V** mit 10%ig. Pd-Tierkohle in Essigester (nach 20 Min. Aufnahme 1,1 Mol); 0,36 g; nach Al_2O_3-Chromatographie (eluiert mit Bzl.) aus PAe., F. 156—157°, $[\alpha]_D$ + 90° (c = 3,41), λ_{max} 205 mμ (ε = 10500; ε_{215} = 6700) u. 282 mμ (ε = 60), IR-Banden bei 1706, 1736 u. 1239 cm^{-1}; b) durch Schütteln von **VII** über Nacht mit 10%ig. Pd-Tierkohle in Essigester–Eisessig unter H_2; $[\alpha]_D$ + 95° (c = 0,67). — Bei der Einw. von HCl-Gas in Chlf. auf **VI** wurde unverändertes **VI** zurückerhalten. (J. chem. Soc. [London] **1952**. 1021—26. März. Mexico City, D. F., Mexico, Syntex Res. Labors., u. London, Birbeck Coll.)

FRUHSTORFER. 3650

A. L. Nußbaum, A. Sandoval, G. Rosenkranz und **Carl Djerassi**, *Steroidsapogenine*. 18. Mitt. *Versuche in der 5.6-Dihydrokryptogeninreihe*. (17. vgl. vorst. Ref.) Mit dem Ziel, *Kryptogenin* (*Δ^5-Cholesten-3 β.26-diol-16.22-dion*) in ein $\Delta^{17,20}$-ungesätt. Deriv. überzuführen u. dieses dann oxydativ zu Steroidhormonen abzubauen, wurde *$\Delta^{17,20}$-22-Isoallospirosten-3 β-ol* (VI) als Modellsubstanz dargestellt, um an diesem im Kern gesätt. Steroid den Seitenkettenabbau zu studieren. — *Cholestan-3 β.26-diol-16.22-dion* (**Ia**) wurde als *Diacetat* (**Ib**) aus *Kryptogenindiacetat* durch Hydrierung mit Pd-Tierkohle erhalten. **Ib** wurde in *$\Delta^{16,20,22}$-Allofurostadien-3 β.26-dioldiacetat* (**IIb**) übergeführt, aus dem durch Oxydation das ölige *$\Delta^{17,20}$-Cholesten-3 β.26-diol-16.22-diondiacetat* (III) erhalten wurde. **III** reagiert mit Hydrazinhydrat unter Bldg. des gleichen *Pyridazinderiv.* **V**, das auch aus **Ib** u. **IV** erhalten wurde. Verseifen von **III** lieferte *22.26-Oxido-$\Delta^{17,20}$-cholesten-3 β.-22-diol-16-on* (**IV**), das durch $LiAlH_4$-Red. in **VI** übergeführt werden konnte. — Als eine andere Möglichkeit, zu $\Delta^{17,20}$-ungesätt. Sapogeninderivv. zu gelangen, erwies sich die DIELS-ALDERsche Diensynth. von **IIb** oder dem entsprechenden $\Delta^{5,16,20,22}$-Trien mit Maleinsäureanhydrid. Das Addukt aus **IIb** (**VIII**) läßt sich mit $LiAlH_4$ zum *Tetrol* **IX** hydrieren. Die Bldg. von **VIII** ist ein weiterer Beweis für die Ggw. eines Furanringes in **IIb**. — Katalyt. Hydrierung von **IIb** lieferte das krist. *$\Delta^{20,22}$-Allofurosten-3 β.26-dioldiacetat* (**VII**; *Pseudotigogenindiacetat*).

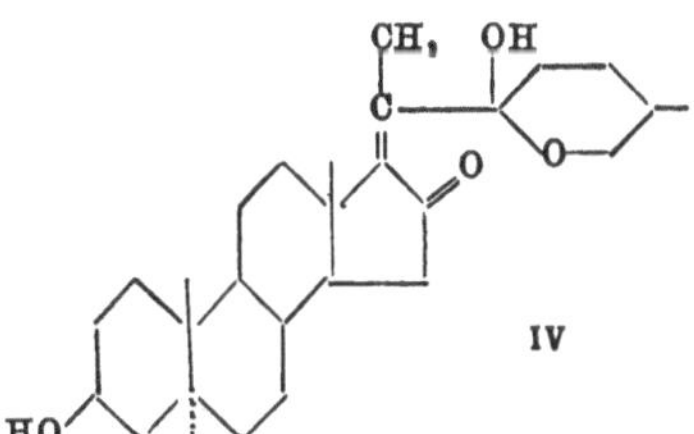

IV

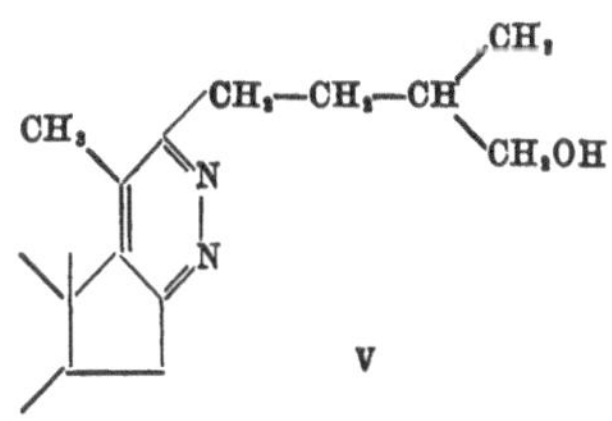

V

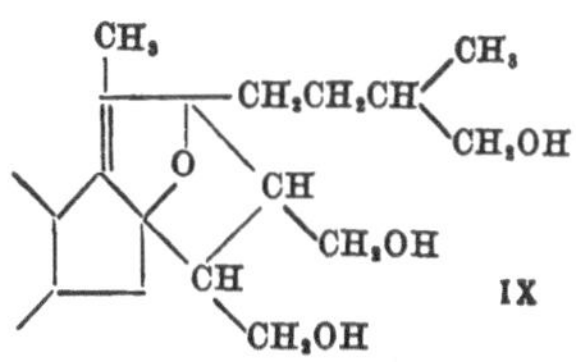

IX

V e r s u c h e (Drehungen in Chlf., UV-Spektren in 95%ig. A.): *Cholestan-3 β.26-diol-16.22-diondiacetat* (**Ib**), durch Hydrierung von Kryptogenindiacetat mit Pd-Tierkohle in Essigester bei 40°/50 lbs./sq. in.; aus Chlf.–Methanol, F. 121—123°, $[\alpha]_D^{20}$ —133°; 90—95% (Ausbeute). *Freies Genin* (**Ia**), F. 171—172°, $[\alpha]_D^{20}$ —139°. *Dibenzoat*, $C_{41}H_{52}O_6$, F. 171—173°, $[\alpha]_D^{20}$ —103°. — *$\Delta^{16,20,22}$-Allofurostadien-3 β.26-diol* (**IIa**), $C_{27}H_{42}O_3$, durch Kochen von **Ib** in Acetanhydrid unter Zusatz katalyt. Mengen p-Toluolsulfonsäure; das *Diacetat* [**IIb**; F. 97—98°, $[\alpha]_D^{20}$ + 10°, λ_{max} 226 mμ (log ε = 4,05)] wurde verseift zu **IIa**, F. 189—191°, $[\alpha]_D^{20}$ + 31°, λ_{max} 227 mμ (log ε = 4,03). — *22.26-Oxido-$\Delta^{17,20}$-cholesten-3 β.22-diol-16-on* (**IV**), $C_{27}H_{42}O_4$, a) durch 96 std. Stehen von 2 g **IIb** in Ae. mit einem Überschuß Monoperphthalsäure bei Raumtemp.; nach Aufarbeitung wurde das ölige III (λ_{max} 246 mμ, log ε = 4,11) direkt durch 1 std. Kochen mit 2%ig. alkoh. KOH verseift; aus Hexan–Aceton 1,2 g Kristalle, F. 205—206°, $[\alpha]_D^{20}$ —105°, λ_{max} 237 mμ (log ε = 4,19); b) durch CrO_3-Oxydation von 40 g **IIb** in Eisessig bei 15°; nach Aufarbeitung u. Verseifung von **III** wurden 17 g **IV** erhalten.

Diese Meth. ist trotz der geringeren Ausbeute bei größeren Ansätzen vorzuziehen. — *Pyridazinderiv. des Cholestan-3β.26-diol-16.22-dions* (V), $C_{27}H_{42}O_2N_2$, a) durch 2std. Kochen von **Ib** mit Hydrazinhydrat in A.; das *Dihydropyridazinderiv.* [1,7 g, F. 150 bis 165°, $[\alpha]_D^{20}$ —210°, λ_{max} 234 mμ (log ε = 3,79)] wurde ohne weitere Reinigung 2 Std. in Nitrobenzol gekocht; nach Filtrieren durch eine Al_2O_3-Säule aus Hexan–Essigester 1,05 g Kristalle, F. 209—211°, $[\alpha]_D^{20}$ + 18°, λ_{max} 258 u. 296 mμ (log ε = 3,32 bzw. 2,60); b) durch gleiche Behandlung von 1 g **III** wurden 0,75 g **V** erhalten; c) durch 45 Min. Kochen von 1 g **IV** mit Hydrazinhydrat in Äthylenglykol wurden 0,85 g **V** erhalten. — *$\Delta^{17,20}$-22-Isoallospirosten-3β-ol* (VI), $C_{27}H_{42}O_3$, durch $LiAlH_4$-Red. von 10 g **IV** in sd. Tetrahydrofuran; aus Methanol–Chlf. 6,5—7 g Kristalle, F. 226—228°, $[\alpha]_D^{20}$ —12°, keine selektive Absorption im UV, im IR keine Carbonylbande. *Acetat*, $C_{29}H_{44}O_4$, nach Sublimation bei 190—210°/0,001 mm Hg aus Chlf.-Methanol Kristalle, F. 223—225°, $[\alpha]_D^{20}$ —8°. — *$\Delta^{20,22}$-Allofurosten-3β.26-dioldiacetat* (VII), $C_{31}H_{48}O_5$, durch Hydrierung von 10 g **IIb** mit 5% $Pd/BaSO_4$ in Essigester bei Raumtemp. u. n. Druck; aus Methanol (Kühlung auf —10°) 9,4 g Kristalle, F. 70—72°, $[\alpha]_D^{20}$ + 7°; alkal. Verseifung lieferte das bereits bekannte freie Diol. — *Maleinsäureanhydridaddukt* (VIII) *von* **IIb**, $C_{35}H_{48}O_8$, durch 2std. Kochen von 4 g **IIb** mit Maleinsäureanhydrid in Bzl.; aus Chlf.-Methanol 3,55 g, F. 167—168°, $[\alpha]_D^{20}$ —5°, keine selektive Absorption im UV, λ_{max} 1860, 1786 cm^{-1} (cycl. Anhydrid) u. 1736 cm^{-1} (Acetat) in CS_2. — *Tetrol* **IX**, $C_{31}H_{50}O_5$, durch $LiAlH_4$-Red. von 1,7 g **VIII** in sd. Tetrahydrofuran; 1,3 g, F. 261—263°, $[\alpha]_D^{20}$ + 76°. — *Maleinsäureanhydridaddukt des $\Delta^{5,16,20,22}$-Furostatrien-3β.26-dioldiacetats*, $C_{35}H_{46}O_8$, durch Umsetzung von 4 g Pseudokryptogenindiacetat mit Maleinsäureanhydrid wie oben; 3,3 g, F. 172—174°, $[\alpha]_D^{20}$ —56°, keine selektive Absorption im UV. (J. org. Chemistry **17**. 426—30. März 1952. Mexico City, Univ. Nac. Autónoma, Inst. de Quím., u. Syntex, S. A., Res. Labors.) FRUHSTORFER. 3650

Howard J. Ringold, G. Rosenkranz und **Carl Djerassi**, *Steroidsapogenine*. 19. Mitt. *Reduktion von 3-Acetoxy-$\Delta^{3,5,7}$-22-isospirostatrien und 3-Acetoxy-$\Delta^{3,5,7,9,11}$-22-isospirostatetraen mit Natriumborhydrid*. (18. vgl. vorst. Ref.) *$\Delta^{5,7}$-22-Isospirostadien-3β-ol*, F. 187—190° (Essigester), aus 3-Acetoxy-$\Delta^{3,5,7}$-22-isospirostatrien mit $NaBH_4$ in Methanol, Dioxan u. W., 16 Std. bei 10° u. 30 Min. auf dem Dampfbad; $[\alpha]_D^{20}$ —177° (Chlf.), λ_{max} 270, 280 u. 292 mμ (log ε = 4,17, 4,19 u. 3,99 in A.); 60% (Ausbeute), bei 2 Std. am Rückfluß 85%. *Acetat*, F. 201—203°, $[\alpha]_D^{20}$ —122°. — *$\Delta^{5,7,9,11}$-22-Isospirostatrien-3β-ol*, F. 187—190°, aus 3-Acetoxy-$\Delta^{3,5,7,9,11}$-22-isospirostatetraen wie vorst. Verb.; $[\alpha]_D^{20}$ + 121° (Chlf.), λ_{max} 324 mμ (log ε = 4,14 in A.); 69%, bei 2 Std. am Rückfluß in Dioxan, A. u. W. 68%. *Acetat*, F. 178—179°, $[\alpha]_D^{20}$ + 173° (Chlf.). (J. Amer. chem. Soc. **74**. 3441—42. 5/7. 1952. Mexico City, Syntex, S. A., Res. Labors.) H.-J. KOCH. 3650

Howard J. Ringold, G. Rosenkranz und **Carl Djerassi**, *Steroidsapogenine*. 20. Mitt. *Synthese und Reaktionen der epimeren Δ^5-22-Isospirosten-3β.7-diole*. (19. vgl. vorst. Ref.) Das bei der alkal. Hydrolyse mit Al_2O_3 von 7α-Brom-Δ^5-22-isospirosten-3β-olacetat (I) entstehende *Δ^5-22-Isospirosten-3β.7α-diol-3-acetat* (**IIa**) wird mit CrO_3 zu *Δ^5-22-Isospirosten-3β-ol-7-onacetat* (III) oxydiert. III wird auch direkt aus I durch Oxydation oder aus Δ^5-22-Isospirosten-3β-olacetat (V; Diosgeninacetat) durch Bromierung, Hydrolyse u. Oxydation ohne Isolierung der Zwischenstufen dargestellt. Durch Red. mit $LiAlH_4$ wird III in *Δ^5-22-Isospirosten-3β.7β-diol* (IV) übergeführt. Die Konfiguration der epimeren Diole II u. IV wird begründet durch die Differenzen der mol. Drehung u. durch den Verlauf der Pyrolyse ihrer Dibenzoate im Vgl. zu analogen Derivv. der Cholesterinreihe. Das *3β.7α-Dibenzoat* (IIc) gibt vorwiegend *$\Delta^{2,4,6}$-22-Isospirostatrien*, während das *3β.7β-Dibenzoat* (**IVa**) zu *$\Delta^{5,7}$-22-Isospirostadien-3β-olbenzoat* führt.

Versuche (opt. Drehungen in Chlf., UV-Spektren in A.): *Δ^5-22-Isospirosten-3β-ol-7-onacetat* (III), $C_{29}H_{42}O_5$, F. 197—198° (Methanol), aus **V** mit N-Bromsuccinimid in CCl_4, anschließendes 2std. Rühren mit Al_2O_3 u. nachfolgende CrO_3-Oxydation in wss. Essigsäure; $[\alpha]_D^{20}$ —163°, λ_{max} 234 mμ (log ε = 4,28); 43% (Ausbeute); b) aus I in wss. Essigsäure mit CrO_3; 48%; c) aus **IIa** wie bei b); 62%. — *Δ^5-22-Isospirosten-3β-ol-7-onbenzoat*, $C_{34}H_{44}O_5$, F. 230—232° (Chlf.–Methanol), aus nachst. **IIb** nach vorst. Meth. c); $[\alpha]_D^{20}$ —111°, λ_{max} 234, 272 u. 280 mμ (log ε = 4,55, 3,06 u. 2,81); 75%. — *Δ^5-22-Isospirosten-3β.7α-diol* (II), $C_{27}H_{42}O_4$, F. 223—224° (Aceton), aus **IIa** oder **IIb** durch alkal. Verseifung; $[\alpha]_D^{20}$ —159°. *3-Monoacetat* (**IIa**), $C_{29}H_{44}O_5$, F. 195—196° (Hexan–Bzl.), durch Bromierung von V u. Hydrolyse wie bei III a); $[\alpha]_D^{20}$ —160°; 48%. *3-Monobenzoat* (**IIb**), $C_{34}H_{46}O_5$, F. 188—190°, wie **IIa** aus Δ^5-22-Isospirosten-3β-olbenzoat; $[\alpha]_D^{20}$ —120°, λ_{max} 228, 272 u. 280 mμ (log ε = 4,22, 3,01 u. 2,90); 59%. *Dibenzoat* (IIc), $C_{41}H_{50}O_6$, F. 196—198°, $[\alpha]_D^{20}$ —167°, λ_{max} 230, 272 u. 280 mμ (log ε = 4,63, 3,24 u. 3,19); ca. 80% aus II oder **IIb**. — *Δ^5-22-Isospirosten-3β.7β-diol* (IV), $C_{27}H_{42}O_4$, F. 216

bis 219° (Hexan–Aceton), aus 4 g III mit $LiAlH_4$ in Ae.; $[\alpha]_D^{20}$ —75°; 3,85 g. *Dibenzoat* (IVa), $C_{41}H_{50}O_6$, F. 252—253° (Bzl.–Hexan), $[\alpha]_D^{20}$ +26°, λ_{max} 230, 272 u. 280 mμ (log ε = 4,65, 3,25 u. 3,18). — *$\Delta^{2,4,6}$-22-Isospirostatrien*, F. 183—185° (Aceton), aus IIc bei 200°/0,01 mm (3 Std.); $[\alpha]_D^{20}$ —104°, λ_{max} 294 u. 306 mμ (log ε = 4,23 u. 4,28); 42%; oder in Diäthylanilin 22 Std. am Rückfluß; 34%. — *$\Delta^{5,7}$-22-Isospirostadien-3β-olbenzoat*, F. 208—210° (Essigester), aus IVa in Diäthylanilin 16 Std. am Rückfluß unter N_2; $[\alpha]_D^{20}$ —92°, λ_{max} 230, 270, 282 u. 292 mμ (log ε = 4,18, 4,11 4,13 u. 3,97); 35%; in Dimethylanilin ca. 25%; Pyrolyse bei 225°/0,01 mm 23%; oder aus 7α-Brom-Δ^5-22-isospirosten-3β-olbenzoat mit $Ca(OH)_2$ in Xylol u. Nitrobenzol, 2 Std. bei 125°; 27%; oder aus I mit $Ba(OH)_2$, 30 Min.; 22%. (J. Amer. chem. Soc. **74**. 3318—20. 5/7. 1952.) H.-J. KOCH. 3650

G. Diaz, Alejandro Zaffaroni, G. Rosenkranz und **Carl Djerassi**, *Steroidsapogenine. 21. Mitt. Identifizierung durch die Absorptionsspektren ihrer Schwefelsäurechromogene.* (20. vgl. vorst. Ref.) Nachst. Steroidsapogenine zeigen nach 1std. Erwärmen in konz. H_2SO_4 auf 40° im Bereich von 320—600 mμ die Maxima [zugehörige Werte für log ε in ( )] u. Minima (zugehörige Werte für log ε in [ ]); für die Identifizierung sind Mengen von 0,03—0,1 mg Substanz ausreichend: *22-Isoallospirostan* (*Desoxytigogenin*), —; —. — *22-Isoallospirostan-3β-ol* (*Tigogenin*), 394 (3,50); 375 [3,44]. — *22-Isoallospirostan-3-on* (*Tigogenon*), 453 (1,98); 438 [1,92]. — *22-Isospirostan-3α-ol* (*Epismilagenin*), 390 (3,52); 383 [3,50]. — *22-Isospirostan-3-on* (*Smilagenon*), 424 (2,78); 390 [2,63]. — *Spirostan-3β-ol* (*Sarsasapogenin*), 398 (3,44); 380 [3,39]. — *Δ^5-Spirosten-3β-ol* (*Yammogenin*), 412 (4,13); 512 (3,40); 364 [3,78], 457 [3,28]. — *Δ^5-22-Isospirosten-3β-ol* (*Diosgenin*), 334 (3,86), 412 (4,11), 512 (3,52); 366 [3,77], 458 [3,36]. — *Δ^4-22-Isospirosten-3-on* (*Δ^4-Diosgenon*), 459 (1,93), 568 (1,70); 438 [1,87], 545 [1,66]. — *Δ^7-22-Isoallospirosten-3β-ol*, 412 (4,23), 470 (3,27); 364 [3,91], 460 [3,26]. — *$\Delta^{8,14}$-22-Isoallospirosten-3β-ol*, 411 (4,21), 469 (3,34); 363 [3,90], 462 [3,32]. — *$\Delta^{9,11}$-22-Isoallospirosten-3β-ol*, 410 (4,01), 472 (3,22); 376 [3,84], 460 [3,20]. — *22-Isoallospirostan-2α.3β-diol* (*Gitogenin*), 399 (3,09); 386 [3,07]. — *22-Isoallospirostan-2α.3α-diol*, 493 (2,44); 485 [2,43]. — *22-Isoallospirostan-2β.3α-diol*, 384 (3,07); 382 [3,06]. — *22-Isoallospirostan-3β.6α-diol* (*Chlorogenin*), 330 (3,98), 400 (3,56), 470 (3,11); 320 [3,95], 378 [3,50], 456 [3,07]. — *Δ^5-22-Isospirosten-2α.3β-diol* (*Yuccagenin*), 345 (3,67), 404 (3,91); 321 [3,60], 362 [3,55]. — *22-Isospirostan-2.3-diol* (?) (*Samogenin*), 342 (3,10), 398 (2,83), 494 (2,14); 320 [3,07], 385 [2,82], 452 [2,06]. — *22-Isoallospirostan-3β-ol-12-on* (*Hecogenin*), 351 (3,86), 396 (4,20); 335 [3,83], 358 [3,85]. — *$\Delta^{9,11}$-22-Isoallospirosten-3β-ol-12-on* (*9-Dehydrohecogenin*), 388 (4,18), 514 (2,95); 320 [3,81], 478 [2,91]. — *22-Isospirostan-2.3-diol-12-on* (?) (*Mexogenin*), 347 (3,62), 394 (3,31), 468 (2,82); 320 [3,34], 378 [3,28], 440 [2,81]. — *22-Isoallospirostan-2α.3β-diol-12-on* (*Mannogenin*), 346 (3,77), 470 (2,78); 320 [3,58], 440 [2,72]. — *Δ^5-22-Isospirosten-2α.3β-diol-12-on* (*Kammogenin*), 346 (3,65), 474 (2,82), 554 (2,81); 320 [3,41], 428 [2,72], 530 [2,75]. — *Cholestan-3β.26-diol-16.22-dion* (*Dihydrokryptogenin*), 380 (4,00); 352 [3,75]. — *Δ^5-Cholesten-3β.26-diol-16.22-dion* (*Kryptogenin*), 384 (4,02), 484 (2,89); 338 [3,88], 462 [2,87]. — *$\Delta^{5,6,23}$-Fesadien-3β.26-diol-22-on* (*Fesogenin*), 363 (3,95), 414 (4,07); 320 [3,61], 382 [3,80]. (J. org. Chemistry **17**. 747—50. Mai 1952.) H.-J. KOCH 3650

Herbert E. Carter, Walter R. Hearn, Edwin M. Lansford jr., A. C. Page jr., Norman P. Salzman, David Shapiro und **W. R. Taylor**, *Konstitution der Diaminohexansäure aus Streptothricin.* Von den bei der Hydrolyse von *Streptothricin* entstehenden 3 Ninhydrin-positiven Substanzen wurde bereits eine als eine *Diaminohexansäure* (I) erkannt u. auch aus *Viomycin* isoliert. Da Oxydation von I nach KUHN-ROTH negativ verlief, ebenso die Rk. mit Perjodat (II) u. auf α-Aminosäuren, u. der Abbau über die CURTIUSsche Rk. zu einem *Triaminopentan* führte, das mit 1 Mol II NH_3 u. CH_2O gab, kamen 2 Strukturen, $H_2N(CH_2)_3 \cdot CH(NH_2) \cdot CH_2 \cdot COOH$ (Ia) u. $H_2N(CH_2)_3 \cdot CH(COOH) \cdot CH_2 \cdot NH_2$ (Ib), in Betracht, zwischen denen durch Synth. zugunsten von Ia, „*β-Lysin*", entschieden wurde.

V e r s u c h e: *β.ε-Diamino-n-capronsäure* (Ia), $[\alpha]_D^{28}$ +24° (c = 1,1 in n-HCl), aus α-N-Phthalyl-δ-N-benzoyl-L-ornithin mittels der ARNDT-EISTERTschen Rk.; Ia-Derivv.: *p-Oxyazobenzol-p'-sulfonat*, F. 246—249°; *N.N-Dibenzoylsäure*, F. 113 bis 116°; *N.N-Dibenzoylmethylester*, F. 147—150°. Entsprechende FF. von I ($[\alpha]_D^{28}$ +25°): 242—246°, 113—116°, 148—150°. Die Infrarotspektren der N.N-Dibenzoylsäuren u. Ester von Ia u. I waren identisch. — Ib, als Racemat durch Red. von α.γ-Dicyanbuttersäureäthylester in Eisessig–H_2SO_4 mit PtO_2; rac. *N.N-Dibenzoylsäure*, F. 156—158°; *N.N-Dibenzoylmethylester*, F. 119—122°. Die Infrarotspektren beider Derivv. unterschieden sich beträchtlich von denen der entsprechenden I-Verbindungen. (J. Amer. chem. Soc. **74**. 3704. 20/7. 1952. Urbana, Univ. of Illinois, Noyes Labor. of Chem., Div. of Biochem.) K. MAIER. 3900

Harold Conroy, *Das Skelett des Pikrotoxinins.* Durch Pyrolyse von Dihydropikrotoxininsäure erhielt Vf. unter CO_2- u. H_2O-Abspaltung eine nicht krist. Substanz, die er als *Pikrotoxinid* (I), $C_{14}H_{18}O_4$, bezeichnete; λ_{max} 254 mμ, log ε 4,0; λ_{max} 2,95, 5,70, 5,84 u. 6,20 μ. — *Dihydropikrotoxinid* (II), $C_{14}H_{20}O_4$, F. 187°, durch Hydrierung von I; 90% (Ausbeute). *2.4-Dinitrophenylhydrazon*, $C_{20}H_{24}O_7N_4$, F. 209° (Zers.). *Dibenzylidenderiv.*, $C_{28}H_{28}O_4$, F. 127—128°. *Äthylenmercaptal*, $C_{16}H_{24}O_3S_2$, F. 250°. — *Tetrahydrodesoxypikrotoxinid* (III), $C_{14}H_{22}O_3$, F. 162°, durch Desulfurierung des II-Äthylenmercaptals mit RANEY-Ni, λ_{max} 5,70 μ. *Benzoat* (IV), $C_{21}H_{26}O_4$, F. 134°. — *Pikrotoxadien* (*cis-5-Isopropyl-8-methylhydrindadien-(4.6)*, V), Kp. 213°, a) durch Pyrolyse von IV neben Benzoesäure u. CO_2, λ_{max} 256 mμ, log ε 3,6. *Maleinanhydridaddukt* (VI, $C_{17}H_{22}O_3$, F. 75°. *Imid* (VII), $C_{17}H_{23}O_2N$, F. 147—148°, $[\alpha]_D^{20}$ —78° (Chlf., c = 3,1). *N-Phenylimid* (VIII), $C_{23}H_{27}O_2N$, F. 178° $[\alpha]_D^{20}$ —42° (Chlf., c = 2,5); b) durch Rk. von Isopropyl-Li mit *cis-8-Methylhydrindaen-(6)-on-(5)* (*2.4-Dinitrophenylhydrazon*, $C_{16}H_{18}O_4N_4$, F. 138—139°), das aus cis-2-Methyl-2-carboxycyclopentan-1-essigsäure dargestellt wurde. *Maleinanhydridaddukt*, krist. nicht. *Imid*, F. 158—159°, Misch-F. mit VII 147—158°. *N-Phenylimid*, F. 151—152°, Misch-F. mit VIII 151—175°. Infrarotspektren der natürlichen VI, VII u. VIII sind mit denen der synthet. Derivv. identisch. — Auf Grund dieser Ergebnisse wurde dem Pikrotoxinin nebenst. Skelett zugeschrieben. (J. Amer. chem. Soc. 73. 1889. April 1951. Cambridge, Mass., Harvard Univ., Dep. of Chem.) HILDEGARD BAGANZ. 3950

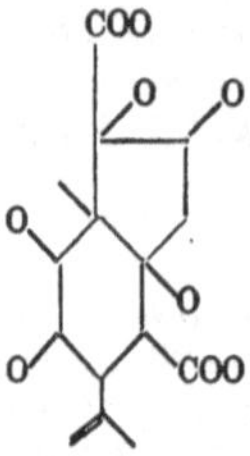

Harold Conroy, *Die Struktur des Pikrotoxinins.* (Vgl. vorst. Ref.) Durch Infrarotabsorption konnte bewiesen werden, daß im *Pikrotoxinin* (I) zwei fünfgliedrige Lactonringe u. eine OH-Gruppe enthalten sind. Die durch Rk. von 1 Mol Base auf I erhaltene *Pikrotoxinsäure* (II) weist nur noch einen der beiden in I vorhandenen Lactonringe auf. Die ebenfalls einbas., isomere α-*Pikrotoxininsäure* (III) besitzt dagegen einen Lactonring, der nicht mehr mit den ursprünglich vorliegenden ident. ist, wie durch Infrarotspektr. nachgewiesen werden konnte. II u. III reagieren bei Raumtemp. nicht mit HJO_4, dagegen aber *Pikrotoxinindicarbonsäure*, die aus III oder I dargestellt werden kann u. nur Carboxylgruppen aufweist. Da die von SCHLITTER u. SUTTER (C. **1947.** E. 195) erhaltenen Prodd. darauf hinweisen, daß die freie OH-Gruppe am 6ständigen C-Atom sitzt, wurde für I obenst. Struktur angenommen. II u. III wurden auf Grund ihres Verh. gegen wss. Basen bzw. der Pyrolyse der dazugehörigen Dihydrosäure obenst. Struktur zuerteilt. (J. Amer. chem. Soc. 73. 1889—91. April 1951.) HILDEGARD BAGANZ. 3950

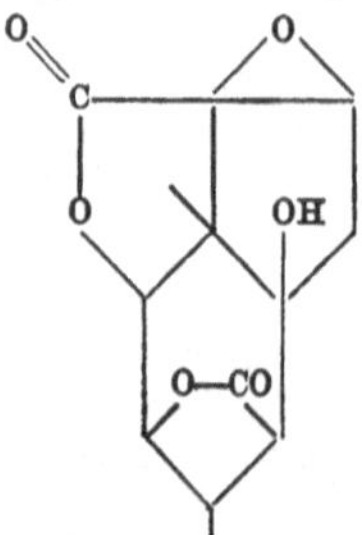

I

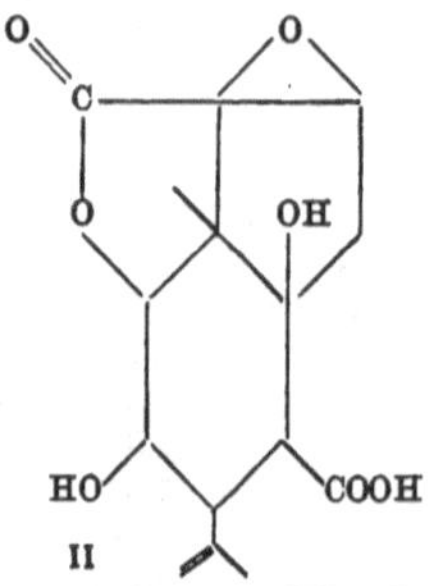

II

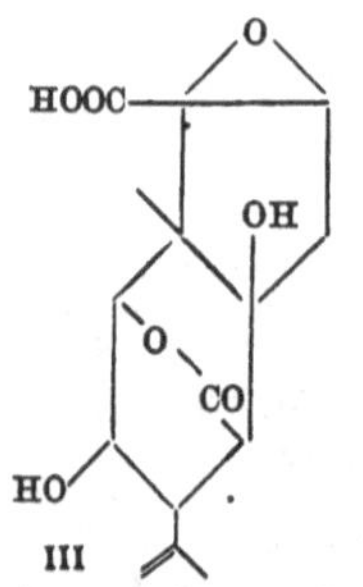

III

●D_3. Makromolekulare Chemie.

W. Lautsch, W. Broser, W. Rothkegel, W. Biedermann, U. Doering und **H. Zoschke,** *Einige Typen organischer Hochpolymerer und Permutoide mit aktiven Gruppen: ihre Synthese, optischen Eigenschaften und Reaktionsfähigkeit.* (Vgl. Naturwissenschaften 38. [1951.] 209.) Es wird die Synth. von Permutoiden mit ion. akt. Gruppen durch Einw. von Formaldehyd oder Chromsäure auf konz. Lsgg. von *Ligninsulfonsäure* bzw. von alkal. Lignin durch Vernetzung mit Polyaminen beschrieben; man erhält so wirksame Ionenaustauscher; die Kinetik der Zers. von *Diazoessigester* u. von *Nitrosomethylharnstoff* durch die ion. akt. Gruppen wird besprochen. Anschließend erfolgt die Erörterung der Synth. von Hochpolymeren u. Permutoiden mit akt. Gruppen der *Chlorophyll-* u. *Hämatin*-Reihen, die durch Einführung der entsprechenden akt. Gruppen (Vernetzung mit Polyäthylenimin) in die Hochpolymerverb. durch Copolymerisierung u. durch Einschließung der prosthet. Gruppen in den Polykondensationsprozeß erhalten werden. Die Absorptionsspektren dieser hochmol. Verbb. werden mitgeteilt, es wird auf die Unterschiede zwischen den Eigg. der Stoffe als Verbb. mit niedrigem Mol.-Gew. im gelösten Zustand u. als akt., mit Hochpolymeren verbundene Gruppen hingewiesen. Auch die zur Best. der Adsorptions- u. Reflexionsspektren benutzte App. wird kurz skizziert. Schließlich wird die katalyt. Wrkg. der Hochpolymeren mit akt. Gruppen aus der Häminreihe in bezug auf die Übertragung von O_2 auf Cystein nach WARBURG untersucht. Die akt. Gruppe des Mesohämins, das mit dem Polyäthylenimin oder Polyphenylalanin vernetzt ist, katalysiert die Übertragung des O_2 in Cystein, diese Katalyse kann durch Pyridin gefördert u. durch CO gehemmt werden. (J. Polymer Sci. 8. 191—213. Febr. 1952. Berlin-Dahlem, Freie Univ.) HENTSCHEL. 4000

B. N. Rutowski und **A. M. Schur,** *Mechanismus der Copolymerisation von Methylmethacrylat mit Allylmethacrylat.* 3. Mitt. *über Copolymerisation von Methylmethacrylat mit Estern aus ungesättigten Alkoholen und Methacrylsäure.* (2. vgl. C. **1952.** 5309.) Als Beispiel der Copolymerisation, bei dem eines der angewandten Monomeren 2 akt. Doppelbindungen besitzt, untersuchen Vff. die Polymerisation von *Methylmethacrylat* (I) im Gemisch mit 10, 50 u. 70% *Allylmethacrylat* (II). Die Komponenten wurden in geschlossenen Ampullen nach Zusatz von Benzoylperoxyd (0,5%) unter N_2 bei 65° zur Rk. gebracht. Zeitliche Verfolgung des Polymerisationsprozesses ergab, daß anfangs das gebildete Copolymerisat reicher an II ist als das Ausgangsgemisch, späterhin enthält es mehr I. Anfangs bilden sich lösl. Copolymere, deren Bildungsgeschwindigkeit von der Konz. der Monomeren abhängt, dann setzt die Bldg. unlösl. Prodd. ein. Nach insgesamt 4 Std. ist der Prozeß abgeschlossen. Viscosimetr. Unters. der zu verschied. Zeiten vorliegenden Prodd. wies gleichfalls auf eine Zweistufigkeit des untersuchten Copolymerisationsprozesses hin. Der erste Bildungsprozeß der linearen Makromoll. wird im weiteren Verlauf der Rk. von einer Copolymerisation dieser mit den Monomeren überlagert. (Журнал Прикладной Химии [J. angew. Chem.] **24.** 1173—80. Nov. 1951.) ULMANN. 4010

Ss. M. Skuratow, A. A. Strepichejew und **Je. N. Kanarskaja,** *Über innere Umwandlungen von cyclischen und linearen Polymeren.* 1. Mitt. *Calorimetrische Untersuchung der Polymerisationsreaktion von ε-Caprolactam.* Mit Hilfe des eingehend beschriebenen Differentialcalorimeters wurden bei 210 u. 230° Kinetik u. Polymerisationswärme von ε-Caprolactam (I) in Ggw. von 0,5, 1,0, 2,0% W. als Aktivator untersucht. Es zeigte sich, daß eine Abhängigkeit der Induktionszeit der Rk. von der Aktivatorkonz. nicht besteht. Die Rk. beginnt 40—60 Min. nach Beginn des Vers., ihre Geschwindigkeit ist von der Konz. des Aktivators abhängig u. dauert bei 230° 21; 13; 6 Std., entsprechend einem Aktivatorgeh. von 0,5, 1 u. 2%. Das Maximum der Wärmeentw. liegt bei 6, 4 u. 2,5 Stunden. Der Wärmeeffekt beträgt in allen 3 Fällen ca. 28,5 cal/g. Bei 210° ist der Reaktionsverlauf langsamer, der Wärmeeffekt gleich 29 cal/g. Die Polymerisationsgeschwindigkeit ist stark temperaturabhängig. Bei 210 bzw. 230° erreicht die I-Polymerisation mit 2% W. ihr Maximum nach 5,5 bzw. 2,5 Stunden. Beendet ist die Rk. nach 12—13 bzw. 6 Stunden. Die Werte gelten für den Wärmeeffekt bei der Polymerisation von fl. Monomeren zu fl. Polymeren (bei 210° sind die Polymeren fl. infolge Unterkühlung). (Коллоидный Журнал [Kolloid-J.] **14.** 185—91. Mai/Juni 1952.) v. SCHROEDER. 4010

W. A. Mjagkow und **A. B. Pakschwer,** *Kinetik der Hydrolyse von Caprolactam und Polyamidharz.* Die Hydrolyse der Amidbindung ist sowohl beim monomeren Caprolactam (I) als auch beim polymeren Polyamidharz eine bimol. Rk., bei der die Ionen des Hydroxoniums H_3O^+ oder OH^- eine akt. Rolle spielen. Die scheinbare Aktivierungsenergie ist in saurer Lsg. bei beiden Rkk. die gleiche. Der Mechanismus der Hydrolyse der Amidbindungen hängt nicht von deren Zahl im Mol. u. von der cycl. oder Kettenstruktur des Mol. ab. In alkal. Lsg. verläuft die Hydrolyse von I mit geringerer Aktivierungsenergie u. doppelt so rasch wie in saurer Lösung. In 40%ig. H_2SO_4 beträgt die Hydrolysegeschwindigkeit von I das 4,5fache der des Harzes. (Коллоидный Журнал [Kolloid-J.] **14.** 172—76. Mai/Juni 1952. Iwanowo, Chem. Technol. Inst.) v. SCHROEDER. 4010

G. P. Michailow und **B. M. Fainstein,** *Einfluß der Dehnung auf die dielektrischen Verluste und die Polarisation kristallisierender Polymere.* Vff. untersuchen für *Neopren-* (sowie nichtkristallisierenden *Butadien*)-*Kautschuk* mit 7% *MgO* u. 5% *ZnO* die Frequenzabhängigkeit des Verlustfaktors ε'' u. der DK. ε' bei Dehnungen bis 700% u. verschied. Tempp. (bes. —14°, +20°). Die beobachtete Abnahme der Verluste mit einer Dehnung ist durch die Verringerung des Parameters α (KIRKWOOD u. FUOSS, J. chem. Physics **9.** [1941.] 329) oder durch eine Dehnung des Relaxationszeitmaßstabes bedingt u. letztere durch die zunehmenden Inhomogenitäten infolge der sich bei der Dehnung ausbildenden kristallisierenden Phase. (Журнал Технической Физики [J. techn. Physik] **22.** 759—64. Mai 1952. Leningrad, Physikal.-Techn. Inst. der Akad. der Wiss. der UdSSR.) AMBERGER. 4030

N. M. Bashenow und **M. W. Wolkenstein,** *Die optische Aktivität von Triacetylcellulose.* Auf Grund der von BECKMAN u. COHEN (C. **1937.** II. 348) durchgeführten Unterss.

über den Einfl. zwischenmol. Kräfte auf die opt. Konstanten einer Verb., untersuchen Vff. die Verhältnisse bei *Triacetylcellulose* (I) als einer hochpolymeren polaren Verb. in verschied. polaren Lösungsmitteln im Vgl. zu *α-Pentaacetyl-d-glucose* (II) u. *α-Oktaacetylcellobiose* (III). Bestimmt wird der Temperaturgang der opt. Aktivität (Best. von [α], n u. DK.) von I, II u. III bei Tempp. von —10 bis zum Kp. des betreffenden Lösungsmittels. Benutzte Wellenlängen: 435, 589 u. 656 mμ. In allen Fällen zeigte die wahre spezif. Drehbarkeit einen deutlichen Temperaturgang. Die krit. Auswertung der Ergebnisse ergab, daß bei allen 3 Verbb. eine Drehung der seitlichen Acetylgruppen stattfinden kann, jedoch bei I u. II keine Drehung der einzelnen Kettenglieder gegeneinander. Hier liegt ein neuer Hinweis auf die Unbeweglichkeit der I- oder Cellulosekette in Lösungsmitteln vor. (Известия Академии Наук СССР, Отделение Химических Наук [Nachr. Akad. Wiss. UdSSR, Abt. chem. Wiss.] **1952**. 334—43. März/April. Inst. für hochmolekulare Stoffe der Akad. der Wiss. der UdSSR.) Ulmann. 4050

A. S. Perlin, *Thermische Decarboxylierung von Uronsäuren.* Jeweils 0,1—0,2 g Substanz wurden durch Erhitzen decarboxyliert u. die Zersetzungsprodd. mit N_2 durch eine kühlbare Falle u. durch konz. H_2SO_4 geleitet u. die CO_2 mit Ascarit absorbiert. Verss. mit *Alginsäure* bei 200° zeigten, daß die Ergebnisse bei $5 \cdot 10^{-3}$ Torr nicht wesentlich von denen bei Atmosphärendruck abweichen. In 2 Std. wurden dabei ca. $^2/_3$ der theoret. CO_2-Menge abgespalten u. ca. 3 Mol W./Mol CO_2. Die Abnahme der Furfurol abspaltenden Substanz im Reaktionsgefäß entsprach etwa der Menge der gebildeten CO_2, so daß diese zu mindestens 90% der Zers. von Uronsäurecarboxylen entstammt sein muß. Bei Verss. mit *Glucuronsäurelacton* u. mit durch NO_2 oxydierter *uronsäurehaltiger Cellulose* (Oxycell) (I) bildeten sich bei 220° in 60 Min. 70—80% der theoret. CO_2-Menge, dagegen war bei 255° die CO_2-Entw. nach 15 Min. prakt. beendet u. entsprach annähernd dem theoret. Wert. Nach 40 Min. zeigte sich bei I erneut eine allmähliche CO_2-Entw., die bei 265 u. 280° schon kurz nach Beendigung der ersten auf die Zers. der Uronsäuregruppen zurückgehenden Entw. begann u. anderweitigen Zersetzungs-Rkk. zuzuschreiben ist. Somit ist 255° die geeignetste Zersetzungstemp., bei der auch andere Uronsäureverbb. bei 15 Min. Reaktionszeit angenähert theoret. Werte lieferten. Bei dieser Rk. entsteht neben CO_2 u. W. noch ca. 1% CO, kleine Mengen flüchtiger Säuren u. Lactone, flüchtiges Öl u. eine in konz. H_2SO_4 verharzende, schwer kondensierbare Substanz. Das Verhältnis des gebildeten W./CO_2 nimmt mit fortschreitender Rk. ab. Im Rückstand verbleibt eine Substanz mit zumeist 1,5 Atomen O/Grundmol, vermutlich ein Kondensationsprod. von je 5 C-Atome enthaltenden Einheiten. — *Gluconsäure*, *Schleimsäure* u. *Ascorbinsäure* entwickeln bei 255° in 15 Min. 70—85% der theoret. Menge CO_2, wobei die Reaktionsgeschwindigkeit dieser Substanzen sehr verschieden ist. — *L-Arabinose*, *D-Xylose*, *D-Glucose* u. *D-Galaktose* entwickeln bei 255° in 15 Min. trotz weitgehender Zers. nur 3% CO_2. Unter gleichen Bedingungen entsteht aus guter Weizen- u. Maisstärke sowie aus Baumwoll-Linters nur eine zu vernachlässigende CO_2-Menge, aus *Weizenstrohhemicellulose* jedoch das 2—3fache des bei der nassen Uronsäurebestimmung Gefundenen. Ein prakt. uronsäurefreies *Weizenmehlpentosan* entwickelte 3—4% CO_2. Es zeigte sich, daß dieses Verh. dem Geh. an Arabofuranoseeinheiten zuzuschreiben ist. — I u. entsprechend hergestellte *Oxystärke* geben bei der trockenen Decarboxylierung CO_2-Werte, die mit den nach den üblichen Analysenmethoden erhaltenen vergleichbar sind. Die nicht uronsäurehaltigen Bestandteile werden dabei nur mäßig dehydratisiert. — Die geschilderte Meth. ist analyt. verwertbar, doch stören vor allem andere Säuren der Kohlenhydrate, u. man muß die sek. CO_2-Entw. bei I u. Oxystärke von der prim. trennen. Bei einigen Substanzen wurden noch keine zufriedenstellenden Ergebnisse gefunden. (Canad. J. Chem. 30. 278—90. April 1952. Ottawa, Nat. Res. Labor., Div. of Applied Botany.) Willenberg. 4050

Gail Lorenz Miller und **Richard H. Golder**, *Sedimentationsuntersuchungen mit der Spinco-Ultrazentrifuge.* Nach Angaben über Aufbau der Spinco-Zentrifuge u. Auswertung der mit ihr erhaltenen Werte berichten Vff. über Unterss. mit dieser Zentrifuge an *Rinderplasmaalbumin*, *Eialbumin*, *Insulin* u. *β-Lactoglobulin*. Die Sedimentationsmengen liegen um 7—11% niedriger als die mit anderen Apparaten erzielten. Mögliche Ursachen dieser Unterschiede werden diskutiert. Auf die Abhängigkeit der Sedimentationsmenge von der Proteinkonz. wird hingewiesen. (Arch. Biochem. Biophysics **36.** 249—58. April 1952. Philadelphia, Pa., Inst. for Cancer Res., u. Lankenau Hosp., Res. Inst.) Krusen. 4070

John Fuller Taylor, *Die Bestimmung der Sedimentationskonstante mit der Spinco-Ultrazentrifuge.* (Vgl. vorst. Ref.) Vf. bestimmte mit der Spinco-Ultrazentrifuge (Spezialized Instruments Corp., Belmont, Calif.) die Sedimentationskonstante von *Rinderplasmaalbumin* zu $s_{20,\,w} = 4{,}32—0{,}235\ c$ ($s_{20,\,w}$ = Svedberg-Einheiten; c = Proteinkonz.). Der Wert liegt um 9% niedriger als der mit dem gleichen Material mit anderen Ultrazentrifugen erhaltene. Die Ursache dieses Unterschiedes, der auch bei anderen Proteinen beobachtet wurde, kann noch nicht erklärt werden. (Arch. Biochem. Biophysics **36.** 357—64. April 1952. St. Louis, Mo., Washington Univ., School of Med., Dep. of Biol. Chem.) Krusen. 4070

D. P. Riley und **U. W. Arndt,** *Neuer Typ des Röntgennachweises der Molekularstruktur von kugelförmigen Proteinen.* In dem Winkelbereich von sin δ/λ 0,025—0,6 wurde mit einem mit einem Geiger-Zählrohr versehenen Spektrometer u. Cu K_α-Strahlung die Röntgenstreuung von durch Ausfrieren aus Lsg. getrocknetem *Rinderserumalbumin* gemessen. Die angenäherte Zus. des Proteins wurde in Anlehnung an Analysen von Pferdeserumalbumin mit 10% W. zu $C_{3082}H_{5179}O_{1111}N_{794}S_{42}$ angenommen. Mit Hilfe einer Fourier-Analyse wurde die radiale Verteilungskurve ermittelt. Diese Kurve wurde mit Kurven verglichen, die Pauling u. Corey (Proc. Nat. Acad. Sci. **37.** [1951.] 235) auf theoret. Wege erhalten hatten. Danach ist die experimentelle Kurve fast ident. mit der theoret. Kurve unter Annahme einer 3,7-Schraubenkonfiguration der Polypeptidkette u. dem β-C-Atom in Stellung 2. (Nature [London] **169.** 138—39. 26/1. 1952. London, Royal Institution.) Gottfried. 4070

E. Biologische Chemie. Physiologie. Medizin.

E_1. Allgemeine Biologie und Biochemie.

James M. Wolf, Allan H. Brown und **David R. Goddard,** *Eine verbesserte Methode zum genauen Verfolgen der Veränderungen des Atmungsquotienten eines einzelnen biologischen Versuchsobjektes mittels Messung der elektrischen Leitfähigkeit.* Beschreibung der App., die ein kontinuierliches Ablesen der CO_2-Produktion eines biol. Untersuchungsobjektes gestattet. (Plant Physiol. **27.** 70—80. Jan. 1952. Rochester, N. Y., Univ. of Rochester, Dep. of Bot.) Klesse. 4100

Ernest G. Pringsheim und **Olga Pringsheim,** *Experimentelle Eliminierung von Chromatophoren und Augenfleck bei Euglena gracilis.* Stämme von *Euglena gracilis,* bei hohen Tempp. (34—35°), die noch gerade Vermehrung erlauben, kultiviert, verlieren die Chromatophoren, u. es können aus ihnen dauernd farblose Rassen entstehen. Kurze Hitzebehandlung (1—2 Tage) hat keine Wirkung. In der Mehrzahl der plastidenfreien Rassen bleibt der Augenfleck, wenn auch in labilem Zustand, erhalten (Verschwinden in Dunkelkulturen, Erhaltung in Lichtkulturen). Das durch die Carotinoide absorbierte Licht scheint für das Bestehen des Augenflecks wichtig zu sein, wie sich aus Verss. hitzebehandelter Kulturen mit gefiltertem Licht ergab. Hierbei wirkten *Safranin-, Methylorange-* u. $K_2Cr_2O_7$-Lsgg. wie Dunkelheit, $CuCl_2$ u. NaCl ergaben keinen eindeutigen Befund, in Indigocarmin, $CuSO_4$ in Ammoniak u. W. blieben die Augenflecke erhalten. Parallelerscheinungen zur Hitzebehandlung wurden mit *Streptomycin* erhalten. Die verschied. Empfindlichkeit der Zellbestandteile einzelner Stämme hat danach erblichen Charakter. (New Phytologist **51.** 65—76. April 1952. Cambridge, Univ., Botany School.) Itzerott. 4130

Micheline Deysson, *Die Wirkung von Uracil auf die Zellteilung bei Allium cepa L.* Schwache Uracilkonz. (0,02% *2.6-Dioxypyrimidin*) begünstigt das Wurzelwachstum von Allium cepa L. In 0,05—0,10%ig. Lsgg. hört zunächst die Wachstumsstimulierung auf; höhere Konzz. (0,25%) wirken dann mitosehemmend. Bei mehrtägiger Uracilbehandlung beobachtet man Chromosomenbrüche eines Einzelchromosoms, was eine spezif. Wrkg. von Uracil zu sein scheint. (Bull. Soc. bot. France **99.** 51—53. 1952.) Itzerott. 4150

Don W. Fawcett und **Bert L. Vallee,** *Untersuchungen über die Trennung von Zelltypen in Blutserum, Blut und vaginalen Flüssigkeiten durch Flotation mit Rinderplasmaalbumin.* Eine Meth. zur Trennung von Blutzellen aus Blutserum durch Sedimentation, die durch Zentrifugieren die Erythrocyten von Zellen mit leichterem spezif. Gewicht, die dann auf Rinderalbumin schwimmen, zu trennen erlaubt, erleichtert die Unters. auf Krebszellen bei stark bluthaltigen serösen u. vaginalen Flüssigkeiten. Außerdem ist die Meth. verwendbar für Trennung von Leukocyten aus Gesamtblut zur Gewebekultur u. für fundamentale Problemerforschungen, die von Reinkulturen eines Einzelzelltyps ausgehen. (J. Lab. clin. Med. **39.** 354—64. März 1952. Boston, Mass.) Itzerott. 4150

W. L. Wilson und **L. V. Heilbrunn,** *Die Protoplasmarinde in Beziehung zur Stimulation.* Die Rinde der Eier von *Chaetopterus pergamentaceus* (*CH.p.*) wird durch Ca-Überschuß fester, sie verliert ihre Festigkeit, wenn sie Oxalatlsgg. oder K-Ionen ausgesetzt wird. Eine Erweichung der Rinde wird auch durch *Säure, Alkali, Fettlöser,*

Hitze, Kälte, UV-Bestrahlung u. *hyperton.* Lsgg. erreicht. Im allg. gleicht die Rinde von *CH. p.* der der Amöben. Alle Mittel, die die Teilung der Eier stimulieren, verursachen eine Verflüssigung der Rinde. (Biol. Bull. **103.** 139—44. Aug. 1952. Burlington, Vt., Univ. of Vermont, Coll. of Med., Dep. of Physiol. and Biophys., u. Philadelphia, Pa., Univ. of Pennsylvania, Dep. of Zool.) Dossmann. 4150

H. E. Dale, *Neuere Fortschritte in der Chemotherapie bösartiger Krankheiten.* Übersicht im Hinblick auf die moderne Krebstherapie. Besprochen werden die neueren Erkenntnisse durch Tierexperimente, *Phosphatase*-Unterss. u. *Virus*-Forschungen. Die therapeut. wichtigen Mittel werden eingeteilt in Zellgifte: *Lost,* z. B. *R 48* = *N.N-Di-(2-chloräthyl)-naphthylamin* oder *G.T.41,* ferner *Triäthylenmelamin, Urethan*; Hormone: *Stilböstrol, Testosteronpropionat, Cortison, ACTH*; Antagonisten gegen Zellwachstum: *Folsäureantagonisten, Aminopterin, Methopterin*; radioakt. Isotope: ^{131}J, ^{32}P. (Pharmac. J. **168.** [4] **114.** 384—86. 31/5. 1952.) Dossmann. 4160

Poul Kirketerp, *Sichtbare Wirkung von Testosteronpropionat auf die Metastasen des Mammacarcinoms.* Bericht über eine Patientin mit Metastasen 5 Jahre nach der radikalen Mammaamputation, die mit *Testosteronpropionat* (**I**; 10 Tage je 25 mg, dann alle 2—3 Tage 3 Wochen lang ebenfalls 25 mg intramuskulär), anschließend mit Röntgenstrahlen (insgesamt 3600 r) u. alle 14 Tage mit 25 mg I (intramuskulär) behandelt wurde, wobei die Weichteilveränderungen völlig verschwanden. (Acta radiologica [Stockholm] **37.** 282—83. März/April 1952. Horsens, Dänemark, Municipal Hosp., Med. Dep.) H. Scheurlen. 4160

Poul E. Andersen, *Veränderungen der Glucosebelastungskurven bei Patienten mit Endometriumcarcinom.* Bei Unterss. von Patienten mit einem Carcinom des Endometriums stellte Vf. fest, daß die Glucosebelastungskurven vor u. nach der Ra-Behandlung sich voneinander wesentlich unterscheiden. Zur Unters. der Glucosebelastung wurde den Patienten nach 12—14 std. Fasten 1 g/kg *Glucose* oral gegeben u. nach Hagedorn-Jensen die Blutzuckerwerte bestimmt. Diese Best. wurde sowohl vor der Ra-Behandlung als auch noch Monate nachher ausgeführt. Nach Ansicht des Vf. produziert der Tumor ein Hormon mit einer insulininhibierenden Wrkg., die jedoch bei der Zerstörung des Tumors aufhört, oder es besteht eine andere hormonale Störung, die durch die Behandlung beeinflußt wird. (Acta radiologica [Stockholm] **37.** 178 bis 182. März/April 1952. Aarhus, Dänemark, Radium Centre for Jutland.) H. Scheurlen. 4160

M. Mallet und **A. Pinsky-Moore,** *Photometrische Bestimmung der Thymonucleinsäure. Anwendung in der Radiobiologie der Krebszelle.* Nach Beschreibung der biol. Bedeutung der Nucleoproteide wird ein Verf. angegeben, nach dem der durch Strahlentherapie veränderte Aufbau bestimmter Zellen auf Grund der dadurch auch geänderten Färbbarkeit mit Schiffschem Reagens, das für *Desoxyribonucleinsäure* spezif. ist, quantitativ verfolgt werden kann. Auf die besondere Bedeutung dieser Meth. für die Krebsdiagnostik u. -therapie wird hingewiesen. (J. Radiol. Électrol. Arch. Électr. méd. **33.** 232—37. 1952.) Krusen. 4160

Claude R. Hitchcock und **E. T. Bell,** *Untersuchungen über den Nematodenparasiten Gongylonema neoplasticum (Spiroptera neoplasticum) und Avitaminose A im Vormagen der Ratte: Vergleich mit Fibigers Ergebnissen.* Unterss. über die histolog. u. morpholog. Veränderungen des Vormagens von Ratten nach Infektion mit Gongylonema neoplasticum bei Verfütterung n. u. Vitamin-A-armer Diät. Vitamin-A-Mangel verstärkt die patholog. Veränderungen. Maligne Schädigungen waren nicht festzustellen. Vgl. der Resultate mit den Ergebnissen von Fibiger (Z. Krebsforsch. **13.** [1913.] 217; **14.** [1914.] 295). (J. nat. Cancer Inst. **12.** 1345—88. Juni 1952. Minneapolis, Minn., Univ. of Minnesota, Med. School, Dep. of Surgery and Pathol.) Reiss. 4160

E$_3$. Mikrobiologie. Bakteriologie. Immunologie.

E. A. Dawes, *Beobachtungen über das Escherichia coli-Wachstum in einem Aminosäuren als einzige N-Quelle enthaltenden Medium.* Es wird die *Desaminase*-Wrkg. von *E. coli* in einfachen, definierten Medien studiert. Der Aminosäurestoffwechsel dieses Bakteriums in einer Glucose–Phosphat-Grundnährlsg. (mit 0,3% *Asparaginsäure, Serin, Glutaminsäure* oder *Alanin* bei Ammoniumsulfat als Kontrolle) verläuft im Sinne einer Wachstumsbeschleunigung, wenn die Kulturen gut belüftet werden. Das Wachstum erscheint auch durch jene Aminosäuren gefördert, die sonst unter anaeroben Bedingungen desaminiert werden (*Serin* u. *Asparaginsäure*). Der Grund ist nicht in der Entfernung flüchtiger Hemmstoffe durch den Luftstrom zu suchen. In dem synthet. *Serin*-Nährsubstrat vermißt man die die Desaminasebldg. hemmende Wrkg. der *Glu-*

cose, wie man sie von komplexen Medien her kennt. Das spärliche Wachstum in der *Threonin*-haltigen Nährlsg. hat seinen Grund teils in seiner langsameren Desaminierung, teils in der bei diesem Vorgang entstehenden *α-Ketobuttersäure*, welche wachstumsverzögernd wirkt. (J. Bacteriol. **63**. 647—60. Mai 1952. Glasgow, Schottland, Univ., Dep. of Biochem.) J. KEIL. 4310

H. Takahashi, *Organische Säuren im Stoffwechsel von Mikroben.* Systemat. Darst. der Forschungsergebnisse bes. in Hinblick auf die 4 Wege der Oxydation der *Essigsäure* (nach UMBREIT, Ann. Rev. Microbiol. **3.** [1949.] 81) u. der dabei nicht erfaßten anderen C_2-Verbindungen. — 43 Literaturzitate. (Kagaku [Science] **21.** 345—50. Juli 1951. Tokyo [Orig.: japan.].) SCHULER. 4320

L. A. Nutting und **S. F. Carson,** *Zur Milchsäuregärung von Xylose durch Escherichia coli.* 1. Mitt. *Gärversuche.* In einem $NaHCO_3$-gepufferten Nährmedium vom p_H-Wert 5,5 wird *d-Xylose* durch *Escherichia coli* zu Milchsäure vergoren, u. zwar in einem Molverhältnis von 1:1,42. Die höher als erwartungsgemäß ausfallende Milchsäureausbeute ist dem Umstand zu verdanken, daß eine Mitverwertung des aus dem C_2-Anteil des Xylosemol. stammenden CO_2 parallel läuft. — Es wird vermutet, daß unter den beschriebenen Bedingungen die Milchsäurebldg. aus Xylose über eine $C_2 + C_1$-Kondensation verläuft. (J. Bacteriol. **63.** 575—80. Mai 1952. Oak Ridge, Tenn., National Labor., Biol. Div.) J. KEIL. 4320

L. A. Nutting und **S. F. Carson,** *Zur Milchsäuregärung von Xylose durch Escherichia coli.* 2. Mitt. *Traceruntersuchungen: Beweis für $C_2 + C_1$-Kondensation.* (1. vgl. vorst. Ref.) Streng anaerobe Gäransätze mit Beifügungen von ^{14}C-Verbb. (z. B. Essigsäure u. Na-Acetat) sowie $^{13}CO_2$ ließen exakte Bilanzverss. zu, die die Annahme der $C_2 + C_1$-Kondensation bei der biol. Milchsäuresynth. aus *Xylose* bestätigen. Das markierte C_2 findet sich im CH_3–CHOH-Rest der Milchsäure wieder, während der C_1-Indicator (CO_2) in der Carboxylgruppe wieder erscheint. (J. Bacteriol. **63.** 581—89. Mai 1952. Oak Ridge, Tenn., National Labor., Biol. Div.) J. KEIL. 4320

C. Cattaneo und **M. Morellini,** *Über die antituberkulösen Eigenschaften des Isonicotinsäurehydrazids.* Durch in-vitro-Verss. mit verschied. Mycobacterium tuberculosis-Stämmen bestätigen Vff. die sehr gute Wirksamkeit des *Isonicotinsäurehydrazids* (I) bis hinab zu Konzz. von 0,02 γ/ml Nährlsg. auch bei Streptomycin- u. Neomycin-resistenten Stämmen. Die Wirksamkeit des I gegen andere Mycobakterien ist sehr viel geringer. Gegen M. smegmatis, M. Phlei u. M. timoteo ist I in vitro sogar in Konzz. von 1 mg/ml Nährlsg. wirkungslos. Auch gegen andere Erreger (Bacillus megatherius, B. prodigiosus u. Salmonella paratyphi B) ist I in der genannten Konz. ebenfalls wirkungslos, während es gegen Staphylococcus aureus, Escherichia coli, Streptococcus haemolyticus, Salmonella typhi u. S. paratyphi A in Konzz. zwischen 0,1 u. 1 mg/ml wirksam ist. (Minerva med. [Torino] **43 I.** 1081—86. 24/5. 1952. Roma, Univ., Clin. Tisiolog.; Ist. C. Forlanini dell' Ist. N. P. S.) IPPEN. 4330

G. Roberto Burgio und **Alberto Albeggiani,** *In vitro-Empfindlichkeit einiger Darmbakterien gegenüber Chemotherapeuticis und Antibioticis.* Verschied. Stämme von Shigella, typ. u. nicht typ. B. coli, B. proteus u. a., die aus Stuhl darmkranker Säuglinge u. aus Laboratoriumssammlungen stammten, wurden auf ihre Empfindlichkeit gegenüber *Streptomycin* bzw. *Dihydrostreptomycin* (I), *Chloramphenicol* (II), *Aureomycin* (III), *Penicillin* (IV) sowie *Sulfamidothiazol* (V), *Sulfaguanidin* (VI) u. *PAS* (VII) getestet. Im großen ganzen ergab sich, daß die Shigellastämme am empfindlichsten waren, bes. auf I, VI, II, III. Coli auf III, II, V, VI, Proteus teils auf II u. III, teils auf IV u. VII, sofern hohe Dosen angewandt wurden. *Terramycin* wurde mit wechselndem Erfolg gegen B. coli angewandt. (Pediatria [Napoli] **60.** 1—12. 1952. Palermo, Univ., Clin. Pediatria, u. Ospedale dei Bambini.) P. G. SCHEURLEN. 4340

Frederick Raubitscheck, Robert F. Acker und **Selman A. Waksman,** *Herstellung eines Antifungusmittels vom Typus Fungicidin durch Streptomyces aureus.* Angaben über Isolierung einer Pilzkultur zur Hemmung des Wachstums von Candida albicans; es ergab sich enge Verwandtschaft mit Streptomyces aureus WAKSMAN u. CURTIS, Bezeichnung Nr. 3569 (I). Das antibiot. Spektr. von I zeigte keine Wrkg. auf Bakterien u. Aktinomyceten, die hemmende I-Wrkg. betrifft lediglich die Pilze. Beim Vgl. von I mit verschied. Antifungus-Antibioticis, wie *Actidion, Antimycin A, Fracidin* u. *Fungicidin* (II) in ihrer Wrkg. auf eine Reihe von Pilzorganismen ergab sich Übereinstimmung von I u. II. (Antibiotics and Chemotherapy **2.** 179—83. April 1952. New Jersey, N. J., Rutgers Univ., New Jersey Agricult. Exp. Stat.) DOSSMANN. 4340

Loyd Quinn, *Globicin, ein neues Antibioticum aus Bacillus subtilis, morphologischer Typus Globigii.* Ein neues Antibioticum *Globicin* (I) wurde als wasserlösl. Na-Salz aus Filtraten von Kulturen eines Stammes von Bacterium subtilis, Typ Globigii, erhalten, der als Verunreinigung einer Kultur von Mikrobacterium phlei auftrat. I ist höchst wirksam gegenüber grampositiven u. säurefesten Organismen, greift aber gramnegative Bakterien nicht an. I unterscheidet sich deutlich durch antibakterielles Spektr., Löslichkeit u. a. von anderen durch Bacterium subtilis erzeugten Antibioticis. (Antibiotics and Chemotherapy 2. 221—24. April 1952. Ames, Io., State Coll., Bacteriol. Dep.) DOSSMANN. 4340

H. Beerens, *Verwertung der bakteriostatischen Wirkung von Gentianaviolett für die Differenzierung gramnegativer anaerober Bakterien.* Auf einem synthet. Nährboden (Aq. dest. 900, KH_2PO_4 8,0, KCl 0,5, $MgSO_4$ 0,3, KNO_3 0,25, Amm. ferrocitr. 0,01, Natr. pyruvat. 3,0, Calc. pantothenat. 0,002, Glucose 3,0, Proteosepepton Difco 10,0, Hirnextrakt 100,0, Agar 10,0, p_H 6,9—7,0) wird unter den gramnegativen, anaeroben Bakterien nur die Gattung Ristella (PREVOT) durch Gentianaviolett 1:100000 gehemmt. (Ann. Inst. Pasteur 82. 235—37. Febr. 1952. Lille, Inst. Pasteur.) FISCHOEDER. 4350

George J. Stein, *Die Konservierung von Hammelerythrozyten.* 1. Mitt. *1%ige Suspensionen sensibilisierter konservierter Blutzellen für den Wassermann-Versuch.* Die Suspensions-Fl., die auch zum Waschen der Blutkörperchen verwendet wird, hat die Zus.: Auf 3 Liter Aq. dest. Barbitursäure 1,73 g, Gelatine 1,80 g, barbitursaures Na 1,13 g, $CaCl_2$ 0,05 g, $MgSO_4 \cdot 7H_2O$ 0,37 g, NaCl 25,5 g, Dextrose 30 g. Die Suspensionen sind 1 Monat verwendbar. (Amer. J. clin. Pathol. 22. 177—84. Febr. 1952. San Francisco, Calif., Med. Gen. Labor APO 500c/o PM, Dep. of Serology.) FISCHOEDER. 4370

George J. Stein, *Die Konservierung von Hammelerythrocyten.* 2. Mitt. *2%ige Suspensionen konservierter Blutzellen für den Nachweis heterophiler Agglutinine.* Suspensions-Fl. wie in der 1. Mitt. (vgl. vorst. Ref.). (Amer. J. clin. Pathol. 22. 185—87. Febr. 1952. San Francisco, Calif., Med. Gen. Labor. APO 500 c/o PM, Dep. of Serology.) FISCHOEDER. 4370

John D. Ainslie, *Die Wachstumskurve des Lansing-Stammes des Poliomyelitis-Virus im Zentralnervensystem der Maus.* (J. exp. Medicine 95. 1—7. 1/1. 1952. Ann Arbor, Univ. of Michigan, Dep. of Epidemiol., u. Virus Labor., School of Public Health.) WIEDEMANN. 4374

John D. Ainslie, *Die Wachstumskurve des Lansing-Stammes des Poliomyelitis-Virus in Mäusen; die Wirkung von Natriummonofluoracetat und Methioninsulfoximin auf die frühe Wachstumsphase des Virus.* (Vgl. vorst. Ref.) Etwa 2000 LD_{50} des LANSING-Stammes des Poliomyelitis-Virus wurde an Mäuse verimpft. Durch Gaben von 6 mg/kg *Natriummonofluoracetat* (I), nicht aber von 3 mg/kg, 1 Std. vor der intracerebralen Impfung wurden der Beginn der Virusvermehrung im Gehirn u. im Rückenmark u. auch das erste Auftreten der Krankheitssymptome um 6—12 Std. verzögert. Die Mäuse starben jedoch ebenfalls alle. Bei der höheren I-Dosis betrug die Letalität infolge seiner Toxizität ca. 10%. In vitro hatte I keinen Effekt auf die Virusaktivität. Ähnlich wie I, jedoch schwächer, wirkten Gaben von 150 oder 75 mg/kg *Methioninsulfoximin.* Vff. diskutieren die Beziehung zwischen Zellstoffwechsel u. Virussynth. u. die Blockierung des Citronensäurecyclus durch I. (J. exp. Medicine 95. 9—18. 1/1. 1952.) WIEDEMANN. 4374

D. M. Pace und **Betty Lu Frost**, *Die Wirkungen von Äthylalkohol auf Wachstum und Atmung bei Pelomyxa carolinensis.* Pelomyxa carolinensis (einzellige Organismen) wurden folgenden Konzz. des A. ausgesetzt: 0; 0,001; 0,005; 0,01; 0,05; 0,1; 0,5; 1,0. In 1,0 mol. (4,6%) A. waren alle Organismen innerhalb 24 Std. abgetötet, in 0,5 mol. blieben 8 von je 25 ca. 10 Tage am Leben. Beschleunigung des Wachstums wurde bei 0,005, 0,01 u. 0,05 mol. A. festgestellt, der größte Wert bei 0,005 mol. betrug 30% gegenüber den Kontrollen. Bei höheren Konzz. fressen die Pelomyxa nicht mehr, ihre Größe nimmt ab, u. die *Hyalin*-Schicht wird ausgedehnter. Der O_2-Verbrauch war bei 0,01 u. 0,005 mol. größer als bei den entsprechenden Kontrollen, am höchsten in 0,01 mol., bes. dann, wenn die Organismen 24 Std. vor der Testung in die A.-Lsg. getan wurden; es wurden so Respirationswerte von ca. 318% über den Werten der Kontrollen gefunden. (Biol. Bull. 103. 97—103. Aug. 1952. Lincoln, Nebraska, Univ. of Nebraska, Dep. of Physiol. and Pharmakol.) DOSSMANN. 4380

E₄. Pflanzenchemie. Pflanzenphysiologie. Pflanzenpathologie.

R. W. Shuel, *Einige die Nektarsekretion von Rotklee beeinflussende Faktoren.* Von den untersuchten Umweltfaktoren hatte die nächtliche Temp. weder nach natürlicher noch nach künstlicher Belichtung einen Einfl. auf die Nektarsekretion. Dagegen konnte zwischen der Sonnenbestrahlung u. der Menge des im Nektar abgesonderten *Zuckers* eine gewisse Beziehung gefunden werden; die Zuckerkonz. wird dadurch jedoch nicht beeinflußt. Von größerer Bedeutung ist die Luftfeuchtigkeit, da sich ein Gleichgewicht zwischen dem Dampfdruck der umgebenden Atmosphäre u. dem Nektar in den Blütenröhrchen einstellt. Der Dampfdruck hat somit den größten Einfl. auf den Zuckergeh. des Nektars. — Außerdem wurden 3 Genotypen mit verschieden hohem Zuckergeh. des Nektars gefunden. (Plant Physiol. **27.** 95—110. Jan. 1952. Columbus, O., Ohio State Univ., Dep. of Bot. and Plant Pathol.) KLESSE. 4404

E. B. Earley, *Prozentsatz an Kohlenhydraten in Maiskörnern der Sorte Station-Reid-Yellow-Dent bei verschiedenen Entwicklungsstadien.* Kurz vor der Befruchtung u. 6 Wochen lang danach wurde (in wöchentlichen Abständen) der Zucker- u. Stärkegeh. von Maiskörnern bestimmt. Unbefruchtete Samenanlagen haben einen Geh. an *Gesamtzucker* von 34,5%. 10 Tage nach erfolgter Befruchtung steigt der Gesamtzuckergeh. in jungen Körnern auf 37,5%; davon entfallen 25,6% auf *reduzierende Zucker* u. 10,1% auf *Saccharose.* 2 Wochen nach der Befruchtung geht der Zuckergeh. zurück, bis er gegen Ende der Reifezeit auf ungefähr 1% gesunken ist. Der *Stärke-Dextrin*-Geh. beträgt während der 1. Woche nach erfolgter Befruchtung 8,44%, steigt am Ende der 2. Woche auf 26,5% u. erreicht bereits am Ende der 3. Woche mit 54,8% sein Maximum. Von dieser Zeit an bleibt der Stärkegeh. annähernd konstant. (Plant Physiol. **27.** 184 bis 190. Jan. 1952. Urbana, Ill., Univ. of Illinois, Dep. of Agronomy.) KLESSE. 4420

K. Hayashi, *Natürliche Anthocyane und die Farben der Blüten.* Geschichtlicher Überblick der *Anthocyanforschung* in Europa u. in Japan u. der Wandlung in der Theorie der Blütenfärbung (Komplexsalze, Zell-p_H, Copigmente). — 3 Tabellen u. Mikrophoto. (Kagaku [Science] **21.** 400—04. Aug. 1951. [Orig.: japan.]) SCHULER. 4420

S. L. Chen, *Das Wirkungsspektrum für die photochemische Entwicklung von Sauerstoff durch isolierte Chloroplasten.* Nach HILL (C. **1937.** II. 3473) vermögen isolierte Chloroplasten in wss. Lsgg. von Fe-Salzen bei Belichtung O_2 freizusetzen. Diese sogenannte HILL-Rk. wird als 1. photochem. Stufe in der Photosynth. angesehen. Zur Prüfung der Frage, ob die Freisetzung von O_2 aus wss. Lsgg. durch belichtete Chloroplasten der Rk. entspricht, wie sie in der Photosynth. vorliegt, wird das Absorptionsspektr. einer Suspension von (aus Rübenblättern) isolierten Chloroplasten mit dem Wirkungsspektr. der HILL-Rk. verglichen u. mit dem aus der Photosynth. von *Chlorella* u. *Ulva* erhaltenen Wirkungsspektr. in Beziehung gesetzt (als Maß diente die Red. von *Chlorphenolindophenol*). Es ergaben sich für alle 4 Rkk. völlig gleich verlaufende Kurven, die stets 2 scharfe Maxima bei 436 mμ u. 675 mμ aufwiesen. Die Höhe der Farbstoffred. ist der Konz. der Chloroplasten u. der Lichtintensität proportional, aber unabhängig von der Temperatur. Der Quantenbedarf für die Red. eines Farbstoffmol. liegt bei 13,1 ± 1,47, entsprechend 26 Quant für ein in Freiheit gesetztes O_2-Molekül. — Aus der Tatsache, daß die relative Wirksamkeit bei 675 mμ geringer ist als bei 436 mμ, wird gefolgert, daß die *Carotinoide* mehr als Lichtfilter wirken als als Photokatalysatoren. (Plant Physiol. **27.** 35—48. Jan. 1952. Stanford, Calif., Carnegie Inst. of Washington, Dep. of Plant Biol.) KLESSE. 4460

James H. C. Smith, C. S. French und Violet M. Koski, *Die Hill-Reaktion: Entwicklung der Aktivität der Chloroplasten während des Ergrünens von ätiolierten Gerstenblättern.* Aus photometr. u. spektrophotometr. Unterss. an Suspensionen von Chloroplasten, die aus ätiolierten Blättern nach verschieden langer Belichtungszeit isoliert wurden, geht hervor, daß die Fähigkeit der Chloroplasten zur Ausführung der HILL-Rk. (vgl. vorst. Ref.) abhängig ist von dem Chlorophyllgeh. u. sich entsprechend dem beim Grünwerden ätiolierter Blätter steigenden Chlorophyllgeh. ändert. (Plant Physiol. **27.** 212—13. Jan. 1952. Stanford, Calif., Carnegie Inst. of Washington, Dep. of Plant Biol.) KLESSE. 4460

P. R. Govindan, *Einfluß von Bor auf Tomaten.* Es werden die *Bor*-Mangelerscheinungen an Tomatenpflanzen besprochen (Gelbwerden u. Einrollen der Blätter usw.), u. es wird der Einfl. von verschied. B-Konzz. im Boden auf das morpholog. Verh. der Pflanzen untersucht. Bei geringen Konzz. (0,5 u. 1,0 p. p.m.) treten Mangelerscheinungen auf, nach höheren Gaben (2,0 u. 3,0 p.p.m.) ähnliche Symptome, wenn auch entwicklungsphysiol. später u. in geringerem Maße. Die optimalen Bedingungen für die n. Entw. von Tomatenpflanzen liegen demnach bei einem B-Geh. des Bodens zwischen 1,0 u. 2,0 p.p.m. (Sci. and Cult. **17.** 519—20. Juni 1952. Banaras, Hindu Univ., Coll. of Agricult., Plant Physiol. Labor.) KLESSE. 4470

Bruce J. Cooil, *Beziehungen verschiedener Nährstoffe, Stoffwechselprodukte und Hemmstoffe zum Wachstum der Avena-Coleoptile.* An 3 mm langen Stücken von Hafer-Coleoptilen (das Kulturmedium enthielt stets Saccharose u. Indolylessigsäure) wurde die Wrkg. von *Na-* u. *K-Salzen* gleicher Säuren sowie von K-Salzen anorgan. u. organ. Säuren auf das Wachstum untersucht. Geprüft wurden K- u. Na-Salze von *Bernstein-* (I),

Fumar-, *Äpfel-*, *Brenztrauben-*, *Maalon-* (II), *Schwefel-*, *Salz-* u. *Salpetersäure* in Konzz. von 0,001 bzw. 0,002 Mol bei 27—28° u. p_H 6,5. Die K-Salze förderten das Wachstum gegenüber den Wasserkontrollen, während auf die Na-Salze keine Wachstumssteigerung erfolgte; häufig blieben hier die Stücke gegenüber den Kontrollen zurück. Befriedigung des *Mg*-Bedarfs verstärkt das Wachstum nach K-Salzen. Ggw. des K-Salzes von Äpfelsäure oder des von II hebt bei p_H 6,5 die durch das *Na-Salz der Jodessigsäure* (III) hervorgerufene Wachstumshemmung auf. Die bei den entsprechenden Na-Salzen in Ggw. von III auftretende (sehr viel schwächere Rk.) wird auf eine Beeinflussung der Eindringfähigkeit des III durch den Puffer zurückgeführt. Bei p_H 5,0 konnte in Ggw. von K u. Mg die durch III hervorgerufene Hemmung auch durch Na-Salze aufgehoben bzw. verringert werden. Bei p_H 4,5—5,0 wirkte II stark hemmend auf das Wachstum, während in dem gleichen p_H-Bereich I dagegen das Längenwachstum verstärkte. Waren genügend K u. Mg im Kulturmedium enthalten, dann konnte die durch II hervorgerufene Hemmung durch *Fructose* (IV), *Fructose-6-phosphat*, *Phosphoglycerat*, oder durch eine oder mehrere der zum *Tricarbonsäurecyclus* gehörigen Säuren aufgehoben bzw. verringert werden. Coleoptilstücke, die zuerst durch II gehemmt waren, konnten durch I, jedoch nicht durch IV, zum Weiterwachsen angeregt werden. Wurden jedoch I u. IV zusammen zu durch II gehemmten Stücken gegeben, dann wurde das Wachstum stärker aktiviert als durch I allein. (Plant Physiol. **27**. 49—69. Jan. 1952. Honolulu, Hawaii, Hawaii Agricult. Exp. Stat., Dep. of Plant Physiol.) KLESSE. 4480

Winifred Compton, *Die Wirkungen von Maleinhydrazid auf Wachstum und Zellteilung bei Pisum sativum.* Nach Behandlung von Pisum sativum-Samen mit *Maleinhydrazid* (I) tritt Wachstumshemmung ein, wenn es in einer Mindestkonz. von 10% angewandt wird. Zellteilungshemmungen wurden bei höheren Konzz. als 5% beobachtet; dabei größere Mitoseaktivität in den Stengelspitzen als in den Wurzelspitzen. (Bull. Torrey bot. Club Torreya **79**. 205—11. Mai/Juni 1952. Chapel Hill, N. C., Univ. of North Carolina, Dep. of Botany.) ITZEROTT. 4486

Donald P. Watson, *Verzögerung in der Zellentwicklung in Blatt und Blütenknospen von Phaseolus vulgaris L. durch Applikation von Maleinhydrazid auf die Blätter.* Von 100 Pflanzen, die in Nährlsgg. unter konstanten Licht- u. Temperaturbedingungen gezogen waren, wurden 25 Pflanzen mit 3—4 mm großen Knospen mit 500 p.p.m. *Maleinhydrazid* besprüht. Hierdurch wurde Wachstumshemmung u. Größenred. sämtlicher über dem Boden befindlicher Teile erzielt. Es traten Zellentwicklungshemmungen auf, doch keine anomalen Zellverdoppelungen. (Bull. Torrey bot. Club Torreya **79**. 235—41. Mai/Juni 1952. Michigan Agr. Exp. Station.) ITZEROTT. 4486

Bernard Sandler Meyer and Donald Benton Anderson, Plant physiology. 2nd ed. New York: Van Nostrand. 1952. (792 S. m. Abb. u. Diagr.) $ 8.50.

E₅. Tierchemie. Tierphysiologie. Tierpathologie.

John A. Loraine, *Neue Fortschritte in der klinischen Anwendung von Hormonen.* Ausführlicher Überblick über die Gewinnung, klin. Anwendung u. Bestimmungsmethoden der verschied. Hormone. (J. Obstetr. Gynaecol. Brit. Empire **59**. 535—57. Aug. 1952. Edinburgh, Univ., Clin. Endocrinol. Res. Unit.) REICHLE. 4558

S. Oldham, *Neuere Fortschritte der sublingualen Hormontherapie.* Besprochen wird die Bedeutung dieser Therapie, die Resorption der *Hormon*-Tabletten u. die bei Therapie erzielten Blutspiegel, ferner die Indikationen. Die an die Tabletten zu stellenden Anforderungen bzgl. Zerfall u. Geschmack werden behandelt, die Tablettengrundlagen wie *Lactose/Akazie*, *Lactose/Tragacanth*, *Mg-Stearat* u. *Talcum* besprochen. Vgl. der äußeren Eigg. von im Handel befindlichen Tabletten — *Methyltestosteron*, *Östradiol*, *Äthinylöstradiol* — untereinander. Das brit. Arzneibuch (B. P.) enthält bisher keine Festlegungen über Art u. Ausführung von Hormontabletten. (Pharmac. J. **168**. [4] **114**. 387. 31/5. 1952.) DOSSMANN. 4558

William T. Beher, Evelyn M. Crigger und **O. H. Gaebler,** *Die Wirkung von Testosteronpropionat auf den Nicotinsäurestoffwechsel bei Ratten.* Die intramuskuläre Injektion von täglich 0,5 mg *Testosteronpropionat* (I; 11—18 Tage lang) an 4 Monate alten weiblichen Ratten führt zunächst zu einer Senkung der Ausscheidung von *N-Methylnicotinsäureamid* (II), die aber bald wieder n. Werte erreicht. Bei Verabreichung von täglich 6,25 mg I folgt einer vorübergehenden Abnahme eine Erhöhung auf das Doppelte der n. II-Exkretion. Die Konzz. der *Coenzyme I* u. *II* in den Nieren blieben unverändert, während die Gesamtkonz. der Coenzyme in der Leber nach 0,5 mg I um 42%, nach 6,25 mg um 64% ansteigt. (J. Nutrit. **47**. 353—59. 10/7. 1952. Detroit, Mich., Henry Ford Hosp.) KRUSEN. 4559

G. Sartori und **M. Rossi**, *Der Gehalt an Pregnandiol in den Lebern von Kühen.* Der Geh. an *Pregnandiol* (I) in den Lebern dreier gesunder Kühe wurde durch alkal. Hydrolyse, Extraktion des I mit Toluol, Fällung in kristalliner Form u. anschließende Colorimetrie nach GUTERMAN bestimmt. Von jeder Kuh wurden drei Leberproben zu je 100 g genommen. Für ein Tier stimmten die Analysen gut überein, zwischen den Tieren ergaben sich jedoch Unterschiede, die Werte betrugen in mg-%: 5,1; 7,1 u. 6,5. Die Unterss. bestätigen, daß *Progesteron* zum größten Teil in der Leber zu I umgewandelt wird. (Riv. Ist. sieroterap. ital. **27.** 73—77. Jan./Febr. 1952. Padua, Univ., Gynäkol. Klinik.) WIEDEMANN. 4559

P. Marquès, C. Bimes, A. Bru, H. Planel und **A. Serres**, *Darstellung von Autohistoradiographien von Schilddrüsen nach Verabreichung von* ^{131}J. (J. Radiol. Électrol. Arch. Électr. **33.** 254—55. 1952. Toulouse, Fac. de Méd., Centre anticancéreux, u. Labor. d'Histol.) KRUSEN. 4562

Sydney S. Lazarus und **Bruno W. Volk**, *Die Bestimmung der Insulinsensibilität durch den modifizierten Glucose–Insulin-Test.* (Bull. New York Acad. Med. **28.** 547. Aug. 1952. New York, Akad. of Med.) REICHLE. 4564

Fred Kern jr. und **Thomas P. Almy**, *Die Wirkungen von Acetylcholin und Methacholin auf den menschlichen Dickdarm.* Vff. untersuchten mittels Ballon-Kymograph 21 mal an 18 bzw. 49 mal an 24 n. Personen die Bewegungen des Colon sigmoides nach Verabreichung von *Acetylcholin* (**I**; 5 oder 10 mg/cm³ in kontinuierlicher Infusion) u. *Methacholin* (*Acetyl-β-methylcholinchlorid*; **II**; 2,5—10 mg subcutan) u. stellten fest, daß in der Mehrzahl der Fälle die Bewegungen durch I u. durch II ausgelöscht wurden. Diese Rk. ist ident. mit der bei der menschlichen u. tier. Diarrhoe beobachteten u. kann dazu beitragen, die Rolle des parasympath. Nervensyst. im Mechanismus der funktionellen Diarrhoe u. der Colitis ulcerosa zu klären. (J. clin. Invest. **31.** 555—60. Juni 1952. New York, N. Y., New York Hospital, Cornell Med. Center.) KRUSEN. 4569

Walter Heymann und **Donald B. Hackel**, *Rasche Entwicklung von anatomischen und chemischen Veränderungen des Blutes beim nephrotischen Syndrom der Ratten.* Wurde Ratten eine intravenöse Injektion nephrotox. Serums gegeben u. dann die histolog. Veränderung der Nieren in den ersten Std. u. Tagen sowie die Veränderung der chem. Blutzus. untersucht, so ergaben sich schon nach einer halben Std. Veränderungen der Glomeruli, nach 4 Std. Anomalien der Tubuli. Fett konnte erst nach 18 Std. in den tubulären Zellen aufgefunden werden. Die chem. Veränderungen im Blut sind: Erhöhung der Gesamtlipide nach 2—4 Std., des Serumcholesterins u. der Phospholipide nach 6—8 Std., Absinken der Serumproteinkonz. nach 8—24 Std., Entw. der renalen Azotämie nach 2—4 Std., Anstieg in der Blutharnstoff–Stickstoff-Konzentration. (J. Lab. clin. Med. **39.** 429—36. März 1952. Cleveland, O.) ITZEROTT. 4572

Austin S. Weisberger, Robert W. Heinle und **Bennett Levine**, *Einige strukturelle Erfordernisse zur Verhütung von durch Stickstofflost erzeugter Leukopenie.* Einfl. einiger Aminosäuren u. SH-Gruppen enthaltenden Substanzen [*l-Cystein* (**I**), *Glutathion* (**II**), *dl-Methionin* (**III**), *l-Alanin* (**IV**), *dl-Serin* (**V**), *Thioglykolsäure* (**VI**), *Dithiopropanol* (**VII**), *Thioäpfelsäure* (**VIII**), *Thioharnstoff* (**IX**), *β-Mercaptoäthylamin, dl-Homocystein* (**X**) u. *Ascorbinsäure* (**XI**)] auf die durch *Stickstofflost* (*Methyl-bis-(β-chloräthyl)-aminhydrochlorid;* **XII**) bei Kaninchen hervorgerufene Leukopenie. Bei intravenöser Injektion von 2,5 mg **XII**/kg fällt die Gesamtleukocytenzahl gegenüber den Kontrolltieren um 79,9% ab. Die Abnahme beträgt bei 10—15 Min. nach erfolgter Injektion (intravenös oder intraperitoneal) von **I** 37,5%, von **II** bzw. **X** 61,8 bzw. 65,3%. **III**, **VI** u. **VII** bewirken dagegen eine noch schwerere Leukopenie (Abfall bis 90,3%) als **XII** allein. Die übrigen Verbb. waren ohne Einfluß. Inkubation von **XII** mit **I**—**IX** (30 Min. bei 37°) u. nachfolgende Injektion erzeugt eine nur schwache Leukopenie (Abfall um 0—36,6%). Inkubation mit **XI** war ohne Einfluß. (J. clin. Invest. **31.** 217—22. Febr. 1952. Cleveland, O., Western Reserve Univ., School of Med., u. Lakeside Hosp.) REISS. 4573

F. A. L. da Cunha, *Ausgedehnte Blutung nach Verabreichung von Heparin während der Schwangerschaft.* Vf. berichtet über eine 40jährige Patientin, die sich in der 32. Schwangerschaftswoche einer Hallux valgus-Operation unterzog. Zwei Wochen nach der Operation trat eine doppelseitige Femoralisthrombose auf. Aus diesem Grunde Verordnung von 15000 E. *Heparin*, 6stündlich. In der Folge verschlechterte sich der Zustand u. Patientin klagte über starke Schmerzen im Unterbauch. Eine daraufhin durchgeführte Laparotomie ergab eine ausgedehnte Blutung zwischen der Rektusscheide u. der Transversalis-Fascie. Eine intraabdominelle Verletzung konnte nicht festgestellt werden. Patientin kam während der Operation ad exitum. Auf Grund dieses Falles warnt Vf. vor der Verabreichung von Antikoagulantien in der Schwangerschaft.

(J. Obstetr. Gynaecol. Brit. Empire **59.** 521—22. Aug. 1952. Manchester, St. Mary's Hosp.) REICHLE. 4574

M. Donner, *Die Therapie mit Antikoagulantien (Tromexan) und ihre Bedeutung für den Ablauf komplizierter Lungeninfarkte im Röntgenbild.* Besprechung des Vorganges der Blutgerinnung u. seine Beeinflussung durch *Tromexan* (I). Wesentlich für die Therapie ist die Best. des *Prothrombin*-Spiegels. I ist indiziert bei intravasaler Gerinnung, Thrombosen mit drohender Embolie u. Capillarthrombosen. Die Heilungsaussichten bei komplizierten Lungeninfarkten nach oraler I-Medikation werden an einem überzeugenden Beispiel besprochen. (Med. Klin. **47.** 994—97. 25/7. 1952. Bonn, Johanniter-Krankenhaus.) DOSSMANN. 4574

Irving S. Wright, *Dauerbehandlung mit Antikoagulantien.* Vf. gibt einen Überblick über die mit seinem Arbeitskreis in den letzten 11 Jahren bei der Therapie mit Antikoagulantien gemachten Erfahrungen. Im einzelnen werden behandelt: Durchführung der gerinnungshemmenden Therapie, Indikationen für die Dauerbehandlung, Einleitung der Dauerbehandlung mit Antikoagulantien, Verh. bei Komplikationen (thromboembol. Art; übermäßig verlängerte Prothrombinzeiten, ohne Blutung; starke Blutung); krit. Betrachtung einzelner Fälle zur Kennzeichnung des Wertes der Dauerbehandlung mit Antikoagulantien. (Die Medizinische **1952.** 613—17. 3/5. Cornell Univ., Med. Coll.) KÖNIGSDORF. 4574

Walter Schreck, *Antikoagulantien in der Geburtshilfe und Frauenheilkunde.* Wegen Gefahren in der Schwangerschaft werden zur Prophylaxe von Thrombosen statt Dicumarol Antikoagulantien mit relativ kurzer Wirkungsdauer, wie *Depot-Thrombocid* (2—3mal täglich 300 mg) oder *Heparin* angewandt. Nachbehandlung bei chirurg. Eingriffen mit *Tromexan.* (Münchener med. Wschr. **94.** 2227—29. 31/10. 1952. München, Univ., I. Frauenklinik.) LOCH. 4574

John B. Field, L. Graf und **Karl Paul Link,** *Die Wirkung von Methylxanthinen auf die durch Chloroform hervorgerufene Hypokoagulabilität beim Hunde.* Bei Hunden wird die durch einmalige (4, 6, 10 ml) oder an zwei aufeinanderfolgenden Tagen verabreichte Chloroformgaben von täglich 2 ml hervorgerufene, über 4—5 Tage andauernde Hypothrombinämie u. Erniedrigung des Fibrinspiegels durch vorherige u. über 5 aufeinanderfolgende Tage fortgesetzte Gaben von 100 mg-%/kg *Coffein* (I), *Theobromin* (II), *Theophyllin* (III) u. *Adenin* (IV) merklich vermindert bzw. völlig verhindert. *Kreatin* (V), *Kreatinin* (VI), *Guanidin* (VII) u. *Uracil* (VIII) waren schwächer wirksam, während *Guanin* (IX), *Xanthin* (X), *Arginin* (XI), *Allantoin* (XII), *Harnsäure* (XIII) oder *Harnstoff* (XIV) prakt. wirkungslos waren. I, II, III u. IV verhinderten im gleichen Vers. den Abfall des Fibrinogenspiegels im Plasma; VII u. VIII waren schwach, V, VI, IX, X, XII, XIV u. XI überhaupt nicht wirksam. Durch Chloroform-Intoxikation hervorgerufene Leberschädigungen wurden selbst bei Verabreichung der Methylxanthine beobachtet. Die Möglichkeit einer definierten Beziehung zwischen den Purinbasen (I, II, III u. IV) u. einer speziellen Funktion der Leber zur Regulierung des Plasmaprothrombin- u. Fibrinogenspiegels wird diskutiert. (Blood **7.** 445—53. April 1952. Madison, Wis., Univ., Coll. of Agric., Dep. of Biochem.) LIPPOLD. 4574

Thomas M. Peery, Frank N. Miller jr. und **Ilga Rullis,** *Die Bedeutung niedriger Prothrombin-Konzentration vor Dicumarol-Therapie bei Herzinfarkt.* In 61 von 136 Fällen von Herzinfarkt (Hi) lag der Prothrombinspiegel (Prs.), bestimmt nach der Einstufenmeth. mit dem Gesamtplasma, unter 50% des n. Wertes. Um die Behandlung des niedrigen Prs. vor der *Dicumarol*(I)-Therapie kennenzulernen, wird diese Gruppe verglichen mit einer Kontrollgruppe von 43 Hi-Fällen, bei denen Prs. $\geq 50\%$ ist. Wesentliche Unterschiede hinsichtlich Alter, Geschlecht, aufgenommenen Arzneimitteln, Temp., Anämie oder der Erscheinung Kongestion erzeugender Herzschwäche bestanden zwischen beiden Gruppen nicht. Gewisse Krankheiten einschließlich Hypertension u. Thromboembolie waren in der ersten Gruppe etwas häufiger. Zur Erlangung u. Aufrechterhaltung eines therapeut. Prs. benötigte diese Gruppe etwas weniger I. Über einen 10—25monatlichen Zeitraum war die Sterblichkeit über 2mal so hoch. (Med. Ann. District Columbia **21.** 303—06 u. 353—54. Juni 1952. George Washington Univ., School of Med.) KÖNIGSDORF. 4574

Lars-Erik Gelin, *Macrodex und Sauerstoff in der primären Behandlung ausgedehnter Verbrennungen.* Vf. empfiehlt zur Schockbehandlung bei ausgedehnten Verbrennungen Transfusion von 1—20 Liter *Macrodex* (I) (Dextran-Hydrolysat mit Mol.-Geww. zwischen 2000 u. 200000), bevor Blut- u. Elektrolyt-Transfusionen vorgenommen werden. In der Behandlung von 128 Fällen schwerer u. schwerster Verbrennungen, von denen 9 beschrieben werden, erwies sich die kombinierte Verabreichung von I u. O_2 im akuten Stadium als wirksam schockverhütend oder -bekämpfend. I hat gegenüber Serum u.

Plasma den Vorteil leichterer Aufbewahrung u. geringerer Infektionsgefahr; es hält den osmot. Blutdruck gut aufrecht. — 37 Literaturangaben. (Acta chirurg. scand. 103. 351—62. 31/8. 1952. Örebro, Schweden, Centrallasarettet, Dep. of Surg. u. Clin. Labor.) Krusen. 4576

J. N. Moss, Robert Brendel, J. M. Beiler und **Gustav J. Martin**, *Der Einfluß von Polyvinylpyrrolidon auf die pharmakologische Wirksamkeit.* Untersucht wurde der Einfl. des Plasmasubstituts *Polyvinylpyrrolidon* (I) auf Toxizität u. physiol. Wrkg. von *Nitroprussidnatrium* (II), *K-Thiocyanat* (III), *Epinephrin* (IV), *9-Aminoacridin* (V) u. *Na-Pentobarbital* (VI). Lediglich in kombinierter intraperitonealer Verabreichung (bei Mäusen) bewirkte I bei II eine Verminderung der Toxizität, bei III wurde Zunahme der Toxizität, bei IV u. V keine Wrkg. festgestellt. Hervorzuheben ist die Wrkg. auf VI. Bei gleichzeitiger I-Verabreichung mit der minimalen letalen VI-Dosis nimmt die Toxizität von VI, aber auch die durch VI bedingte Anästhesiedauer ab. (Amer. J. Pharmacy Sci. support. publ. Health 124. 94—97. März 1952. Philadelphia, Pa., Nat. Drug Co.) Dossmann. 4576

R. C. Wahlstrom, Eva M. Cohn, S. W. Terrill und **B. Connor Johnson**, *Wachstumswirkung verschiedener Antibiotica auf mit synthetischem Futter ernährte Ferkel.* (J. Animal Sci. 11. 449—54. Aug. 1952. Urbana, Univ. of Illinois, Div. of Animal Nutr.) Krusen. 4584

J. A. Hoefer, R. W. Luecke, F. Thorp jr. und **R. L. Johnston**, *Die Wirkung von Terramycin auf das Wachstum von mit verschiedenen Proteinmengen gefütterten Schweinen.* (J. Animal Sci. 11. 455—58. Aug. 1952. East Lansing, Mich., Michigan State Coll., Dep. of Animal Husbandry, Agric. Chem. and Animal Pathol.) Krusen. 4584

P. F. Woronin, *Über den Einfluß von Huminstoffen auf die Ascorbinsäure.* Zwecks Klärung des Einfl. der im W. enthaltenen Huminstoffe (I) auf die Zerstörung von Ascorbinsäure (II) beim Kochen von Gemüse wurde dest. u. natürliches W. (Leitung, Brunnen, Fluß, Teich) mit wechselnden Mengen II versetzt u. bis zur völligen Zerstörung von II gekocht. Die II-Zerstörung nahm mit steigender I-Konz. u. fallender II-Konz. zu. Die I-Wrkg. besteht in der II-Oxydation durch in I enthaltene Verbb. mit Aldehydgruppen u. Doppelbindungen. Die Redoxvorgänge zwischen I u. II werden durch Adsorption begünstigt. Die zerstörende Wrkg. der I in Sumpfwasser kann durch Koagulieren, andauerndes Kochen u. Chloren/Entchloren herabgesetzt werden. (Гигиена и Санитария [Hyg. u. Sanitätswes.] 1952. Nr. 1. 43—48. Jan.) Lindner. 4587

Bessie L. Davey, Mei-Ling Wu und **Clara A. Storvick**, *Tägliche Bestimmung von Ascorbinsäure in Plasma, Serum und Leukocyten–Thrombocyten im Verhältnis zur Ausscheidung von Ascorbinsäure und Homogentisinsäure bei Erwachsenen unter kontrollierter Ernährung.* Bei 4 Frauen, die 52 Tage lang eine 2000 Cal u. 25 mg *Ascorbinsäure* (I) enthaltende Diät erhielten, wurden täglich I-Geh. von Plasma, Serum u. Leukocyten–Thrombocyten bestimmt. Es konnte ein allmähliches Absinken der durchschnittlichen I-Werte des Serums von 0,98 auf 0,24 mg-% u. der Blutzellen von 0,24 auf 0,12 mg-% festgestellt werden. Die urinale Ausscheidung von I veränderte sich nur in den ersten Tagen u. blieb dann nahezu konstant. Eine weitere Versuchsperson, die täglich 75 mg I erhielt, zeigte nicht die beschriebenen Senkungen der I-Werte. Die Ausscheidung von *Homogentisinsäure* wurde durch tägliche I-Zufuhr von nur 25 mg nicht beeinflußt, so daß diese Menge noch ausreicht, um einen n. Stoffwechsel von *Tyrosin* u. *Phenylalanin* zu gewährleisten. (J. Nutrit. 47. 341—51. 10/7. 1952. Corvallis, Oregon State Coll., School of Home Economics, u. Home Economics Exp. Stat., Nutr. Labor.) Krusen. 4587

Bertil Lindquist, *Die Wirkung von Vitamin D auf den Stoffwechsel von Radiocalcium bei rachitischen Ratten.* Durch 3wöchige Fütterung mit Steenbock-Diät Nr. 2965 rachit. gemachte Ratten erhielten *Vitamin D* (I) u. zu verschied. Zeiten danach ^{45}*Ca* in Dosierungen von 20 mg durch Magensonde oder 10 mg subcutan. Die Resorption von ^{45}Ca aus dem Intestinaltrakt steigt entsprechend der I-Dosierung bis zu ca. 15 I.E., danach, bis zu 50000 I.E., erfolgt nur noch geringe Resorptionserhöhung. I wird nach 4—12 Std. wirksam. Die Wrkg. erreicht das Maximum nach 60—72 Std., beginnt nach 9 Tagen deutlich abzunehmen u. ist nach 16 Tagen verschwunden. Bei parenteraler ^{45}Ca-Zufuhr ist die ^{45}Ca-Konz. im Verdauungskanal nach I geringer als bei unbehandelten Tieren, was auf eine gesteigerte Rückresorption zurückgeführt wird. Eine I-Wrkg. auf die ^{45}Ca-Resorption auf den Darm ist festzustellen, jedoch wird die Resorption auch von anderen Faktoren beeinflußt. Zusatz von Phosphat zur rachitogenen Diät erhöht die Ca-Anlagerung in den Knochen auch in Abwesenheit von I. Die erhöhte Einlagerung von ^{45}Ca in das Skelett nach I ist von einer Erhöhung des anorgan. P im Blutserum begleitet. Gleichzeitig findet aber auch eine erhöhte Ca-Mobilisierung aus den Knochen statt. — 83 Literaturangaben. (Acta paediatrica [Uppsala] **41.** Suppl. 86. 1—82. Mai 1952. Lund, Schweden, Univ., Pharmacol. Inst. u. Pediatr. Clin.) KRUSEN. 4587

H. D. Alexander und **R. W. Engel,** *Die Bedeutung von Cholin in der Verhinderung des Ernährungsödems bei proteinarm ernährten Ratten.* Die Fütterung von 62 Ratten mit einer protein- u. cholinarmen Diät rief bei 53 Tieren schwere Ernährungsödeme hervor, die bei Zulage von 0,2% *Cholinchlorid* (I) nicht auftraten. Die ödematösen Tiere zeigten Erhöhung des Wassergeh. u. Verminderung der Konzz. an Fett u. Protein, Senkung der Serumproteinwerte, Entw. von Anämie, sowie fettige Infiltration u. Cirrhose der Leber. Diese Erscheinungen wurden durch I-Zulage zur proteinarmen Diät unterbunden. Demnach ist der I-Geh. der Nahrung für die Entw. von Ödemen von größerer Bedeutung als der Proteingehalt. (J. Nutrit. **47.** 361—73. 10/7. 1952. Auburn, Alabama Polytechnic Inst., Agric. Exp. Stat., Dep. of Animal Husbandry and Nutr.) KRUSEN. 4589

Alice M. Violante, Robert J. Sirny und **C. A. Elvehjem,** *Der Asparaginsäure-, Glutaminsäure-, Prolin- und Tyrosingehalt von Fleisch.* Mikrobiol. Bestimmungen nichtessentieller Aminosäuren ergaben folgende Durchschnittswerte: Muskelfleisch: 16,5% *Glutaminsäure* (I), 10,0% *Asparaginsäure* (II), 4,0% *Prolin* (III) u. 3,5% *Tyrosin* (IV); verschied. Organe (Leber, Niere, Hirn): 14,9% I, 10,4% II, 5,0% III u. 3,7% IV. Die Werte sind auf Rohprotein berechnet. (J. Nutrit. **47.** 307—15. 10/7. 1952. Madison, Univ. of Wisconsin, Dep. of Biochem.) KRUSEN. 4589

L. V. Curtin, J. K. Loosli, J. P. Willman und **H. H. Williams,** *Methionin als Zusatz zu Sojabohnenölfutter für entwöhnte Schweine.* (J. Animal Sci. **11.** 459—64. Aug. 1952. Cornell Univ., Dep. of Animal Husbandry, Biochem. and Nutr.) KRUSEN. 4589

Willis D. Gallup, L. S. Pope und **C. K. Whitehair,** *Der Wert von zugesetztem Methionin zum proteinarmen und Harnstoff-Futter für Lämmer.* (J. Animal Sci. **11.** 572—77. Aug. 1952. Oklahoma Agric. Exp. Stat.) KRUSEN. 4589

I. A. Dyer, J. T. Harrison, W. S. Nicholson jr. und **A. E. Cullison,** *Penicillin, Lysin, Methionin und Fischhydrolysate als Zusatz zu einem aus Mais und gossypolfreier Baumwollsaat bestehenden Futter für entwöhnte Schweine.* (J. Animal Sci. **11.** 465—73. Aug. 1952. Univ. of Georgia.) KRUSEN. 4589

R. M. Jordan, *Aureomycinbeigaben zum Lammästungsfutter.* (J. Animal Sci. **11.** 566—71. Aug. 1952. South Dakota Agric. Exp. Stat.) KRUSEN. 4589

W. Crecelius, *Zur Frage der hormonellen Dysregulation nach überstandener Dystrophie.* Vf. berichtet über Unterss. an Dystrophikern nach längerdauernder untercalor. Zufuhr von biol. nicht vollwertigem Eiweiß. Dabei wurde festgestellt, daß auch nach Jahren trotz normalisierter Serumeiweißwerte noch Abweichungen der innersekretor. Regulation bestehen. (Z. ges. inn. Med. Grenzgebiete **7.** 13—20. 1/1. 1952. Dresden-Johannstadt, Stadtkrankenhaus.) BALZER. 4589

Edward J. Largent, *Über das Ausscheidungsverhältnis von im menschlichen Gewebe aufgespeicherten Fluoriden.* Vf. stellt durch röntgenograph. Unterss. an 4 Personen fest, daß durch Trinkwasser aufgenommenes *Fluorid* (hauptsächlich als *NaF*) bis zu 162 Wochen in den Geweben aufgespeichert wird. Es wird eine Beziehung $Y = A + Be^{-kt}$ aufgestellt, die das Verhältnis der eingenommenen zur ausgeschiedenen F-Menge am besten wiedergibt. (A. M. A. Arch. ind. Hyg. occupat. Med. **6.** 37—42. Juli 1952. Cincinnati, Univ., Coll. of Med., Dep. of Preventive Med. and Ind. Health.) FAHRNLAENDER. 4596

Sam L. Hansard, C. L. Comar und **M. P. Plumlee,** *Absorption und Gewebsverteilung von Radiocalcium bei Rindern.* Die fäkale Ausscheidung von *Ca* beträgt durchschnittlich 85% des Nahrungs-*Ca*; oral verabreichtes ^{45}Ca wird zu ca. 66% wieder ausgeschieden. Von intravenös zugeführtem ^{45}Ca werden dagegen nur 15% exkretiert. Es konnte ein schneller Austausch von *Ca* zwischen Blut, Knochen u. Geweben nachgewiesen werden. (J. Animal Sci. **11.** 524—35. Aug. 1952. Univ. of Tennessee, Atomic Energy Comm.) KRUSEN. 4596

L. Benda, E. Scholda und **G. Scholda,** *Zur Technik der Thymolprobe. Zugleich ein Beitrag zur Verlaufskontrolle der Hepatitis.* Zur Vermeidung von Fehlresultaten wird eine verbesserte Meth. angegeben, die sich bes. auf die Herst. der Reagentien bezieht. Thymol (I) wird in 95%ig. A. gelöst u. durch Zusatz von kaltem dest. W. zur Abscheidung gebracht. Der Veronalpuffer (1,38 g Veronal + 1,03 g Veronal-Na in 500 ml dest. W.) wird durch Zusatz von 2,5 ml der alkoh. I-Lsg. haltbar gemacht. Zur Herst. des I-Reagens mit konstanter Konz. werden zu 80 ml Veronalpuffer 0,5 ml 10%ig. alkoh. I-Lsg. gegeben u. mit Puffer auf 100 ml aufgefüllt. Die bei Vermischung von 6 ml I-Reagens mit 0,1 ml Serum nach 30 Min. entstandene Trübung wird photometr.

mit Filter S 66 bestimmt u. gegen eine mit $BaSO_4$-Suspension (3 ml 0,0962n $BaCl_2$-Lsg. mit 0,2n H_2SO_4 auf 100 ml auffüllen) erhaltene Eichkurve ausgewertet (5 Trübungseinheiten = 1,35 ml $BaSO_4$-Suspension + 4,65 ml n/5 H_2SO_4). (Klin. Med. [Wien] **7.** 97—100. 1/3. 1952. Wien, Univ., I. Med. Klinik.) KRUSEN. 4597

H. Gohr, Th. Görges und **H. Langenberg,** *Untersuchungen über Mechanismus, Spezifität und Empfindlichkeit der Methylenblauprobe zum Bilirubinnachweis im Harn und ihr Vergleich mit anderen Gallenfarbstoffreaktionen.* Vff. weisen an Modellverss. nach, daß der *Bilirubin*-Nachw. mit der *Methylenblau*-Probe nicht spezif. ist, sie sich also für die Beurteilung des Krankheitsverlaufs von Hepatopathien nicht sonderlich eignet. Sie ist weniger empfindlich als die GMELIN-Rk. mit HNO_3 u. die *Pentdyopent*-Rk., daher werden diese, sowie die SCHLESINGER-Rk. u. die *Mesobiliviolin*-Rk. für die Beurteilung der Leberfunktion im Gallenstoffwechsel empfohlen. Vor einer Überschätzung der *Methylenblau*-Rk. wird gewarnt. (Die Medizinische **1952.** 1028—30. 9/8. 1952. Köln-Lindenburg, Univ., Med. Klinik.) DOSSMANN. 4597

Jürgen Meyer-Arendt, *Über den Zellstoffwechsel in der Milz nach Sensibilisierung.* Mäuse wurden mit täglicher Injektion gegen Schweineserum sensibilisiert. Die histolog. Unters. der Milz zeigt von der 2. Injektion ab, daß basophile runde Zellen mit ribonucleinsäurereichen Nucleoli, perinucleärem Chromatinring u. reichlichem desoxyribosehaltigem Kernchromatin auftreten, die auch auf Grund UV-mkr. u. elektrophoret. Unterss. als Bildungsorte spezif. Antikörper angesehen werden müssen. (Virchow's Arch. pathol. Anatom. Physiol. klin. Med. **321.** 378—94. 1952. Hamburg-Eppendorf, Univ., Pathol. Inst.) FISCHOEDER. 4597

S. J. Bach, The metabolism of protein constituents in the mammalian body. London: Clarendorn Pr. 1952. (VIII + 272 S.) s. 40.

Theodor von Brand, Chemical physiology of endoparasitic animals. New York: Academic Press. 1952. (349 S. m. Abb.) $ 7.50.

Friedrich Nikolaus Schulz, Grundriß der chemischen Physiologie. 3. durchgearb. Aufl. Jena: Fischer in der Arbeitsgemeinschaft med. Verlage. 1952. (VIII + 246 S. m. 1 Abb.) gr. 8°. DM 10,80.

E_6. Pharmakologie. Therapie. Toxikologie. Hygiene.

Franz Fischer, *Die neuen Behandlungsmethoden und ihre Anwendung in der Augenheilkunde (Sulfonamide, Antibiotica, Antihistamine, ACTH und Cortison).* Übersichtsarbeit; besprochen werden die *Sulfonamide: Gantrisin, Tricombisul, Sulfacetamid, Lutazol-Ophtazol, Supronal* mit den entsprechenden Indikationen in der Augenheilkunde; die *Antibiotica: Penicillin, Streptomycin, Aureomycin, Terramycin, Chloramphenicol, Bacitracin*; die *Antihistamine* als Lsgg. oder Salben: *Histadyl, Methapyrilen, Visadron, Antistin, Privin* sowie die *Hormone: ACTH* u. *Cortison.* (Med. Klin. **47.** 1186—88. 5/9. 1952. Wien, Stadtkrankenhaus.) DOSSMANN. 4600

Hyman S. Lans, Irving F. Stein jr. und **Karl A. Meyer,** *Vorkommen und Behandlung des Kaliummangels bei chirurgischen Patienten.* Die prä- u. postoperativen Erscheinungen des K-Mangels sowie seine Behandlung mit intravenösen KCl-Lsgg. werden besprochen. (J. int. Coll. Surgeons **17.** 34—40. Jan. 1952. Chicago, Cook County Hosp.; Northwestern Univ., Med. School, u. Hektoen Inst. for Med. Res. of the Cook County Hosp.) BROSEMANN. 4606

J. C. de Keuning, *Pharmakologische Untersuchung von Thymianzubereitungen.* Weder *Thymol* noch *Carvacrol* haben eine vermindernde Wrkg. auf den bei Katzen durch intrapleurale Injektion von LUGOLscher Lsg. experimentell hervorgerufenen Husten. (Acta physiol. pharmacol. neerl. **2.** 446—47. 1951/52. Utrecht, Univ., Pharmacol. Labor.) KRUSEN. 4608

W. J. Nungester und **Ada May Ames,** *Wirkung ausgewählter Chemikalien auf Phagocytose.* Bei einer Reihe oberflächenakt. anion. u. kation. Substanzen ließ sich keine Beziehung zwischen der Erniedrigung der Oberflächenspannung u. einer Verstärkung der Phagocytose finden. *Phemerol*, ein quartäres Ammoniumsalz, bewirkte Phagocytose bei Abwesenheit von Serum. Von einer Reihe nicht oberflächenakt. Substanzen verstärkten zwei die Phagocytose von Pneumococcus Typ I, nämlich *Spiro-2-ketomorpholino-4.4'-morpholiniumbromid* u. *β-Formyl-β.β-dimethyläthyltrimethylammoniumbromid*, in vitro, in Ggw. von Serum. Sie schützten Mäuse u. Ratten gegen Infektionen mit tödlichen Dosen von Pneumococcus Typ I, u. zwar in Mengen von 0,1—0,5 mg täglich. Sie bewirkten auch in vivo eine Phagocytose dieses Bakteriums, dagegen erwiesen sie sich als nicht bakteriostatisch. Die zweite der Verbb. erzeugt in Bouillonkulturen von Pneumococcus Typ I ein Sediment. Vff. nehmen an, daß sie in gewisser Weise wie ein Antikörper wirkt. (J. infect. Diseases **90.** 51—60. Jan./Febr. 1952. Ann Arbor, Mich., Univ., Dep. of Bacteriol.) WIEDEMANN. 4610

W. Schega und **K. Schober**, *Über die Möglichkeit einer kombinierten Sulfonamid-Hexamethylentetramin-Therapie der Infektionen der ableitenden Harnwege.* Vff. prüften zunächst in vitro die Möglichkeit der Bldg. unlösl. Verbb. bei gleichzeitiger Anwesenheit von *Sulfanilamid* (I) u. *Hexamethylentetramin* (II). Nur bei den prakt. nicht vorkommenden Konzz. von je 600 mg-% I u. II treten bei p_H 1—7 Ndd. auf, die aber in Ggw. von physiol. Harnstoffmengen ausbleiben. Bei der klin. Prüfung von *Sulfotropin* (III) (1 Tablette = 280 mg I, 270 mg II u. 200 mg Ca-Gluconat; 1 Ampulle = 250 mg I u. 1 g II in 5 ml wss. Lsg.; Dr. A. WANDER G. m. b. H., Osthofen/Rhld.) wurden bei 50 Fällen mit verschied. Infektionen der ableitenden Harnwege ebenfalls keine Ausfällungen oder Trübungen im Harn beobachtet. Bei einer durchschnittlichen Dosierung von täglich 3mal 2 Tabletten traten keine Nebenerscheinungen auf. 24 Patienten waren nach 5tägiger III-Therapie beschwerdefrei u. zeigten sterilen Harn. Bei 14 weiteren Patienten wurde ebenfalls Beschwerdefreiheit bei noch nachweisbarer leichter Bakteriurie erreicht. 12 Fälle blieben unbeeinflußt. Die geheilten Fälle blieben rezidivfrei. Der besondere Vorteil von III ist die Unabhängigkeit seiner Wrkg. von der jeweiligen Harn-Rk. u. omnivalente Wirksamkeit ohne Erregerspezifität. (Med. Klin. **47.** 718—20. 23/5. 1952. Mainz, Univ., Chirurg. u. Orthopäd. Klinik.) KRUSEN. 4610

H. G. Müller, *Geformte Harnbestandteile nach Sulfonamidgaben und Möglichkeiten zu ihrer Verhinderung.* Nach schwerem Blutverlust erhielten 19 Patientinnen, davon 9 Fälle mit Anämie, mit Hämoglobinwerten von ca. 45%, intravenöse Gaben von 2—3 g *Sulfathiazol* (I) u. wurden danach auf ihre Harnsedimente untersucht. Es wurden Steinkrisen von 2—3 Std. Dauer beobachtet. Wird *Convalyt* (II; MADAUS) wenige Min. vor der I-Applikation ebenfalls intravenös gegeben, dann zeigten sich nur noch wenige Kristalle, bei oraler II-Verabreichung vor der I-Injektion wurde in 7 von 9 Fällen die Steinkrise verhindert, in 2 Fällen erheblich reduziert. Daher scheint auch bei oraler I-Gabe unter II-Schutz die Verhinderung einer Nierenschädigung möglich zu sein. (Z. Urol. Sonderh. Verhandlungsber. dtsch. Ges. Urol. **1951.** 363—70. 1952. Gießen, Med. Akad., Frauenklinik.) DOSSMANN. 4610

Elmer H. Loughlin, Justus B. Rice, Helen S. Wells, Irving Rappaport, Aurele A. Joseph und **Hodelin Rene**, *Die Behandlung von Plasmodium-falciparum-Malaria mit einer einzigen Antimalariadosis. Vorläufige Mitteilung über die Anwendung von Oxychloroquine, 7-Chlor-4-[4'-(N-äthyl-N-β-oxyäthylamino)-1'-methylbutylamino]-chinolindiphosphat.* Mit einer einzigen oralen Dosis *Oxychloroquine* (I), Erwachsene 2 g, Kinder von 6—12 Jahren 1,5 g, Kleinkinder 1 g, gelang es bei 75 akuten Falciparum-Malaria-Fällen innerhalb von 3 Tagen Fieberfreiheit u. schnelle Wrkg. auf die Parasiten zu erzielen. Keine Nebenerscheinungen. (Antibiotics and Chemotherapy **2.** 171—74. April 1952. Gressier, Haiti, Inst. of Inter-American Affairs.) DOSSMANN. 4610

Inder Singh und **T. S. Kalyanum**, *Die Überlegenheit von „Camoquin" über andere Antimalaria-Präparate.* Verglichen wurden bei M.T.- (a) u. B.T.-Malaria (b): *Camoquin* (I), 1 g; *Chloroquine* (II), 2,5 g; *Proguanil* (III), 6 g; *Mepacrine* (IV), 2,7 g; III, in 100 mg-Dosen über 8 Tage + *Chinin*, 10 g; III + IV, je 100 mg 2 Tage, anschließend 100 mg III 8 Tage lang. Insgesamt 339 Fälle. I ist III u. IV überlegen. Verglichen mit II wird die Fieberdauer bei a u. b durch I abgekürzt, die Beeinflussung ungeschlechtlicher Parasiten bei a ist mit I größer als mit II. Gegenüber Gametocyten bei b scheinen I u. II etwa gleichwertig zu sein. Bei 10 mg/kg I in 50 Fällen keine Rückfälle, bei 5 mg/kg I in 18 Fällen 9. Die wirksame I-Dosis gegenüber Plasmodium vivax u. falciparum beträgt bei b 350—400 mg, bei a ca. 3mal so viel. I wurde in allen Fällen gut vertragen. (Brit. med. J. **1952.** II. 312—15. 9/8.) DOSSMANN. 4610

F. Tison, *Behandlung der experimentellen Meerschweinchentuberkulose mit Jodchloroxychinolin.* Meerschweinchen wurden mit einem hochvirulenten humanen Tuberkelbakterienstamm infiziert u. erhielten von der 4. Woche ab 3mal wöchentlich subcutane Injektionen einer mit Tween 80 in H_2O bereiteten Emulsion des Präparats. Bei den zwischen dem 15. u. 50. Behandlungstage getöteten Tieren waren die tuberkulösen Veränderungen wesentlich geringer als bei zu gleicher Zeit infizierten, unbehandelten Kontrollen. (Ann. Inst. Pasteur **82.** 241—42. Febr. 1952. Praz-Coutant, Sanat.) FISCHOEDER. 4610

N. Masera und **G. Ballerini**, *Erste pathologisch-anatomische Befunde zur Wirkung des Isonicotinsäurehydrazids bei der experimentellen Tuberkulose des Meerschweinchens.* Vff. prüften an zwei Gruppen (20 bzw. 15 Stück) von Meerschweinchen, die $1^1/_2$ bzw. $2^1/_2$ Monate vor der Behandlung durch subcutane Inokulation von homogenisiertem Sputum verschied. Tuberkulöser infiziert wurden, die Wrkg. des *Isonicotinsäurehydrazids* (I). Die Hälfte jeder Gruppe wurde täglich mit 40 g I (*Tibivis* VISTER) pro kg Körpergewicht in 1%ig. Lsg. intraperitoneal behandelt. Die Behandlungszeit war 22—32 Tage, dann wurden die Tiere getötet. Die Erscheinungen des Primärkomplexes wurden durch die I-Behandlung abgeschwächt u. die Kavernenbldg. weitgehend zurückgedrängt. Käsige Herde zeigten Einschmelzungserscheinungen. Außerdem wurde eine Verringerung der entzündlichen Rk. gegenüber den Kontrollen beobachtet. (Minerva med. [Torino] **43**. I. 1118—24. 24/5. 1952. Sondalo, A. C. I. S. P., Villagio Sanatoriale; Pavia, Univ., Ist. di Anatomia patologica) IPPEN. 4610

N. P. Buu-Hoï, Maurice Welsch, Georges Dechamps, Henri le Bihan, Fernand Binon und **Charles Mentzer,** *Die tuberkulostatische Wirksamkeit in vitro von aromatischen Säurehydraziden.* Vff. prüften nach einer schon früher (C. **1952**. 3840) beschriebenen Meth. in vitro die tuberkulostat. Wrkg. einiger aromat. Säurehydrazide gegen Mycobacterium tuberculosis. *4-Oxybenzoesäurehydrazid* u. *α-Naphthoesäurehydrazid* sind in Konzz. von 10^{-5} (10 γ/cm³ Kulturmedium) wirksam. *4-Nitrobenzoesäurehydrazid, 4-Chlorzimtsäurehydrazid* u. *2.4-* u. *3.4-Dichlorzimtsäurehydrazid* sind erst bei 10^{-4} wirksam; schwach wirksam bei dieser Konz. sind das *4-Aminobenzoesäurehydrazid* u. das *4-Benzyloxybenzoesäurehydrazid,* während *4-Chlor-, 4-Brom-* u. *4-Methoxybenzoesäurehydrazid* bei dieser Konz. überhaupt keine Wrkg. zeigen, ebenso wie die dem *Rimifon* sehr ähnlichen Verbb. *2-Anisyl-* u. *2-Veratrylcinchoninsäurehydrazid* u. das *Pyrazolon-3-carbonsäurehydrazid.* Unter den gleichen Bedingungen ist das *Isonicotinsäurehydrazid* schon mit einer Konz. von 10^{-6} wirksam. (C. R. hebd. Séances Acad. Sci. **234**. 1925—27. 15/5. 1952.) H. SCHEURLEN. 4610

E. Anglesio, *Die Isonicotinsäurehydrazidtherapie der Tuberkulose im Ausland.* 11 Literaturangaben. (Minerva med. [Torino] **43**. I. 1140—41. 24/5. 1952.) IPPEN. 4610

Rafael Baguena Candela, *Die neuen Tuberkuloseheilmittel: Die Hydrazinderivate der Isonicotinsäure.* Die Chemie, Pharmakologie u. Klinik des *Isonicotinsäurehydrazids* werden an Hand der Literatur besprochen u. über gute Erfolge bei 2 eigenen Fällen von tuberkulöser Meningitis berichtet. (Med. españ. [15] **27**. 285—97. April 1952. Valencia, Spanien, Càtedra de Patologia y Clinica Medicas.) GERBER. 4610

A. Giobbi, *Erste klinisch-röntgenologische Beobachtungen über die Wirkung des Isonicotinsäurehydrazids bei der Lungentuberkulose.* Vf. behandelte bisher ca. 8 Wochen lang 74 Fälle mit 200—300 mg *Isonicotinsäurehydrazid* (I) u. sah sowohl bei Frühfällen als auch bei älteren Fällen sehr gute Erfolge. Vf. hebt bes. die schnelle Verkleinerung von Kavernen unter der I-Therapie hervor. Die durch Gewebszerfall entstandenen großen Kavernen, deren Wände durch den Zug des umgebenden Gewebes gespannt gehalten werden, sowie sklerot.-fibröse Veränderungen bleiben prakt. unbeeinflußt. (Minerva med. [Torino] **43**. I. 1088—98. 24/5. 1952. Milano, Consorzio Provinziale Antituberculare.) IPPEN. 4610

Ludwig Heilmeyer (unter Mitarbeit von **W. Schaich, G. Buchegger, H. Kilchling, F. Schmidt** und **A. M. Walter**), *Vorläufiger Bericht über Isonicotinsäurehydrazid (Rimifon, Neoteben) auf Grund experimenteller und klinischer Untersuchungen.* Die bakteriostat. Wrkg. von *Isonicotinsäurehydrazid* (I) wurde in vitro zu 1:20 Millionen bestimmt. I ist bei PAS-, Streptomycin- u. TBI-resistenten Stämmen voll wirksam. Bei Einzelgaben von 0,5 g wurde im Harn eine Ausscheidung von ca. 60% innerhalb von 24 bis 30 Std. festgestellt. Klin. Prüfungen wurden an Fällen von Meningitis tuberculosa u. Miliartuberkulose vorgenommen (Dosierung: bis 1000 mg oral u. 25 mg interlumbal bzw. 5—10 mg/kg/Tag). Es wurde eine deutliche günstige Wrkg. festgestellt (Appetit- u. Gewichtszunahme, Abnahme der Auswurfmengen u. der Bacillen usw.). Als Nebenerscheinungen wurden mehrfach Erregungszustände beobachtet. Bei 4 Fällen hatte die Verabreichung von *Rimifon* Fieber zur Folge. (Münchener med. Wschr. **94**. 1303 bis 1308. 27/6. 1952. Freiburg/Br., Univ., Med. Klinik.) R. KÖNIG. 4610

R. Mariani und **C. Cattaneo,** *Erste Ergebnisse über das Verhalten einiger Laboratoriumsproben bei Tuberkulosekranken im Verlauf der Isonicotinsäurehydrazid-Therapie.* Bei 100 Tuberkulösen, die im Mittel 6 Wochen lang mit 3—5 mg *Isonicotinsäurehydrazid* (I) pro kg Körpergewicht behandelt wurden, wurden klin.-chem. Unterss. des Urins, des Blutes, der Leber- u. Nierenfunktion sowie die Best. einiger Fermente vorgenommen. Die Urinbefunde (Albuminurie, Hämaturie, Cylindrurie) zeigten unter der Therapie Besserung, nur in einem Falle wurde eine laufend zunehmende Albuminurie beobachtet. Der Rest-N-Geh. des Blutes zeigte uneinheitliches Verhalten. Die Harnstoffschwelle der Nieren wurde in den meisten Fällen normalisiert. Der Blutzuckerspiegel, u. bei einigen diabet. Tuberkulösen auch der Urinzucker, wurde durch die I-Therapie nur wenig beeinflußt. Die Leberfunktionsprüfungen zeigten unterschiedliches Verhalten, der Bilirubingeh. des Blutes sinkt fast immer ab, während der Cholesteringeh. unter der I-Therapie nahezu regelmäßig ansteigt. Die spezif. Abwehrproteasen stiegen im Gegensatz zu ihrem Verh. unter der Streptomycintherapie im allg. nach kurzem Absinken an. Während bei klin. Besserung einer Tuberkulose auch unter Streptomycin- oder PAS-Therapie ein Ansteigen der Lipase- (Tributyrinase-) Aktivität des Serums zu beobachten ist, tritt hier unter der I-Therapie keine nennenswerte Änderung auf. Möglicherweise kommt hierin eine gewisse Leberschädigung zum Ausdruck, auf die die Vff. auch aus dem Ausfall einiger Leberfunktionsprüfungen (Hippursäurebldg. u. Bromsulphalein-Probe) schließen. Die Amylaseaktivität des Plasmas zeigt allg. einen Anstieg. Die Carboanhydraseaktivität der Erythrocyten zeigte kein dem Allgemeinbefinden paralleles Verh., im Verlauf der I-Behandlung sinken die Werte aber meist ab. Die Prüfung der Blutgerinnung (Blutungszeit usw.) lieferte keine nennenswerten Befunde. (Minerva med. [Torino] **43.** I. 1131—36. 24/5. 1952. Roma, Univ., Clin. Tisiologica; Ist. C. Forlanini del-l'I. N. P. S.) IPPEN. 4610

A. Mazzetta und **L. Viale**, *Erste klinische Ergebnisse der Behandlung einer Gruppe von 50 Lungentuberkulösen mit Isonicotinsäurehydrazid.* Vff. betonen, daß nach erst 40tägiger Erprobung des *Isonicotinsäurehydrazids* (I) noch kein Urteil abgegeben werden kann. Am deutlichsten war innerhalb dieser Zeit der günstige Einfl. des I auf Allgemeinbefinden, Fieber u. Körpergewicht festzustellen. Bes. geeignet scheint I bei schweren Fällen mit ausgedehntem Lungenbefund zu sein, während es bei Frühinfiltraten u. fibronodulären Formen der Tuberkulose nur geringe Wrkg. zeigte. (Minerva med. [Torino] **43.** I. 1086—88. 24/5. 1952. Sanatorio „Vallesana di Sondalo".) IPPEN. 4610

Günter Nawrocki, *Zur Chemotherapie der Tuberkulose mit dem Isonicotinsäurehydrazid.* Bericht über erste Erfahrungen an 50 Patienten nach dreimonatiger Behandlung mit *Neoteben* (I) bzw. *Rimifon* in der von DOMAGK empfohlenen Dosierung von 10—15 mg/kg innerhalb 24 Stunden. Die während der Therapie registrierten Besserungen im Krankheitsbild werden besprochen. Vf. betont die Überlegenheit von I gegenüber allen bisher bekanntgewordenen Tuberkulosemitteln bes. im Hinblick auf die bessere Verträglichkeit u. die größere bakteriostat. Wirkung. (Dtsch. Gesundheitswes. **7.** 938—41. 24/7. 1952. Sülzhayn, Sanatorien Hohenstein u. Rodehorst.) DOSSMANN. 4610

F. di Nola und **G. Angela**, *Kurze Betrachtung über einen mit Isonicotinsäurehydrazid behandelten Fall von akuter Miliartuberkulose.* Vff. behandelten ein 7jähriges Mädchen mit akuter Miliartuberkulose, das erfolglos mit Streptomycin u. p-Aminosalicylsäure behandelt worden war, mit 150 mg *Isonicotinsäurehydrazid* pro Tag (ca. 6,8 mg pro kg Körpergewicht) u. erzielten damit vollständige Heilung. (Minerva med. [Torino] **43.** I. 1124—26. 24/5. 1952. Torino, Ospedale Amadeo di Savoia per le Malattie infettive.) IPPEN. 4610

T. Oliaro, *Gedanken der italienischen Kliniker und Tuberkuloseärzte zur therapeutischen Anwendung des Isonicotinsäurehydrazids.* (Minerva med. [Torino] **43.** I. 1141—44. 24/5. 1952.) IPPEN. 4610

A. Omodei-Zorini, *Erste klinische Beobachtungen bei der therapeutischen Anwendung von Isonicotinsäurehydrazid bei der Tuberkulose des Menschen.* Vf. behandelt seit 7 Wochen über 400 Tuberkulöse mit verschied. *Isonicotinsäurehydrazid* (I)-Präpp. (*Nydrazid*, *Rimifon*; *Nicotibina*, *Tibazide*, *Nicizina*, *Tibivis*, *Isobicina* u. *Antimicina*) u. glaubt, dem I einen bedeutenden therapeut. Wert beimessen zu können, trotz der Einschränkung, ein endgültiges Urteil erst nach mindestens zwei Jahren fällen zu können. I wirkt nicht nur auf die in Kavernen freiliegenden Erreger, sondern in geringerem Umfang auch auf eingekapselte Formen. Es verstärkt die Wrkg. des *Streptomycins* (II) u. kann dies in chron., kavernösen Fällen, sowie bei II-Resistenz weitgehend ersetzen. (Minerva med. [Torino] **43.** I. 1073—87. 24/5. 1952. Roma, Univ., Clin. Tisiologica; Ist. C. Forlanini del-l'I. N. P. S.) IPPEN. 4610

C. Palenzona, *Erste klinische Erfahrungen mit dem Isonicotinsäurehydrazid in den Heilstätten von Piemont.* Bericht über die Tagung piemontes. Tuberkuloseärzte in Turin am 19. 4. 1952, auf der erste, günstige Erfahrungen mit der *Isonicotinsäurehydrazid*-Therapie der Tuberkulose mitgeteilt wurden. (Minerva med. [Torino] **43.** I. 1137—40. 24/5. 1952.) IPPEN. 4610

M. Reale, **A. Garaventa**, **M. Ghione** und **C. Lupi**, *Therapie der Lungentuberkulose mit Isonicotinsäurehydrazid.* Vff. behandelten 96 Tuberkulöse mit 4—5 mg *Isonicotinsäurehydrazid* (I) pro kg Körpergewicht u. Tag. Neben der guten Verträglichkeit u. der deutlichen Besserung des Allgemeinbefindens heben Vff. bes. die guten Erfolge der I-Therapie bei eitrigen Lungenprozessen u. bei streptomycinresistenten Fällen hervor, während sie sich über andere Fälle wegen der Kürze der Beobachtungszeit noch kein Urteil machen können. Zwei Rückfälle wurden nach vorübergehender Besserung beobachtet. (Minerva med. [Torino] **43.** I. 1099—1108. 24/5. 1952. Ist. naz. della Previdenza Sociale, Ospedale Sanatoriale „E. Maragliano".) IPPEN. 4610

B. Rossi, *Betrachtungen über die Anwendung des Isonicotinsäurehydrazids bei der chirurgischen Kollapstherapie und der Lobektomie bei Tuberkulose.* Vf. hatte mit der präoperativen, lokalen u. postoperativen Anwendung des *Isonicotinsäurehydrazids* bei der chirurg. Behandlung der Lungentuberkulose sehr gute Erfolge, vor allem auch im Hinblick auf eine Reaktivierung einer ruhenden Tuberkulose durch die Operation u. die Gefahr einer Streuung aus dem Operationsgebiet. (Minerva med. [Torino] **43.** I. 1109—11. 24/5. 1952. Sondalo, A. C. I. S. P., Villagio Sanatoriale; Padova, Univ., Ist. di Patolog. speciale chirurg.) Ippen. 4610

H. Tuczek und **M. Saupe,** *Erfahrungen mit dem Isonicotinylhydrazid „Rimifon" bei Tuberkulose.* Bericht über Behandlungsverss. an 200 Tuberkulosekranken mit dem Präp. *Rimifon* (I; Deutsche Hoffmann-La Roche A. G., Grenzach). Als Dosis wurden 5 mg/kg verwendet, wobei eine ausgezeichnete Verträglichkeit festgestellt wurde. Unterss. über die Sensibilitätsänderung u. Virulenz der Tuberkelbakterien ergaben, daß in I ein wirksames Mittel zur Behandlung der menschlichen Tuberkulose vorliegt. (Münchener med. Wschr. **94.** 1307—14. 27/6. 1952. Gauting, Staatl. Tbc.-Sanatorium u. Krankenhaus.) R. König. 4610

A. Vago, *Erste Beobachtungen über die Wirkung des Isonicotinsäurehydrazids auf die tuberkulöse Laryngitis und Bronchitis.* Vf. berichtet über die Behandlung von 11 Patienten mit Kehlkopftuberkulose mit 200—350 mg *Isonicotinsäurehydrazid* (I) pro Tag peroral u. als Aerosol. Mit der Aerosoltherapie erzielte Vf. bei tuberkulösen Ulcerationen der oberen Luftwege gute Erfolge, die die mit Streptomycin u. p-Aminosalicylsäure erzielbaren übertrafen. In anderen Fällen wurde mit der I-Therapie aber nur leichte Besserung erzielt. (Minerva med. [Torino] **43.** I. 1112—13. 24/5. 1952. Milano, Consorzio Provinciale Antitubercolare; Univ., Clin. Otorinolaringologica.) Ippen. 4610

O. Grütz, *Vorläufiger Bericht über die Wirkung des Neoteben (Isonicotinsäurehydrazid) auf die Hauttuberkulose.* Schwere u. ausgedehnte Fälle von Lupus vulgaris konnten nach bisherigen Verss. des Vf. mit *Neoteben* (I; Bayer) gebessert bzw. geheilt werden. Störende Nebenerscheinungen wurden nicht beobachtet. Eine Dosierung von 5 bis 10 mg/kg Körpergewicht hat sich als notwendig erwiesen. Weitere Unterss. müssen noch gemacht werden. Immerhin liegt nach Ansicht des Vf. im I ein Medikament von sehr hoher kurativer Potenz vor, das vor allem auch für die Behandlung der Hauttuberkulose zu empfehlen ist. (Münchener med. Wschr. **94.** 1298—1302. 27/6. 1952. Bonn, Univ., Hautklinik.) R. König. 4610

G. Fegiz, *Komplikationen und Zwischenfälle bei der Behandlung der Lungentuberkulose mit Isonicotinsäurehydrazid.* Im Verlauf der Behandlung der Lungentuberkulose mit *Isonicotinsäurehydrazid* (I) beobachtete Vf. in einigen Fällen örtliche u. allg. Rkk., die wahrscheinlich durch Zerfall der Bakterien durch die bakteriolyt. Wrkg. des I hervorgerufen wurden. Bei diesen Erscheinungen handelt es sich um mehr oder weniger langdauernden Fieberanstieg, Aufflammen von Entzündungserscheinungen um ältere Herde u. Auftreten neuer Herde. In einigen Fällen wurden außerdem Hämoptoe u. Störungen der Herztätigkeit beobachtet. (Minerva med. [Torino] **43.** I. 1127—31. 24/5. 1952. Roma, Ist. naz. della Providenca sociale; Ist. „C. Forlanini".) Ippen. 4610

E. Bacher, *Schädigungen des blutbildenden Apparates unter der Behandlung mit Thiosemicarbazonen.* Zur Beurteilung der unter *Thiosemicarbazon* (I)-Behandlung eintretenden Störungen des blutbildenden App. wurde für die Leukocytenzahl ein Mittelwert von 5500/cm³ zugrunde gelegt, ferner bei Männern ein Blutfarbstoffgeh. von 80%, bei Frauen 75%, Erythrocyten $5 \cdot 10^6$ bzw. $4{,}5 \cdot 10^6$. Vgl. mit Patienten ohne I-Behandlung ergab zwar Störungen der Leukopoese u. Leukocytenstürze, aber bei längerer Behandlung wurde trotzdem Normalisierung des Blutbildes erreicht. 2 Fälle mit Agranulocytose werden ausführlich besprochen, bei denen I abgesetzt werden mußte. Unter Berücksichtigung, daß die I-Nebenwirkungen im Vgl. zum Erfolg mit I zu vernachlässigen sind, hält Vf. bei klin. Kontrolle die I-Medikation bei Tuberkulose für indiziert. (Dtsch. Gesundheitswes. **7.** 943—46. 24/7. 1952. Neustrelitz, Krankenhaus.) Dossmann. 4610

G. Lepri und **S. Capalbi,** *Zur Chemotherapie der Tuberkulose: Isonicotinsäurehydrazid und chemisch-antibiotische Kombinationen bei der experimentellen Augentuberkulose.* Bei der experimentellen Augentuberkulose des Kaninchens hatten Vff. mit *Isonicotinsäurehydrazid* schon nach kurzer Beobachtungszeit Erfolge, die von keinem der bisher angewandten Tuberkulostatica (Streptomycin, p-Acetylaminobenzaldehydthiosemicarbazon, p-Aminosalicylsäure, sowie Streptomycin–PAS) erreicht wurden. (Minerva med. [Torino] **43.** I. 1113—18. 24/5. 1952. Pisa, Univ., Clin. Oculistica.) Ippen. 4611

—, *Die Verhütung der Streptomycinresistenz durch kombinierte Chemotherapie. Eine Untersuchung des Medical Research Council.* 115 Patienten mit akuter, fortschreitender, doppelseitiger Lungentuberkulose wurden mit täglich 1 g *Streptomycin* (I) u. zusätzlich mit unterschiedlichen Dosen von *p-Aminosalicylsäure* (II) behandelt: 42 mit I u. 20 g II täglich (Gruppe A), 39 mit I u. 10 g II täglich (Gruppe B), 34 mit I u. 5 g II täglich (Gruppe C). Die Behandlung wurde über 3 Monate durchgeführt u. keine andere Therapie angewendet. Gastrointestinale Störungen betrugen bei Gruppe C 12%, bei B 15% u. bei A 52%, erstreckten sich aber nur in einzelnen Fällen über die ganze Behandlungszeit. Dieser schlossen sich weitere 3 Monate mit unterschiedlicher Therapie an. Nach 6 Monaten ergab die röntgenolog. Unters. keine Unterschiede innerhalb der 3 Gruppen. 87—88% der Fälle besserten sich. Klin. Unterschiede waren ebenfalls nicht feststellbar. Die bakteriolog. Unterss. ergaben jedoch deutliche Differenzen hinsichtlich der Resistenz der Tuberkelbakterien gegen I. Bei den Gruppen A, B u. C wiesen nach 3 Monaten 4% bzw. 8% bzw. 32% der Patienten resistente Stämme auf, im 4. Monat 15% bzw. 43% bzw. 47% u. im 6. Monat 7% bzw. 30% bzw. 36%. Bei Fällen mit mäßig resistenten Stämmen stellte sich in allen drei Gruppen häufig wieder die Empfindlichkeit gegen I ein. Gegen II resistente Stämme entwickelten sich nur sehr selten, verhielten sich aber gegen I normal empfindlich. (Brit. med. J. **1952**. I. 1157—62. 31/5.) ERDMANN. 4611

Marc Daniels und **A. Bradford Hill**, *Chemotherapie der Lungentuberkulose bei jungen Erwachsenen. Eine Analyse der vereinigten Ergebnisse dreier Prüfungen des Medical Research Council.* (Vgl. vorst. Ref.) Vergleichende Unterss. der Erfolge bei der Behandlung von Lungen-Tbc. (388 Jugendliche) mit *Streptomycin* (I) u. *p-Aminosalicylsäure* (II) zeigen die Überlegenheit der Kombination von I + II auch in bezug auf Resistenzerscheinungen. In nichtkombinierter Form wurden nach I-Behandlung bessere Erfolge beobachtet als nach II. (Brit. med. J. **1952**. I. 1162—68. 31/5. London, London School of Hyg. and Tropical Med.) ERDMANN. 4611

Lawrence P. Garrod, *Lungen-Actinomycose. Ätiologie, Diagnose und Chemotherapie.* Nach einer Übersicht weist Vf. auf die Wirksamkeit von *Penicillin, Terramycin* u. *Chloramphenicol* gegen Actinomyces israeli hin. — 34 Literaturangaben. (Tubercle **33**. 258—66. Sept. 1952. London, Univ.) KRUSEN. 4611

Mark H. Lepper, Jack Rodriguez, Norman Blatt und **Harold W. Spies**, *Die Anwendung von oral verabreichtem Dibenzyläthylendiamin–Penicillin bei bakteriellen Infektionen.* 37 Fälle mit bakteriellen Infektionen. Erwachsene erhielten $5 \cdot 10^5$ E. *Dibenzyläthylendiamin–Penicillin* (I) alle 8, Kinder $2{,}5 \cdot 10^5$ E. alle 6 Std.; 31 gute Erfolge, 1 Versager, 5 Fälle nicht ausgewertet. Außer Beeinflussung des Stuhls keine unerwünschten Nebenwirkungen. Von 5 Fällen mit akuter Gonokokkenurethritis, die eine einmalige orale I-Dosis von $6 \cdot 10^5$ E. erhielten, wurden 4 geheilt. (Antibiotics and Chemotherapy **2**. 175—78. April. Chicago, Ill., Municipal Contagions, Disease Hosp., u. Univ. of Illinois, School of Med., Dep. of Preventive Med.) DOSSMANN. 4611

Samuel Karelitz, *Über den neuzeitlichen Behandlungszustand mit Antibioticis und Sulfonamiden bei einigen infektiösen Kinderkrankheiten.* Nach JACKSON (J. Pediatrie **37**. [1950.] 716) hemmen in vitro 9 Antibiotica das Wachstum virulenter Diphtheriebacillen zu mehr als 80%. Klin. sind *Penicillin* (I) u. *Aureomycin* (II) am wirksamsten u. am wenigsten tox. bei Behandlung akuter Diphtherie u. der Bacillenträger. Bei Scharlach ist I das Mittel der Wahl; bei Verabreichung von täglich $3 \cdot 10^5$ E. wss. *Procain*-I tritt in 90% der Fälle in 3 Tagen Normalisierung der Temp. ein. Zur Prophylaxe bei Ansteckungsgefahr wurden 7—10 Tage lang täglich 1—2 g *Sulfadiazin* (III) gegeben. Bei Masern sowie bei allen Viruskrankheiten ist in der allerg. Phase keine Beeinflussung durch die Mittel zu erwarten; Wrkg. lediglich in bezug auf Fieberdauer u. Komplikationen. Bei Meningitis Therapie verschieden, je nach Erreger; Pneumokokken: Kombination von I mit III, Meningokokken: III, I u. II; I + III ist nicht besser als III allein, gegebenenfalls zusätzlich Hormontherapie mit *Eschatin* oder *Cortison;* Streptokokken: I u. III oder I + III; grippale Meningitis: *Streptomycin* (IV) allein oder kombiniert mit III, auch II; tuberkulöse Meningitis: IV, *Promizol, PAS.* Bei Keuchhusten II; es werden auch Erfolge mit *Chloromycetin* (V) u. IV besprochen. Bei Typhus ist V das Mittel der Wahl. — 62 Literaturangaben. (Arch. franç. Pédiatrie **9**. 673—88. 1952. Mount Sinai Hosp., N. Y., Hôp. Willard Parker.) DOSSMANN. 4611

G. F. de Gaetani und **F. Ferina**, *Kombination von Adrenalin und Penicillin bei experimenteller Staphylokokkensepsis.* Bei Meerschweinchen mit experimenteller Staphylococcus aureus-Sepsis konnten Vff. mit *Adrenalin* (I; 4mal 0,25 mg pro Tier intraperitoneal) ein Ansteigen der Bakterienzahl im Blut erzielen, während sich gleichzeitig die Keimzahl in den Organen, bes. in der Milz, verringerte. Durch 4mal 2000 E. Penicillin (II) pro Tier subcutan ist ein starkes Absinken der Keimzahl im Blut erzielbar, ebenso in Lunge u. Niere, während dies in Leber u. Milz nicht so ausgeprägt ist wie nach I. Das stärkste Absinken der Bakterienzahl in Blut u. Organen ist durch gleichzeitige Anwendung von I u. II (in der angegebenen Dosierung) zu erreichen, wobei die mit II allein erhaltenen Werte zum Teil sehr weitgehend übertroffen werden. (Minerva med. [Torino] **43.** I. 1049—52. 21/5. 1952. Palermo, Univ., Ist. di Patolog. generale.) IPPEN. 4611

George E. Parkhurst, Seymour Weinstein und **Jack Rodriguez,** *Die ein- und zweimalige Injektionsweise in der Behandlung der frühen Syphilis.* Mit insgesamt 2400000 E. *Penicillin G* in Öl mit 2% Al-Monostearat (I) wurden 60 Patienten auf einmal mit 4 Injektionen zu je 600000 E. an 4 verschied. Stellen behandelt; ebenfalls insgesamt 2400000 E. I erhielten 86 Patienten in 2 Injektionen zu je 600000 E. an 2 verschied. Stellen mit Wiederholung nach 96 Stunden. Die Heilquote betrug nach 12—15 Monaten 88,2 bzw. 89,5%, die Reinfektionen 3,6 bzw. 2,5%. Ernstlichere Nebenwirkungen durch I traten nicht auf. (Amer. J. Syphilis, Gonorrhea, vener. Diseases **36.** 258—63. Mai 1952. Chicago, Ill., Chicago Board of Health, Intensive Treatment Center.) ERDMANN. 4611

Harrison F. Flippin, Walter V. Matteuch, Nelson H. Schimmel, Lee E. Bartholomew und **William P. Boger,** *Das Hydrojodid des Diäthylaminoäthylesters von Penicillin G, Neo-Penil. Ein Vergleich mit Procain–Penicillin bezüglich Plasmakonzentrationen und Normalisierung des Harns. Neo-Penil* (I; SMITH, KLINE & FRENCH, LABORATORIES, Philadelphia, Pa.) = *Leocillin* = *Estopen* wirkt wie ein *Depot-Penicillin* (II), aber in geringerem Maße als gleiche Dosen *Procain*-II. Die I u. die entsprechenden II-Verss. wurden jeweils an der gleichen Versuchsperson (19 gesunde Erwachsene) durchgeführt. Es ergaben sich geringere II-Plasmakonzz. nach intramuskulärer I-Gabe, woraus eine geringere Heilungsziffer bei Erkrankungen der Harnwege resultierte: 30 u. 31% gegenüber 67 u. 62% bei *Procain*-II. I wird entweder nicht allein über den Harnweg ausgeschieden, oder es wird im Gewebe zerstört. Die Plasmakonzz. durch intramuskuläres I werden durch *Benemid* auf den 2—4fachen Wert gesteigert. Das Hydrochlorid des *Diäthylaminoäthylesters* von II-*G* in oraler Verabreichung wird schlecht resorbiert u. gibt schlechtere Heilungsziffern als orales *K*-II-*G*. (Antibiotics and Chemotherapy **21.** 208—14. April 1952. Philadelphia, Pa., Gen. Hosp., u. Univ. of Pennsylvania, School of Med., Sect. of Infections Diseases.) DOSSMANN. 4611

Patrick G. Butler, A. Frank Brewer, Philip K. Condit und **Jean Johnston,** *Chloromycetin (Chloramphenicol) und Penicillin bei gonorrhoischer Urethritis. Zwei wirksame Einzeldosierungsweisen.* Eine Einzelinjektion von 900000 E. *Procain–Penicillin G* in Öl mit 2% Al-Monostearat bzw. eine orale Einzeldosis mit 3 g *Chloromycetin* zeigten bei der Behandlung der gonorrhoischen Urethritis (165 bzw. 103 männliche Patienten) in allen Fällen eine ausreichende therapeut. Wirksamkeit. (Amer. J. Syphilis, Gonorrhea, vener. Diseases **36.** 269—71. Mai 1952. Oakland, Calif., Venereal Disease Control, Unit of the Oakland City Health Dep., u. California State Dep. of Publ. Health.) ERDMANN. 4611

Raymond C. V. Robinson und **Travis L. Wells,** *Intramuskuläres Chloramphenicol bei der Behandlung von Gonorrhöe und Granuloma venereum.* In der vorläufigen Mitt. wird über die Behandlung von 51 Patienten mit gonorrhoischer Urethritis mit einer einzelnen intramuskulären Injektion von 1 g *Chloramphenicol* (I) berichtet. Die Heilquote betrug 86% (bei Berücksichtigung von 2 Fällen mit geheilten Reinfektionen 92%). 7 Patienten mit Granuloma venereum erhielten über 9—15 Tage 10—18 g I intramuskulär. Bei allen Kranken trat rasche Heilung ein. (Amer. J. Syphilis, Gonorrhea, vener. Diaseases **36.** 264—68. Mai 1952. Baltimore, Md., Johns Hopkins Univ., u. Hosp., Med. Clinic, Venereal Disease Div.) ERDMANN. 4611

R. R. Willcox und **G. M. Findlay,** *Weitere Untersuchungen über die Behandlung der nicht spezifischen Urethritis mit Terramycin.* 50 Fälle von nicht gonorrhoischer Urethritis bei Männern einschließlich 4 Fällen mit REITER-Syndrom u. ferner 6 Fälle bei Frauen wurden mit 2,5—19,25 g *Terramycin* peroral behandelt. Die klin. Resultate waren gut. Nur 4 Patienten (davon 2 mit REITER-Syndrom) waren resistent u. 6 zeigten einen Rückfall. Nach dem Urteil des Autors ist Terramycin ein gutes Medikament bei der Behandlung der unspezif. Urethritis. (Amer. J. Syphilis, Gonorrhea, vener. Diseases **36.** 388—93. Juli 1952.) GOHR. 4611

H. Eufinger, *Untersuchungen über die Einwirkung von Terramycin und Chloromycetin auf Harninfektionserreger. Terramycin* (I) u. *Chloromycetin* (II) weisen die breitesten Wirkungsspektren aller bisher untersuchten *Antibiotica* auf; nach Vf. wird *Aureomycin* (III) durch I u. II noch übertroffen. Zu beachten ist aber, daß die Wrkg. vom p_H des Milieus abhängig ist. I u. II wirken zwischen p_H 2 u. 9, III zwischen 3 u. 8; Hinweis, daß Stämme vorkommen können, die unter Umständen gegen eines der Antibiotica resistent sind. Daher ist für eine erfolgreiche antibakterielle Therapie bei Infektionen der Harnwege vorherige Empfindlichkeitsbest. der Erreger, auch wegen der möglichen „Kreuz"-Resistenz von I, II u. III, notwendig. (Z. Urol. Sonderh. Verhandlungsber. dtsch. Ges. Urol. **1951.** 360—63. 1952. Kiel.) DOSSMANN. 4611

Francisco Ruiz-Sanchez, Josefina Casillas, Mario Paredes E., Julian Valazquez und **Rebeca Riebeling,** *Terramycin bei der Malariabehandlung.* Bericht über 15 mäßig schwere Malariafälle, 12 verursacht durch *Plasmodium vivax,* 3 durch *falciparum.* Behandlung mit *Terramycin* (I), Dosierung 35—222 mg/kg/Tag über 6—10 Tage. Die optimale Dosis steht noch nicht fest. Alle Fälle reagierten günstig, bei *P. vivax*-Malaria verschwanden die Parasiten zwischen dem 3. u. 9. Behandlungstag, bei *P. falciparum* waren nur die ungeschlechtlichen Formen nicht mehr nachweisbar, die Gameten blieben. Nach Verschwinden des Fiebers rasche Besserung aller Symptome, keine Rückfälle. (Int. Rec. Med. **165.** 92—99. Febr. 1952. Jalisco, Mexico, Univ. of Guadalajara, Inst. de Patologia infecciosa experimental.) DOSSMANN. 4611

G. Wiedemann, *Die Behandlung der Sycosis barbae mit Chloromycetin.* Bericht über 1 Fall von Sycosis barbae, der zunächst jedem Therapievers. mit Penicillin, Sulfonamiden usw. trotzte u. durch Anwendung von *Chloromycetin* (*Novomycetin*; DEUTSCHE NOVOCILLIN-GES. M. B. H., München-Pasing) geheilt werden konnte (Dosis: zunächst 3mal 1 g/Tag, 3 Tage lang, dann nach 2wöchiger Unterbrechung in 6 Tagen insgesamt 18 g). (Dermatol. Wschr. **126.** 640—42. 1952. Erfurt, Städt. Krankenanstalten, Hautklinik.) R. KÖNIG. 4611

Sidney Ross, Frederic G. Burke und **E. Clarence Rice,** *Anwendung von Chloromycetinpalmitat bei Säuglingen und Kindern: Vorläufige Mitteilung.* Bericht über *Chloromycetinpalmitat* (I = *Chloramphenicolpalmitat*) mit 57,6% Chloromycetin II)-Gehalt. Im Gegensatz zu II besitzt I keinen bitteren Geschmack u. eignet sich deshalb bes. für die Therapie in der Kinderpraxis. Erprobung von I in 40 Fällen. Dosierung 100—150 mg/kg in 4—6 Einzeldosen über 24 Stunden. Die I-Ergebnisse entsprechen durchaus denen analoger Verss. mit kristallinem II. Keine Nebenerscheinungen. (Antibiotics and Chemotherapy **2.** 199—207. April 1952. Washington, D. C., Children's Hosp.) DOSSMANN. 4611

Sidney Shaw und **E. Troensegaard-Hansen,** *Die Behandlung chronischer Beingeschwüre mit Amnion und Chloramphenicol in Propylenglykol.* Wegen Verzögerung der Heilung von Beingeschwüren unter alleiniger *Amnion*-Behandlung durch das Auftreten von *Pseudomonas aeruginosa* besprühten Vff. in 10 Fällen die Wunden zusätzlich mit einer 2,5%ig. Lsg. aus *Chloramphenicol* (I) in *Propylenglykol* (II). Gute Erfolge. Alle aus den Geschwüren isolierten Organismen waren gegen die I + II-Lsg. empfindlich. II erwies sich als nicht toxisch. Vehikel. (Lancet **263.** 225—26. 2/8. 1952. London, Charing Cross Hosp.) DOSSMANN. 4611

H. Jezic, *Die therapeutische Wirkung von Aureomycin auf die Nicolas-Favre-Krankheit.* Durch *Aureomycin* (I) konnte die Therapie der NICOLAS-FAVRE-Krankheit weitgehend verbessert werden. Bei 15 fortgeschrittenen Fällen mit rektaler Stenose waren die Ergebnisse sehr befriedigend. Perforationen u. Fisteln schlossen sich schnell. Ulcera vernarbten u. die Stenosen besserten sich. Behandlung 15 Tage, 6 Heilungen, 5 deutliche, 3 leichte Besserungen, 1 Versager. Die besten Ergebnisse wurden mit intramuskulärer I-Verabreichung, 3,75 g, erzielt. Die optimale I-Dosis dürfte zwischen 1,5 u. 5 mg/kg/Tag liegen. Die orale Verabreichung, 18,25 g, erwies sich als weniger wirksam. (Acta tropica [Basel] **9.** 69—77. 1952. Tshuapa, Congo belge, Service Méd.-Chir. de la Comp. de l'Hévéa Bokungu.) DOSSMANN. 4611

G. Ramon, *Fortschritte im Kampf gegen die Infektionskrankheiten: Vaccine, Antitoxine, Sera, antibiotische Substanzen.* Histor. Überblick u. Zusammenfassung vorliegender Erkenntnisse. Besprechung der verschied. Therapien bes. im Hinblick auf Seuchenprophylaxe. a) Anwendung der *Vaccine* (*Anatoxin*), Antitetanusimpfung, kombinierte Impfungen, *Polyvaccine* mit 6 Komponenten gegen Tetanus, Typhus, Ruhr u. Cholera; Impfung gegen Maul- u. Klauenseuche. b) *Sero*-Therapie. c) Therapie mit *antibiotischen* Mitteln, besprochen werden *Penicillin, Streptomycin, Neomycin, Subtilin, Aureomycin, Chloromycetin* mit den Indikationen, Nebenwirkungen u. Auftreten von Resistenz. Die Aussichten der einzelnen Therapien werden diskutiert. (Semaine méd. **28.** 507—18. 2/6. 8. 1952.) DOSSMANN. 4611

Giuseppe Russo, *Hyaluronidase und Staphylokokkensepsis.* Infiziert man Meerschweinchen durch intravenöse Applikation von Staphyloc. haem. aureus (ca. 5 Mill. Keime) u. verabfolgt gleichzeitig intraperitoneal 50 E. *Hyaluronidase,* so zeigt sich, daß die Zahl der Keime im Blut nach 48 Std. deutlich herabgesetzt ist gegenüber den nicht gleichzeitig mit Hyaluronidase behandelten Tieren. Demgegenüber kann eine Bakterienzunahme in Milz u. Leber beobachtet werden. Die Summe aller aus Blut u.

Organen gezüchteten Keime war bei den behandelten Tieren geringer als bei den Kontrollen (Verhältnis ca. 3:5). Es wird diskutiert, ob Hyaluronidase die Keimausbreitung verhindert, ob es direkt die Virulenz der Keime schwächt oder ob es die Ausscheidung beschleunigt. (Giorn. Batteriol. Immunol. **44.** 101—11. Jan./Febr. 1952. Palermo, Univ., Ist. di Patol. Generale e di Parassitologia.) P. G. SCHEURLEN. 4614

N. Dobrovolskaïa-Zavadskaïa und **L. Macchi,** *Über den „Pyiuvismus“ unte Röntgentherapie.* An 31 Fällen von Speiseröhren-, Brust- u. Gebärmutterkrebs wurde während der Röntgentherapie die urinale Ausscheidung von *Brenztraubensäure* (I) 1—3mal bestimmt u. dabei festgestellt, daß in allen Fällen über den n. liegende Werte auftraten, die sich zum Teil bei fortgesetzter Bestrahlung noch weiter erhöhten. Die Begleiterscheinungen der Röntgentherapie, wie Müdigkeit, Übelkeit, Erbrechen usw. werden überwiegend auf die durch Erhöhung der Blut-' hervorgerufene Acidose zurückgeführt. In 6 Fällen wurde intravenös *Cocarboxylase* injiziert u. dadurch in 3 Fällen eine Herabsetzung der -Ausscheidung erzielt, die vermutlich durch gesteigerte I-Decarboxylierung hervorgerufen wird. — 32 Literaturangaben. (J. Radiol. Électrol. Arch. Électr. méd. **33.** 237—42. 1952. Paris.) KRUSEN. 4614

Vincenzo Baffi, *Die Anwendung der Cocarboxylase in der Therapie.* Literaturübersicht über die therapeut. Anwendung bei verschied. Stoffwechselstörungen acidot. Natur u. bei B_1-Hypo- bzw. Avitaminosen. (Pediatria **60.** 75—78. 1952.)
P. G. SCHEURLEN. 4614

Frederick Crescitelli, *Ein möglicher Mechanismus der nervenblockierenden Wirkung von n-Amylcarbamat.* Aktionsstrommessungen am elektr. gereizten Ischiadicus-Peronaeus-Präp. des Ochsenfrosches zeigen, daß enge Beziehungen zwischen *n-Amylcarbamat* ( ) u. Na^+ (II) bestehen. Die durch I hervorgerufene Leitungsunterbrechung kann durch Erhöhung der NaCl-Konz. aufgehoben werden. Vf. nimmt an, daß die Wrkg. von I auf einer direkten oder indirekten Störung eines II-Mechanismus beruht. (Science [Washington] **115.** 595—596. 30/5. 1952. Los Angeles, Calif., Univ. of California, Dep. of Zool.) DAUTZENBERG. 4620

Gerhard Giss, *Über die percutane Applikation eines Schlafmittels.* (*Vorläufige Mitt.*) Bericht über Erprobung von *Somno-Incutan* (I; C. KANOLDT NACHF., Arzneimittelfabrik, Heidelberg-Wiesloch) an 200 Personen, 150 meist psych. Kranken u. 50 Gesunden über 12 Wochen. 10 Tropfen I enthalten 0,033 g *Barbitursäure*-Derivv.; Anwendung durch Einreibung in die Haut. Je nach der Schwere der Schlafstörungen wurden 60 bis 15 Tropfen eingerieben, die gesunde Kontrollgruppe erhielt 10 Tropfen. Nach der Wrkg. steht eine Resorption durch die Haut fest. Die Wrkg. tritt ebenso schnell wie bei oraler Medikation ein, dabei werden geringere Mengen benötigt. Keine Nebenwirkungen an den Einreibungsstellen. (Med. Klin. **47.** 997—98. 25/7. 1952. Wiesloch, Heil- u. Pflegeanstalt.) DOSSMANN. 4621

W. Falk, *Über die Behandlung akut rheumatischer Erkrankungen im Kindesalter mit Irgapyrin.* Bericht über erfolgreiche Behandlung von 35 Kindern mit *Irgapyrin* (I; GEIGY, Basel) bei akutem Rheumatismus, nur 1 Versager. Verabreichung in Form von Dragées u. Suppositorien, aber auch intramuskulär täglich erst 2, später 3 cm^3 über 7 Tage. 14 Kinder entfieberten bereits nach der 1. Injektion, schnelle Erreichung der Schmerzfreiheit, günstiger Einfl. von I auf Blutsenkung u. Blutbild sowie auf rheumat. Carditis. Auch bei anderen Erscheinungsformen des akuten Rheumatismus gute Erfolge. Eine Hemmung der Flüssigkeitsausscheidung unter I ist festzustellen, bei Herzdekompensierten ist I-Therapie nur mit Vorsicht anzuwenden. Nach Vf. ist I dem *Pyramidon* in der antipyret. u. analget. Wrkg. überlegen. (Med. Klin. **47.** 1190—94. 5/9. 1952. Graz, Kinderklinik, Univ.) DOSSMANN. 4621

Samuel S. Rosenfeld, Bernard Lapan und **Mortimer S. Weinstein,** *Intravenöse Dauertropfinfusion mit Meperidine und Scopolamin bei Wehenschmerzen und Schmerzen unter der Geburt.* Vff. benutzten ein Gemisch von *Meperidine* u. *Scopolamin* als Dauertropfinfusion bei Wehenschmerzen u. Schmerzen unter der Geburt mit gutem Erfolg. (Bull. New York Acad. Med. **28.** 545. Aug. 1952. New York, Akad., Jewish Memorial Hosp., u. Lebanon Hosp.) REICHLE. 4621

G. Worth und **W. Heinz,** *Die Anwendung von Rhenocain bei Bronchographien.* Zur Bronchographie wurde als Schleimhautanästheticum 2- bzw. 1%ig. *Rhenocain* (*p-n-Butylaminosalicylsäuredimethylaminoäthylesterchlorhydrat*) ohne Adrenalin bei 101 Fällen verwandt. Es ist ungiftiger als Cocain u. Pantocain bei gleicher, aber schneller einsetzender Wrkg., die 20—30 Min. anhält. Keine Zwischenfälle. (Fortschr. Gebiete Röntgenstrahlen verein. Röntgenprax. **76.** 617—20. Mai 1952. Moers/Ndrh., Krankenhaus Bethanien.) BROSEMANN. 4621

Karl Goetz, *Zur Operationsvorbereitung der Hyperthyreosen mit Scopodystal.* Bericht über Erfahrungen in der Behandlung von 34 Fällen von neuro-vegetativen Störungen bei Hyperthyreose (Operationsvorbereitung) sowie von funktionellen Stenocardien, Hypertonie, Migräne u. vegetativen Störungen nach Hirntraumen mit *Scopodystal* (I; *Scopolamin, Phenyläthylbarbitursäure, Papaverin* u. *Coffein*; DESITIN-WERK CARL KLINKE, Hamburg). Es wurden gute Erfolge erzielt, da I infolge seiner Zus. kräftig zentral-sedativ u. funktionsregulierend auf das vegetative Nervensyst. wirkt. Die Dosierung soll individuell, die Anwendung kurmäßig über 6—8 Wochen erfolgen. Nebenerscheinungen, bes. hypnot. Wirkungen, wurden nicht beobachtet. I wird bes. für die ambulante Behandlung empfohlen. (Med. Klin. **47.** 715—18. 23/5. 1952. Erlangen, Univ., Chirurg. Klinik.) KRUSEN. 4621

Joachim Erbslöh und **Georg-Wilhelm Löhr,** *Erfahrungen mit der Evipan-Langnarkose bei gynäkologischen Operationen.* (Zbl. Gynäkol. **74.** 1134—42. 1952. Bad Oldesloe, Kreiskrankenhaus Stormarn.) RUPPERT. 4621

Hans Kohl, *Über die therapeutische Anwendung der α-Aminoisobuttersäure.* (Vorläufige Mitt.) Bericht über Erfahrungen mit *α-Aminoisobuttersäure* (I; Versuchspräp. *AIB III* u. *V*, CHEMIEWERK HOMBURG, Frankfurt/M.). I zeigt den stärksten Gerinnungseffekt gegenüber anderen gleichdosierten *Aminosäuren*, Capillarabdichtung ist die gleiche wie bei *l-Glutaminsäure*. Die entzündungshemmende Wrkg. von I wurde durch Feststellung der *Histamin*-Quaddelzeiten nach Verabreichung von 0,25 g I untersucht. Die Zeitdauer bis zum Verschwinden der Quaddel gegenüber dem *Histamin*-Vers. war um ca. 30% verkürzt. Die gute therapeut. Wrkg. konnte an 50 Fällen mit akuter u. allerg. Rhinitis, grippalen Erkrankungen, Asthma bronchiale u. urticariellen Affektionen festgestellt werden. Auf den Wert der lokalen I-Behandlung wird hingewiesen. (Med. Klin. **47.** 991—94. 25/7. 1952. Bonn, St. Petrus-Krankenhaus.) DOSSMANN. 4625

Mariano Vicente y Carceller, *Ansichten über die Pathogenese und Behandlung der Ovularintoxikationen. Cholesterin* übt gegenüber der Schwangerschaftstoxikose eine neutralisierende Wrkg. aus. Hypercholesterinämie ist daher eine n. Schwangerschaftserscheinung; Hypocholesterinämie tritt nur bei patholog. Schwangerschaft auf; durch intramuskuläre Anwendung von *Cholinchlorid* (0,02 g in 1 cm^3 isoton. Lsg. oder dest. W.) läßt sich meist eine Besserung erzielen. (Medicina [Madrid] **20.** I. 267—92. April 1952. Zaragoza, Real Acad. de Medicina.) R. K. MÜLLER. 4625

R. H. Orton, *Ein kurzwirkendes Muskelrelaxans, Succinylcholinchlorid.* Kurzer Bericht über die Anwendung von *Scoline* (*Succinylcholinchlorid*) in ca. 50 Fällen (Elektroschockbehandlung u. Kehlkopfintubation). Wegen der Inkompatibilität mit *Thiopenton* wurde erst dieses injiziert, dann mit anderer Spritze durch dieselbe Kanüle *Scoline* verabfolgt. Störende Nebenwirkungen wurden nicht beobachtet. (Med. J. Australia **39.** I. 817—18. 14/6. 1952. Melbourne, Alfred Hosp.) DAUTZENBERG. 4628

J. Egerton Williams, *Beobachtungen bei der Anwendung von „Scoline" als Muskelrelaxans.* In 412 Fällen wurde *Scoline* (I; *Succinylcholinchlorid*) ohne Komplikationen u. Nebenwirkungen angewandt. In über 200 Fällen wurde *Pentothal-Natrium* (II) u. I als Mischspritze gegeben unter der Bedingung, daß die Injektion in weniger als 3 Min. nach der Mischung erfolgt u. ein erheblicher Überschuß an II vorhanden ist, weil es sonst zur Hydrolyse kommt. Etwa $^2/_3$ der vom Hersteller angegebenen Dosen erwiesen sich als ausreichend wirksam. (Med. J. Australia **39.** I. 818—20. 14/6. 1952. Melbourne.) DAUTZENBERG. 4628

F. Kootz, *Nebenwirkungen des Curare und synthetischer Muskelrelaxantien und ihre therapeutische Beseitigung.* Nach Selbstverss. beruht die durch *Curare* (I) u. *Flaxedil* (II) hervorgerufene vermehrte Blutungsneigung auf Freiwerden körpereigenen *Heparins*, normalisierbar durch *Protaminsulfat* (3 ml 1%ig. Lsg. auf 7,5 mg I bzw. 40 mg II). Am Kaninchen wurde ferner erhöhte Capillardurchlässigkeit festgestellt, die auf *Histamin*-Freisetzung zurückgeführt wird. Sie ist durch *Antistin* zu normalisieren. Dem entspricht auch das Auftreten von Darmkrämpfen (am Kaninchen; nach I immer, nach II weniger), die ebenfalls durch *Antistin* zu beseitigen waren. (Anaesthesist **1.** 13—15. April 1952. Tübingen, Univ., Chirurg. Klinik u. Poliklinik.) DAUTZENBERG. 4628

Georg Birk, *Vegetative Dystonie und Conteben.* Zur Klärung des Krankheitsbildes der vegetativen Dystonie wird eine diagnost. Meth. besprochen, die darin besteht, den Patienten nach *Adrenalin* (I)-Belastung, subcutan 0,5 cm^3 der I-Stammlsg. 1 : 10^3, zur Normalisierung *Conteben* (II) in Tagesdosen zwischen 0,025—0,1 g zu verabreichen. Alle Patienten sprachen gut auf II an, die klin. Symptome der Krankheit verschwanden weitgehend; die nach 4—8 Wochen nach Behandlungsbeginn festgestellte Stoffwechselsteigerung betrug im Durchschnitt 20,8%; bei gesunden Versuchspersonen lag der Wert bei 22,9%. (Die Medizinische **1952.** 1031—32. 9/8. Köln, Univ., Med. Poliklinik.) DOSSMANN. 4628

Barbara Evans und **G. E. Hale Enderby,** *Behandelte Hypotension und ihre Wirkung auf die Nierenfunktion.* Auf Grund ihrer vergleichenden Unterss. an 100 Patienten, von denen 50 zur Behebung der postoperativen Hypotension *Hexamethoniumbromid* (I) erhielten, schließen Vff., daß I eine nur unwesentliche Wrkg. auf die gesunde Niere hat. Von I-behandelten Patienten zeigten 92%, von nicht behandelten 78% eine bis 3 Tage dauernde postoperative Proteinurie. (Lancet **262.** 1045—46. 24/5. 1952. East Grinstead, Queen Victoria Hosp.) KRUSEN. 4630

J. Scheele und **P. Matis,** *Zur Frage der Venostasinwirkung unter Berücksichtigung der Therapie und Prophylaxe der thromboembolischen Krankheit.* Vff. berichten über die Wrkg. von *Venostasin* (I; KLINGE, München) auf Gefäßinhalt u. Gefäßwand. I ist ein *vitamin-B_1*-haltiger Roßkastanienextrakt, es enthält außerdem *6.7-Dioxycumarin*, das durch *Vitamin-P*-Effekt ausgezeichnet ist. An 42 unteren Extremitäten wurden eingehende Messungen vor u. nach I-Behandlung, jeweils 3mal 2 Ampullen über 2—3 Tage, durchgeführt. I bewirkt bei n. bis mäßig varikös veränderten Beinen eine statist. signifikante Tonisierung der Venenwand. Bei schweren Fällen liegt der Effekt innerhalb der Fehlergrenzen. Es ließ sich eine Verkürzung der Kreislaufzeit um 40—50% nachweisen, die auf die Venentonisierung zurückgeführt wird. Die Ergebnisse werden im Zusammenhang mit vorliegenden Literaturangaben diskutiert. (Die Medizinische **1952.** 693—96. 17/5. Tübingen, Univ., Chirurg. Klinik.) DOSSMANN. 4630

K. Heinrich und **L. Delius,** *Klinische und katakritische Erfahrungen mit der Digitoxinbehandlung.* Die Wrkg. von *Digitoxin* (I) in der Behandlung der Herzschwäche wird an 106 Fällen krit. untersucht. Pharmakologie, Dosierung, Unverträglichkeitszeichen u. Indikation werden besprochen. I ist als Erhaltungsmedikament gut geeignet, Gewöhnung wurde nie beobachtet. Eine gewisse Gefahr stellt die Möglichkeit der Intoxikation dar (ca. 20%). Ein wesentlicher Unterschied zwischen intravenöser u. oraler Applikation von I-MERCK wurde nicht festgestellt. (Therap. d. Gegenwart **91.** 284—90. Aug. 1952. Baden-Baden, Städt. Krankenhaus.) WOLFGANG ALBRECHT. 4630

Harvey E. Nußbaum und **Murray W. Shulman,** *Thrombocytopenische Purpura nach Chinidin-Therapie.* Es wird ein Fall von thrombocytopen. Purpura nach *Chinidin*-Therapie beschrieben. Der Patient erhielt täglich 0,6 g *Chinidinsulfat* (I), bis auftretende Blutungen eine durch I reproduzierbare Thrombocytopenie erkennen ließen. Eine Kontrolle der Thrombocyten bei I-Therapie wird dringend empfohlen. (Ann. intern. Med. **37.** 190—94. Juli 1952. Newark, N. J.) WOLFGANG ALBRECHT. 4630

D. K. de Jongh, E. G. van Proosdij-Hartzema und **A. T. Knoppers,** *Untersuchungen über die Wirkung von Synephrin, Neosynephrin und Chinidin auf das Herzflimmern.* Vff. konnten an isolierten Kaninchenatrien u. an in situ befindlichen Katzenventrikeln, die durch Faradisation zum Flimmern gebracht wurden, zeigen, daß der durch *Chinidin*(I) bewirkte Widerstand gegen das Flimmern durch *Synephrin* (II) u. *Neosynephrin* (III) nicht hervorgerufen wird. Weder II noch III haben gegenüber I eine antagonist. Wirkung. (Acta physiol. pharmacol. neerl. **2.** 380—89. 1951/52. Amsterdam, Nedchem. Inst. for Pharmaco-Therap. Res.) KRUSEN. 4630

D. K. de Jongh und **E. G. van Proosdij-Hartzema,** *Untersuchungen über die Wirkung von Papaverin und Perparin auf das Herzflimmern.* Verss. an in situ durch Faradisation zum Flimmern gebrachten Katzenventrikeln ergaben, daß *Papaverin* (I) u. *Perparin* (II) in Dosen von 8 mg/kg den Widerstand des Herzens gegen Flimmern erhöhen. I u. II in Dosierungen über 20 mg/kg verursachen selbst Herzflimmern. Kombinationen von I oder II mit *Chinidin* (III) in Mengen von je 3 mg/kg führten zu unregelmäßiger Herztätigkeit u. in einigen Fällen zum Tode. Auf Grund ihrer Verss. empfehlen Vff., III in der Klinik nicht mit I oder II zu kombinieren. (Acta physiol. pharmacol. neerl. **2.** 390—97. 1951/52. Amsterdam, Nedchem. Inst. for Pharmaco-Therap. Res.) KRUSEN. 4630

E. Reich, *Behandlung der Nierenkolik und der postoperativen (reflektorischen) Harnverhaltung mit Pendiomid.* Bericht über 12 Fälle mit Nierenkoliken, die mit dem ganglienblockierenden *Pendiomid* (I; CIBA) behandelt wurden. 5 Fälle werden einzeln besprochen; im allg. genügten je 50 mg I intravenös u. intramuskulär, unter Umständen mit einer Nachinjektion von 50 mg, um die Koliken zu beheben. Herzgesunde Patienten reagierten nur mit geringer Blutdrucksenkung, kein Versager. Auch gute Erfolge mit I in 15 Fällen bei postoperativer Harnverhaltung. (Die Medizinische **1952.** 1032—33. 9/8. Waldshut, „Spital zum Heiligen Geist“.) DOSSMANN. 4634

D. Bargeton, J. Salesse, J. Barber und **C. Delavierre,** *Einfluß der Anzahl und Stellung der Oxy- und Ketogruppen auf die choleretische Wirksamkeit und Toxizität einiger Gallensäuren.* An mit Urethan anästhesierten Kaninchen wurde die choleret. Wrkg., an Mäusen die Toxizität der Na-Salze folgender Derivv. der *3.7.12-Trioxycholansäure = Cholsäure* untersucht: *3.12-Dioxy-7-keto-*, *3.7-Dioxy-12-keto-*, *7.12-Dioxy-3-keto-*, *3.12-Diketo-7-oxy-*, *3.7-Diketo-12-oxy-*, *7.12-Diketo-3-oxy-*, *3.7.12-Triketo-*, *3.12-Dioxy-*, *3-Oxy-12-keto-*, *12-Oxy-3-keto-*, *3.12-Diketo-cholansäure*. Es zeigte sich, daß die Einführung einer OH- oder CO-Gruppe in $C_{(7)}$ ungünstig im Hinblick auf die choleret. Wrkg. ist, obgleich die Toxizität vermindert wird. Die Umwandlung einer OH- in eine CO-Gruppe vermehrt die choleret. Wrkg. u. vermindert die Giftigkeit. Die Stellung der einzelnen Gruppen ist nicht gleichgültig, wobei es wesentlich zu sein scheint, daß die OH-Gruppe in der 3-Stellung erhalten bleibt. Die günstigste choleret. Wrkg. haben ferner solche Verbb., bei denen die OH- oder CO-Gruppe an $C_{(7)}$ fehlt. Toxizität u. choleret. Eigg. laufen nicht parallel, so daß bei den untersuchten Verbb. große Unterschiede in den therapeut. Koeffizienten bestehen. Besondere Bedeutung kommt der Umwandlung von 2 OH- in CO-Gruppen in der Reihe der Cholsäure-, einer OH-Gruppe in der Reihe der Desoxycholsäurederivv. zu. (Arch. int. Pharmacodynam. Thérap. **90.** 18—32. 1/6. 1952. Paris, Labor. de Physiol.-Théraplix.) R. KÖNIG. 4640

Fernando Civeira, José Uriel und **Gonzalo Ríos,** *Die Wirkungen von Tetraäthylammoniumbromid auf die Beweglichkeit und Zusammensetzung des Magensaftes bei Patienten mit Ulcus des Bulbus duodeni.* Bei Ulcuspatienten wird nach intramuskulärer Injektion von 0,5 g *Tetraäthylammoniumbromid* (I) nur eine leichte Verlangsamung der Magenentleerung, aber deutliche Verminderung der Magensäure festgestellt. Es wird empfohlen, I bei Patienten mit genügender Magenentleerung vor Beginn der Nachtruhe zu geben. Bei Hypertension ist die Indikation von I verstärkt. (Medicina [Madrid] **20.** I. 229—35. April 1952. Zaragoza, Cat. de Patol. y Clin. med.) R. K. MÜLLER. 4645

K. G. Krebs, *Phenolphthalein als Abführmittel.* An Hand der Literatur wird die Möglichkeit einer tox. Wrkg. des Abführmittels *Phenolphthalein* (I) besprochen. Vf. kommt zu der Feststellung, daß die Vorwürfe der Toxizität des Mittels schlecht fundiert sind. Es dürfte sich in diesen im Vgl. zur Verbreitung von I sehr seltenen Fällen um eine allerg. Rk. des betreffenden Organismus handeln. Der bisher unbekannte Wirkungsmechanismus von I wird diskutiert. (Therap. d. Gegenwart **91.** 298—99. Aug. 1952. Ludwigsburg, Kreiskrankenhaus.) WOLFGANG ALBRECHT. 4647

Y. Kobayashi, *Die Fortbewegung von Ascaris suilla und A. lumbricoides und die Wirkung von Santonin.* Bewegungsstudien an *Ascariden* in Glasröhren mit Nährlsg. bei 26—38° u. bei *Santonin*-Zusatz 1 : 5000. Die Bewegungsfreiheit wird stark behindert durch nervöse Verkrümmung u. Verknotung. — 6 Bilder u. Diagramme. 15 Literaturzitate. (Kagaku [Science] **21.** 425—28. Aug. 1951. Tokyo. [Orig.: japan.]) SCHULER. 4649

E. Hupka und **H. Behrens,** *Prüfung der Verträglichkeit des Wurmmittels Phenothiazin bei Ferkeln und Läuferschweinen.* Die Verabreichung von 0,5 g/kg *Phenothiazin* wird von gesunden Tieren gut vertragen. Die Nebenerscheinungen, wie Abnahme der Erythrocyten, Bewegungsstörungen, Verfärbung des Urins u. ödematöse Schwellung der Ohren treten nach Verabreichung des gereinigten u. ungereinigten Präp. gleichermaßen auf, jedoch haben diese Erscheinungen keine besondere Bedeutung. (Tierärztl. Umschau **7.** 322—26. Sept. 1952. Hannover, Tierärztl. Hochsch., Med. Forens. Klinik.) REICHLE. 4649

Roland Werner, *Ätiologie der Zahncaries.* Allg. Überblick unter Aufzählung der verschied. Theorien an Hand von Literaturstellen. (Zahnärztl. Welt **7.** 385—89. 10/9. 1952. Mainz, Univ., Kinik u. Poliklinik für Zahn-, Mund- u. Kieferkrankheiten.) KLESSE. 4655

Wilhelm Schmitz, *Die verschiedenen Möglichkeiten der Fluortherapie.* Genannt werden perorale F-Medikation, Trinkwasserfluorierung, Genuß von fluoriertem Kochsalz u. bes. stark F-haltigen Nahrungsmitteln sowie lokale F-Applikation mit Na- u. Ca-Fluoriden u. Verwendung F-haltiger Zahnpflegemittel. (Zahnärztl. Welt **7.** 383—85. 10/9. 1952. Köln.) KLESSE. 4655

Johann Lang, *Zur Therapie der Hautkrankheiten mit Hyphocid.* Bericht über Behandlung von Pilzerkrankungen der Haut durch Pinselungen mit *Hyphocid* (I; Dr. L. HOLZINGER, Wien). 38 Fälle, die 10 Monate beobachtet wurden. 24 Heilungen, 12 weitgehende Besserungen, 2 Versager. Zum größten Teil wurde I in Verb. mit *Salicyl* (II)–*Eucerin* oder II–*Lanolin–Vaseline* angewendet. Beste Erfolge bei Epidermophytie. Ekzema intertrigonosum wurden erfolgreich allein mit I behandelt. (Med. Klin. **47.** 1000—01. 25/7. 1952. Wien.) DOSSMANN. 4661

O. Kaalund-Jørgensen, *Über die Akne vulgaris und ihre Behandlung mit Bucky-Strahlen.* Bei ca. 70% aller Fälle von Akne vulgaris superficialis gelang es dem Vf., durch lokale Behandlung mit *Schwefelresorcinsalbe*, Punktion, Ausdrückung u. BUCKY-Bestrahlung (Grenzstrahlen) Heilung zu erzielen. Bei Akne vulgaris profunda wurde außerdem noch mit *Bi*-Injektionen behandelt, doch wurden dabei insgesamt nicht so günstige Heilungsresultate erzielt. (Acta radiologica [Stockholm] 37. 409—16. März/April 1952.) H. SCHEURLEN. 4661

Armin Welcker, *Die Wirkung des Ichthyols (Leukichthol-Calcium) auf Blutzucker und Blutbild.* Die Wrkg. von verschied. intravenösen Gaben von *Leukichthol-Calcium* (I) wurde am gesunden Menschen untersucht. I senkt den Blutzuckerspiegel um 50 bis 60 mg-%. Vf. übertrug die von SCHMITZ (Klin. Wschr. 8. II. [1929.] 2371) durchgeführten Unterss. der alimentären u. Adrenalinhyperglykämie des Kaninchens auf den Menschen u. fand im Gegensatz zu SCHMITZ, daß die Adrenalinhyperglykämie nicht oder nur wenig beeinflußt wurde, dagegen wurde die alimentäre Hyperglykämie deutlich vermindert. Ferner bewirkt i.v. Gabe von I eine Leukocytose u. Linksverschiebung (Steigerung auf 200—250% des Ausgangswertes). Vf. diskutiert die Bedeutung von Leukichtholgaben für die Therapie von Infektionen. (Med. Klin. 47. 775—76. 6/6. 1952. Jena, Univ., Klinik für Haut- u. Geschlechtskrankheiten.) H. SCHEURLEN. 4661

Klaus Becker, *Chlorophyll als Desodorans in der Hals-Nasen-Ohren-Heilkunde.* (Münchener med. Wschr. 94. 2225—27. 31/10. 1952. Kiel, Univ., Hals-Nasen-Ohren-Klinik.) LOCH. 4670

Werner Hangarter und **Albert Lübke**, *Über die Behandlung rheumatischer Erkrankungen mit einer Kupfer-Natrium-Salicylat-Komplexverbindung (Permalon).* Bericht über klin. Erfahrung in der Behandlung verschied. Rheumatismusformen mit *Permalon* (I; *Cu–Na-Salicylat*-Komplex; CHEM. WERKE ALBERT, Wiesbaden-Biebrich). 11 Fälle von akutem rheumat. Fieber wurden nach 1—3 Ampullen I schmerzfrei; Rückgang der Temp. u. BSG u. Erhöhung der Gelenkbeweglichkeit waren zu beobachten. Von 27 Fällen prim. chron. Polyarthritis wurden 13 beschwerdefrei, 13 gebessert u. 1 unbeeinflußt. In weiteren 16 Fällen von sek. chron. Polyarthritis, Arthrosis deformans, Erythema nodosum, Ischias u. Lumbago wurde mit 2 Ausnahmen Beschwerdefreiheit bzw. Besserung erzielt. Der gute therapeut. Effekt muß auf eine spezif. Wrkg. der Cu-Salicylat-Verb. zurückgeführt werden, da der in der Rheumatismustherapie erforderliche wirksame Salicylsäureblutspiegel von 35 mg-% nicht erreicht wird. Vf. empfiehlt, 8—14 Tage lang täglich eine I-Injektion vorzunehmen u. das Präp. nicht plötzlich abzusetzen. Nebenerscheinungen wurden nicht beobachtet. (Dtsch. med. Wschr. 77. 870—72. 4/7. 1952. Oldesloe bei Hamburg, Kreiskrankenhaus.) KRUSEN. 4670

A. B. H. Funcke und **J. Brug**, *Toxische Wirkungen von Tetraäthylthiuramdisulfid (T.T.S.) auf die Labyrinthreflexe.* Nach oraler Applikation von *Tetraäthylthiuramdisulfid* konnte bei Meerschweinchen Verminderung oder Unterdrückung der Labyrinthreflexe beobachtet werden. Dosierungen: einzelne Dosen von 1, 1,5 u. 2 g/kg; tägliche Dosen von 100 oder 500 mg/kg 14 Tage lang; 5 Dosen von 1 g/kg jeden 2. Tag. (Acta physiol. pharmacol. neerl. 2. 446. 1951/52. Utrecht, Univ., Pharmacol. Labor.; Amsterdam, Brocapharm, Res. Labor.) KRUSEN. 4670

D. K. de Jongh und **K. Kok**, *Einfluß von Tetraäthylthiuramdisulfid (T. T. S.) auf den Chininstoffwechsel in vivo.* Nach Verabreichung von 3mal 1—2,5 g/kg *Tetraäthylthiuramdisulfid* (I) an Mäuse, Ratten u. Kaninchen appliziertes *Chinin* (II) in Dosen von 100 u. 500 mg/kg wird wesentlich langsamer abgebaut als bei unbehandelten Kontrolltieren. Einige Kaninchen kamen bei n. tolerierten II-Dosen nach I-Zufuhr ad exitum. Bei Ratten wurden in Plasma, Leber, Lungen u. Nieren nach I höhere II-Konzz. gefunden als bei n. Tieren. (Acta physiol. pharmacol. neerl. 2. 398—405. 1951/52. Amsterdam, Nedchem. Inst. for Pharmaco-Therap. Res.) KRUSEN. 4670

D. K. de Jongh und **E. G. van Proosdij-Hartzema**, *Einfluß von Tetraäthylthiuramdisulfid (T.T.S.) auf die Wirkungen von Chininhydrochlorid.* Nachdem sich die 1 Woche dauernde Applikation von täglich 3mal 1 g/kg *Tetraäthylthiuramdisulfid* (I) bei Mäusen als nicht tox. erwiesen hatte, konnte gezeigt werden, daß bei so vorbehandelten Tieren die DL_{50} von intraperitoneal verabreichtem *Chinin* (II) 195 mg/kg gegenüber 219 mg/kg bei unbehandelten Tieren beträgt. Die II-Wrkg. auf den isolierten Rattenuterus konnte durch vorherige I-Zufuhr an die Tiere nicht erhöht werden. Die minimale II-Menge, die auf den Kaninchenuterus in situ wirkt, betrug bei 25 n. u. 3 mit I vorbehandelten Tieren 0,5 mg/kg, bei 2 weiteren I-behandelten Kaninchen 0,25 mg/kg. (Acta physiol. pharmacol. neerl. 2. 406—10. 1951/52. Amsterdam, Nedchem. Inst. for Pharmaco-Therap. Res.) KRUSEN. 4670

Edward LeB. Gray, Major James K. MacNamee und **Stanley B. Goldberg**, *Die Giftigkeit von sehr geringen Mengen NO_2-Gasen.* (Vorl. Mitt.) Zur Feststellung der Erträglichkeitsgrenze für NO_2 in industriellen Betrieben werden Verss. an Ratten durchgeführt, die 40—96 Std. lang einem Geh. von 0,01—0,06 mg NO_2/Liter Luft ausgesetzt werden. Dabei traten bei den Tieren Lungenschädigungen (Pneumonitis) ein. Somit wird die in der Industrie angenommene Erträglichkeitsgrenze von 0,05 mg/Liter als zu hoch angesehen. (A. M. A. Arch. ind. Hyg. occupat. Med. **6.** 20—21. Juli 1952.) FAHRNLAENDER. 4675

G. T. Wilkinson, *Zwei Fälle von Salzvergiftung bei Hunden.* Bericht über *NaCl*-Vergiftungen bei jungen Hunden, die als besondere Symptome Ataxie u. Paralyse der Hinterbeine zeigten. Nach Verabreichung von Ricinusöl u. in 2 Fällen von Leberextrakt erfolgt bei allen Tieren Heilung. (Veterin. Rec. **64.** 565. 20/9. 1952. Norwich.) KRUSEN. 4675

J. G. Millichap, K. R. Llewellin und **R. C. Roxburgh,** *Bleifarben: eine Gefahr für Kinder.* Bericht über 5 Fälle von *Pb*-Vergiftung bei Kindern. Vff. weisen darauf hin, daß die endgültige Diagnose der Pb-Vergiftung nur durch den Nachw. der Pb-Zufuhr u. des Pb-Geh. von Blut u. Harn gestellt werden kann. (Lancet **263.** 360—62. 23/8. 1952. London, St. Bartholomew's Hosp.; Westminster Childr. Hosp.) KRUSEN. 4675

R. C. Glover, *Tod von Rindern nach Bleiarsenatvergiftung.* Bericht über die Vergiftung einer Herde von 36 Rindern mit $Pb_3(AsO_4)_2$ infolge Verwechselung mit CaO. Das Futter enthielt 0,47% Pb u. 0,10% As_2O_3. 5 Tiere kamen zu verschied. Zeiten ad exitum, 2 erlitten Abort u. 1 Mastitis. Therapeut. wurden zunächst $MgSO_4$, dann intravenös $Na_2S_2O_4$ verabreicht. Die Ursache der bei den überlebenden Tieren auftretenden positiven Bromthymol-Rk. der Milch kann nicht erklärt werden. (Veterin. Rec. **64.** 548—50. 13/9. 1952. Jamaica, Dep. of Agric.) KRUSEN. 4675

Volker Berg, *Über Diazomethanvergiftungen.* Nach zusammengefaßter Mitt. der bisherigen Literaturangaben über die Toxizität von *Diazomethan* (I) wird über einen Fall von I-Vergiftung berichtet, der neben Schleimhautschäden als bisher unbekannte Symptome eine Epiglottisparese, Hepatose u. vermutlich auch Hämolyse zeigte, die wahrscheinlich auf ein Umwandlungsprod. von I zurückzuführen sind. — Hinweise zur Therapie. — 25 Literaturangaben. (Zbl. Arbeitsmed. Arbeitsschutz **2.** 132—35. Sept. 1952. Frankfurt/M.-Höchst, Farbwerke Hoechst.) KRUSEN. 4675

E. M. Adams, H. C. Spencer, V. K. Rowe, D. D. McCollister und **D. D. Irish,** *Die Bestimmung der Toxizität von Tetrachlorkohlenstoffdampf durch Versuche an Tieren.* Vff. setzen verschied. Säugetierarten (Affen, Kaninchen, Ratten u. Meerschweinchen) einer mit variierten Gehh. an CCl_4 versetzten Atmosphäre während verschied. Zeiten aus. Die maximal verträglichen CCl_4-Dampfkonzz. betrugen bei einer täglichen 7std. Expositionsdauer an 5 Tagen in der Woche 0,16 mg/Liter bei Affen, 0,063 mg/Liter bei Kaninchen u. 0,032 mg/Liter bei Ratten u. Meerschweinchen. Akute tox. Wirkungen, die sich bes. in Leberschädigungen äußern, treten bei Ratten bei einer CCl_4-Konz. von 2,52 mg/Liter für 0,05 Std. täglich oder von 0,63 mg/Liter für 0,3 Std. täglich auf. Aus den erhaltenen Ergebnissen wird ein Erträglichkeitshöchstwert von 0,16 mg/Liter abgeleitet, der in industriellen Betrieben nicht überschritten werden darf. (A. M. A. Arch. ind. Hyg. occupat. Med. **6.** 50—66. Juli 1952. Midland, Mich., Dow Chem. Co., Biochem. Res. Dep.) FAHRNLAENDER. 4675

W. R. Pritchard, C. E. Rehfeld und **J. H. Sautter,** *Aplastische Anämie bei Rindvieh, verknüpft mit der Fütterung von mit Trichloräthylen extrahiertem Sojabohnenmehl (Stockman-Erkrankung, Dürener Rinderseuche, Brabant-Erkrankung).* 1. Mitt. *Klinische und Laboratoriumsuntersuchung bei Weidevieh.* Hinweis auf das vermehrte Auftreten von Hämorrhagien bei Rindvieh im Winter u. Frühjahr 1951 in Minnesota nach Verfütterung von mit *Trichloräthylen* extrahiertem Sojabohnenmehl; Überblick über das darüber vorliegende Schrifttum. Bericht über klin. u. laboratoriumsmäßige Unterss., die alle Anzeichen einer aplast. Anämie erkennen lassen. Es steht noch offen, ob die Ursache für die Erkrankungen im Verfüttern des mit Trichloräthylen extrahierten Sojabohnenmehles zu suchen ist. Angaben über die therapeut. Behandlung der erkrankten Tiere; die angewandten Maßnahmen erweisen sich bei fortgeschrittenen Stadien der Erkrankung als erfolglos. (J. Amer. veterin. med. Assoc. **121.** 1—8. Juli 1952. St. Paul, Minn.) TÄUFEL. 4675

Kenneth P. DuBois und **Julius M. Coon,** *Die Giftigkeit organischer phosphorhaltiger Insekticide für Säugetiere.* Vff. klassifizieren die organ. P-haltigen Insekticide in drei Gruppen: die *Alkylpyrophosphate* (I), *Alkylthiophosphate* (II) u. *Amidophosphate* (III). Alle diese Stoffe sind hochgiftig sowohl für Insekten als auch für Säugetiere. Unter den II dagegen werden Verbb. entwickelt, die trotz hoher insektentötender Wrkg. nur eine geringe Giftigkeit für Säugetiere besitzen. Alle organ. P-haltigen Insekticide zeigen eine Cholesterinesterase hemmende Wirkung. Sie ist bes. bei III längere Zeit anhaltend. Die intraperitoneale letale Dosis liegt bei I-Verbb. zwischen 0,85 u.

16,0 mg/kg (Maus), bei den II-Verbb. zwischen 3,0 u. 750,0 mg/kg (Ratten) u. bei den III-Verbb. zwischen 2,7 u. 11,5 mg/kg (Ratten). (A. M. A. Arch. ind. Hyg. occupat. Med. **6.** 9—13. Juli 1952. Chicago, Univ., Dep. of Pharm.) FAHRNLAENDER. 4675

Heinz Rodeck und **Hubert Westhaus,** *Die Anilinvergiftung durch Wäschetinten und Stempelfarben bei Säuglingen. Ein Bericht an Hand einer Gruppenvergiftung von 41 Säuglingen.* Nach ausführlicher Besprechung des Chemismus der *Anilin*-Vergiftung u. ihrer klin. Diagnose berichten Vff. über eine Gruppenvergiftung bei Säuglingen durch Verwendung frisch mit Wäschetinte gestempelter Windeln. Die Vergiftungssymptome waren Cyanose, bes. der Lippen, Abnahme der Erythrocyten u. des Hämoglobins, Auftreten von Hämiglobin, Leukocytose u. Retikulocytenerhöhung. In Tierverss. wurde die Möglichkeit der Anilinresorption durch die Haut bewiesen. Therapeut. wurden 3mal 8std. eine Injektion von 2—4 ml *Tecesal* (CaS_2O_3) u. in einigen Fällen Bluttransfusionen verabreicht. (Arch. Kinderheilkunde **145.** 77—90. 1952. Düsseldorf, Med. Akad., Kinderklinik.) KRUSEN. 4675

Richard Schwank und **Lubor Jirásek,** *Überempfindlichkeit der Haut gegenüber Emetin.* Die Reizbarkeit der Haut u. Schleimhaut nach Anwendung von *Emetin* (I) u. *Radix Ipecacuanhae* hat allerg. Charakter. Bei Arbeitern einer Fabrik für A.-Entwöhnungsmittel u. bei mit I behandelten Alkoholikern wurden Kontaktdermatitis u. andere allerg. Rkk. beobachtet. Charakterist. sind Spät-Rkk. bei Testen auf I (z. B. Spitzenwert nach 96 Std.). Als Gegenmaßnahmen haben sich bewährt: Vorsicht bei Herst. der Injektionen, Personalwechsel. (Českoslov. Dermatol. [J. Dermatol. Syphilol. Czechoslov.] **27.** 50—56. 1952. Prag, II. Dermatolog. Klinik.) R. K. MÜLLER. 4681

Ján Benca, *Kontaktekzeme durch Gummischuhe. Feststellung der reizenden Bestandteile des Gummis.* 56 Patienten werden mit verschied. Chemikalien u. Rohstoffen der Gummiindustrie getestet, um die wirksamen Substanzen bei Kontaktekzemen durch Gummischuhe festzustellen. In den meisten Fällen handelt es sich um Überempfindlichkeit gegen mehrere Bestandteile u. die Stärke der Rk. entspricht der Menge der Reizmittel. Von den Vulkanisationsbeschleunigern zeigt die höchste Reizwrkg. *Mercaptobenzothiazol,* während *Diphenylguanidin* nur wenig reizt, andere überhaupt nicht. Stärker wirken die Weichmacher wie *Fichtenteer* u. *Cumaron,* die bei 75% der Versuchspersonen Rkk. geben. Naturkautschuk ist prakt. reizlos, synthet. Kautschuke wirken oft reizend, Regenerate erhöhen die Reizwirkung. Die Reizstoffe lassen sich mit W., einige auch durch Verdampfung extrahieren. Bei Patienten mit Lederschuhwerk können schon Kautschukleim u. -zemente Kautschukekzeme bewirken. Sorgfältige Wahl der Rohstoffe u. Zusätze kann zur Verhütung der Kontaktekzeme beitragen. (Českoslov. Dermatol. [J. Dermatol. Syphilol. Czechoslov.] **27.** 56—73. 1952. Košice, Dermatolog. Klinik.) R. K. MÜLLER. 4681

W. H. Archer, Manual of dental anesthesia. London: W. B. Saunders. 1952. (192 S. m. Abb.) 27 s. 6 d.
Harry Beckman, Pharmacology in clinical practice. Philadelphia: Saunders. 1952. (839 S. m. Abb.) $ 12,50.
Andrew Wilson and H. O. Schild, Clark's applied pharmacology. 8th ed. Philadelphia: Blakiston. 1952. (691 S. m. Abb.) $ 7,—.

F. Pharmazie. Desinfektion.

—, *Das internationale Arzneibuch. Allgemeine Übersicht. Monographien über chemische Stoffe.* Krit. Besprechung des neuen internationalen Arzneibuches, bes. der Kapitel „Strukturformeln" u. „Reagentien u. Abgrenzungsmethoden". Vgl. des Inhaltes mit dem einiger nationaler Pharmakopoeen, bes. des engl. Arzneibuches. (Pharmac. J. **167.** [4] **113.** 397—98. 1/12. 423. 8/12. 1951.) J. KEIL. 4750

—, *Zum III. Polnischen Arzneibuch.* Gewinnungsvorschriften, Eigg., Dosierung, Best. usw. von Gluconat, Histamindichlorid, konz. H_2O_2, Radix Inulae, Radix Saponariae, Rhizoma Valerianae, Folium Vitis Idaeae u. Nicotinsäurediäthylamid. (Farmacja polska **8.** 5—15. Jan. 1952.) R. K. MÜLLER. 4750

K. Münzel, *Pharmazeutische Groß- und Kleinapparaturen, Hilfsmittel und Utensilien.* 29. Mitt. *Der Homo-Mixer Eppenbach als Homogenisator für Emulsionen.* (Vgl. C. **1952.** 4655.) Vf. weist auf die Problematik der Beurteilung von Homogenisatoren mit Hilfe von Dispersitätsmessungen hin. Rohe Kuhmilch wird als Standardemulsion vorgeschlagen u. mit ihr der Homo-Mixer EPPENBACH auf seinen Dispergiereffekt geprüft. Detaillierte Angabe der Untersuchungsmethoden u. -ergebnisse. (Schweiz. Apotheker-Ztg. **90.** 317—20. 10/5. 1952. Zürich, ETH, Pharmazeut. Inst., Galen. Abt.) RANGNICK. 4758

J. B. Termansen, *Mischungen von Pentanitrol (Pentaerythrittetranitrat) und Milchzucker (Mischungen von Nitromannit und Milchzucker). (Mischungen von Nitroerythrit und*

Milchzucker). Vf. untersuchte, ob die Sprengstoffe Pentanitrol (I), Nitromannit (II) u. Nitroerythrit (III) in Mischung mit Milchzucker (V) in Tablettenmaschinen unter erheblichem Druck zu Arzneimitteln gefahrlos verarbeitet werden können. Er fand, daß eine homogene Mischung von I mit IV mit 12,5% I-Geh. keine Entmischung bei mechan. Behandlung (Rotieren, Schütteln) zeigt, wenn die Partikelgröße (keine nadelförmigen Kristalle) von I unter der Sieb N⁰ = 30 liegt. Es kann so keine explosive Mischung entstehen. Bei der homogenen Mischung von II mit IV muß der Geh. an II wesentlich unter 12,4% liegen, wenn die Mischung keine explosiven Eigg. haben soll. III läßt sich in solcher Form herstellen, daß es mit IV homogene Mischungen gibt. Hier müssen Verss. entscheiden, welche Mischungen nicht explosiv sind. Die zahlreichen Verss. beziehen sich auf die Herst. der 3 Stoffe in für die Mischungen geeigneten Formen u. auf die Mischungen selbst. Auf alle Fälle ist Vorsicht beim Arbeiten mit I, II u. III geboten (z. B. Augenschutz durch Brille). (Arch. Pharmac. og Chem. **59.** (**109.**) 713—41. 6/9. 1952. Kopenhagen, Danmarks Apotekerforenings Kontrollabor.) GEITZ. 4766

Winterfeld, *Die Wirkstoffe der Mistel* (*Viscum album L.*). Es lassen sich folgende Wirkungen der Mistel feststellen: 1. Atropinisierbare Blutdrucksenkung, 2. digitalisartige Herzwrkg., 3. Immunwerden der Wirtspflanze. Der blutdrucksenkende Anteil wurde als *Cholin–Acetylcholin*-Gemisch identifiziert. Das *Viscotoxin* als herzwirksamer Stoff (gleiche Toxizität wie Strophanthin) wurde isoliert u. auf Zus. untersucht. Herztox. u. nekrotisierendes Prinzip sind identisch. Bei längerem Stehen wss. Lsgg. Absinken der Herzwirkung. Fragen der Immunisierung sind noch ungeklärt. (Pharmaz. Ztg. **88.** 573—74. 5/8. 1952. Bonn.) ULEX. 4782

R. G. Atkinson, *Pilzwachstum und Gärung in Kodeinphosphatsirup*. Es werden experimentell alle Faktoren geprüft, die die Haltbarkeit von Kodeinsirupen beeinträchtigen, d. h. die die Schimmelbldg. u. Gärung in diesen Präpp. begünstigen. — Unter sonst n. Aufbewahrungsbedingungen vermögen folgende Zusätze die Haltbarkeit mindestens einen Monat zu gewährleisten, ohne den Geschmack zu beeinträchtigen: 1. 4% A. (zur Verhinderung der Entw. von Brauereihefe 8,8%), 2. 0,25% Chlf. oder 3. 2,5% Chloroformspiritus. (Pharmac. J. **167.** [4] **113.** 401—02. 1/12. 421—22. 8/12. 1951.) J. KEIL. 4790

Mannfried Pahlow, *Tinkturen*. Mit Hilfe einfacher Prüfungsmethoden wird festgestellt, daß nicht nur unterschiedliches Drogengut, sondern auch verschied. Herstellungsweise die Verschiedenheit von Tinkturen bewirkt. Die an Tinct. Valerianae u. Tinct. Aurantii durchgeführten Unterss. zeigen, daß durch Evakolation mehr aus der Droge herausgezogen wird als durch Maceration. Die Einheitlichkeit der Tinkturenherst. nach DAB. 6 wird gefordert. (Dtsch. Apotheker-Ztg. **92.** 648—49. 29/8. 1952. Bogen/Donau, Stadtapotheke.) ULEX. 4790

Kerstin Nordstig, Magnus Östensson und **Ivan Östholm**, *Thymianzubereitungen*. Zur Herst. von Thymiansirup verwandten die Vff. Herba thymi vulgaris (I). Das geeignetste Extraktionsmittel für I mit 0,46% Thymol (II) war 33%ig. A., u. das fertige Prod. stimmt mit einem II-Geh. von 0,014% in bezug auf guten Geschmack, klares Aussehen u. Schimmelresistenz mit einem Sirup überein, der aus I nach der Pharmakopoemeth. hergestellt ist. Eine Zugabe von Glycerin bei der Extraktion oder von Alkali zu dem Extrakt hat keinen Vorteil. (Svensk farmac. Tidskr. **56.** 489—97. 20/8. 1952. Apotekens Kompositionslabor.) GEITZ. 4790

Victor Kwasniewski, *Über eine Ausflockung bei Liquor Ammonii anisatus DAB. 6*. Eine Ausflockung bei Liquor Ammonii anisatus DAB. 6 wurde als Eisenhydroxyd identifiziert. Der verwendete Spiritus war offensichtlich Fe-haltig. Nach den amtlichen Prüfungsvorschriften wird Spiritus nicht auf Fe geprüft. (Dtsch. Apotheker-Ztg. **92.** 649. 29/8. 1952. Königslutter.) ULEX. 4790

—, *Gewerbeschutzsalben*. An zwei Beispielen von Schutzsalben werden die Grundlagen des Schutzes der Haut bei der Industriearbeit u. die Anforderungen an Gewerbeschutzsalben beschrieben. (Chem. Products chem. News [N. S.] **15.** 52—56. Febr. 1952.) SCHMERSAHL. 4792

K. Miyagi, *Entwicklung auf dem Arzneimittelgebiet in den letzten 50 Jahren*. Kurzer geschichtlicher Überblick über die Einw. der wissenschaftlichen Erkenntnisse u. prakt. Ergebnisse auf dem Gebiet der *Arzneimittel*, die eng verknüpft ist mit den Fortschritten der Bakteriologie (KOCH), der Chemie synthet. organ. Verbb. in Wissenschaft u. Industrie (Cocain, Ephedrin, Mikroanalyse) u. der Biochemie (Wirkstoffe). (Kagaku [Science] **21.** 455—60. Sept. 1951 [Orig.: japan.]) SCHULER. 4800

—, *Neue Präparate. Anusol-Salbe* (WILLIAM R. WARNER, New York): Wismutsubgallat, Resorcin, Perubalsam, Zinnoxyd, Borsäure in einer Kakaobuttergrundlage. — *Bexosaltabletten* (B. F. ASCHER & CO., INC., Kansas City): 0,25 (g) Salicylamid,

0,001 dl-Desoxyephedrin, 0,01 Thiamin, 0,005 Lactoflavin, 0,02 Nicotinsäureamid u. 0,05 Ascorbinsäure. — *Chloragel* (WALKER LABORATORIES, INC., Mt. Vernon): Tabletten mit 25 (mg) Chlorophyll, 250 $Al(OH)_3$, 250 Mg-Trisilicat. Antacidum. — *Codahist-Sirup* (BURROUGH BROS. MFG. CO., Baltimore): Enthält in 4 cm^3 8,7 mg Kodeinphosphat, 0,0166 cm^3 Chlf., 5 mg Pyrilaminmaleat, 70 mg K-Sulfoguajacolicum, 70 mg NH_4Cl, 1 mg Menthol. — *Durycin* (ELI LILLY & CO., Indianapolis): Kombination von Procain–Penicillin, Penicillin G u. Dihydrostreptomycin. — *Efocaine* (E. FOUGERA & CO., New York): Injizierbares Schmerzstillmittel mit Depotwirkung. — *Geritropin liquidum* (U. S. STANDARD PRODUCTS CO., Woodworth): 15 cm^3 enthalten in Tricholincitrat 4,15 (g), Inosit 0,75 u. 5 γ Vitamin B_{12}. Propylakticum bei Cirrhose, Arteriosklerose u. Hydrops. — *Hormestoral* (E. S. MILLER LABORATORIES, INC., Los Angeles): Tabletten mit 1,25 mg Equin. — *Mistrone* (Hersteller wie vorst.): Injektionen, 1 cm^3 enthält 2,5 mg natürliche Östrogene u. 25 mg Progesteron. — *Neostene* (Hersteller wie vorst.): Injektion mit 50 mg Methylandrostendiol/cm^3, Tabletten zu 10 mg. — *Paverilphosphat* (ELI LILLY & CO., Indianapolis): Synthet. Analoges des Papaverins. — *Pernaemon* (ORGANON, INC., Orange): Leberpräparat. — *Prenalac* (ELI LILLY & CO., INC., Indianapolis): Vitaminkapseln. — *Tolamic-Kapseln* (KREMERS-URBAN CO., Milwaukee): Mephenesin u. Glutaminsäurehydrochlorid je 0,25 g. (J. Amer. pharmac. Assoc., pract. Pharmacy Edit. 13. 33—35. Jan. 1952.) HOTZEL. 4800

Rune Westerling, *Narkosemittel — eine Übersicht.* Nach einer Einteilung der Narkosemittel u. des Narkoseverlaufes nennt Vf. die Mittel Ae., Chlf., C_2H_4, Divinyläther, C_2H_5Cl, $CHCl=CCl_2$, Cyclopropan, N_2O, CBr_3CH_2OH, Barbitursäurederivv. sowie deren Wirkung. (Svensk farmac. Tidskr. 56. 509—17. 30/8. 1952.) GEITZ. 4806

M. Brandstätter und **G. Breuer,** *Über das Verhalten instabiler Handelsformen pharmazeutischer Präparate auf der Kofler-Heizbank.* Die auf der KOFLER-Heizbank bestimmten FF. vieler Substanzen weichen von den in der Literatur beschriebenen Werten ab. Ursache hierfür können sein: Zersetzlichkeit, Kristallwassergeh. u. Polymorphie. Der letzte Fall wird an 14 pharmazeut. Präpp. (Atophan, Pantocain, Voluntal, Noctal, Proponal, Neo-Uliron, Cibazol, Prontosil, Resorcin, Thiosinamin, Xylolmoschus, Bromol, Cholesterinacetat u. Bromural) untersucht. (Scientia pharmac. 19. 16—21. 31/3. 1951. Innsbruck, Univ., Pharmakognost. Inst.) ULEX. 4806

Harald Nielsen, *Neue Heilmittel. Isonicotinsäurehydrazide als Tuberkulosemittel.* Geschichtliche Entw., klin. Verss. (Temperatur- u. Gewichtskurve), Dosis, Giftigkeit u. Wrkg. des Isonicotinsäurehydrazids. Genannt sind *Rimifon* (ROCHE), *Nydrazid* (SQUIBBS) u. *Marsalid* (Isonicotinsäureisopropylhydrazid; ROCHE). — 14 Literaturhinweise (1952.) (Farmac. Tid. 62. 405—07. 5/7. 419—26. 12/7. 1952.) GEITZ. 4806

E. P. Brandes und **F. J. Kirchmeyer,** *Stabilität der Vitamine in flüssigen Multivitaminpräparaten.* Erörterung der Stabilitätsverhältnisse der Vitamine A, D, des B-Komplexes, C u. B_{12} für sich u. in Mischung. Für die Herst. fl. Mischpräpp. wird gefordert: Schutz vor Licht u. Luft, Einhaltung eines p_H von 3,8—4,5, Schutz vor Erhitzung, Zusatz von Antioxydantien. Das Stabilitätsproblem fl. Multivitaminpräpp. kann noch nicht als gelöst betrachtet werden. — 72 Literaturzitate. (Chem. Products chem. News [N. S.] 15. 243—46. Juli 1952. Abbott Laboratories, Ltd.) SPITALER. 4808

—, *Vitamin-A-Stabilisierung. Ein neues Präparat.* Beschreibung der techn. Vitamin-A-Synth. der CHAN. PFIZER & CO., Inc. (USA.). Zur Erhöhung der Haltbarkeit wird Vitamin-A-Acetat in feinkristalliner Form in Gelatine eingebettet. Der Verlust an Wirksamkeit beträgt bei 45° innerhalb von 1000 Std. nur *4%*, was einer Haltbarkeit von mehreren Jahren unter n. Bedingungen entspricht. (Chem. Products chem. News [N. S.] 15. 252—55. Juli 1952.) SPITALER. 4808

P. Terp, *Penicillintabletten zu 200000 I. E. Herstellungsvorschrift.* Vorschrift zur Herst. von 1000 Penicillintabletten zu 2000000 I.E. (Arch. Pharmac. og Chem. 59. (109.) 699—700. 23/8. 1952. Kopenhagen, Danmarks Apotekerforenings Kontroll-Labor.) GEITZ. 4810

Walter Drum, *Ein deutscher Beitrag zur Cariesprophylaxe durch Fluorverbindungen.* Hinweis auf eine Cariesprophylaxe mit *F*-haltigen Zahnpasten unter besonderer Berücksichtigung der Arbeiten von EICHLER u. APPEL (vgl. C. 1952. 7699), die zur Herst. der *Biox-Fluor*-Zahnpaste geführt haben. Wirksamer Bestandteil ist *β-Oxyäthylammoniumhydrofluorid.* (Zahnärztl. Welt 7. 381—83. 10/9. 1952. Berlin-Charlottenburg.) KLESSE. 4822

A. Berggren und **S. Hansen,** *Bestimmung von Salazopyrin.* Zur Best. von Salazopyrin beschreibt Vf. die Titration mit $TiCl_3$; der $TiCl_3$-Überschuß wird mit $FeCl_3$ zurückgemessen (Indicator: NH_4SCN) u. die spektrophotometrisch. Messung nach

BECKMAN bei 359 mμ. Die Werte mehrerer Proben sind in einer Tabelle zusammengestellt; die Mittelwerte stimmen gut überein. (Farmac. Revy **51**. 537—41. 22/8. 1952. Upsala, Aktiebolaget Pharmacia). GEITZ. 4880

L. Fuchs und **E. Soos**, *Die Bestimmung des Alkaloidgehaltes von Mutterkornextrakten und die zweckmäßige Herstellung eines Extractum Secalis cornuti liquidum.* Vff. besprechen krit. die bekannten Verff. u. empfehlen zur Best. der wasserlösl. u. wasserunlösl. Alkaloide (I) die für Drogen ausgearbeitete colorimetr. Meth. von FUCHS (C. **1952**. 4024) mit p-Dimethylaminobenzaldehyd-H_2SO_4. Zur Vorbehandlung der Extrakte (E) wird eine geeignete Vorschrift angegeben. Die Meth. wird mit 6 g E durchgeführt u. ist weniger zeitraubend. — Extr. Secalis corn. liqu. wird zweckmäßig aus entfetteter Droge durch Perkolation mit 70 Vol.-%ig. A., dem 1% Weinsäure zugesetzt ist, gewonnen. Hierbei werden 85% I ausgezogen u. aus 100 Teilen Droge 200 Teile E erhalten. Das den I-Geh. vermindernde Eindampfen wird so vermieden. Ein Zusatz von 1% Ascorbinsäure sofort nach Herst. des Präp. ist geboten, wobei die I-Abnahme in 6 Monaten auf weniger als 20% gegenüber bis 60% ohne Zusatz fällt. Mindestforderung: 0,05% wasserunlösl. u. 0,0075% wasserlösl. I. Die Lagerzeit soll 6 Monate nicht überschreiten. (Scientia pharmac. **20**. 25—38. 31/3. 1952. Wien, Univ., Pharmakogn. Inst.) HERRMANN. 4880

Deutsches Hydrierwerk Rodleben VEB, Rodleben bei Roßlau/Elbe (Erfinder: **Stefan Morgenstern**, Berlin-Charlottenburg), *Kakaobutterersatz.* Zur Herst. von leicht gieß- u. preßbaren, bei Körpertemp. schm. heilmittelhaltigen Zäpfchen, Pastillen, Stäbchen oder Lippenstiften verwendet man als Grundmassen feste, etwa bei Körpertemp. schm. Gemische aus Fettalkoholen oder deren Gemischen mit mindestens 14 u. höchstens 22 C-Atomen im Mol. (I) u. Estern aus ungesätt. seifenbildenden Fettsäuren u. höhermol. ungesätt. aliphat. Alkoholen, bes. solchen natürlich vorkommenden Estern, die bis zur salbenartigen Konsistenz hydrierbar sind (II), mit einem Zusatz von gehärteten Ölen pflanzlicher oder tier. Herkunft (III) u. bzw. oder Teilestern aus zwei- oder mehrwertigen Alkoholen, bes. des Pentaerythrits oder Dipentaerythrits, u. seifenbildenden Carbonsäuren, wie Öl,- Tallöl- oder Wollfettsäure (**IV**). Als I kommen z. B. in Betracht Tetra-, Hexa- oder Octadecylalkohol oder 1.2-Stearylenglykol, als II Spermacetiöl, Döglingsöl oder Oleyloleat u. als III Sonnenblumen-, Rüb- oder Olivenöl, Lebertran oder Talg. Eine verformbare Fettmasse dieser Art, deren F. zwischen 35 u. 37° liegt, besteht z. B. aus 55 (Gewichtsteilen) I, 35—40 II u. 5—10 III. — An Stelle von Fettalkoholen mit 14—18 C-Atomen im Mol. kann man ferner auch die aus Fettalkoholen mit 8—18 C-Atomen im Mol. u. niedermol. mehrwertigen aliphat. Alkoholen oder Phenolen gebildeten Monoäther (V) verwenden, die sich in manchen Fällen auch bereits allein oder im Gemisch mit II oder III als Kakaobutterersatz eignen. Als V kommen z. B. in Betracht die Monoäther des Glycerins, Methylglycerins, 1.2-Propylenglykols oder 1.3-Butylenglykols, des Tetra- oder Hexadecylalkohols oder der Fettalkoholgemische mit 14—16 bzw. 16—18 C-Atomen im Mol. oder der Tetradecylphenyläther oder der Kresyläther eines Fettalkoholgemisches mit 14—18 C-Atomen im Molekül. Leicht verformbare Fettmassen dieser Art bestehen z. B. aus 80—90 (Gewichtsteilen) V u. 10—20 II oder aus 60—70 V u. 30—40 IV oder aus 45 V, 25 II, 15 III u. 14 IV. (**D. PP. [D.D.R.] 549** Kl. 30h vom 17/4. 1943 u. **550** Kl. 30h [Zusatz-Pat.] vom 30/6. 1943, beide ausg. 28/3. 1952 [Wirtschaftspatente].) RAETZ. 4771

Farbenfabriken Bayer, Leverkusen-Bayerwerk (Erfinder: **Robert Behnisch**, Wuppertal-Elberfeld), *Herstellung von Thiosemicarbazonen*, dad. gek., 1. daß man aromat. Oxoverbb., die eine Nitrogruppe in o-Stellung zur Oxogruppe tragen, mit Thiosemicarbazid oder seinen am N oder S durch Alkyl-, Aryl-, Acyl- oder heterocycl. Reste substituierten Abkömmlingen umsetzt, oder sie stufenweise mit Hydrazinen oder Rhodaniden bzw. Senfölen umsetzt, oder sie mit Semicarbaziden in Semicarbazone umwandelt u. diese mit S-Verbb. zu Thiosemicarbazonen umsetzt, oder indem man in Thiosemicarbazonen von aromat. Oxoverbb. eine bereits vorhandene reaktionsfähige Gruppe in die Nitrogruppe umwandelt; 2. daß an Stelle der freien Oxoverbb. deren funktionelle Derivv., wie Thioaldehyde, Thioketone, Acetale, Mercaptale, Halbacetale u. Bisulfitverbb., verwendet werden. — Beispiele: 2-Nitrobenzaldehydthiosemicarbazon, gelbe Kristalle, F. 254°, 2-Nitrobenzaldehyd-N-methylsemicarbazon, schwach gelbe, derbe Kristalle, F. 228°, 2-Nitrobenzaldehyd-N-allylthiosemicarbazon, F. 152°, 2-Nitrobenzaldehyd-N-butylthiosemicarbazon, F. 146°, 2-Nitrobenzaldehyd-N-cyclohexylsemicarbazon, F. 201°, 2-Nitrobenzaldehyd-N-phenylsemicarbazon, F. 199°, 6-Chlor-2-nitrobenzaldehydthiosemicarbazon, F. 199—200°, 5-Chlor-2-nitrobenzaldehydthiosemicarbazon, F. 201°, sämtlich gelbe Kristalle. — Tuberkulosemittel. (**D. B. P. 845 344** Kl. 12o vom 31/10. 1943, ausg. 31/7. 1952.) DERSIN. 4807

Josef Klosa, Lübbecke, *Herstellung von Derivaten der Physodsäure* durch Bromierung unter schonenden Bedingungen. F. 165°. *Therapeuticum.* (**D. B. P. 843 416** Kl. 12q vom 9/5. 1950, ausg. 7/7. 1952.) FABEL. 4807

Farbenfabriken Bayer, Leverkusen (Erfinder: **Richard Kuhn,** Heidelberg), *Herstellung von o.o'-Dioxybenzil* durch Einw. von $AlCl_3$ auf o.o'-Dimethoxybenzil. F. 154 bis 155°, gelbe Nadeln. Wachstum von Staphylokokken u. Milchsäurebakterien wird nicht herabgesetzt, dagegen Hefewachstum in Verdünnung 1:1000000 völlig unterdrückt. Die Verb. (*Salicil*) ist 1000mal wirksamer als Salicylsäure. *Konservierungsmittel* u. *Therapeuticum.* (**D. B. P. 850 609** Kl. 12o vom 27/7. 1943, ausg. 25/9. 1952.) SCHINDLER. 4807

Galactina & Biomalz Akt.-Ges. (Erfinder: **Hans Kramer**), Belp, Schweiz, *Herstellung von therapeutisch wertvollen Hydantoinen.* Äquimol. Mengen 5-Alkyl-5-styrylhydantoin u. Br_2 werden in Ggw. eines Lösungsm. (Eisessig) zur Rk. gebracht. — Beispiel. *5-Methyl-5-(1'.2'-dibrom-2'-phenyläthyl)-hydantoin,* weiße Nadeln, F. 207°. Weiteres Beispiel ist die Herst. von *5-Äthyl-5-(1'.2'-dibrom-2'-phenyläthyl)-hydantoin.* Höhere Homologe, z. B. *5-Propyl-5-(1'.2'-dibrom-2'-phenyläthyl)-hydantoin,* können in gleicher Weise hergestellt werden. (**D. B. P. 844 745** Kl. 12p vom 24/2. 1949, ausg. 24/7. 1952. Schwz. Priorr. 24/8. u. 17/12. 1946.) SCHMAUSER. 4807

Schenley Laboratories, Inc., New York, N. Y., V. St. A., übert. von: **Hans Henecka,** Wuppertal-Elberfeld, *Phenylpiperidinocumarane.* β-(o-Acetonyloxyphenyl)-zimtsäurenitril, F. 84°, geht bei Behandlung mit wenig Alkali in *2-Acetyl-3-phenylcumaran-3-acetonitril,* Kp. $_{0,15}$ 173°, über, das sich in Ggw. von RANEY-Ni bei 100—110° zu *2.3-[2'-Methylpiperidino-(3'.4')]-3-phenylcumaran,* Kp. $_{0,05}$ 143°, hydrieren (100 at H_2-Druck) läßt. Dieses läßt sich, z. B. mit Dimethylsulfat, zu *2.3-[2'.N-Dimethylpiperidino-(3'.4')]-3-phenylcumaran* methylieren. Die α-*Verb.* schm. bei 158°, die β-*Verb.* bei 106°, die γ-*Verb.* bei 137°. Analog erhält man: *2.3-[2'.N-Dimethylpiperidino-(3'.4')]-3-phenyl-5-methylcumaran,* F. 144—147°, u. *2.3-[2'-N-Dimethylpiperidino-(3'.4')]-3-(p-tolyl)-5-methylcumaran,* F. 140°. — *Analgetica, Analeptica.* (**A. P. 2 589 378** vom 17/11. 1949, ausg. 18/3. 1952. D. Prior. 5/10. 1948.) BRÖSAMLE. 4807

G. D. Searle & Co., Skokie, übert. von: **Richard A. Robinson,** Morton Grove, Ill., V. St. A., *Quaternäre Ammoniumsalze des 2.6-Lupetidins.* Durch Rk. von 1-Methyl-2.6-lupetidin mit C_2H_5Br in $CH_3COC_2H_5$ bei 100° im Autoklaven erhält man *1-Methyl-1-äthyl-2.6-lupetidiniumbromid,* F. 281°. Analog werden dargestellt: *1.1-Diäthyl-2.6-lupetidiniumbromid,* F. 263—265°, u. *1-Propyl-1-methyl-2.6-lupetidiniumjodid,* F. 238° (Zers.). — Die Verbb. sind *antispasmod.* u. *antihistamin.* wirksam. (**A. P. 2 590 126** vom 10/3. 1948, ausg. 25/3. 1952.) BRÖSAMLE. 4807

Ciba Pharmaceutical Products, Inc., Summit, N. J., V. St. A., übert. von: **Jean Druey,** Riehen, und **Paul Schmidt,** Therwil, Schweiz, *Chinoxaline,* die *carcinolyt.* Wrkg. besitzen. Bei der Rk. von 4.7-Phenanthrolin-5.6-chinon mit Äthylen-1.2-diamin (I) erhält man nebeneinander *5.6.7.8-Dipyrido-(5'.6':2''.3'')-chinoxalin* (II), F. 270°, u. *5.6.7.8-Dipyrido-(5'.6':2''.3'')-1.2.3.4-tetrahydrochinoxalin* (IV), F. 187°. Setzt man 1.7-Phenanthrolin-5.6-chinon mit I um, so erhält man nebeneinander *5.6.7.8-Dipyrido-(5'.6':5''.6'')-chinoxalin,* F. 302—303°, u. *5.6.-7.8-Dipyrido-(5'.6':5''.6'')-1.2.3.4-tetrahydrochinoxalin* (III), F. 171°. Ferner: 5.6-Dioxy-4.7-phenanthrolin + I → IV. (**A. P. 2 590 075** vom 30/4. 1951, ausg. 25/3. 1952. Schwz. Prior. 5/5. 1950.) BRÖSAMLE. 4807

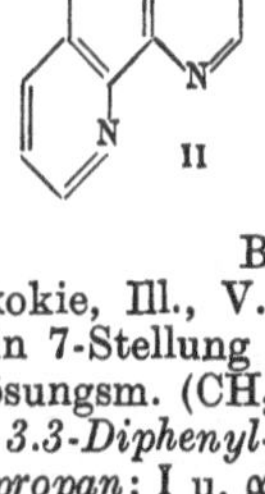
II

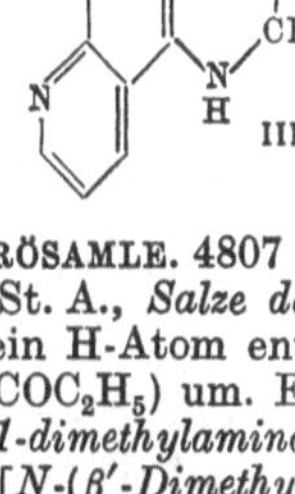
III

G. D. Searle & Co. (Erfinder: **John W. Cusic**), Skokie, Ill., V. St. A., *Salze der 8-Halogenxanthine.* Man setzt 8-Halogenxanthine, die in 7-Stellung ein H-Atom enthalten, mit einem Amin in einem wasserlösl. organ. Lösungsm. ($CH_3COC_2H_5$) um. Es werden Salze dargestellt: aus *8-Chlortheophyllin* (I) u. *3.3-Diphenyl-1-dimethylaminopropan,* F. 113—115°; I u. *3.3-Diphenyl-1-N-piperidinopropan;* I u. α-*[N-(β'-Dimethylaminoäthyl)-N-(α''-thenyl)]-aminopyridin* (II); *8-Bromtheophyllin* (IV) u. α-*[N-(β'-Dimethylaminoäthyl)-N-(δ''-chlor-α''-thenyl)]-aminopyridin* (III); *8-Jodtheophyllin* u. II; I u. III; I u. *1-(α-Pyridyl)-1-phenyl-3-dimethylaminopropan* (V), F. 92—99°; I u. *1-(α-Pyridyl)-1-(p-chlorphenyl)-3-dimethylaminopropan;* IV u. V, F. 73—85°; IV u. *1-Phenyl-1-(α-pyridyl)-3-diäthylaminobutan;* I u. *2-[N-(β-Dimethylaminoäthyl)-N-(p-methoxybenzyl)]-aminopyrimidin;* I u. *2-[N-(β-Dimethylaminoäthyl)-N-benzyl]-aminopyrimidin.* — *Pharmazeutica.* (**D. B. P. 851 062** Kl. 12p vom 4/7. 1950, ausg. 2/10. 1952. A. Prior. 2/7., 7/7., 4/11. 1949 u. 21/1. 1950.) BRÖSAMLE. 4807

G. D. Searle & Co., übert. von: **Richard A. Robinson, Morton Grove** und **John W. Cusic,** Skokie, Ill., V. St. A., *Quaternäre Ammoniumsalze des Phenothiazins.* Durch

Rk. von 10-(β-Dimethylaminoäthyl)-phenothiazin (I) mit CH_3Cl erhält man *β-(10-Phenothiazinyl)-äthyltrimethylammoniumchlorid*, F. 230°; von I mit C_2H_5Br *β-(10-Phenothiazinyl)-äthyldimethyläthylammoniumbromid*, F. 140°. Ferner werden dargestellt: *β-(10-Phenothiazinyl)-α.α-dimethyläthyltrimethylammoniumchlorid*, F. 196°; *β-(10-Phenothiazinyl)-äthyldiäthylmethylammoniumchlorid*, F. 175°; *γ-(10-Phenothiazinyl)-propyltrimethylammoniumchlorid*, F. 205°; das *β-(10-Phenothiazinyl)-äthyltrimethylammoniumsalz* (II) des *Chlortheophyllins*, F. 184°; *β-(10-Phenothiazinyl)-äthyltrimethylammoniumjodid*, F. 250°; II von *Theophyllin*, F. 175°; *N-[β-(10-Phenothiazinyl)-äthyl]-N-methylpiperidiniumchlorid*, F. 213° (Zers.); *δ-(10-Phenothiazinyl)-butyltrimethylammoniumchlorid*, F. 185°. — *Antihistamin.* u. *antispasmod.* Wirkung. (**A. P. 2 590 125** vom 6/6. 1947, ausg. 25/3. 1952.) BRÖSAMLE. 4807

Distillation Products, Inc., Wilmington, Del., V. St. A., *Vitamin A* erhält man durch Red. eines Vitamin A-säureesters zweckmäßig bei —30 bis + 50° (im Beispiel Vitamin-A-säureäthylester) mit einem Metall- bzw. Halbmetallhydrid ($LiAlH_4$, AlH_3, $LiBH_4$) u. Hydrolyse der entstandenen Organometallverb., bes. in einem organ. Lösungsm. (Ae., Dioxan usw.) (**Schwz. P. 281 332** vom 22/12. 1947, ausg. 16/6. 1952. E. Priorr. 24/12. 1946 u. 10/12. 1947 u. A. Prior. 30/8. 1947.) KRAUSS. 4809

Publicker Industries, Inc., übert. von: **David A. Legg** und **Samuel C. Beesch**, Philadelphia, Pa., V. St. A., *Herstellung von Riboflavin* durch Vergärung von Maischen mit ca. 2 (%) Weizenmehl u. ca. 2 braunem Reis oder entkeimtem Mais mit *Clostridium acetobutylicum* bei 37° während 72 Stunden. Höhere Ausbeute. (**A. P. 2 581 419** vom 9/10. 1945, ausg. 8/1. 1952.) SCHINDLER. 4809

Sharp & Dohme, Inc., übert. von: **Helen R. Skeggs**, Philadelphia, Pa., V. St. A., *Stabilisieren von Vitamin B_{12}-Konzentraten* durch Zusatz von Eisenzuckerlsg., die gleichzeitig als Anämietherapeuticum von Bedeutung ist. (**A. P. 2 584 627** vom 9/8. 1950, ausg. 5/2. 1952.) SCHINDLER. 4809

American Cyanamid Co., New York, N. Y., übert. von: **Barbara Roth**, Middlesex Borough, N. J., V. St. A., *Substituierte Pteridine*, die sich, bei nur geringer tox. Wrkg., zur Behandlung von *Leukämie* oder *Tumoren* eignen. Man stellt nach bekannten Verff. 2.6-Diamino- bzw. 2-Amino-6-oxy-pteridine her, wobei mindestens eine NH_2-Gruppe substituiert ist. Durch Rk. von 2.4.5-Triamino-6-dimethylaminopyrimidin mit p-Aminobenzoylglutaminsäure u. 2.3-Dibrompropionaldehyd wird z. B. die *6-Dimethylaminopteroylglutaminsäure*, F. 237—239° (Zers.), erhalten. Ferner werden dargestellt (I = „pteroylglutaminsäure"): *6-Dimethylamino-11-methyl-*I; *6-Dimethylamino-N^2-methyl-*I; *6-Dimethylamino-11.12-dimethyl-*I; *6-Dimethylamino-11-methylpteroinsäure*; *6-Dimethylaminopteroylasparaginsäure*; *6-(1'-Piperidyl)-*I; *N^2-Dimethyl-6-amino-N^{12}-methyl-*I; *N^2-Dimethylfolsäure.* (**A.P. 2 577 039** vom 11/6. 1949, ausg. 4/12. 1951.) BRÖSAMLE. 4809

Merck & Co., Inc., Rahway, übert. von: **Stanton A. Harris**, Westfield, N. J., V. St. A., *Zwischenprodukte der Biotin-Synthese.* 2-Amino-3-carboxymethylmercaptopropionsäure wird in wss. NaOH-Lsg. unterhalb 20° mit C_6H_5COCl zur *2-Benzamido-3-carboxymethylmercaptopropionsäure*, F. 139—140°, umgesetzt, die in Ggw. von H_2SO_4 mit CH_3OH in den *Dimethylester*, F. 62—63°, übergeführt wird. Behandelt man diesen in Methanollsg. mit CH_3ONa, so erhält man das 2-Na-Deriv. des *2-Carbomethoxy-3-keto-4-benzamidotetrahydrothiophens*, das bei Einw. verd. Mineralsäure in den freien Ester übergeht. (**A. PP. 2 537 892** u. **2 537 893** vom 16/9. 1944, ausg. 9/1. 1951.) BRÖSAMLE. 4809

Hoffmann-La Roche, Inc., Roche Park, übert. von: **Joseph Donald Surmatis**, Nutley, N. J., V. St. A., *3.4-(1'.3'-Dibenzyl-2'-ketoimidazolido)-2-(ω-äthoxypropyliden)-thiophan* erhält man durch Wasserabspaltung aus 3.4-(1'.3'-Dibenzyl-2'-ketoimidazolido)-2-oxy-2-(ω-äthoxypropyl)-thiophan. Die Rk. erfolgt in Methanol in Ggw. von Methylschwefelsäure (als Katalysator) unter Erhitzen (Rückfluß). — Zwischenprod. der *Biotin-Synthese.* (**A. P. 2 579 682** vom 22/12. 1948, ausg. 25/12. 1951.) BRÖSAMLE. 4809

C. F. Boehringer & Soehne G. m. b. H. (Erfinder: **Erich Rabald** und **Adolf Hagedorn**), Mannheim, *Löslichkeitserhöhung von Glykosiden der Sexualhormone und Herzmittel aus der Cyclopentanohydrophenanthren-Reihe*, z. B. Östron- oder Östradiolglucosid oder die Gitalinfraktion Verodigen aus Digitalisblättern, gek. durch die Verwendung von cholsauren Salzen, z. B. Na-, K- oder NH_4-Salzen. (**D. B. P. 845 690** Kl. 30h vom 12/11. 1944, ausg. 4/8. 1952.) SCHINDLER. 4809

Ciba Akt.-Ges., Basel, Schweiz, *Pregnane* erhält man durch Behandeln von Verbb. der allg. Formel I (R_1 u. R_2 durch Hydrolyse in Oxygruppen überführbare Reste, wie Acyloxy; das 24-C-Atom kann noch H, Alkyl, Aryl oder Cycloalkyl enthalten) mit einem Carbonsäurederiv. mit dem Rest —CO—N(—)—Halogen durch Belichtung, anschließende Halogenwasserstoffabspaltung u. Überführung von R_1 mit hydrolysierenden Mitteln in die Oxygruppe. Die Seitenkette wird dann oxydativ zum 20-Keton abgebaut, die Oxygruppe in 3-Stellung zur Ketogruppe oxydiert u. R_2 durch Hydrolyse in die Oxygruppe übergeführt. — Δ^{23}-3.12-Diacetoxy-24.24-diphenylcholen wird mit N-Bromsuccinimid in CCl_4 durch Bestrahlung, anschließendes Behandeln mit Dimethylanilin u. Verseifung mit K_2CO_3 in $\Delta^{20,23}$-3-Oxy-12-acetoxy-24.24-diphenylcholadien, F. 232—234°, übergeführt, aus dem man durch Oxydation mit CrO_3 in 30% ig. Essigsäure *3.20-Diketo-12-acetoxypregnan* (II) erhält, aus Aceton Nadeln, F. 130—131°, dann 136°. — Δ^{23}-3.12-Diacetoxy-24.24-diphenylcholen → *3.20-Diketo-12-oxypregnan*, F. 182—184°. — Δ^{23}-3-Keto-12-acetoxy-24.24-diphenylcholen → $\Delta^{20,23}$-3-Keto-12-acetoxy-24.24-diphenylcholadien, F. 106—108° bzw. 156—157° → II. — Δ^{23}-3-Acetoxy-11-keto-24.24-diphenylcholen, F. 168—169,5°, → $\Delta^{20,23}$-3-Acetoxy-11-keto-24.24-diphenylcholadien, F. 107—112° bzw. 169—170°, → *3-Acetoxy-11.20-diketopregnan*, F. 132 bis 133°, → *3-Oxy-11.20-diketopregnan*, F. 172—174°, → *3.11.20-Triketopregnan*, F. 160 bis 163°. — Δ^{23}-3-Acetoxy-11-keto-12-brom-24.24-diphenylcholen, F. 178—179°, → $\Delta^{20,23}$-3-Acetoxy-11-keto-12-brom-24.24-diphenylcholadien → *3-Acetoxy-11.20-diketo-12-brompregnan*, F. 187—188°, → *3.11.12-Triketo-12-brompregnan*, F. 178—184°. — Δ^{23}-3.9-Epoxy-11-keto-24.24-diphenylcholen → $\Delta^{20,23}$-3.9-Epoxy-11-keto-24.24-diphenylcholadien → *3.9-Epoxy-11.20-diketopregnan*. Zwischenprodukte. (**Schwz. PP. 278 458, 278 459, 278 460, 278 461, 278 462, 278 463, 278 464, 278 465, 278 466, 278 467, 278 468,** sämtliche von 13/4. 1945, ausg. 16/2. 1952. **Sämtliche Zusätze zu Schwz. P. 275 799.**)

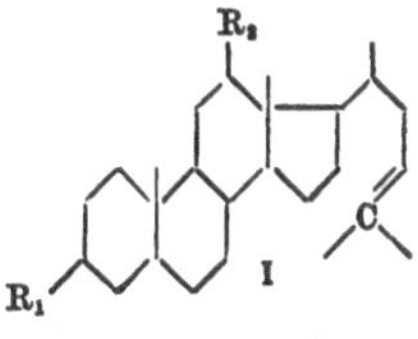

I

KRAUSS. 4809

Ayerst, McKenna & Harrison Ltd., St. Laurent, Can., *Na-Monoequilinsulfat* (I), F. 187—192° (unscharf), hygroskop., wasserlösl. Pulver $C_{18}H_{19}O_5SNa$, $[\alpha]_D + 217°$. Die OH-Gruppe des Equilins in 3-Stellung wird in Ggw. eines organ. Lösungsm. mit einem Sulfonierungsmittel, z. B. $ClSO_3H$ in Pyridin–Chlf. oder mit SO_3 in Pyridin, verestert u. das Reaktionsprod. mit NaOH, zweckmäßig in alkoh. Lsg., umgesetzt. I kann auch mit $CaCl_2$ oder $BaCl_2$ in das Ca- bzw. Ba-Salz oder mit Chinidinsulfat in das Chinidinsalz übergeführt werden. — Erhöhte *östrogene Wirkung*. (**Schwz. P. 279 464** vom 17/6. 1949, ausg. 1/4. 1952. Can. Prior. 14/7. 1948.) KRAUSS. 4809

Schering Akt.-Ges. (Erfinder: **Arthur Serini, Otto Höss**, Berlin, **Hans-Herloff Inhoffen**, Braunschweig), *Derivate der γ.δ-Di-(p-oxyphenyl)-hexanreihe*. Eine der freien OH-Gruppen wird in ein Deriv. umgewandelt, oder an beiden OH-Gruppen substituierte Derivv. werden in Monoderivv. übergeführt. *γ-(p-Oxyphenyl)-δ-(p-benzoyloxyphenyl)-hexan*, F. 126—127°. *γ-(p-Benzoyloxyphenyl)-δ-(p-tetraacetylglucosidooxyphenyl)-hexan*, F. 156—157°. *γ-(p-Oxyphenyl)-δ-(p-glucosidooxyphenyl)-hexan*, F. 203—204°. — *Östrogene Wirkung*. (**D. B. P. 848 824** Kl. 12q vom 30/8. 1938, ausg. 8/9. 1952.)

FABEL. 4809

G. Analyse. Laboratorium.

A. H. Hale und **J. W. Stillman**, *Entwicklung eines zweckmäßigen analytischen Archivsystems*. Ausführliche Beschreibung eines analyt. Archivsyst., bei dem die Ergebnisse in Form von Lochkarten registriert werden. (Analytic. Chem. **24.** 143—49. Jan. 1952. Wilmington, Del., Du Pont de Nemours (E. I.) & Co., Inc.)

GERHARD GÜNTHER. 5000

G. Dana Johnson, William B. Lindsey und **Earl Sexton**, *Ein einfaches Gaszerteilungsrohr*. Einschmelzen von porösem keram. Material (Stücke von HENGAR-Rohren) in Pyrexgläser an Stelle von Glasfritten als Gasfeinverteiler. (J. chem. Educat. **29.** 197. April 1952. Bloomington, Ind., Univ.) BLUMRICH. 5006

Kenneth C. Bachman, *Fettfreier, bei Unterdrucken verwendbarer Absperrhahn*. Der nach außen mit Hg abgedichtete Absperrhahn für Fll. in evakuierten Systemen wird nur mit Graphit geschmiert u. im Durchgang durch Verbinden der beiderseitigen Gasräume bis auf den vorhandenen hydrostat. Druck entlastet. (Analytic. Chem. **23.** 1724. Nov. 1951. New Brunswick, N. J., Rutgers Univ., School of Chem.) BLUMRICH. 5006

Willard L. McRary, *Einfache Ultrafiltrationsmethode*. In eine Saugflasche wird durch den Gummistopfen ein an einem Glasrohr befestigter Cellophanbeutel eingelassen. In den Beutel werden die zu filtrierenden Lsgg. bis zu dem Stopfen eingefüllt. Dann kann ein Vakuum angelegt werden. Die Meth. ist geeignet, um z. B. schnell protein-freie Ultrafiltrate herzustellen. (Analytic. Chem. **24.** 767—68. April 1952. Santa Barbara, Calif., Univ. of California, Santa Barbara Coll.) MOSLÉ. 5024

A. J. Rutgers und **R. Swyngedouw**, *Ein schnell und kontinuierlich arbeitender Elektrodialysierapparat für hydrophile Kolloide und ein schnell und kontinuierlich arbeitender Elektrodekantierapparat für hydrophobe Kolloide.* Vff. beschreiben eine Modifikation des von BRINKMAN angegebenen Dialysierapp., die darin besteht, daß 2 Dialysierhüllen verschied. Länge benutzt werden, zwischen denen sich das eine u., von diesem durch die eine Hülle getrennt, ein zweites Platinnetz befindet. Diese Anordnung, die durch ein zentrales Glasrohr gehalten wird, befindet sich in einem Glaszylinder u. ergibt einen inneren Waschraum, einen Raum für das Sol u. einen äußeren Waschraum. Mit diesem App. können 200 cm^3/h eines hydrophilen Sols von Elektrolyten befreit werden (3 mA/cm^2, 100 V). — Werden hydrophobe Sole eingefüllt, tritt Elektrodekantation ein, das konz. Sol sinkt auf den Boden u. mischt sich mit dem frisch zugelaufenen Sol. Durch Zufuhr des Sols von oben u. Verdopplung der Länge des Dialysierapp. wird letzteres verhindert, das konz. Sol kann vom Boden durch eine Capillare abgezogen werden. Es ist 7 mal so konz. wie das Ausgangssol u. kann z. B. in einem PAULI-Dialysierapp. von Elektrolyten befreit werden. (Nature [London] **168.** 727—28. 27/10. 1951. Ghent, Univ., Labor. for Phys. Chem.) WOELK. 5030

B. Lányi und **J. Jakab**, *Elektrolysierapparat zur Untersuchung von Salzschmelzen unter hohem Gasdruck.* Vff. konstruierten einen App. (Abb.), welcher die Unters. von Kohleelektroden in indifferenter Gasatmosphäre (gegebenenfalls Edelgas) bis 100 kg/cm^2 ermöglicht. Die Konstruktion erlaubt Probenahme u. Einführung von Substanz in die Salzschmelze ohne Änderung des Gasdruckes. Der Schmelztiegel bzw. die Elektrode sind drehbar, u. somit läßt sich die Schmelze rühren. Zur Temperaturmessung dient ein Widerstandsthermometer. Ein Schauloch ermöglicht direkte Beobachtung. (Aluminium [Budapest] 3. 25—28. 1951. Budapest, Aluminiumforschungsinst.) PLANK. 5054

Hans Hellberg, *Gegenstromverteilung als Hilfsmittel in der analytischen Chemie.* Zusammenfassende Darst. im Anschluß an CRAIG (C. **1951.** I. 626; II 867); Vgl. mit der Verteilungschromatographie. (Farmac. Revy **50.** 301—09. 19/5. 1951.) R. K. MÜLLER. 5062

L. Novellie, *Eine einfache Aufbringtechnik für die Papierchromatographie.* Zum Zwecke von Mikro- bzw. Halbmikrotrennungen für präparative Zwecke mit Hilfe der Papierchromatographie wendet Vf. folgende Technik der Aufbringung des zu trennenden Substanzgemisches an: Im Abstand von 2 inch wird eine Linie parallel zur Kante eines längeren Filtrierpapierbogens gezogen u. das Papier längs dieser Linie gefaltet. Das zu trennende Substanzgemisch wird auf einen Streifen harten Filtrierpapiers gegeben, u. zwar in solcher Menge, daß der Streifen gerade durchfeuchtet ist. Die gefaltete Kante des Papierbogens wird in Kontakt mit dem durchtränkten Papierstreifen gebracht, so daß das Substanzgemisch je nach der Berührungszeit einen schmaleren oder breiteren Streifen auf dem Papierbogen bildet. Nach dem Trocknen ist der Vorgang wiederholbar. Die Entw. des Papierchromatogramms erfolgt auf- oder absteigend 1 dimensional in der üblichen Weise. Das Photo einer Trennung *Glykokoll–Alanin–Valin* nach dieser Aufbringtechnik wird gebracht. (Nature [London] **169.** 672. 19/4. 1952. Pretoria, Nat. Chem. Res. Labor.) NEHRING. 5062

David M. Tennent, John B. Whitla und **Klaus Florey**, *Zwei Arbeitsweisen in der Papierchromatographie. Anwendung auf Ketosteroide.* 1. Es wird eine direkte photometr. Arbeitsweise beschrieben, um die auf einem Papierstreifen lokalisierte Substanz, die entweder im UV oder im Sichtbaren absorbieren muß, halbquantitativ zu bestimmen. Hierzu dient eine Kassette, die in den die Absorptionszelle enthaltenden Teil eines BECKMAN-Spektrophotometers eingefügt ist (Abb.). 2. Zur aufsteigenden Chromatographie werden Glasröhren vom ungefähren Durchmesser der Papierstreifen verwendet; die Röhren sind oben mit einem Gummistopfen verschlossen, der Boden ist mit einer kleinen Lösungsmittelmenge bedeckt. — Beispiele (Trennung u. Best. von *Uracil–Adenin–Thymin*; *Corticosteron* u. *11-Desoxycorticosteron*). (Analytic. Chem. **23.** 1748—49. Dez. 1951. Rahway, N. J., Merck & Co., Res. Labors.) K. F. MÜLLER. 5062

Marvin J. Johnson, *Hochstabilitätsregler für Lichtquellen.* Angabe eines elektron. Netzspannungsgleichhalters für kleine Leistungen (6 Watt), der durch den Strom einer Photozelle, welcher von einer an Netzspannung liegenden Lichtquelle erzeugt wird, gesteuert wird. Das Gerät kann eine 150 A/Std.-Batterie ersetzen. (Analytic. Chem. **24.** 609—10. März 1952. Madison, Wis., Univ. of Wisconsin, Dep. of Biochem.) EICHHOFF. 5063

F. Tsui, *Spektroskopie mit Zeitauflösung von Funkenentladungen.* Beschreibung der opt. u. elektr. Anordnung zur automat. Aufnahme von Funkenspektren mit Zeitauslösung. (Brit. J. appl. Physics **5.** 139—40. Mai 1952. Liverpool, Univ., Dep. of Electr. Engng. (Electronics).) EICHHOFF. 5063

R. C. Lord, R. S. McDonald und **Foil A. Miller**, *Bemerkungen zur Praxis der Infrarotspektroskopie.* Nähere Beschreibung der verschied. Techniken bei der Prismen-Spektroskopie im Infrarot. Bes. werden behandelt: Herst. von Zellenfenstern aus Alkalichloridkristallen, Konstruktion fester Zellen für flüchtige Fll., Messung der Zellendicke, Zellen für hohe u. niedrige Tempp., eine Gaszelle mit veränderlichem, langem Lichtweg durch mehrfache Reflexion, nützliche Änderungen an dem Einstrahl-Spektrometer PERKIN ELMER Mod. 12 (verbessertes opt. Syst. für die Lichtquelle, Ausschluß der atmosphär. Absorption, Einrichtung zur Wellenlängeneichung beim Austausch von Prismen), Techniken für das Gebiet oberhalb 25 μ u. Rezepte für Registrier-Tinten. (J. opt. Soc. America **42.** 149—59. März 1952. Cambridge, Mass., MIT, Spectroscopy Labor., u. Pittsburgh, Pa., Mellon Inst. of Ind. Res., Dep. of Res. in Chem. Phys.) EICHHOFF. 5063

G. Duyckaerts, *Einige analytische Anwendungen der Absorptions- und Streuungs-Spektroskopie.* Nach allg. Ausführungen über die Entstehung von Molekülspektren im UV, Sichtbaren u. Infrarot sowie durch RAMAN-Streuung, zeigt Vf. an prakt. Beispielen die Möglichkeiten dieser spektroskop. Methoden. (Ind. chim. belge **16.** 445—62. 1951. Lüttich, Univ.) EICHHOFF. 5063

Bernhard Koch, *Experimentelle Grundlagen der Spektroskopie des Zentimeter- und Millimeter-Gebietes.* Es wird ausführlich über die instrumentellen Hilfsmittel (Strahlungsquellen, Übertragungselemente u. Absorptionszellen, Nachweismethoden u. Frequenzmessung) sowie die verschied. gebräuchlichen Spektrometeranordnungen berichtet. — 159 Literaturzitate. (Ergebn. exakt. Naturwiss. **24.** 222—74. 1951.) LEVI. 5063

Kurt Schwabe, *Fortschritte der Potentiometrie.* (Vgl. C. **1952.** 7245.) Zusammenfassender Bericht über die Probleme der potentiometr. Meßverfahren. Besprechung der Best. des p_H- u. r_H-Wertes, der verschied. elektrometr. Titrationsmethoden durch Messung der Potentialänderung bzw. durch Entgegenschalten des Umschlagpotentials, der „Dead stop"-Meth., der automat. Titriervorr., der Currentimetrie u. Polarographie sowie der prakt. Anwendung bei der Milchsäuregärung, in der Sulfatzellstoffindustrie, der Wasserbest. nach FISCHER u. Titrationen in Eisessig, der Best. von Fe u. Ti, von Senfgas in Luft, von O_2 in W., von γ-Hexachlorcyclohexan u. bei der Mikrobest. von SO_3 bzw. CO_2. (Wiss. Z. Techn. Hochschule Dresden **1.** 34 Seiten 1951/52.) WEITBRECHT. 5066

H. A. Laitinen, *Amperometrische Titrationen.* (Vgl. C. **1949.** II. 1430.) Literaturübersicht 1949—1951. Apparatives u. Methodik, Ionen-Rkk., Oxydations- u. Reduktions-Rkk., Titrationen mit organ. Reagentien, Best. von Sulfhydrylverbb., andere organ. Bestimmungen u. coulometr. Bestimmungen. — 82 Zitate. (Analytic. Chem. **24.** 46—49. Jan. 1952. Urbana, Ill., Univ.) GERHARD GÜNTHER. 5066

F. Körösy, *Jodidersparnis in der Jodometrie.* Vf. untersuchte den Verlauf einiger jodometr. Methoden (KJO_3, $KMnO_4$, $K_2Cr_2O_7$, Cu), um den tatsächlichen KJ-Bedarf zu ermitteln. Es ergab sich, daß schon die stöchiometr. KJ-Menge genügt. Man kann somit, bes. bei Serienanalysen, große Mengen KJ ersparen, wenn man statt der in den Vorschriften angegebenen KJ-Mengen die theoret. Menge verwendet. (Magyar Kémiai Folyóirat [Ung. Z. Chem.] **57.** 303—06. Okt. 1951. Budapest, Müszaki Egyetem Kémiai Fizikai Intézete.) PLANK. 5066

a) Elemente und anorganische Verbindungen.

R. F. Glascock, *Bestimmung von Tritium und einige vorläufige Versuche über dessen Verwendung als Markierung für Wasser.* Es wird eine Meth. beschrieben zur Best. von T in Wasser. 1,5 ml 2n-Ae.-Lsg. von n-Butylmagnesiumbromid wird in ein einseitig geschlossenes Schliffrohr aus Glas eingefüllt, der Ae. im Vakuum abgepunpt u. nach Anheizen im Hochvakuum nach 3 Std. 10 mg T-haltiges W. mittels fl. Luft aufkondensiert. Nach Schließen des Einlaßhahnes des Rohres wird auf 120° erhitzt, nach 1 Std. das T-markierte n-Butan abgesaugt, mit festem CO_2 ausgefroren u. in einen Zähler von 20 cm effektiver Drahtlänge von 2 cm Durchmesser überführt. Die Beleganalysen zeigen maximale Abweichungen von der Theorie von $\pm 2\%$. Die Anwendung für physiol. Messungen wird beschrieben. (Nucleonics **9.** Nr. 5. 28—34. Nov. 1951. Shinfield, Univ. of Reading, Nat. Inst. for Res. in Dairying, Physiol. Dep.) WEIGEL. G 240

B. Jámbor, *Photometrische Mikrobestimmung des Hydroxylamins.* I. Mitt. *Versuche an reiner Hydroxylaminlösung.* Vf. beobachtete, daß die ENDRESsche Meth., welche auf der BLOMschen Rk. fußt, keine einwandfreien Ergebnisse liefert. In einer vorl. Mitt. (C. **1951.** II. 111) wies Vf. auf den Einfl. des Lichtes u. p_H der Lsg. hin u. gibt nun die genaue Arbeitsvorschrift. — Zur 0—8 γ NH_2OH enthaltenden, auf p_H 2—3 eingestellten Lsg. wird 1 ml Sulfanilsäure (1 g in 100 ml 30%ig. Essigsäure) u. im Dunklen 0,5 ml J_2-Lsg. (1,3 g J_2 in 100 ml Eisessig) gegeben. Die Lsg. bleibt 15 Min. im Dunklen stehen, dann wird bei Tageslicht das überschüssige Jod mit $Na_2S_2O_3$ gebunden, die Lsg. auf 48 ml aufgefüllt, sofort 1 ml α-Naphthylamin (I)-Lsg. (0,25 g in 100 ml 30%ig. Essigsäure) zugesetzt u. nach 15 Min. photometriert. Die Extinktion ist der Konz. proportional. Einhalten der Zeit ist wichtig, verspätetes Zusetzen von I läßt die Ergebnisse bis auf $^1/_{10}$ zurückgehen. Vf. meint, daß die Realität der bisherigen Verss. über die physiol. Rolle des NH_2OH sogar im qualitativen Sinne fraglich ist. (Magyar Kémiai Folyóirat [Ung. Z. Chem.] **57.** 275—78. 1951. Budapest, Agrochem. Inst.) Plank. G 243

H. Ballczo und **O. Kaufmann**, *Mikromaßanalytische Bestimmung des Fluorions.* Es werden die theoret. Grundlagen der Vorgänge bei der Dest. des Fluorids mit $HClO_4$ u. bei der Titration mit $Th(NO_3)_4$-Lsg. erörtert. Eine auf Grund dieser Betrachtungen entwickelte verbesserte Mikrofluorbest. wird beschrieben, bei welcher das Fluor durch Dest. mit $HClO_4$ unter Zusatz von Ferrosilicium in der durch Anbringung einer Rücksaugvorr. vervollkommneten App. von Huckabay (C. **1947.** 897) isoliert wird. Dabei werden die störenden Einflüsse von Fremdionen u. mitgerissenen Perchlorationen durch Dest. je einer Leerprobe vor u. nach der Dest. der Analysensubstanz eliminiert. Die drei Destillate werden mit der gleichen Menge einer bekannten Fluoridlsg. u. mit 0,025%ig. Na-Alizarinsulfonatlsg. versetzt, mit $HClO_4$ neutralisiert u. auf p_H 3,2—3,3 gebracht u. nach Zugabe von 0,002%ig. Methylenblaulsg. mit 0,001n$Th(NO_3)_4$-Lsg. auf Grauviolett titriert. Der Fluorgeh. wird dann aus der Differenz zwischen dem $Th(NO_3)_4$-Verbrauch des Hauptdestillats u. dem arithmet. Mittel der Leerproben berechnet. Nach dieser Meth. lassen sich Fluormengen von 3—100 γ mit einer maximalen Abweichung von ±1 γ bestimmen. (Mikrochem. verein. Mikrochim. Acta **38.** 237—57. 1951. Wien, Univ., II. Chem. Labor.) Forche. G 246

E. Schulek und **E. Pungor**, *Über die Existenz und Theorie der elektromeren Formen des Chlorcyans. (Ein Beitrag zur Theorie der jodometrischen Bromidbestimmung über Bromcyan.)* Bei der jodometr. Best. des Bromions nach dem Verf. Schuleks stört Cl^- nicht, da ClCN bei entsprechender H^+-Konz. Jodionen nicht oxydiert. Dies widerspricht der Beobachtung Langs (Z. anorg. allg. Chem. **144.** [1925.] 75), wonach ClCN im geringen Maße Jod auszuscheiden vermag. Vff. stellten fest, daß diese Fähigkeit des ClCN nach kurzer Zeit verschwindet, wo hingegen BrCN u. JCN in sauren Lsgg. J_2 ausscheiden. Zur Erklärung dieser überraschenden, dem Redoxpotential der Halogene widersprechenden Erscheinung nehmen Vff. an, daß nicht nur BrCN u. JCN in je zwei elektromeren Formen existieren, sondern wahrscheinlich auch ClCN. Eine dieser Formen entsteht bei der Einw. von bromfreiem Chlorwasser auf KCN, färbt die Lsg. gelb u. oxydiert Jodionen zu Jod. Dieses ClCN enthält nach Annahme der Vff. in bestimmtem Maße positive Cl-Ionen u. geht in Abhängigkeit von Temp. u. p_H in die negative Cl-Ionen enthaltende farblose, Jodionen nicht oxydierende zweite Form über. Kinet. Verss. ergaben, daß freies Cl_2 mit CN-Ionen nach der Gleichung $Cl^{+\delta} — CN \rightleftharpoons Cl^{-\delta} — CN$ zu einem Gleichgewicht führt u. die Jodid oxydierende Rk. des positive Cl-Ionen enthaltenden „gelben" ClCN eine Zeit-Rk. ist. Die jodometr. durchgeführten kinet. Verss. ergaben, daß die Bldg. von „gelbem" ClCN als monomol. Stoß-Rk. aufzufassen ist u. dieses ClCN als die bisher nicht festgestellte elektromere Form mit positiv geladenem Cl zu betrachten ist. Die Geschwindigkeitskonstante der ClCN-Bldg. sinkt mit zunehmender Temp. u. p_H. (Magyar Kémiai Folyóirat [Ung. Z. Chem.] **57.** 173—79. 1951. Budapest, Univ., Anorgan. u. Analyt.-Chem. Inst.) Plank. G 248

E. Schulek und **E. Pungor**, *Potentiometrische Bestimmung des Jod- bzw. Silberions.* In einer früheren Arbeit berichteten Vff., daß die Bldg. von p-Äthoxychrysoidin-Adsorbaten an AgJ beim Titrieren von Jodionen mit $AgNO_3$ u. umgekehrt das p_H der Lsg. ändert. Diese Beobachtung ausnützend, wird die potentiometr. Titration der genannten Ionen mit Hilfe einer Wasserstoffelektrode beschrieben. (Magyar Kémiai Folyóirat [Ung. Z. Chem.] **57.** 13—16. 1951. Budapest, Univ.) Plank. G 249

L. Erdey, **E. Bodor** und **J. B. Pap**, *Ascorbinometrische Bestimmung von Jodat- und Jodid-Ionen.* Die Best. von JO_3^- in saurer Lsg. in Ggw. von KJ mit Ascorbinsäure-Normallsg. ist ohne weiteres durchführbar. Es ist aber auch möglich, ohne KJ-Zusatz JO_3^- zu bestimmen, wenn genügend $HgCl_2$ zur Bindung des gebildeten Jodids u. H_2SeO_3 als Katalysator zur Begünstigung der Kalomelausscheidung zugesetzt werden. Den Endpunkt zeigt die infolge Hg_2Cl_2-Bldg. entstandene Trübung an. Vff. geben zu einer 15—150 mg JO_3^- enthaltenden Lsg. 10 ml 0,1nHCl, 10 ml 0,1nH_2SeO_3, 15 ml gesätt. $HgCl_2$-Lsg., verdünnen auf 100 ml u. titrieren mit 0,1n-Ascorbinsäurelsg. bei Raumtemperatur. Genauigkeit ±0,3%, be Anwendung von 0,01n-Normallsg. ±0,5%.

Es stören F^-, BrO_3^-, Ag^+, Pb^{2+}, Bi^{3+}, AsO_3^{3-}, Ba^{2+}, viel HNO_3, ClO_3^-, PO_4^{3-}, Fe^{2+}. Ein Vorzug der Meth. ist, daß die Best. in derselben Lsg. nach Oxydation des gebildeten Jodids zu Jodat mit Bromwasser wiederholt werden kann. In diesem Falle wird der Br-Überschuß durch HCHO eliminiert u. die mit NaOH neutralisierte Lsg. zur Wiederholung der Best. benützt. Die Best. ist auch potentiometr. durchführbar, wobei H_2SeO_3 überflüssig ist. Sehr einfach ist nach dieser Meth. die Best. des gesamten Jodgeh. in Lsgg., indem man das freie Jod direkt mit Ascorbinsäure u. nach Oxydation mit Br_2 das gesamte Jod mißt. (Magyar Kémiai Folyóirat [Ung. Z. Chem.] **57**. 234—38. 1951. Budapest, Techn. Univ., Inst. für allg. Chem.) PLANK. G 249

Clément Duval und **Nguyen Dat Xuong**, *Über die Thermogravimetrie analytischer Niederschläge. 52. Mitt. Bestimmung von Quecksilber.* (51. vgl. C. **1952**. 5625.) Vff. nehmen mit der Thermowaage die Pyrolysekurven der zur gravimetr. Best. von Hg benutzten Ndd. auf u. diskutieren krit. die Stabilitätsbereiche definierter Verbindungen. Untersucht werden folgende Fällungsmethoden: Elektrolyse (Auswaage als Hg: Temp. $<70^0$); *Zn + KJ* (Hg: $<72^0$); *Hydrazin* (Hg: $<55^0$); *H_3PO_2* (Hg: $<71^0$); *HNO_3* (HgO: 100—200°); *HCl* (Hg_2Cl_2: $<130^0$); *KJ** (HgJ_2: 45—88°); *KJO_3** ($Hg_2(JO_3)_2$: $<175^0$); *$(NH_4)_2S$* (HgS: $<109^0$); *$Na_2S_2O_3$** (HgS: 75—220°); *Na_2HAsO_4* ($Hg_3(AsO_4)_2$: 45—418°); *Co-Salz + NH_4SCN** {$[Hg(SCN)_4]Co$: 50—200°}; *Zn-Salz + NH_4SCN* {$[Hg(SCN)_4]Zn$: $<270^0$}; *K_2CrO_4** (Hg_2CrO_4: 52—256°); *$(NH_4)_2Cr_2O_7$ + Pyridin** {$Cr_2O_7[Hg(C_5H_5N)_2]$: 56—66°}, *Reinecke-Salz** (I) {$Hg[Cr(SCN)_4(NH_3)_2]_2$: 77—158°}; *Alkaliwolframat* (WO_3: $>880^0$); *CdJ_2 + NH_4OH* {$(HgJ_3)_2[Cd(NH_3)_4]$: $<69^0$}; *KJ + $CuSO_4$ + Äthylendiamin* {$[HgJ_4][CuEn_2]$: 20°}; *KJ + $CuSO_4$ + Propylendiamin* (II)* {$[HgJ_4][CuPn_2]$: $<157^0$}; *Oxalsäure* ($Hg_2C_2O_4$: $<100^0$); *Anthranilsaures Na* [$Hg(C_7H_6O_2N)_2$: $<113^0$]: *Dithian* ($HgCl_2 \cdot C_4H_8S_2$: $<97^0$); *Cu-diguanidochlorid + KJ* (III)* {$[HgJ_4][Cu(C_2N_5H_7)_2]$: 60 bis 175°); *Thionalid* (V)* [$Hg(C_{12}H_{10}ONS)_2$: 90—169°]. Die Fällungsmethoden mit *K_5JO_6*, *K_2CrO_4 + NH_4OH*, *Alkalimolybdat*, *Alkalivanadat*, *Pyridin*, *Cupferron* u. *2-Chlor-7-methoxyacridin-thiol-(5)* müssen wegen nicht definierter Verbb. oder Temperaturbereiche verworfen werden. Verschied. Verff. (*) eignen sich für die automat. Best. von Hg, doch sind die Methoden **I—IV** bes. vorteilhaft. Von den 21 zur Fällung von metall. Hg vorgeschlagenen Verff. werden nur 4 geprüft. Die therm. Zers. des $Hg(NO_3)_2$ ist analyt. uninteressant. Schließlich ist die verschied. Stabilität des HgS je nach dem verwendeten Fällungsmittel bemerkenswert. (Analytica. chim. Acta [Amsterdam] **5**. 494—505. Okt. 1951. Paris, Sorbonne, Labor. de Chimie B.) WEITBRECHT. G 290

Gy. Géczy, *Neue Methode zur colorimetrischen Bestimmung des Chroms.* Vf. benutzt die grüne Farbe des Cr^{3+}-Ions zur Messung im lichtelektr. Photometer mit orangegelbem Filter. Die Meth. ist allg. anwendbar. Da Chromate u. Bichromate durch H_2S leicht red. werden, werden hydratisierte violette Cr-Ionen nach kurzem Kochen in grüne übergeführt. Die durch verschied. Manipulationen erhaltenen grünen Lsgg. sind hinsichtlich Lichtabsorption gleich. (Magyar Kémiai Folyóirat [Ung. Z. Chem.] **57**. 164—65. 1951. Budapest, Tudor Akku- u. Trockenelementfabr.) PLANK. G 335

John H. Yoe und **Fritz Will**, *Ein neues colorimetrisches Reagens für Molybdän.* Vff. untersuchen die analyt. Anwendung der Gelbfärbung von Mo^{VI} mit *Dinatrium-1.2-dioxybenzol-3.5-disulfonat* (Tiron). Die Farbintensität ist bei p_H 6,6—7,5 im Temperaturbereich 15—40° konstant u. gehorcht für die Wellenlänge 390 mμ dem BEERschen Gesetz von 3—10 mg Mo/Liter. Unter optimalen Bedingungen beträgt die Empfindlichkeit der Rk. 1:10000000. (Analytica chim. Acta [Amsterdam] **6**. 450—51. Mai 1952. Charlottesville, Va., Univ. of Virginia, School of Chem., Pratt Trace Analysis Labor.) WEITBRECHT. G 336

Gy. Almássy und **Z. Péter**, *Eine Mikrofällungsreaktion des Molybdations.* Versetzt man eine schwach salzsaure, Molybdation enthaltende Lsg. mit schwach saurer $Bi(NO_3)_3$-Lsg., so fällt $(BiO)_2MoO_4 \cdot 2BiOCl$ als gelber Nd. aus. Der Nd. ist in konz. HCl, HNO_3, NaCl u. KJ löslich. Farbige Kationen u. Anionen sowie die mit Bi^{3+} bzw. MoO_4^{2-} reagierenden Ionen stören. PO_4^{3-} kann mit $FeCl_3$ u. der Fe^{3+}-Überschuß mit NaF maskiert werden. Mit dieser Rk. kann in 1 ml Lsg. 1 γ Mo nachgewiesen werden. (Magyar Kémiai Folyóirat [Ung. Z. Chem.] **57**. 348—49. Nov. 1951. Debrecen, Ungarn, Tudományegyetem Szervetlen és Analitikai Intézete.) PLANK. G 336

C. H. R. Gentry und **G. P. Mitchell**, *Die Spektralanalyse von Wolfram.* Zum Nachw. von Verunreinigungen wird bei der Spektralanalyse das W als Oxyd in die als Tiegel ausgebildete Elektrode gegeben. W verdampft als W-Carbid, die Verunreinigungen können ohne Störung durch das linienreiche W-Spektr. festgestellt werden. Genaue Angaben über die Ausführung u. Genauigkeit. (Metallurgia [Manchester] **46**. 47—51. Juli 1952.) K. STEIN. G 337

b) Organische Verbindungen.

Friedrich Grassner, *Bestimmung von Schwefelspuren in organischen Stoffen.* Die beschriebene Meth. zur Best. kleiner u. kleinster Mengen S-Verbb. in organ. Stoffen, bes. in Benzinen, beruht auf der Vergasung bzw. Verbrennung der Substanz im H_2–O_2-Strom u. Best. der entstandenen H_2SO_4 über $BaSO_4$ durch Trübungsmessung. Die aus Quarz hergestellte Verbrennungsapp. (Abb.) ist eine Weiterentw. einer vom Vf. (Mikrochemie **6.** [1928] 116) früher beschriebenen App.; sie besteht aus einem Vergasungs- bzw. Verbrennungsteil, dem Kontaktteil u. dem Absorptionsteil. Als Kontakt dient eine spiralig gewickelte Pt-Folie, der wassergekühlte Absorptionsteil enthält linsengroße Quarzstückchen. Für Einwaagen von 0,1—3 g u. von 10—20 g werden etwas voneinander verschiedene Apparaturen verwendet, die sich hauptsächlich im Verbrennungsteil unterscheiden. Zur Trübungsmessung dient ein geeignetes Turbidimeter. (Z. analyt. Chem. **135.** 186—91. 1952. Ludwigshafen/Rh., BASF, Analyt. Labor.) K. F. MÜLLER. 5352

A. I. Naumow, *Photometrische Bestimmung von Acetaldehyd in Gegenwart von Äthylenoxyd.* Vf. benutzt die Farb-Rkk. mit *fuchsinschwefliger Säure* (**I**) u. *m-Phenylendiamin* (II). Die untere Konzentrationsgrenze des *Acetaldehyds* (**III**) entsprach 0,008% mit einer Bestimmungsgenauigkeit von $\pm 1\%$. Vf. stellte fest, daß bzgl. III das LAMBERTsche Gesetz mit genügender Genauigkeit eingehalten wurde, dagegen traten Abweichungen vom BEERschen Gesetz auf. Es wurde eine Konzentrationskurve des III mit dem PULFRICH-Photometer aufgenommen. Vf. fand, daß Äthylenoxyd (**IV**) den Farbeffekt verstärkt, wenn sein Geh. in der Lsg. 99,2% übersteigt. Somit stört prakt. das IV die III-Best. nicht. Die Empfindlichkeit der I kann durch Erhöhung ihrer Konz. bedeutend vergrößert werden, wobei die Farbtiefe der Lsg. bei konstanter III-Konz. sich mit der Konz. der I ändert. Die Lichtabsorptionskurve ($\lambda = 533$ mμ) verläuft regelmäßig u. weist ein flaches Maximum auf. Der III-Geh. wurde nach dem Maximum der kinet. Kurve gefunden. Bei den gewählten Versuchsbedingungen erreichte die kinet. Kurve ihr Maximum nach 40 Minuten. Dauer der III-Best. ca. 60 Minuten. Auch Verss. mit salzsaurem II ergaben gute Resultate für die quantitative Best. von III. Die Rk. ist jedoch weniger empfindlich. Die kleinste III-Konz. in der Lsg. darf hierbei nicht unter 0,04% liegen. Genauigkeit $\pm 2\%$. Das Absorptionsmaximum ist bedeutend verschoben ($\lambda = 465$ mμ). Die Kinetik der Entstehung u. des Verschwindens der Färbung mit II ist ähnlich der Farbreaktionskinetik mit I. (Журнал Аналитической Химии [J. analyt. Chem.] **6.** 353—56. Nov./Dez. 1951. Moskau, Wiss. Forschungsinst. für organ. Halbprodd. u. Farbstoffe.) STEINBERG. G 660

V. Prey, E. Waldmann und **F. Ludwig,** *Eine Methode zur Schnellbestimmung von Methylglyoxal.* Die Methylglyoxalbest. nach SPOEHR u. STRAIN (C. **1931. I.** 2986) durch Fällung als *Methylglyoxal-bis-m-nitrobenzhydrazon* (I) wird zu einer Schnellbest. (15—20 Min.) ausgearbeitet, indem die Menge des Nd. mit $TiCl_3$ titrimetr. gemessen wird. Diese Best. ist bei Ggw. von Dioxyaceton, das nur bis zu siebenfachem Überschuß nicht stört, u. von Glyoxal, das quantitativ erfaßt wird, nicht günstig, wohl aber möglich bei der Ggw. von Triosen u. Hexosen, wie sie bei der alkal. Zuckerspaltung anfallen.

V e r s u c h e: Die zu untersuchende, bis zu 10—15 mg *Methylglyoxal* (**II**) enthaltende Lsg. wird in einem kleinen Becherglas mit einer heißen 2%ig. Lsg. von m-Nitrobenzhydrazid (20facher Überschuß in bezug auf II) in 10%ig. *Essigsäure* (**III**) versetzt. Der durch schwaches Erwärmen zusammengeballte Nd. (I) wird nach dem Filtrieren mit heißer 10%ig. III einmal u. mit heißem W. dreimal gewaschen. Noch vor dem Ablauf der folgenden zwei Std. wird in einem Titrierkolben die Luft durch CO_2 verdrängt u. ein bestimmtes Vol. $TiCl_3$-Lsg. vorgelegt. Zur sd. Lsg. werden 60 cm³ heißer 3,7%ig. HCl u. das Filter mit dem Nd. **I** hinzugefügt. Nach 5 Min. Kochen u. folgendem, schnellem Abkühlen wird der $TiCl_3$-Überschuß mit Ferriammonsulfat bei Ggw. von KSCN zurücktitriert. Einem Mol. des Nd. **I** entsprechen 14 Moll. $TiCl_3$. (Mh. Chem. **82.** 1022—27. 15/12. S.-B. österr. Akad. Wiss., math.-naturwiss. Kl., Abt. IIb. **160.** 1022—27. 1951. Wien, TH, Inst. für Organ. Chemie.) GERTRUD WOLFF. G 740

J. Gyenes, *Bestimmung von Calciumgluconat auf Grund des optischen Drehvermögens.* Vf. versuchte, zur raschen Best. des gluconsauren Ca das Drehvermögen des Mo-Komplexes zu verwerten. Zu diesem Zweck wurde der Einfl. der Essigsäure, der Temp., der Zus. der Mo-Lsg. sowie auch der Borsäurewrkg. untersucht. In 5%ig. Essigsäure ist $[\alpha]_D^{20} + 357{,}4^0$, in 40%ig. Essigsäure $[\alpha]_D^{22,5} + 384^0$. Die Verss. zeigten, daß beim Einhalten der als am besten geeignet ermittelten Konzz. (5%ig. Essigsäure, 0,25 Mol $(NH_4)_6Mo_7O_{24} \cdot 4H_2O$) u. Reihenfolge der Reagentien (zur wss. Lsg. des Ca-Gluconats Mo-Lsg., dann Essigsäure) bei konstanter Temp. gute Ergebnisse erhältlich sind. Mit steigender Temp. sinkt das Drehvermögen, deshalb bestimmt Vf. die Temperaturfaktoren zwischen 15 u. 30°. Wahrscheinlicher Fehler ±0,3%. Da zur Stabilisierung dieser Präpp. oft Borsäure angewandt wird u. diese linksdrehende Komplexe bildet, gebraucht Vf. in diesem Falle eine empir. Korrektur. (Magyar Kémiai Folyóirat [Ung. Z. Chem.] **57.** 165—69. 1951. Budapest, Pharm. u. Chem. Fabrik Richter.) PLANK. G 850

Gy. Varsányi, F. Dullien und **J. Szathmáry,** *Photometrische Auswertung ultravioletter Absorptionsspektren und Anwendung dieser Methode zur Bestimmung von o-Diäthylbenzol in Äthylbenzol.* An Stelle der üblichen subjektiven Meth. der gleichen Schwärzung benutzen Vff. die in der Emissionsspektralanalyse gebräuchliche photometr. Methode. Zur Durchleuchtung wurde eine Wasserstofflampe verwendet. Die Absorptionskurven sind infolge der besseren Lichtquelle feiner als die anderer Autoren u. zur Berechnung der Zus. der Gemische präziser. Der relative Fehler ist höchstens 3,2%. Verf., Theorie u. Rechenmeth. werden angegeben. (Magyar Kémiai Folyóirat [Ung. Z. Chem.] **58.** 13—18. Jan. 1952. Budapest, Müszaki Egyetem Kémiai Fizikai Tanszéke.) PLANK. G 1010

Max Kaufman, *Quantitative Bestimmung des Benzylalkohols. Turbidimetrische Methode unter Durchführung einer Kondensationsreaktion.* Wird eine stark verd. wss. Lsg. von *Benzylalkohol* (I) mit konz. H_2SO_4 versetzt, so entsteht durch Kondensation eine weiße Trübung der wahrscheinlichen Zus. $C_6H_5CH_2$—$(C_6H_4CH_2)_{10}OH$ (II), deren Intensität bei konstanten Arbeitsbedingungen proportional der Konz. an I ist u. turbidimetr. mit Eichwerten von I-Lsgg. bekannten Geh. verglichen werden kann. Verbb., die mit konz. H_2SO_4 unter Verfärbung reagieren, sowie Dioxan u. Äthylacetat, in denen II lösl. ist, stören die Bestimmung. Außer mit W. kann auch mit 80%ig. H_3PO_4 verd. werden. Genauigkeit ±3% bei >0,1 ml I/Liter. (Analytic. Chem. **24.** 683—85. April 1952. Fort Lee, N. J., Consolidated Film Industries, Div. of Republic Pictures Corp.) MOISAR. G 1070

c) Bestandteile von Pflanzen und Tieren.

Karl Lennert und **Günther Weitzel,** *Zur Spezifität der histologischen Fettfärbungsmethoden. Nilblausulfat* färbt nicht nur ungesätt., sondern alle fl. Fettsäureester rosaorangerot u. alle fl. Fettsäuren blau an. Feste Fettstoffe bleiben ungefärbt. — *Sudan III* u. *Scharlachrot* (in geringerem Maße *Sudanschwarz B*) färben niedrigmol. Fettstoffe nicht. — Alkohole werden von diesen Farbstoffen intensiv gefärbt. — Tabelle für die Unterscheidung von Fettstoffen in Geweben. (Z. wiss. Mikroskop. mikroskop. Techn. **61.** 20—29. Juni 1952. Göttingen, Max-Planck-Ges., Med. Forschungsanstalt, Biochem. Abt.) BLUMRICH. 5661

Hans-Georg Meyer-Brunot, *Zur histochemischen Unterscheidung von gespaltenem und ungespaltenem Fett.* In Zellen vorhandene freie Fettsäuren u. Seifen werden in Ca- u. dann in Pb-Seifen übergeführt, die in verd. $(NH_4)_2S$- oder $K_2Cr_2O_7$-Lsg. als braunschwarzes PbS bzw. gelbes $PbCrO_4$ sichtbar werden. Die Fettsäureglyceride werden dann mit *Sudan III* angefärbt. (Z. wiss. Mikroskop. mikroskop. Techn. **60.** 476—80. April 1952. Marburg/Lahn, Univ., Physiol.-chem. Inst.) BLUMRICH. 5661

Otto Härtel, *Vitalfärbungsstudien an Verbascum Blattaria.* Färbungen mit Fluorochromen (*Acridinorange, Pyronin*) u. Redoxindicatoren lassen auf einen differenten Chemismus u. verschied. physiol. Leistung von Stiel-, Hals- u. Köpfchenzellen der Drüsenhaare an Kelch- u. Blütentragblättern von Verbascum Blattaria schließen. (Z. wiss. Mikroskop. mikroskop. Techn. **61.** 9—19. Juni 1952. Graz, Univ., Pflanzenphysiol. Inst.) BLUMRICH. 5662

Sherburne F. Cook, Carl F. Cramer und **Keith Kenyon,** *Eine schnelle titrimetrische Methode zur Bestimmung des Wassergehaltes von tierischen Geweben.* Vff. empfehlen das Reagens nach FISCHER (vgl. MITCHELL u. SMITH, Aquametry, New York, Interscience [1948]) zur titrimetr. Wasserbest. in Blut u. Geweben, wobei das Reagens entfärbt u. darauf durch weiteren Reagenszusatz bis zur Standardfarbe titriert wird. Es wurde der durchschnittliche Wassergeh. von Rattenblut zu 79% festgestellt. Vergleichende Wasserbestimmungen (durch Titration u. Trocknung) in Muskel, Leber u. Hirn von Ratten ergaben ausreichende Übereinstimmung beider Methoden. (Science [Washington] **115.** 353—54. 28/3. 1952. Berkeley, Univ. of California, School of Med., Div. of Physiol.) KRUSEN. 5664

R. Barer, *Interferenzmikroskopie und Massenbestimmung.* Es wird eine Meth. zur Best. des Proteingeh. in lebenden Zellen beschrieben. So ergab sich für den Proteingeh. in einer Zelle ein Wert von $31{,}4 \cdot 10^{-12}$ g. Der Proteingeh. von menschlichen oralen Epithelzellen ist ca. $120 \cdot 10^{-12}$ g. (Nature [London] **169.** 366—67. 1/3. 1952. Oxford, Univ. Museum, Dep. of Human Anatomy.) GOTTFRIED. 5666

Harold Frederic Walton, Principles and methods of chemical analysis. New York: Prentice-Hall. 1952. (444 S. m. Diagr.) $ 8,65.

H. Angewandte Chemie.

I. Allgemeine chemische Technologie.

Soc. Rhodiaceta, Paris (Erfinder: **Maurice Lepin,** Le Peage-de-Roussillon, und **Auguste Bally,** St.-Maurice-l'Exil, Isère), Frankreich, *Schnelle und gleichförmige Durchführung von Reaktionen in viscosen oder teigigen Massen oder Schichten.* Der oder die zur Rk. erforderlichen Teilnehmer werden schnell durch einen Verteiler mit kon. so geformtem Mundstück eingeführt, daß die in das Reaktionsgefäß hineingepreßte Fl. einen Konus bildet, dessen spitzer Winkel größer als 90° ist, so daß der von der unteren Kante des Verteilungskonus gezogene Schenkel des Winkels die dem Mundstück entgegengesetzte Seite des Reaktionsgefäßes in der Höhe trifft, in der die viscose M. auf dem Boden des Gefäßes haften bleibt, während der von der oberen Kante des Verteilungskonus gezogene Schenkel nahezu senkrecht auf die dem Boden gegenüberliegende Fläche auftrifft. — In 3 Beispielen wird die Herst. von *Celluloseacetat, Cellulosexanthogenat* u. einer *Farbpaste* aus einem unlösl. Farbstoff u. einem Netzmittel beschrieben. — 3 Abbildungen. (**D. B. P. 847 597** Kl. 12o vom 10/9. 1950, ausg. 25/8. 1952. F. Prior. 18/12. 1947.) KRAUSS. 5823

Jean Dintilhac, Frankreich, *Herstellung von kolloiden Emulsionen.* Schleimhaltige Rohstoffe, wie Leinsamen, Quitten, Moos, Algen, Agar-Agar u. andere ähnliche Rohstoffe werden mit den zu emulgierenden Stoffen gemischt u. die Emulsionsbldg. unter dem Mikroskop verfolgt, bis sich um die Fäden die Micellen zu gruppieren beginnen. (**F. P. 977 469** vom 10/7. 1942, ausg. 2/4. 1951.) WITTHOLZ. 5825

Erz- und Kohle-Flotation G. m. b. H. (Erfinder: **Wilhelm Schäfer**), Bochum, *Schäumeröle für Flotationen.* Rohsulfatterpentinöl wird bei dessen Kp. in Ggw. von wasserfreiem $AlCl_3$, $FeCl_3$, $ZnCl_2$ oder $MgCl_2$ polymerisiert u./oder vor dem Auswaschen des Polymerisats mit alkoh. Alkali durch Lufteinblasen weiter polymerisiert. Das im Beispiel erhaltene helle Öl mit Kp. 185—200° hat terpentinartigen Geruch u. zeigt gutes Emulgiervermögen u. starke Schaumwirkung. (**D. B. P. 851 193** Kl. 12o vom 16/5. 1941, ausg. 2/10. 1952.) KRAUSS. 5829

Gesellschaft für Linde's Eismaschinen Akt.-Ges., Höllriegelskreuth bei München (Erfinder: **Heinrich Kahle,** Pullach), *Reinigung oder Zerlegung von Gasgemischen durch Adsorption und Kühlung.* Das Gasgemisch (Luft) wird einer Adsorption über einem räumlichen Gebiet stetig fallender Tempp. unterzogen, bei gleichzeitigem Gegenstromwärmeaustausch mit dem Spülgas, welches die Desorption in dem annähernd gleichen Temperaturgebiet bei stetig ansteigenden Tempp. bewirkt. — Vorrichtung. (**D. B. P. 845 494** Kl. 12e vom 28/12. 1943, ausg. 31/7. 1952.) HEINSEN. 5849

Gesellschaft für Linde's Eismaschinen Akt.-Ges., Höllriegelskreuth bei München (Erfinder: **Heinrich Kahle,** Pullach), *Trennen von Gasgemischen* mittels period. umgeschalteter Adsorber (I), wobei warmes Frischgas über die beladene Hälfte der I-Einrichtung geführt, nach Aufnahme des Desorbats u. nach Anreicherung mit diesem gekühlt u. nach Abführung von angereichertem Konzentrat mit einem Teil des Frischgases oder von Kondensat in gekühltem Zustand über den in der Periode vorher entladenen I geführt wird. (**D. B. P. 846 095** Kl. 12e vom 6/1. 1950, ausg. 7/8. 1952.) HEINSEN. 5849

Gesellschaft für Linde's Eismaschinen Akt.-Ges. (Erfinder: **Walter Ruckdeschel**), Höllriegelskreuth b. München, *Luft- und Gaszerlegung* durch Tiefkühlung u. Rektifikation, wobei die Luft oder das Gas während der Verdichtung (I) nach einer I-Stufe, die niedriger ist als der höchste auftretende I-Druck, durch *Adsorption* getrocknet wird. (**D. B. P. 841 442** Kl. 12e vom 11/3. 1943, ausg. 16/6. 1952.) HEINSEN. 5849

Vaclav Petr, Brünn, Tschechoslowakei, *Abscheiden fester Stoffe aus Gasen.* Die mit festen Stoffen beladenen Gase werden in ein bes. ausgebildetes Expansionsgefäß (I) gesaugt oder gedrückt, in welchem die festen Bestandteile abgegeben werden. Die gereinigten Gase verlassen I durch ein die Gefäßwandung durchdringendes, bis zum anderen Teil von I reichendes Abführungsrohr. — Zeichnungen. (**Oe. P. 171 703** vom 31/7. 1950, ausg. 25/6. 1952.) WITTHOLZ. 5851

Adolf Messer G. m. b. H. (Erfinder: **Adolf Messer**), Frankfurt/M., *Zerlegung von Luft* mittels zweistufiger Rektifikationssäule, dad. gek., daß der gesamte im Niederdruckteil erzeugte O_2 geringer Reinheit in einer Nebenkolonne, in der von oben ein Teil des in der Hauptkolonne erzeugten fl. N_2 als Wasch-Fl. aufgegeben u. deren Rein-O_2 Bad durch einen Teil der zu zerlegenden Luft beheizt wird, durch Rektifikation zur gewünschten Reinheit gebracht wird. Weitere Abänderungen dieses Verfahrens. — Abbildung. D. B. P. 846 406 Kl. 17g vom 30/4. 1942, ausg. 11/8. 1952.) SCHINDLER. 5857

Heinz Trenne, Daspe, Kr. Holzminden, *Destillationsverfahren zur Zerlegung von Flüssigkeitsgemischen und Indikationsverfahren hierzu.* Die Dest. ist dad. gek., daß die bei Berührung eines dampfförmigen leichter flüchtigen Stoffes mit einem fl. schwerer flüchtigen Stoff eintretende Wärmekondensation verringert oder vermieden wird. Dies kann z. B. durch getrennte Führung des Rückflußgutes vom Kolonnendampf oder auch durch Einführung eines zur Zerlegung des Mehrstoffsystems verwendeten Fremdstoffes in den Kolonnenfuß geschehen. (**D. B. P. 849 404** Kl. 12a vom 29/7. 1949, ausg. 15/9. 1952.) SCHINDLER. 5865

Siemens-Schuckertwerke Akt.-Ges., Berlin und Erlangen (Erfinder: **Hellmuth Bayha**, Schloß Borstel über Bad Oldesloe), *Bestrahlung, besonders Ultraviolettbestrahlung, von strömenden flüssigen oder gasförmigen Stoffen oder Suspensionen*, z. B. von W., Milch, Fruchtsäften, Luft. Die Wirksamkeit der Bestrahlung wird an ein u. derselben Vorr. durch Änderung der Strömungsverhältnisse des zu behandelnden Stoffes (Strömungsgeschwindigkeit, Querschnitt oder Länge der Durchflußleitung) u./oder durch Änderung der spektralen Verteilung der Strahlung, z. B. durch Auswechslung oder Zuschaltung von Strahlerquellen, den wechselnden Betriebserfordernissen angepaßt. — Zeichnungen. (**D. B. P. 850 446** Kl. 12g vom 4/2. 1950, ausg. 25/9. 1952.) STEIL. 5903

III. Elektrotechnik.

N. S. F. Nürnberger Schraubenfabrik & Elektrowerk G. m. b. H., Nürnberg (Erfinder: **Karl Pfister**, Fürth), *Heißleiter.* Um eine bestimmte elektr. Charakteristik zu erhalten, wird auf die Heißleiteroberfläche eine Hartkohleschicht (I) aufgebracht, die prakt. in einer mit einem gasförmigen KW-stoff versetzten indifferenten Gasatmosphäre bei hoher Temp. u. vermindertem Druck gewonnen wird. Die für die Stromanschlüsse erforderlichen Metallbeläge werden in einer indifferenten Atmosphäre (z. B. CO_2) durch Einbrennen von koll. Ag-Schichten hergestellt. Dann wird der Widerstand der I durch einen nach Temp. u. Zeit geregelten Oxydationsvorgang auf einen gewünschten Wert eingestellt. (**D. B. P. 838 337** Kl. 21c vom 15/3. 1950, ausg. 8/5. 1952.) KESSEL. 5953

N. S. F. Nürnberger Schraubenfabrik & Elektrowerk G. m. b. H., Nürnberg (Erfinder: **Karl Pfister**, Fürth), *Heißleiter.* Die Bestandteile (bes. Ti-Oxyde, Verbb. der Erdalkalien u. der Schwermetalle) werden zu porösen Körpern gebrannt. Dabei wird prakt. eine der dem Versatz zugesetzten Metallverbb. (z. B. Fe_3O_4) mindestens zum Teil in einer Korngröße von ca. 0,1 mm verwendet u. der Versatz mit einem plastifizierenden Stoff (z. B. Preßöl) vermengt u. dann gargebrannt. Die Kontaktstellen werden durch Einsaugen u. Einbrennen kolloidaler Metall-Lsgg. (bes. Ag-Lsgg.) metallisiert, wobei die nicht zu metallisierenden Flächen mit Paraffin abgedeckt werden. (**D. B. P. 840 410** Kl. 21c vom 4/2. 1950, ausg. 3/6. 1952.) KESSEL. 5953

Siemens-Schuckertwerke Akt.-Ges., Berlin und Erlangen (Erfinder: **Harry Heering**, Berlin-Spandau), *Hochspannungskabel* mit fl. oder zähfl. Dielektrikum erhalten zur Verbesserung der Spannungsfestigkeit an der tiefsten Stelle einen unter Druck (z. B. aus einer Druckflasche mit 5 atü) zugeleiteten Nachschub eines aufbaufähigen kondensierbaren oder polymerisierbaren Isolierstoffs (I), der unter dem Einfl. von Sprühentladungen feste oder fl. Reaktionsprodd. bildet. Als I dienen bes. ungesätt. gasförmige KW-stoffe, z. B. 30 (Teile) Isobutylen u. 70 eines Gemisches aus Heptan bis Dekan. (**D. B. P. 840 718** Kl. 21c vom 1/11. 1949, ausg. 5/6. 1952.) KESSEL. 5953

Soc. Industrielle de Liaisons Electriques, Paris, Frankreich, *Elektrische Kabel* erhalten eine Schutzbewehrung aus einem Metallgeflecht, dessen Elemente einzeln vollkommen in einen biegsamen, harten, korrosionsfesten dielektr. Stoff eingebettet sind, z. B. in natürlichen oder synthet. Gummi oder ein abriebfestes, nicht entflammbares thermoplast. oder thermohärtendes Kunstharz, bes. ein Vinyl-, Cellulose-, Polyamid-, Glyptal-, phenoplast. oder aminoplast. Kunstharz. (**D. B. P. 840 717** Kl. 21c vom 21/11. 1950, ausg. 5/6. 1952. F. Prior. 29/4. 1950.) KESSEL. 5953

Siemens & Halske Akt.-Ges., Berlin und München (Erfinder: **Konrad Gentner**, Berlin-Charlottenburg), *Hartkohle-Schichtwiderstände* von hoher zeitlicher Konstanz. Die durch Zers. gasförmiger KW-stoffe aufgebrachten C-Schichten werden im Bekohlungsofen durch Zers. bes. hochsd. KW-stoffe (z. B. hochsd. Öle) bei 600—800° nachbekohlt. Sie können zur weiteren Erhöhung der Temperaturkonstanz noch durch Behandlung mit N_2 bei tiefer Temp. künstlich gealtert werden. (**D. B. P. 838 010** Kl. 21c vom 2/10. 1948, ausg. 5/5. 1952.) KESSEL. 5955

Western Electric Co., Inc., New York, N. Y. (Erfinder: **Howard Christensen**, Springfield, N. J.), V. St. A., *Elektrische Schichtwiderstände* bestehen aus einem Gemisch von Oxydteilchen (I) von ca. 10^{-6} u. solchen von ca. 10^{-4} cm Durchmesser (z. B. Ni-,

Mn-, Co-, Cu-, Fe-, Zn- oder U-Oxyde). Der Anteil an feineren I wird ca. 6 Std. mit einem fl. Bindemittel (II) verarbeitet u. dann mit dem gröberen Anteil vermengt. Die M. wird auf einen Trägerkörper aufgestrichen, zur Verflüchtigung des II allmählich auf 400° erhitzt, dann bei 1000—1300° gesintert u. bei ca. 860° getempert. Als II dienen bes. in organ. Lösungsmitteln lösl., nicht mit Halogenen behandelte Polymere mit langer C-Kette, z. B. Polyvinylbutyral, Isobutylmethacrylat oder Celluloseacetatbutyrat. (**D. B. P. 842 966** Kl. 21c vom 15/12. 1950, ausg. 3/7. 1952. A. Prior. 23/12. 1949.) Kessel. 5955

Siemens-Schuckertwerke Akt.-Ges., Berlin und Erlangen (Erfinder: **Siegfried Voll**, Nürnberg, und **Karl Knoll**, Feucht bei Nürnberg), *Elektrisch gegeneinander isolierte Metallkörper*, die durch Gießen oder Spritzen mechan. miteinander verbunden werden, bes. zur Herst. von *Kommutatoren*, *Schleifringkörpern*, *Klemmensätzen*, *Leiterdurchführungen usw.* Der eine der Körper wird an den Berührungsstellen des anderen mit einer Isolierschicht aus hitzebeständigem Silicon (II) versehen, bes. unter Zusatz eines hitzebeständigen Füllstoffs, z. B. Quarzpulver. Bes. geeignet ist ein schon stärker polymerisiertes **II**, das nach dem Auftragen noch wärmebehandelt wird, bis seine Härte der Temp. des Gieß- oder Spritzvorganges standhält. (**D. B. P. 840 862** Kl. 21c vom 25/11. 1948, ausg. 5/6. 1952.) Kessel. 5957

Radiofabrik Ingelen-Porzellanfabrik Frauenthal G. m. b. H., Wien, Österreich, *Dielektrikum* mit verringerter Temperaturabhängigkeit, bes. für *Kondensatoren*. Die Ausgangsstoffe, die mindestens 2 Mischkristalle (I) von 2 oder mehr Titanaten 2wertiger Metalle (bes. Ba- u. Sr-Titanate) enthalten, werden fein gemahlen, mit Bindemitteln (**II**), die mit **I** prakt. nicht reagieren, vermischt u. auf eine prakt. nur wenig unter der Sintertemp. u. der Bildungstemp. der I liegende Temp. erhitzt. Als **II** dienen Flußmittel u. tonige Stoffe, z. B. Bentonit oder eine niedrigschm. Emaille (bis 8 Gew.-%). (**Oe. P. 171 626** vom 15/12. 1951, ausg. 25/6. 1952.) Kessel. 5983

Siemens & Halske Akt.-Ges., Berlin und München (Erfinder: **Rudolf Böhme**, Gera), *Elektrolytkondensator* mit Fe-Elektroden (I) u. alkal. Elektrolyt (II). Die I-Platten sind mit flüssigkeitsdichten Randauflagen (z. B. aufvulkanisierten Gummiwülsten) aufeinandergepreßt. In den so gebildeten Kammern ist der **II** in einem laugenfesten saugfähigen Stoff (z. B. Asbest, Polyvinylchlorid- oder Polystyrolfasergewebe) gespeichert, der auch bei Stromdurchgang keine schädlichen Gase (z. B. Cl_2) abspaltet. (**D. B. P. 838471** Kl. 21g vom 2/10. 1948, ausg. 8/5. 1952.) Kessel. 5983

Electric & Musical Industries Ltd., Hayes, übert. von: **Cabot Seaton Bull**, Hillingdon, und **Albert Horace Atherton**, London, England, *Sekundäremissionselektrode*. Die akt. Schicht (I) besteht aus MgO, Al_2O_3, BeO oder einem Gemisch hieraus (bes. MgO) mit einem Geh. von 20—60 (%) Erdalkalioxyd (bes. 33 BaO). Die I gewinnt man prakt. durch Sintern des Oxydgemisches in Luft bei ca. 1200°, anschließendes Aufbringen auf die völlig oxydfreie, mit einer dünnen Mg-Schutzschicht versehene Trägerschicht (z. B. Ni) durch Kataphorese u. Erhitzen im Vakuum auf ca. 800°. (**A. P. 2 585 534** vom 23/11. 1946, ausg. 12/2. 1952. E. Prior. 7/11. 1945.) Kessel. 5975

IV. Wasser. Abwasser.

—, *Die Entsalzung von Wässern mit Ionenaustauschmembranen.* Die Ionenaustauschmembranen stellen 0,25—1 mm dicke Blätter dar, die entweder für die zur Kathode wandernden Kationen oder die zur Anode wandernden Anionen durchlässig sind, so daß sich zwischen den Membranen $^2/_3$ des zu behandelnden W. in entsalztem Zustand, $^1/_3$ des W. jenseits der Membranen, beladen mit den dem entsalzten W. entzogenen Ionen ansammelt. Die Kosten des Verf. u. seine Anwendung werden aufgeführt. (Ind. chimique **39**. 138. Mai 1952.) Wesly. 6020

I. G. Paschtschenko, *Anwendung eines Kesselsteinverhütungsmittels in Lokomotiv- und Baggerkesseln der Grubenverwaltung von Bogdannowitschi.* Bei Verwendung von hartem W. (22—24°) oder sogar von stark organ. verunreinigtem Sumpfwasser hat ein im Vgl. zu den Vorschriften der Hauptverwaltung erhöhter Zusatz eines Kesselsteinverhütungsmittels (ca. 10%; Zus. nicht mitgeteilt) zu einer wesentlichen Verbesserung des Kesselbetriebs geführt. (Огнеупоры [Feuerfeste Mater.] **17**. 181—82. April 1952.) R. K. Müller. 6030

John F. Vogler, *Reinigung chemischer und antibiotischer Abwässer in Willow Island, West Virginia.* 1. Mitt. *Derzeitige Reinigung der chemischen Abwässer.* Die bei der Herst. von Melamin, anorgan. Farben u. pharmazeut. Zwischenprodd. anfallenden Abwässer mit 46—150 mg/Liter BSB werden in einem Erdbecken bei 8tägiger Durchlaufzeit unter 50%ig. Abnahme des BSB gereinigt u. mit einem Verdünnungsverhältnis 400:1

in den Ohio abgeleitet. (Sewage ind. Wastes **24.** 485—88. April 1952. Willow Island, W. Va., American Cyanamid Comp., Calco Chem. Div.) MANZ. 6040

G. E. Eden und **G. F. Lowden,** *Reinigung der Abwässer der Penicillinfabrikation.* Verss. über die Reinigung der Gärbrühen; auf Tropfkörpern ist bei weitgehender Verdünnung oder entsprechender Rücknahme die Aufarbeitung möglich; Belüftung ermöglicht nur Teilreinigung. (Manufact. Chemist pharmac. fine chem. Trade J. **23.** 144—48. April 1952. Water Pollution Res. Board, Dep. of Sci. and Industrial Res.) MANZ. 6040

J. M. Brown, *Aureomycin-Abwässer.* Die aus Gärbrühen, Waschwässern von Vakuumfiltern sowie Chemikalien (Butanol, Salz) von der Reinigung der Droge enthaltenden Abwässern bestehenden Abwässer mit 2500—3000 mg/Liter BSB werden in einem Sammelbecken durch p_H-Ausgleich, Entfettung durch Belüftung, anschließender 4—5 std. Belüftung u. auf Tropfkörpern mit Vor- u. Nachklärbecken gereinigt u. nach Chlorung in die städt. Entwässerung abgeleitet. (Sewage ind. Wastes **24.** 488—90. April 1952. Pearl River, N. Y., American Cyanamid Comp., Lederle Labors. Div.) MANZ. 6040

Guy E. Griffin, *Planung zusätzlicher Reinigungsanlagen.* Für den ersten Ausbau der Aureomycin-Herst. wurde ein Ausgleichsbehälter zur Kalkung der Gärungsabwässer mit anschließender Klärung, Vereinigung mit dem Ablauf des vorhandenen Erdbeckens u. Chlorung vorgesehen. Für den vollen Ausbau ist p_H-Einstellung, 12 std. Belüftung zu ca. 25%ig. BSB-Minderung, Nachreinigung auf Tropfkörpern mit Vor- u. Nachklärung unter Rücknahme 3:1, Entwässerung der anfallenden Schlammengen mit $FeCl_3$ auf Vakuumfiltern beabsichtigt. (Sewage ind. Wastes **24.** 490—95. April 1952. American Cyanamid Comp., Central Engng. Dep.) MANZ. 6040

R. W. Simpson, E. T. Duke und **K. Thompson,** *Reinigung von Asbestpapierabwässern.* Durch Wiederverwendung des Weißwassers u. Schließung des Kreislaufes konnte die Abwassermenge um 75% verringert werden. Für die Reinigung des Ablaufes wurden nach Beobachtungen an Versuchsanlagen Vakuumfilter wegen der geringen Belastbarkeit u. der Anforderungen an Bedienung, Druckkieselgurfilter wegen des Bedarfs an Filterhilfsmitteln, des hohen Druckverlustes u. des Absetzens von Asbestfasern auf den Filterplatten verworfen u. eine Infilco Cyclator-Schnellkläranlage für mindestens 97,4% Minderung der Schwebestoffe ohne Chemikalienzugabe gewählt, deren Ablauf u. Schlammwasser wiederverwendet werden kann. (Water Sewage Works **99.** 286—91. Juli 1952. Norristown, Pa., Magnesia and Asbestos Co.-Gilbert Assoc., Inc.) MANZ. 6040

C. C. Ruchhoft, A. E. Gorman und **C. W. Christenson,** *Abwässer mit radioaktiven Isotopen.* Die in Los Alamos in den Laborr. anfallenden Plutonium-haltigen Abwässer werden in einer aus Ausgleich- u. Vorhaltebecken, Flockungs- u. Absetzbecken mit Sandfiltern bestehenden Anlage durch doppelte Flockung mit 20—80 g/m³ $FeCl_3$ u. 40—600 g/m³ $Ca(OH)_2$ bei p_H 12 unter Verminderung des Isotopengeh. von 200 bis 25000, im Mittel 2000 Zerfallseinheiten/Min./Liter auf 20—30 gereinigt. Die infolge hohen Geh. an Citrat, Polyphosphaten u. Reinigungsmitteln nichtflockbaren Abwässer werden auf zweistufigen Hochleistungstropfkörpern mit Rücknahme vorbehandelt. (Ind. Engng. Chem. **44.** 545—49. März 1952. Cincinnati, O., Public Health Service; Washington, D. C., Atomic Energy Commission; Los Alamos, N. Mex., Atomic Energy Commission.) MANZ. 6040

Joseph A. McCarthy, *Verwendung von Calciumchlorid bei der Reinigung gewerblicher Abwässer.* Die Behandlung der Wollwaschwässer in 5 Betrieben mit $CaCl_2$ ergab bei 88—98%ig. Abnahme der in Hexan lösl. Anteile, 46—73% Abnahme des BSB_5 u. 96—99%ig. Abnahme der Schwebestoffe befriedigende Ergebnisse. Die Wrkg. beruht auf der Bldg. von Kalkseifen u. tritt bei Seifen, synthet. Reinigungsmitteln u. Gemischen beider ein. Wiederholter Zusatz u. Verwendung von CO_2 zur p_H-Minderung ermöglicht Einsparung an $CaCl_2$. Das Verf. ist auch für ähnliche Abwässer anwendbar. (Sewage ind. Wastes **24.** 473—79. April 1952. Lawrence, Mass., Lawrence Exp. Stat., Dep. of Public Health.) MANZ. 6042

V. Anorganische Industrie.

M. W. Kellogg Co., Jersey City, übert. von: **Walton H. Marshall, jr.,** New York, N. Y., V. St. A., *Herstellung von Hydrazinhydrat.* NH_3 bringt man bei erhöhter Temp. u. bei Überdruck mit einem leicht reduzierbaren Oxyd (I) in solcher Menge zusammen, daß das Verhältnis von NH_3:O >5:1 ist. Es sind die I von Sn, Zn, Pb, Cd u. bes. Ag geeignet; Temp.: 100—400°, Druck: ca. 17,5 at. Die Verweilzeit soll so kurz sein, daß sich bei einem Durchgang <20% NH_3 umsetzen. Die I werden durch Behandlung mit

O_2 wieder oxydiert, entweder im Reaktionsgefäß oder nach Überführung in eine Oxydationskammer. — Vorrichtung. (**A. P. 2 583 585** vom 6/8. 1946, ausg. 29/1. 1952.) Zürn. H 243

Wintershall Akt.-Ges., Celle, und **Hellmuth Keitel**, Kassel (Erfinder: **Hellmuth Keitel** und **Wilhelm Jahn-Held**, Kassel, und **Wilhelm Appel**, Heringen/Werra), *Trennung schwerlöslicher Metallhydroxyde und -oxyde von den zu deren Herstellung verwendeten Ausgangsstoffen.* Man bringt CO_2 unterhalb von 50°, gegebenenfalls bei einem Druck bis zu 3 at, auf eine kalte Aufschlämmung dieser Oxyde oder Hydroxyde zur Einw., filtriert den Nd. ab u. glüht. (**D. B. P. 833 954** Kl. 12m vom 28/10. 1950, ausg. 13/3. 1952.) Nebelsiek. H 270

Säurefabrik Schweizerhall, Schweizerhalle, Schweiz, *Zersetzung flüchtiger Metallchloride* durch O_2-haltige Gase (I) bei hohen Tempp. zwecks Gewinnung von Metalloxyden höchster Feinheit, wobei eine Komponente (II) innerhalb der anderen II zur Rk. geführt wird. Dabei wird die Metallchlorid-II während einer Drallbewegung mit I zur Rk. gebracht. (**Schwz. P. 268 072** vom 20/3. 1948, ausg. 1/2. 1951. **Zusatz zu Schwz. P. 262 553; C. 1950. II. 91.**) Nebelsiek. H 270

John Conrad Arnold, London, England, und **Sylvester & Co.**, Cleveland, O., V. St. A., *Gewinnung von Magnesia.* Eine Mischung aus feingemahlenem Dolomit u. Mg-Silicat wird auf ca. 1800° erhitzt, abgekühlt, gemahlen u. mit W. angeschlämmt. Man erhält ca. 90—95% MgO. (**E. P. 650 223** vom 19/4. 1948, ausg. 21/2. 1951.) Nebelsiek. H 282

Stanley Gustav Dehn, London, und **Barium Development Corp.**, New York, N. Y., V. St. A., *Gewinnung von $Ba(NO_3)_2$* durch Erhitzen von $BaCO_3$, $Ca(NO_3)_2$ u. W. unter Druck in Ggw. eines Metalloxydkatalysators, z. B. Fe_2O_3 oder Al_2O_3. (**E. P. 653 014** vom 19/4. 1948, ausg. 9/5. 1951.) Nebelsiek. H 285

Brotherton & Co. Ltd., Leeds, England (Erfinder: **George Brearley, Walter Cule Davies** und **William Harvey Major**), *Bleichen von Kaolin.* Man schlämmt das Kaolin (I) mit einer Lsg. von $Na_2S_2O_4$ auf u. setzt vorher, nachher oder gleichzeitig ein wasserlösl. Pyrophosphat oder Hexametaphosphat zu. Anschließend wird I abgetrennt. Es ist weiß, weil Fe_2O_3 teils entfernt, teils in farblose Phosphate übergeführt wurde. (**E. P. 672 555** vom 27/2. 1950, ausg. 21/5. 1952.) Zürn. H 294

Säurefabrik Schweizerhall, Schweizerhalle, Baselland, Schweiz, *Reinigen von $TiCl_4$.* Man dest. rohes, trübes $TiCl_4$, kondensiert die Dämpfe, kühlt das Kondensat so herunter, daß die festen Metallchloride, z. B. $FeCl_3$, $AlCl_3$ u. $ZrCl_4$, die als Verunreinigungen vorhanden waren u. mit dem $TiCl_4$ zusammen dest. wurden, in granulierter Form ausfallen u. trennt sie von dem fl. $TiCl_4$ ab. (**E. P. 653 035** vom 12/7. 1948, ausg. 9/5. 1951. Schwz. Prior. 12/7. 1947.) Nebelsiek. H 321

Badische Anilin- & Soda-Fabrik (Erfinder: **Franz Drexler** und **Hans Herold**), Ludwigshafen/Rh., *Herstellung reaktionsfähiger Titansäure.* Beim Ausfällen der Titansäure (I) aus Titansulfat- oder Titanchloridlsgg. durch Zusatz von Alkalihydroxyden oder -carbonaten oder NH_3 oder organ. Basen, z. B. Methylamin, hält man beim Fällen ein p_H von 5—9 u. am Ende der Fällung oder des Auswaschens ein p_H von 7—9 ein. Die I ist leicht peptisierbar u. kann durch Erhitzen in akt. Titanoxyd übergeführt werden, das als Absorptionsmittel, als Katalysator oder Träger für diese dienen kann. Das Sol kann zum Härten von Al_2O_3-Katalysatoren, zum Härten der Oberfläche von keram. Prodd., zum Imprägnieren von Textilstoffen Verwendung finden. (**D. B. P. 846 998** Kl. 12i vom 31/10. 1941, ausg. 18/8. 1952.) Zürn. H 321

Diamond Alkali Co., Cleveland, O., V. St. A., *Entfernung und Gewinnung von Vanadat aus Alkalichromatlösungen.* Man setzt den Lsgg. Pb-Verbb., bes. $PbSO_4$ (I), zu, trennt den Nd., der Pb-Vanadat, etwas Pb-Chromat u. überschüssiges I enthält, ab, zers. ihn mit verd. H_2SO_4 u. gewinnt so I für seine Verwendung zurück. Zu der nach Abtrennung des I verbleibenden Lsg. fügt man Oxydationsmittel, wie NaOCl, u. fällt durch Zusatz von Alkali als $Na_2H_2V_6H_{17}$. (**E. P. 661 945** vom 2/11. 1949, ausg. 28/11. 1951. A. Prior. 13/11. 1948.) Zürn. H 330

Diamond Alkali Co., Cleveland, O., V. St. A., *Entfernung und Gewinnung von V- und Al-Verbindungen, besonders aus Alkalichromatlösungen.* Man stellt den p_H-Wert der Lsgg. auf 8—9 ein u. setzt Pb-Verbb., bes. $PbSO_4$, zu. Al wird als Hydroxyd u. V als Pb-Vanadat gefällt. Der durch Pb-Chromat verunreinigte Nd. wird auf V- u. Al-Verbb. unter Rückgewinnung des $PbSO_4$ aufgearbeitet, z. B. durch Behandeln mit $Al_2(SO_4)_3$ oder mit Ätzalkalien. Aus der mit letzteren erhaltenen Lsg. werden durch H_2S Pb als PbS u. Co als Hydroxyde ausgeschieden. (**E. P. 661 946** vom 2/11. 1949, ausg. 28/11. 1951. A. Prior. 13/11. 1948.) Zürn. H 330

United States of America, übert. von: **Amos S. Newton**, Berkeley, Calif., V. St. A., *Gewinnung von Schwermetallhydriden.* Man setzt Schwermetalle, z. B. U, bei 500—700° unter Druck einem H_2-Strom aus. (**A. P. 2 588 153** vom 4/3. 1947, ausg. 4/3. 1952.) NEBELSIEK. H 339

United States of America, übert. von: **Coleman D. Wilder**, Oak Ridge, Tenn., V. St. A., *Gewinnung höherer Chloride des Urans.* Man läßt über UO_3 oder UO_2Cl_2 bei 540—560° Luft im Gemisch mit verdampftem CCl_4 (Luft:CCl_4 = 1,3:3,2) streichen, wobei sich höhere Chloride des U, z. B. UCl_4, UCl_5, UCl_6, bilden. — Zeichnung. (**A. P. 2 582 941** vom 12/10. 1944, ausg. 15/1. 1952.) NEBELSIEK. H 339

Jacques Fondal, New York, N. Y., V. St. A., *Reduktion von Oxyden des höherwertigen Mangans.* Man erhitzt anfangs im Luftstrom auf 600—800° zum Mn_2O_3, weiter im H_2-Strom zu MnO. (**Schwz. P. 278 931** vom 25/2. 1948, ausg. 16/2. 1952. A. Prior. 26/12. 1944.) NEBELSIEK. H 350

Th. Goldschmidt Akt.-Ges. (Erfinder- **Hellmuth Stamm** und **Wilhelm Brugger**), Essen, *Herstellung von wasser- und oxydfreiem Mangan(II)-chlorid.* O_2-haltige Mn-Verbb. oder Mn-Erze, bes. MnO_2, oder $MnCO_3$, werden mit Reduktionsmitteln, bes. Kohle, u. Cl_2 oder Säurechloriden, bes. $COCl_2$, bei 700—1000°, bes. 800—900°, behandelt. (**D. B. P. 847 886** Kl. 12n vom 24/8. 1950, ausg. 28/8. 1952.) NEBELSIEK. H 350

Henry L. Crowley & Co., Inc., West Orange, N. J., übert. von: **Marion Ernest Graham**, Parma, und **Edward A. Beidler**, Columbus, O., V. St. A., *Selektive Reduktion von $FeCl_2$* aus einem gasförmigen Gemisch aus mindestens 5—10 (Teilen) $FeCl_2$ u. 3 bis 1 $MnCl_2$ (I). Man red. I bei ca. 1100° mit H_2 u. erhält >99 (%) Fe in reiner Form u. nur ca. 0,1 Mn. (**A. P. 2 596 072** vom 28/3. 1951, ausg. 6/5. 1952.) NEBELSIEK. H 354

General Electric Co. Ltd., London (Erfinder: **Douglas Marshall Dovey** und **Wilfred Robarts Pitkin**, Wembley), England, *Herstellung von γ-Fe_2O_3.* Man erhitzt α-Fe_2O_3 reduzierend auf 275—400°, bes. 300—350°, u. anschließend das gebildete Fe_3O_4 oxydierend auf 100—350°, bes. 150—200°. (**E. P. 650 607** vom 17/11. 1949, ausg. 28/2. 1951.) NEBELSIEK. H 354

Badische Anilin- & Soda-Fabrik (Erfinder: **Rudolf Robl**), Ludwigshafen/Rh., *Herstellung magnetisierbarer Eisenoxyde* durch Red. von Fe-Verbb. mit alkal. Hyposulfitlsgg. in Ggw. von Salzen der Metalle der Fe-Gruppe. (**D. B. P. 846 689** Kl. 12n vom 27/7. 1950, ausg. 14/8. 1952. **Zusatz zu D. B. P. 801 723; C. 1951. II. 732.**) NEBELSIEK. H 354

VI. Silicatchemie. Baustoffe.

D. A. McGraw, *Ein Verfahren zur Bestimmung des Youngschen Moduls von Glas bei hohen Temperaturen.* Zur Messung des YOUNGschen Elastizitätsmoduls bei *Na_2O-CaO-SiO_2-Gläsern* in einem Temperaturbereich von 20—700° wird die betreffende Probe (Glasstab) in ein dünnwandiges Metallrohr (Ni) eingeschlossen, vertikal in einem Ofen angeordnet u. durch eine oben seitlich angreifende Zugkraft zu einem Γ-förmigen Winkelstab ausgezogen. Die jeweilige Umbiegung des kombinierten Stabes wird mittels eines Extensometers gemessen u. oscillograph. registriert. Der YOUNGsche Modul kann aus der Differenz der Umbiegung des glasgefüllten u. leeren Rohres berechnet werden. Für 3 Gebrauchsgläser werden die Meßergebnisse bei 25—700° mitgeteilt, wobei dieselben mit dem CaO-Geh. symbat verlaufen. (J. Amer. ceram. Soc. **35.** 22—27. 1/1. 1952. Toledo, O., Owens-Illinois Glass Co.) HENTSCHEL. 6200

Fritz Viehweger, *Farbige glänzende Glasuren für SK 4a—6a und SK 8—9.* Vf. gibt in zwei ausführlichen Tabellen Rezepte von Glasuren für die in der Überschrift genannten Tempp. nebst den dazu zu verwendenden Farbkörpern, dazu einige Erläuterungen. (Sprechsaal Keram., Glas, Email **84.** 29—32. 20/1. 1951.) KÜHNERT. 6212

—, *Einige Betrachtungen über die Verträglichkeit von Fayence-Massen mit ihren Glasuren.* Besprechung verschied. bekannter Prüfmethoden. (Ind. céram. **1952. 79**—82. April.) SCHÜTZ. 6212

Th. Haase, *Erkennung und Vermeidung von inneren Spannungen bei keramischen Erzeugnissen,* Theoret. Betrachtungen über die Spannungsmöglichkeiten u. Vorschläge zu ihrer Vermeidung. (Silikattechnik **2.** 323—26. Nov. 1951. Freiberg/Sa., Bergakad., Inst. für Keramik.) SCHÜTZ. 6216

I. Ss. Kainarski, W. D. Zigler und **A. W. Stowbur**, *Kontinuierliche Mischung von Dinasmassen.* In einer Zweiwalzenmühle kann Dinaspreßmasse ohne Nachmahlung hergestellt werden, wenn man dem Grobgut z. B. 20—25% Feingut (Dinas- oder Quarzitmehl) beimischt. Die keram. Eigg. der erhaltenen M. (Porosität, Druckfestigkeit) entsprechen denjenigen der in üblicher Weise hergestellten. Das Verf. erzielt eine wesentliche Arbeitsersparnis gegenüber der nichtkontinuierlichen Verarbeitung im Kollergang.

(Огнеупоры [Feuerfeste Mater.] **17.** 172—80. April 1952. Charkow, Inst. für feuerfeste Materialien.) R. K. MÜLLER. 6218

G. Jaeger und **R. Krasemann,** *Neues aus der Oxydkeramik.* Übersicht über die Entw. der Sintertonerde. Neueste Werte der mechan. u. calor. Eigenschaften. Einfl. geringer Verunreinigungen auf Struktur u. chem. Resistenz. Als Schutzrohr für Edelmetallthermoelemente in reduzierender Atmosphäre dürfen nur reinste Al_2O_3-Schutzrohre verwendet werden, da geringste Mengen an SiO_2 zu SiO red. werden, welches mit dem Pt zu Pt-Silicid reagiert u. das Thermoelement zerstört. (Ber. dtsch. keram. Ges. e. V. Ver. dtsch. Emailfachleute e. V. **29.** 61—67. März 1952. Frankfurt/M., Oxydkeram. Labor. der Deutschen Gold- u. Silberscheideanst. vorm. Roessler.) SCHÜTZ. 6220

P. Chiotti, *Hochfeuerfeste Werkstücke aus Nitriden, Carbiden und Uranoxyd.* Vf. beschreibt einleitend die physikal. u. chem. Eigg. der Nitride, Carbide des Nb, Ta, Ti, Zr, U, Th, Ca, Be u. des UO_2. Weiterhin berichtet der Vf. über einige Verff. zur Herst. dieser Verbb. im Laboratorium. Diese Verff. sind aufgeteilt in die Herst. der Ausgangsprodd. u. die Umwandlung in die betreffenden Nitride u. Carbide. Ein Teil der entstehenden Hydride u. Metallpulver ist pyrophor. (Thoriumhydrid, Uranhydrid, metall. U, Ti u. Zr.) Diese Verbb. müssen in sauerstofffreier Atmosphäre behandelt werden. Zur Darst. der Nitride wurde NH_3 oder N_2 bei 400—940° über die betreffenden Metallpulver geleitet. Die Carbide wurden durch Erhitzen der Metalle oder ihrer Oxyde mit Kohlenstoff im Graphittiegel unter Vakuum bei 2000° gewonnen. Die Formgebung der Werkstoffe erfolgte durch Pressen der Stahlmatrizen unter hohem Druck. Als Plastizierungsmittel wurde Paraffin in CCl_4-Lsg. verwandt. UO_2 u. einige Carbide wurden mit einer Na_2SiO_3-Lsg. angemacht u., um ein Anhaften der Formlinge an den Formwänden zu verhindern, mit einem Stearinfilm überzogen. Als Brennofen wurde ein Hochfrequenzofen verwandt. Die Formlinge wurden bei 2000—2800° gebrannt. Zur F.-Best. wurde die Meth. PIRANI u. ALTERTHUM benutzt. Sie ergab folgende Werte: Be_3N_2 2200°; TaN 3087° $\pm$ 50°; ThN 2630 $\pm$ 50°; TiC 2947 $\pm$ 50°; UN 2650 $\pm$ 100°; ZrN 2982 $\pm$ 50°; NbC 3497 $\pm$ 125°; TaC 3877 $\pm$ 150°; TiC 3137 $\pm$ 90°; UC 2590 $\pm$ 50°; ZrC 3532 $\pm$ 125°; UO_2 2275 $\pm$ 50°. Aus der Arbeit ergibt sich die Folgerung, daß außer B_3N_2, TaN u. ThN, die infolge kristall. Umwandlung zerfallen, alle anderen angewandten Verbb. sich zur Herst. hochfeuerfester Werkstücke eignen. (J. Amer. ceram. Soc. **35.** 123—30. Mai 1952. Ames, Iowa, Iowa State Coll., Inst. for Atomic Res., u. Dep. of Chem.) THIELE. 6220

J. Calleja, *Die heterogene Verteilung der freien Kalke im Portlandzementklinker.* (Vgl. C. **1952.** 6749.) (Zement-Kalk-Gips **5.** 206—08. Juli 1952.) PISTOR. 6222

F. J. Czech, *Einige Prüfverfahren für den Betrieb.* Beschreibung einiger im rauhen Betrieb erprobter Prüfapparaturen für Viscosität (Auslaufviscosimeter), Rohbruchfestigkeit mit steigender Belastung für Teller u. Rohbruchfestigkeit gegen Schlag am Tellerrand. (Ber. dtsch. keram. Ges. e. V. Ver. dtsch. Emailfachleute e. V. **29.** 77—81. März 1952.) SCHÜTZ. 6240

Corning Glass Works (Erfinder: **Stanley Donald Storkey**), Corning, V. St. A., *Durchsichtiges, lichtempfindliches Glas.* Dieses enthält folgende wesentliche Bestandteile, welche mindestens 85 (%) aller Glasbestandteile ausmachen: 55—75 SiO_2, mindestens ein Alkalioxyd, das bis zu 2 Si_2O, 5—18 Na_2O u. bis 13 K_2O betragen kann, wobei der Gesamtbetrag an Alkalioxyd 12—18 ist, 2—12 Al_2O_3, 0,0001—0,3 als AgCl berechnetes Ag, 0,005—0,05 CeO_2, 1,8—3,0 F u. entweder 0,1—0,2 Cl oder 0,02—0,4 Br oder 0,03—0,6 J. Dieses Glas ist geeignet, nur an solchen Stellen ein durch Wärmebehandlung erzeugtes u. durch lichtzerstreuende, F-haltige Kristallite bewirktes Undurchsichtigwerden aufzuweisen, die zuvor einer Kurzwellenbestrahlung ausgesetzt worden sind. — Z. B. besteht eine für die Erzeugung des Glases geeignete Grundmischung aus 121,2 (Teilen) Sand, 45 Na_2CO_3, 27,5 $Al(OH)_3$, 1,5 $Na_2B_4O_7$ (wasserfrei), 0,0035 $AgNO_3$, 0,0227 $Ce(OH)_4$ mit 75 CeO_2-Geh., 0,164 Sb_2O_3, 8,626 Na_2SiF_6 u. 0,590 NaBr. (**D. B. P. 844 648** Kl. 32b vom 23/3. 1951, ausg. 24/7. 1952. A. Prior. 7/7. 1950.) HANS HOFFMANN. 6201

Österreichisch-Amerikanische Magnesit Akt.-Ges., Radenthein/Kärnten, Österreich (Erfinder: **Kamillo Konopicky**), *Ungebrannte feuerfeste Magnesia- oder Chromitsteine* oder solche aus Gemischen beider Stoffe mit entlang den Kanten, bes. den Längskanten verlaufenden perforierten Metalleinlagen, vorzugsweise Einlagen aus Drahtgeflecht. Die Einlagen können in einfachster Weise im Stein angeordnet werden, indem man sie in die Form einlegt, die Form füllt, die oberen Einlagen auflegt u. dann das Ganze preßt. Dabei tritt feuerfeste M. durch die Öffnungen der Einlagen hindurch, so daß dadurch bei einem Mindestaufwand von Eisen u. Stahl weitgehende Haftfestigkeit u. Kantenversteifung erreicht wird. Es kommt weder beim Trocknen noch beim späteren Brand im Ofen zu Zerstörungen an den Einlagen. Solche Steine können in vielen Fällen auch ohne Benutzung von Mörtel verlegt werden. (**Oe. P. 171 276** vom 7/9. 1946, ausg. 10/5. 1952.) BEWERSDORF. 6219

Russel Pearce Heuer, Villa Nova, Pa., V. St. A., *Herstellung ungebrannter feuerfester Steine* durch gute Bindung des feuerfesten Materials durch Einw. von CO_2. — Z. B. findet eine M. aus 50 (%) grobem Chromit (< 6 Maschensieb, >28 M.S.), 25 feinem Chromit (< 65 M.S.) u. 25 feinem Sintermagnesit (< 65 M.S.) Verwendung. Das vermischte Gemenge wird mit 4 W. angefeuchtet u. bei hohem Druck (wenigstens 560 kg/cm²) gepreßt. Die noch feuchten Steine werden ohne Trocknung u. längere Berührung mit Luft mit CO_2 behandelt. Es ist zweckmäßig, die so behandelten Steine bei Tempp. zwischen 110 u. 150° in einem Abgas- oder Tunneltrockner zu trocknen. — Vorrichtung. (**Oe. P. 171 428** vom 16/12. 1949, ausg. 26/5. 1952. A. Prior. 20/6. 1947.) BEWERSDORF. 6219

Victor Trief, Deux-Acren-lez Lessines, Belgien, *Herstellung einer Masse mit latenten hydraulischen Eigenschaften.* Granulierte Hochofenschlacke wird naß zu einem pastenförmigem hydraul. Bindemittel vermahlen. Dieses wird getrocknet, ohne daß die hydraul. Eigg. verlorengehen. Dies erfolgt zweckmäßig durch gleichzeitiges Dispergieren, so daß man ein feines Pulver erhält, das lagerfähig ist u. gegebenenfalls nach Zusatz eines Katalysators aktiviert u. zur Herst. von *Mauerwerk* oder *Beton* verwendet werden kann. (**Finn. P. 25 804** vom 30/8. 1949, Auszug veröff. 30/6. 1952. Belg. Prior. 3/9. 1948.) J. SCHMIDT. 6225

Grünzweig & Hartmann G. m. b. H., Ludwigshafen/Rh. (Erfinder: **Lambert Jansen**, Mannheim), *Herstellung von Glas- oder Mineralschmelzen für die Mineralwollerzeugung.* Bei der Herst. solcher Schmelzen nach D. B. P. 837 920 werden Löß u. Ölschieferrückstände zweckmäßig in vorgemischtem u. brikettiertem Zustande als Rohstoff verwendet. (**D. B. P. 844 502** Kl. 32b vom 23/5. 1944, ausg. 21/7. 1952. **Zusatz zu D. B. P. 837 920; C. 1952. 7719.**) HANS HOFFMANN. 6229

Eugen Traub, Weinsberg, Württ., *Herstellung von Mineralwolle.* Zur Herst. der Wolle wird Ton oder Lehm, gegebenfalls unter Zusatz gebräuchlicher Flußmittel, verwendet, so daß die Wolle einen F. von 1400° u. darüber besitzt. (**D. R. P. 767 344** Kl. 80b vom 2/2. 1940, ausg. 29/5. 1952.) HANS HOFFMANN. 6229

Hugo Alfred Grönroos, Stallarholmen, und **Otto Werner Hacklin**, Stockholm, Schweden, *Ziegelherstellung*, Rohton wird unterhalb seiner Sintertemp. auf 850—920° für 15 Min. bis 2 Std. erhitzt u. im Verhältnis 1 : 1 oder 1 : 2 mit nicht erhitztem Rohton gemischt. Hierbei nimmt die Mischung eine Temp. von ca. 200° an, u. die Feuchtigkeit wird aus dem nicht erhitzten Ton ausgetrieben. Die M. wird zu Ziegeln gepreßt, u. die Ziegel werden gesintert. (**A. P. 2 585 116** vom 8/10. 1946, ausg. 12/2. 1952. Schwed. Prior. 25/10. 1945.) REINHART. 6229

Hertha Sigora, Grieskirchen, Oberösterreich, *Herstellung von bindemittelfreien Formkörpern* aus Fasermaterial, wie Einjahrespflanzen (I), Kartoffelkraut, Kartoffelstroh, Holzabfällen, Sägespänen, Ligniten, dad. gek., daß ein Teil der Pflanzen durch mechan. Behandlung, wie Naßmahlen, hydratisiert u. abgebaut wird, in einer zweiten Stufe mit nicht vorbehandelten I u./oder lignocellulosehaltigem holzartigem Material vermischt, dann die Mischung verformt, auch gepreßt wird, u. die Formkörper in einem 2 stufigen Druck-Wärme-Verf. bei 140—180° u. 5—8 atü strömendem Dampf ausgesetzt werden, wodurch die Kondensation u. Härtung der aus den Abbauprodd. der ersten Stufe entstandenen Vorprodd. mit inkrustierenden Stoffen der in der zweiten Stufe zugesetzten Stoffe erfolgt. 200 kg vermahlenes Getreidestroh wird mit 20 kg Rapsstroh, das im Steinzeugmahlholländer hydratisiert u. bis zur schleimigen Konsistenz gemahlen wurde, innig vermischt, abgesaugt, im Autoklaven 2 Std. bei 8 atü u. 170° mit strömendem Dampf behandelt u. im Kanaltrockner bei 180° getrocknet u. noch 1 Std. gehalten. Wasserfeste *Platte für Wärme- u. Schallisolierung.* (**Oe. P. 170 271** vom 28/2. 1946, ausg. 11/2. 1952.) PANKOW. 6229

Soc. Martin Frères, Frankreich, *Ersatzstoff für Papier, Pappe, Kunstleder und dergleichen.* Mineralstoffe mit mol. Faserstruktur, z. B. *Asbest*, werden mit W. zu einer beständigen stabilen Suspension verarbeitet, aus der Folien hergestellt werden, die nach dem Trocknen eine gute Festigkeit u. Geschmeidigkeit besitzen. Vor, während oder nach der Folienbldg. können Leim, Plastifizierungs- u. Weichmachungsmittel, wie sie in der Papierfabrikation üblich sind, u. Farbstoffe oder Pigmente zugesetzt werden. (**F. P. 973 134** vom 21/6. 1941, ausg. 7/2. 1951.) WITTHOLZ. 6235

F. E. Jones and J. P. Latham, A survey of the behaviour in use of asbestos-cement pressure pipes. London: H. M. S. O. 1952. (46 S. m. Abb.) 2 s. 6 d.

VII. Agrikulturchemie. Schädlingsbekämpfung.

R. Teipel, *Die Entwicklung einiger Methoden zur Ermittlung der Bodenstruktur.* Überblick an Hand der Literatur (35 Hinweise). (Dtsch. Agrartechn. 2. 306—10. Okt. 1952. Jena.) WINIKER. 6300

G. Aufhammer und **R. Kämpf**, *Beeinflussung der Bodenkrümelung durch organische Düngung.* Vff. untersuchten mit Hilfe des Verbauungsvers. (Abänderung u. Vereinfachung der Methodik) u. des Verschlämmungsbildes nach SEKERA die Beeinflussung der Bodenkrümelung durch organ. Düngung u. stellten fest, daß sich die Festigung u. Erhöhung der Krümelbeständigkeit gegenüber W. je nach der Menge der zugegebenen organ. M. verbessert. Hierbei scheint sich ein geringer Proteingeh. des organ. Düngers krümelverbessernd auszuwirken. Bei Roggenstroh, Nadelstreu, Sägemehl sowie Buchen- u. Eichenlaub wurde eine weniger vorteilhafte Beeinflussung der Krümelung beobachtet. Die bei weitem schlechteste Wrkg. hatte gemahlener Torf. (Z. Acker- u. Pflanzenbau 95. 219—32. Sept. 1952. Weihenstephan, Inst. für Acker- u. Pflanzenbau der TH München.) WINIKER. 6300

W. U. Behrens, *Einfluß der Phosphorsäuredüngung auf die Eiweißbildung der Nutzpflanzen.* Phosphatdüngung steigert den Geh. wachsender Pflanzen an Eiweiß (I) ganz erheblich, während der I-Geh. von Körnern u. Samen durch steigende Phosphorsäuredüngung nicht beeinflußt oder sogar herabgesetzt wird. Phosphorsäuredüngung ist zu I-Bldg. ebenso notwendig wie N-Düngung u. bewirkt fast die gleichen Steigerungen des I-Gehalts. Bei N-Mangel steigert Phosphorsäure den I-Geh. nicht, ebenso kann bei Phosphorsäuremangel mit N-Düngung keine Erhöhung des I-Geh. erzielt werden. (Landwirtsch. Forsch. **1952**. 2. Sonderheft. 77—79. Hannover, Kali-Chemie A. G., Landwirtschaftl. Vers.-Stat.) WINIKER. 6304

I. I. Ssamoilow, *Über die Erhöhung der Wirksamkeit von Phosphoritmehl.* Wird *Phosphoritmehl* mindestens 10 Tage vor dem Ausstreuen mit Kalisalz vermischt, so erhöht sich seine Wrkg. stark. Ebenso führt die Granulierung von Phosphoritmehl mit organ. Substanz, z. B. Torf, zu einer verbesserten Löslichkeit der Phosphorsäure. Man muß aber Torf anwenden, der einen gewissen Säuregrad mit biol. Aktivität verbindet. (Доклады Всесоюзной ордена Ленина Академии Сельскохозяйственных Наук имени В. И. Ленина [Ber. Allunions landwirtsch. (Lenin-Orden) Lenin-Akad.] **17**. Nr. 4. 3—10. April 1952.) A. JACOB. 6304

M. A. Korowkin, *Erhöhung der Wirksamkeit des Phosphoritmehles unter dem Einfluß organischer Stoffe der Narbe mehrjähriger Gräser. Phosphoritmehl* (I) zeigt eine gute Wrkg. auf Böden, die noch unzers. organ. Substanz enthalten. Bei der Zers. derselben unterliegt I ähnlichen biol. Prozessen wie beim Kompostieren. Es hat eine günstigere Wrkg. auf die Mineralisation der organ. Substanz der Narbe mehrjähriger Gräser als Superphosphat. Durch diese Zers. wird gleichzeitig die N-Versorgung verbessert, u. dadurch wieder rückwirkend die Aufnahmefähigkeit für I erhöht. (Советская Агрономия [Sowjet. Landwirtschaftskunde] **10**. Nr. 9. 83—84. Sept. 1952. Allunions Wiss. Forschungsinst. für Düngemittel, Agrotechnik u. landw. Bodenkunde, Labor. für organ. Düngemittel.) A. JACOB. 6304

P. A. Wlassjuk, *Die Düngung der landwirtschaftlichen Kulturen bei Feldgrasfruchtfolge.* Durch die Meth. der markierten Atome konnte nachgewiesen werden, daß die Aufnahme von Nährstoffen durch die Pflanze aus den Düngerkörnern schon 5 bis 10 Min. nach der Einbringung in den Boden beginnt, während im Boden ohne jegliche Vegetation die Bewegung der Nährstoffe nur sehr langsam vor sich geht. Weiter werden die Ergebnisse anderer Verss. mit mineral. u. organ.-mineral. Düngung besprochen. (Известия Академии Наук СССР, Серия Биологическая [Nachr. Akad. Wiss. UdSSR, biol. Ser.] **1952**. Nr. 2. 86—110. März/April. Inst. für Pflanzenphysiol. u. Agrikulturchem. der Akad. der Wiss. der UkrSSR, Labor. für Pflanzenernährung.) M. GORDIENKO. 6304

P. A. Wlassjuk und **K. M. Dobrotworskaja**, *Einfluß der Düngung auf den Ernteertrag und die Qualität des Winterweizens.* Düngungsverss. auf Grauerde u. schwach ausgelaugter Schwarzerde zu Winterweizen zeigten große Abhängigkeit der Düngewrkg. von der Vorfrucht. Während nach Schwarzbrache der Boden einen beträchtlichen Vorrat an Nitrat-N aufwies, war er nach Grasgemenge u. nach der Brache mit Wicke–Hafer gering. Daher muß man nach besetzter Brache für N-Zufuhr sorgen. Die Bakterienflora des Bodens war nach mehrjährigen Gräsern üppiger als nach Wicke–Hafer. Die Düngung steigerte im Vgl. zu ungedüngt nach Wicke–Hafer (in Brache) den Klebergeh. um 17%, Glasigkeit um 2,4%, nach Gräsern (in Brache) um 5 bzw. 0,6%, nach mehrjährigen Gräsern 12 bzw. 1,9%. Bei Winterweizen betrug in der Milchreife die Aktivität der

Peroxydase nach Wicke–Hafer 57,3 (cm^3 0,1n$KMnO_4$/1 g Rohsubstanz) u. nach Grasgemenge 63,0, die Aktivität der Katalase betrug 40,1 bzw. 44,7. Die Gewebeoxydierbarkeit betrug hierbei 23,2 bzw. 28,5. (Советская Агрономия [Sowjet. Landwirtschaftskunde] **10.** Nr. 7. 46—52. Juli 1952. Allunions Wiss. Forschungsinst. für Zuckerrübenkultur.) LINTER. 6304

B. Krapf, *Das Mulchverfahren. (Eine kleine Literaturzusammenstellung.)* Kurzer Überblick über eine im engl. Sprachgebrauch „mulching" genannte Meth. der Bodenbearbeitung (Bedeckung der Bodenoberfläche mit losem organ. Material wie gemähtes Gras, Heu, Stroh, Kompost), welche sich bes. für den Obstbau eignet. — 13 Literaturangaben. (Weinbau, wiss. Beih. **6.** 79—82. Juni 1952. Wädenswil, Eidg. Versuchsanst.) WINIKER. 6304

Edwin Gould und **Elwood O. Hamstead,** *Die Giftigkeit der Rückstände starker Spritzungen im Boden.* Bericht über vergleichende Verss. mit den zur Zeit gebräuchlichen Insekticiden. Hierbei zeigten vor allem Benzolhexachlorid, Chlordan u. Toxaphen eine erhebliche Nachwrkg. im Boden, die sich durch starken Rückgang der schädlichen Bodenfauna u. Freiheit der Wurzeln von Insekten zeigte. Die Verss. wurden durchgeführt an jungen Apfel- u. Birnbäumen u. erstreckten sich über 3 Jahre. (J. econ. Entomol. **44.** 713—17. Okt. 1951.) GRIMME. 6312

R. Wiesmann, R. Gasser und **H. Grob,** *Über ein neuartiges, selektives Aphicid mit Tiefenwirkung.* Vff. stellten die insekticiden Eigg. des 5.5-Dimethyldihydroresorcin-dimethylcarbamates (= *19258*) fest, das sich durch Ungiftigkeit, Selektivität u. Tiefenwrkg. auszeichnet. Das gelb-krist. techn. Rohprod. hat F. 43—45°, die aus Cyclohexan umkrist. Substanz ist farblos u. hat F. 45—46°. W. von 20° löst 3,15%; in A., Aceton, Ae. ist es leicht, in Petrol, Cyclohexan u. PAe. mäßig löslich. Die DL_{50} für Ratten u. Mäuse beträgt per os ca. 150 mg/kg; die percutane Resorption ist sehr gering Biol. Verss. ergaben bei Verwendung als Fraßgift die auffallend große Empfindlichkeit der Aphiden gegen *19258*. Diese (wie auch Musca domestica) sind auch bes. empfindlich gegen *19258* bei Verwendung als Kontaktgift. Aufführung von Ergebnissen biol. Verss. auch gegenüber anderen Insekten. (Experientia [Basel] **7.** 117—20. 15/3. 1951.) LIEBNER. 6312

W. Hofferbert und **H. Orth,** *Weitere Versuche zur inneren Therapie der Kartoffelpflanze gegen die Pfirsichblattlaus.* Beschreibung einiger Verss. mit *Präparat 8169* der BAYER-WERKE, Leverkusen, demzufolge diese Substanz bzgl. der insekticiden Wirkungsdauer dem *E 605f* überlegen ist. (Höfchen-Briefe Wiss. Prax. **5.** Nr. 1. 10—15. 1952. Ebstorf, Vereinigte Saatzuchten.) WINIKER. 6312

W. J. O'Neill, *DDT und Parathion zur Bekämpfung der San José-Schildlaus.* DDT erwies sich bei den Verss. als sehr wirksam zur Bekämpfung kriechender Schildläuse, Parathion wirkte hierbei ebenfalls sehr gut u. war außerdem hochwirksam gegen trächtige, festsitzende Schildläuse. (J. econ. Entomol. **44.** 709—11. Okt. 1951. Wenahigse, Wash.) GRIMME. 6312

H. W. Frickhinger, *Der heutige Stand der San José-Schildlausbekämpfung in Deutschland.* Kurzer Überblick. (Dtsch. Drogisten-Ztg. **7.** 137. 15/3. 1952. Irschenhausen.) WINIKER. 6312

T. E. Bronson und **J. E. Dudley,** *Zwei systemische Insekticide zur Bekämpfung der Erbsenblattlaus.* Bei vergleichenden Verss. mit *Oktamethylpyrophosphoramid* u. einem Trialkylthiophosphat war ersteres sicherer in der Wrkg. bei der Bekämpfung der Erbsenblattläuse. Die Anwendung kann durch Saatbehandlung, Bodenbehandlung u. Spritzung der Pflanzen erfolgen. (J. econ. Entomol. **44.** 747—50. Okt. 1951.) GRIMME. 6312

Charles Lincoln, *Baumwollkäferbefall und seine Bekämpfung in Ost-Arkansas, 1950.* Generell wurde festgestellt, daß der Befall bei Frühkulturen stärker war als bei späteren. Neben Bodenbehandlung mit Toxaphen (I) erwiesen sich auch Spritzungen mit I-Lsgg. während der Vegetationszeit als gut wirksam. (J. econ. Entomol. **44.** 766—69. Okt. 1951. Fayetteville, Ark.) GRIMME. 6312

H. Schoof, R. E. Siverly und **J. H. Coffey,** *Dieldrin als chemisches Bekämpfungsmittel im allgemeinen Fliegenbekämpfungsprogramm.* Dieldrin erwies sich bei Großbekämpfungsverss. DDT unbedingt überlegen. (J. econ. Entomol. **44.** 803—07. Okt. 1951. Atlanta, Ga.) GRIMME. 6312

Steve Moore III, Albert H. Toczydlowski und **Harvey L. Sweetman,** *Fliegenbekämpfungsversuche in Massachusetts 1950.* Vergleichende Verss. zur Fliegenvernichtung in Ställen unter Verwendung von Methoxychlor, DDT u. Lindan, wobei letzteres die beste Wrkg. zeigte. Es empfiehlt sich, das Mittel zu verdampfen, wodurch die Wrkg. gegenüber Versprühung stark erhöht wird. In der Regel genügen Verdampfungsmengen von 1 g auf 20000 Kubikfuß/24 Stunden. Die Dauerwrkg. wird durch die Lichtzirkulation merklich beeinflußt. (J. econ. Entomol. **44**. 731—33. Okt. 1951.) GRIMME. 6312

Steve Moore III, und **Harvey L. Sweetman**, *Bekämpfung und Ausrottung von Silberfischchen.* Silberfischchen (Thermobia dermestica Pack) lassen sich mit Vorteil durch wiederholte Begasungen mit Lindandämpfen bekämpfen. (J. econ. Entomol. **44**. 770—72. Okt. 1951. Amherst, Mass.) GRIMME. 6312

Hansgeorg Sachs, *Neues zur Älchenbekämpfung mit E 605 forte.* Je nach Konz., Wirkungsdauer u. Alter der Tiere wirkt *E 605 forte* (I) auf Aphelenchoides desistus innerhalb von 8—18 Tagen, auf Aphelenchoides ritzema-bosi innerhalb von 14 bis 23 Tagen tödlich. Für die Praxis werden 4—6 Spritzungen mit 0,05—0,033%ig. I-Brühe empfohlen. Zur Bodendesinfektion gegen Älchen scheint I wegen der starken Erdabsorption nur im Kleinbetrieb Erfolg zu versprechen, jedoch werden die in den oberen Erdschichten lebenden Aphelenchen sicher abgetötet. (Höfchen-Briefe Wiss. Prax. **5**. Nr. 1. 20—32. 1952. Erlangen, Zoolog. Inst.) WINIKER. 6312

L. I. Obolenskaja, *Anwendung der Spektralmethode zur Analyse von Pflanzen und Böden.* Es werden spektralanalyt. Methoden für die Best. von *K*, *N*, *Ca* u. *Mn* in Pflanzen u. in Böden angegeben. (Почвоведение [Bodenkunde] **1952**. 278—86. März. Wiss. Forschungsinst. für Düngemittel u. Insektofungicide, Spektrograph. Kabinett der agrochem. Abt.) A. JACOB. 6324

Imperial Chemical Industries Ltd. (Erfinder: **John Gillies** und **John Rowe**), England, *Räuchermittel.* Man mischt insekticide Stoffe, wie α.α-bis-(p-Chlorphenyl)-β.β.β-trichloräthan u. Hexachlorcyclohexan mit gekörntem Material aus NH_4NO_3 u. Holzkohle, wobei das NH_4NO_3 wenigstens zum Teil von der Holzkohle absorbiert ist, die Menge aber so gehalten ist, daß keine Selbstentzündung eintritt. Als Streckmittel wird Kaolin vorgeschlagen. Zur Zündung wird KNO_3 u./oder NH_4-Bichromat verwendet. Die M. kann auch in Rauchpatronen u. Tabletten zur Anwendung kommen. (**F. P. 979 317** vom 20/1. 1949, ausg. 25/4. 1951. E. Prior. 3/3. 1948.) WITTHOLZ. 6313

Sirco Akt.-Ges., Schweiz, *Kupferhaltiges Schädlingsbekämpfungsmittel.* Kupferoxydul, das auf elektrolyt. Wege gewonnen sein kann, wird in wss. Suspension, gegebenenfalls in Ggw. von Alkalichlorid, mit gasförmigem Cl_2 behandelt, bis die Umsetzung zu Kupferoxychlorid erfolgt ist, was bei Raumtemp. oder unter Abkühlen geschehen kann. Schutzmittel gegen Pilzbefall der Pflanzen. (**F. P. 980 208** vom 7/2. 1949, ausg. 9/5.1951. It. Prior. 7/2. 1948.) WITTHOLZ. 6313

Farbenfabriken Bayer, Leverkusen, Deutschland, *Kontaktinsekticid*, bestehend aus oder enthaltend ein Gemisch von 50—80 (%) Methyl- u. 50—20 Äthylester der *p-Nitrophenylthiophosphorsäure.* Das Gemisch ist wirksamer als die einzelnen Komponenten, aber für Warmblüter unschädlicher. (**N. P. 78 397** vom 29/8. 1949, ausg. 9/4. 1951. Schwz. Prior. 25/4. 1945.) J. SCHMIDT. 6313

N. V. de Bataafsche Petroleum Mij., Holland, *Insektentötende Mittel.* Als akt. Wirkstoff werden die Thiocyanate höherer, 12—13 C-Atome im Mol. enthaltende Alkohole verwendet; die Alkohole werden durch Anlagerung der Elemente des CH_2O an Alkane u. anschließende Hydrierung der erhaltenen Aldehyde hergestellt. Auch aus Crackalkenen u. Wassergas lassen sich die Alkohole herstellen. Sie können in Petroleum gelöst oder in wss. Emulsion (mit einem Emulgator) zur Anwendung kommen u. sind bes. wirksam gegen rote Spinne, deren Brut u. andere Schädlinge, sowie gegen Pilze. (**F. P. 979 354** vom 21/1. 1949, ausg. 25/4. 1951. Holl. Prior. 27/1. 1948.) WITTHOLZ. 6313

B. F. Goodrich Co., New York, N. Y. (Erfinder: **Allan Edric Ardis**, Cuayahoga Falls, und **Floyd Donal Stewart**, Akron, O.), V. St. A., *Herstellung von 1-Acetoxy-1.1-dicyanäthan*, dad. gek., daß man Keten (I) u. HCN (II) in der Dampfphase bei 200—550°, bes. 300—400°, über einen Katalysator leitet, der aus einer nichtaktivierten Kohle oder einem Oxyd eines Metalls der 2.—4. Gruppe, z. B. Al, Mg, V oder Ti, besteht. Das Reaktionskondensat wird durch Dest. vom Reaktionsprod. befreit. Mol.-Verhältnis I : II = 1,2—2 : 1. — *Insekticid* u. *Herbicid.* (**D. B. P. 849 549** Kl. 12o vom 9/1. 1951, ausg. 15/9. 1952. A. Prior. 10/1. 1950.) SCHINDLER. 6313

VVB Sapotex, Chemnitz (Erfinder: **Hans v. Philipp**, Leipzig), *Schädlingsbekämpfungsmittel*, bestehend aus p-Dichlorbenzol oder p-Chlorbenzolderivv. mit einem Zusatz von geringen Mengen Hexachloräthan. (**D. P. [D.D.R.] 849** Kl. 451 vom 3/8. 1935, ausg. 19/4. 1952 [Wirtschaftspatent].) M. F. MÜLLER. 6313

Röhm & Haas Co., übert. von: **Peter L. de Benneville** und **James S. Strong**, Philadelphia, Pa., V. St. A., *2.5-Dimethyl-2.5-dicyanpyrrolidine* erhält man durch Rk. von

HCN, Acetonylaceton (I) u. einem prim. Amin. Letzteres kann auch mit dem I-Dicyanhydrin (II) umgesetzt werden. Aus CH_3NH_2 u. II erhält man z. B. *N-Methyl-2.5-dimethyl-2.5-dicyanpyrrolidin*, F. 79—82°. — Ferner werden dargestellt (III = „2.5-dimethyl-2.5-dicyanpyrrolidin"): *N-Butyl*-III, F. 43°; *N-Decyl*-III; *N-Allyl*-III; *N-Cyclohexyl*-III, F. 107°; *N-Phenyl*-III, F. 63—66°; *N-Benzyl*-III, F. 89°. Verwendet man Äthylendiamin, so erhält man *N.N'-Bis-(2.5-dimethyl-2.5-dicyanpyrrolidino)-äthan*, F. 167°; p-Phenylendiamin liefert *N.N'-Phenylen-bis-(2.5-dimethyl-2.5-dicyanopyrrolidin)*, F. 82°; Propylendiamin *N.N'-Bis-(2.5-dimethyl-2.5-dicyanpyrrolidino)-propan*, F. 161°. — *Insekticide*. (**A. P. 2 580 738** vom 23/12. 1949, ausg. 1/1. 1952.) BRÖSAMLE. 6313

Heinrich Eberhardt, Lichtenfels, *Giftfreies Mittel zur Rattenvertilgung*, bestehend aus einem Gemisch von $^2/_3$ Weizenmehl u. $^1/_3$ gebranntem Gips. Das Mittel wirkt im Rattenkörper durch Erhärtung, bes. nach Aufnahme von W., tödlich. (**D. B. P. 832 359** Kl. 451 vom 25/10. 1949, ausg. 25/2. 1952.) KARST. 6313

VIII. Metallurgie. Metallographie. Metallverarbeitung.

I. C. Christopher, *Geologie der Cochenour Willans Gold-Mine.* (Canad. min. metallurg. Bull. **44.** 394—98. Juni 1951.) GOY. 6354

H. T. Watts, *Mehrfachbrenner an Siemens-Martin-Öfen.* Kombinierte Brenner für Erdgas u. Öl. Einschmelzen mit Erdgas. Nach Zusatz des fl. Stahleisens wird 25% Öl zugesetzt. Der Ölbrenner beseitigt das Schäumen der Schlacke. (Blast Furnace Steel Plant **39.** 1484—89. Dez. 1951. Southern District, Republic Steel Corp.) K. STEIN. 6370

A. Zimmermann, *Über den Einfluß der Eisenbegleiter bei Gußeisen.* Überblick über die Einflüsse von C, Si, Mn, P u. S auf die mechan., physikal. u. gießtechn. Eigg. von Gußeisen. (Giesserei-Praktiker **1951.** 53—55. 25/2. 70—72. 10/3.) HOCHSTEIN. 6404

P. I. Stepin, *Untersuchung der Primärstruktur bei mit Magnesium behandeltem Gußeisen.* Die Gewinnung von globularem Graphit im Gußeisen in geschmolzenem Zustande u. ohne besondere Wärmebehandlung kann durch Zusatz von solchen Elementen zur Schmelze erreicht werden, die den C lösen u. die im Eisen unlösl. sind. Außer *Mg* gehören hierzu *Li, Ca, Sr* u. *Ba.* Die ebenfalls zur 1. u. 2. Gruppe des Period. Syst. gehörenden Elemente *Zn, Cd* u. *Cu* unterscheiden sich von den anderen durch ihre Löslichkeit mit Fe u. ihrer Unlöslichkeit mit C. Sie sind nicht in der Lage, die Graphitausbildung zu beeinflussen. *K* u. *Na,* die sich in Fe nicht lösen u. infolge ihrer Aktivität zum O_2 eine begrenzte Löslichkeit mit C besitzen, haben eine schwächere Wrkg. als Mg u. verursachen nur eine teilweise globulare Graphitausbildung. Eine Ausnahme von der Regel macht *Ce,* welches im Fe lösl. ist u. dennoch globularen Graphit bildet. Ce bildet im Gußeisen mit C die Carbidphase CeC_2, die im Fe nicht lösl. ist, wodurch globularer Graphit gebildet wird. (Литейное Производство [Gießereiwesen] **1952.** Nr. 5. 13—19. Mai.) HOCHSTEIN. 6404

Ss. G. Guterman, G. A. Pissarenko und **Je. Je. Polikarpowa,** *Der Einfluß einiger Faktoren auf die Ausbildung von kugelförmigem Graphit.* Die Behandlung von Gußeisen mit *Mg* erhöht seine Neigung zur Unterkühlung u. zur weißen Erstarrung. Eine ausreichende Behandlung mit Ferrosilicium vermindert diese Neigung des mit Mg behandelten Gußeisens. Bei der Kristallisation des fl. untereutekt. u. eutekt. Gußeisens, das mit Mg u. Ferrosilicium behandelt worden ist, bildet sich kugelförmiger Graphit in der Grundmasse im eutekt. Temperaturintervall. Kugelförmiger Graphit wird bei der Behandlung mit Mg in einem weiten Konzentrationsintervall von Si, Mn u. P erhalten. Mg verringert den O_2- u. N_2-Geh. im Gußeisen u. erhöht die Zementitbeständigkeit im festen Gußeisen. Eine Glühung des mit Mg behandelten weißen Gußeisens gewährleistet die Erzeugung von kugelförmigem Graphit. (Литейное Производство [Gießereiwesen] **1952.** Nr. 5. 19—21. Mai.) HOCHSTEIN. 6404

André Michel, *Schnelldrehstähle.* Überblick über die Entw. u. die Einflüsse der Legierungsbestandteile *C, Cr, W, Mo, V* u. *Co.* (Métallurgie Construct. mécan. **83.** 873—77. Nov. 1951.) PAHL. 6410

H. M. McCullough, M. G. Fontana und **F. H. Beck,** *Oxydbildung bei einigen rostfreien Stählen bei hoher Temperatur.* Bei den rostfreien Stählen vom Typus *304* (18—8 S), *430* (16% Cr) u. *410* (12,5% Cr) wird bei 815—980° die Oxydbildungsgeschwindigkeit mit Hilfe einer kontinuierlichen Wägungseinrichtung untersucht. In den Anfangsstadien vollzieht sich die Oxydation nach der Gleichung $Y^n = Kt$, wo n eine Konstante ist. Infolge Brüchigwerdens der Oxydschicht beginnt danach eine sprunghafte Zunahme der Oxydationsgeschwindigkeit. Der zeitliche Beginn dieser Zunahme hängt von der

Legierungszus., dem O_2-Partialdruck u. der Temp. ab. Bei 980° in 100% O_2-Atmosphäre platzte der Zunder bei den Stählen *304*, *430* u. *410* nach 40, 20 bzw. 10 Min. ab. Diese Zeiten nehmen zu mit abnehmendem O_2-Partialdruck u. abnehmender Temperatur. Das in der Anfangsstufe gebildete Oxyd ist bei den Stählen *304* u. *430* ein $FeO \cdot Cr_2O_3$-Spinell. Im zweiten Stadium entsteht ein Oxyd, das vorwiegend aus Fe_2O_3 besteht. Die Schutzwrkg. des $FeO \cdot Cr_2O_3$-Spinells ist größer als die des α-Fe_2O_3. Das unterschiedliche Verh. des Stahles *410* bei 925 u. 980° einerseits u. bei 815 u. 870° andererseits ist wahrscheinlich darauf zurückzuführen, daß dieser Stahl bei den tieferen Tempp. als α-Fe, bei den höheren Tempp. als Mischung von α- u. γ-Fe vorliegt. (Trans. Amer. Soc. Metals **43.** 404—25. 1951. Columbus, O., Ohio State Univ., Engng. Exp. Stat.)
O. WERNER. 6410

J. J. Grady, *Verwendung von Ferrochrom aus armen Erzen.* Cr-Erze sollen nicht unter 48% Cr_2O_3 enthalten, bei einem Verhältnis Cr : Fe wie 3 : 1. Das C-haltige *Chrom-X*, eine Mischung von Fe–Cr, C u. Si mit $NaNO_3$, reagiert bei Zugabe zu fl. Stahl exotherm.; Cr-Ausbeute 95%. Überhitzung des Stahlbades zum Schmelzen des Cr-Zusatzes ist nicht notwendig; Zugabe in der Pfanne. Die entstehende sehr fl. Schlacke hat reinigende Wrkg. u. nimmt Oxyde auf. *Sil-X* aus Fe–Si ist ähnlich u. dient hauptsächlich zur Verbesserung der Schlacke. *Man-T* enthält Silico-Mn u. Mn-Erz, das durch Si red. wird, die Mn-Ausbeute ist 75%. *Carb-X* enthält Graphit u. $NaNO_3$ u. wird grauem Gußeisen zur Verbesserung der Graphitausbildung zugesetzt. (Iron Age **168.** Nr. 16. 95—98. 18/10. 1951. Chicago, Exothermic Alloy Sales & Serv., Inc.)
K. STEIN. 6418

Frank Gibadlo, *Seltene Metalle erfordern sorgfältige Ofenbehandlung.* Vf. diskutiert die Vorr. zum Schmelzen u. Gießen seltener Metalle wie *Ti*, *Zr*, *Ta*, *Nb*, *U*, *Th*, *Ca* u. *Mg*. Die Verwendung von Hochvakuum u. Schutzgasen sowie von hochfeuerfesten Oxyden als Tiegelmaterial, die Behebung der Schwierigkeiten beim Zusammenschmelzen u. die Vermeidung von Verunreinigungen werden besprochen. (Steel **130.** Nr. 9. 76—78. 3/3. 1952. Beverley, Mass., Process Chem. Specialities.) WEITBRECHT. 6420

I. I. Grashdanzew, W. G. Derkatsch und **Ss. N. Subarew,** *Magnetische Scheidung von Manganerzen.* Unters. über die Wirksamkeit verschied. Magnetscheider für Mn-Erze in Abhängigkeit von der Körnigkeit der Schlemme. (Горный Журнал [Berg-J.] **1952.** Nr. 5. 34—37. Mai.) HOCHSTEIN. 6436

R. Irmann, *Gesintertes Aluminium mit hoher Warmfestigkeit.* Beschreibung von Sinterverss. mit Al-Proben. Wird ein sehr feines Al-Pulver, das durch mechan. Zerkleinerung auf eine Korngröße von 1—50 μ gebracht ist, verwendet u. dieses Pulver nach dem Kalt- u. Warmpressen entweder bei 500—600° stranggepreßt oder im Gesenk gepreßt, so erhält man ein Prod. mit hohen Festigkeits- u. Härtewerten, die denen der aushärtbaren Al-Legierungen, allerdings bei niedrigeren Dehnungswerten, gleichkommen. Der Sinterwerkstoff *SAP* erhält seine guten mechan. Eigg. durch den O_2-Gehalt. Die elektr. u. Wärmeleitfähigkeit ist entsprechend geringer als bei Rein-Al, die Korrosionsbeständigkeit aber die gleiche. Untersucht wird ferner die stat. Festigkeit bei verschied. Tempp. u. Belastungszeiten u. die Wechselfestigkeit. Die zweckmäßige Verwendung von *SAP* wird besprochen. (Aluminium **27.** 29—36. Okt.; Rev. de l'Aluminium **28.** 269—75. Juli/Aug. 311—16. Sept. 1951. Neuhausen am Rheinfall.) FAHLENBRACH.6442

R. de Fleury, *Betrachtungen über den Elastizitätsmodul und die Elastizitätsgrenze des Aluminiumoxyd–Aluminium-Komplexes.* Berechnungsangaben für gesintertes Reinaluminium u. ein aus Al_2O_3 u. Al bestehendes Material. (Rev. de l'Aluminium **29.** 183—85. Mai 1952.) HOCHSTEIN. 6442

André Michel, *Metallographie und neuzeitliche Wärmebehandlung von Sonderstählen.* Überblick. (Métallurgie Construct. mécan. **83.** 853—61. 871. Nov. 1951. Chambre Syndicale des Producteurs d'Aciers Fins et Spéciaux.) PAHL. 6492

H. von Uslar, *Neuzeitliche Galvanotechnik.* Grundsätze zum Betrieb einer modernen Galvanik. — Abbildungen. (Metall **6.** 497—500. Sept. 1952. Bielefeld.) MARKHOFF.6514

Manuel Arrieta, *Faktoren, welche die Qualität elektrolytischer Überzüge beeinflussen.* Besprechung der Bedingungen für Beschaffenheit der zu überziehenden Oberfläche, Natur der Metallbase, Zus. der Bäder, Konz., Leitfähigkeit, Stromdichte, Temp., Rühren des Bades, Zusatzstoffe, p_H-Wert, Durchlässigkeit des Metallbelages u. Verteilung der Gegenstände in den Bädern. (Ion [Madrid] **12.** 11—14. Jan. 1952.)
ALTPETER. 6514

J. Steiner und **K. Schery,** *Der Einfluß von Blenden und besonders geformten Anoden auf die Tiefenstreuung in galvanischen Bädern.* Die Unterss. wurden an einem Hohlkegel durchgeführt. Der Einfl. ebener, leitender oder nichtleitender Blenden auf die

Tiefenstreuung ist gering. Mit zylindr. oder kegelstumpfförmigen Rohrblenden sowie mit bes. geformten Anoden, auch mit Stabanoden, wurde eine gute Metallverteilung bei der Elektrolyse erreicht. Der Einfl. der Zus. des Elektrolyten ist bei günstiger Anordnung der sonstigen Hilfsmittel sehr gering. — Abbildungen. (Metalloberfläche **6.** Nr. 8. Ausg. B **4.** 113—16. Aug. 1952. Wien, TH, Elektrochem. Inst.) MARKHOFF. 6514

G. Meynet und **R. Assibat,** *Die elektrolytische Polierung von Al–Si–Fe-Leichtmetalllegierungen zur mikroskopischen Untersuchung.* Durch Abkürzung der Dauer der elektrolyt. Polierung auf ein Minimum u. durch Verwendung eines Elektrolyten, der aus Perchlorsäure, Äthylalkohol u. Butylcellosolve besteht, ist ein Verf. entwickelt worden, mit dem Si-haltige Leichtmetallproben ohne Korrosion der Si-Lamellen poliert werden können. (Rev. de l'Aluminium **29.** 180—82. Mai 1952.) HOCHSTEIN. 6514

H. J. Engell und **K. Hauffe,** *Die Beeinflussung der Oxydation der Metalle bei höheren Temperaturen durch Adsorptionserscheinungen.* Das von MOORE u. LEE bei der Oxydation von Zn festgestellte parabol. Anlaufgesetz u. die O_2-Druckabhängigkeit der Oxydationsgeschwindigkeitskonstanten werden dadurch erklärt, daß die auftretenden ZnO-Deckschichten nur eine Dicke von 100—1200 Å aufweisen. Bei diesen dünnen Deckschichten wird der Transport von Zn-Ionen durch die ZnO-Schicht im wesentlichen durch elektr. Felder verursacht. Es wird jedoch nachgewiesen, daß die Feldstärke in der Randschicht an der Phasengrenze ZnO/O_2 eine Funktion der Oberflächenkonz. des chemisorbierten O_2 u. damit eine Funktion des O_2-Druckes selbst ist. Es wird angenommen, daß die aktivierte Adsorption des O_2 am ZnO selbst nicht geschwindigkeitsbestimmend für die Oxydation des Zn ist, sondern der Transport von Kationen durch die Randschicht ist zur Grenzfläche $Oxyd/O_2$ als langsamster Vorgang zu betrachten, da eine Phasen-Rk. als langsamster Vorgang ein lineares Zeitgesetz liefern müßte. Jedoch ist die Transportgeschwindigkeit von dem Auftreten der Diffusionspotentiale u. somit vom O_2-Druck abhängig, so daß das gleichzeitige Auftreten einer O_2-Druckabhängigkeit der Reaktionsgeschwindigkeit u. eines parabol. Zeitgesetzes verständlich wird. (Metall **6.** 285—91. Juni 1952. Greifswald, Univ.) HOCHSTEIN. 6530

H. Nounzig, *Ein Beispiel der Bewährung anodisch oxydierter Leichtmetall-Architekturteile.* Bei einem Firmenschild, dessen Grundblech aus der Legierung *AlMn* (1,48 [%] Mn) mit einer 4 μ dicken Eloxalschicht u. dessen aufgenietete Buchstaben aus der Legierung *AlMgSi* (0,44 Mg, 1,31 Si, 0,6 Mn) mit einer 20 μ dicken Eloxalschicht bestanden; u. das 14 Jahre der Seeatmosphäre ausgesetzt war, zeigten die Buchstaben keine, das Grundblech aber erhebliche Korrosionsstellen. Es wird empfohlen, die Eloxalschicht für Korrosionsschutzzwecke mindestens 15 μ dick zu machen u. *AlMg-* oder *AlMgSi-*Legierungen zu verwenden. Sollen die Teile beständigen Hochglanz zeigen, ist die Verwendung von Reinst-Al (*Raffinal* u. *Reflectal*) zweckmäßig. — Abbildungen. (Aluminium **28.** 150—52. Mai 1952. Gremenbroich/Ndrh.) MARKHOFF. 6530

Norman P. Gentieu, *Schutz durch Phosphatüberzüge für militärische Einrichtungen.* 2. Mitt. *Schutz gegen Rost und Reibung.* Es wird die Verwendung von Type II Klasse A der U. S. Army specification 57–0–2 C, auch *Thermoil-Granodine* genannt, u. der Type II Klasse B, *Permadine* genannt, beschrieben. *Thermoil-Granodine* ist auf Manganbasis, *Permadine* auf Zinkbasis aufgebaut. (Machine Design **24.** 141—45. 222. Febr. 1952. Ambler, Pa., Amer. Chem. Paint Co.) J. FISCHER. 6532

Alexandre Mikailoff, *Die anodische Färbung von Uhrkapseln aus Leichtmetalllegierungen.* Vorteile der anod. Färbung. (Rev. de l'Aluminium **28.** 372. Okt. 1951.) MARKHOFF. 6534

Walter Broberg, *Erfahrungen über interkristalline Korrosion von Zinklegierungen.* Bei Zn-Legierungen, die als Ersatz für Messing im Telegraphenbau u. als Konstruktionsmaterial verwendet wurden, zeigten sich Dimensionsänderungen infolge interkristalliner Korrosion, verursacht durch Verunreinigungen an Sn. In 3 Zn-Legierungen von der NEW JERSEY ZINC CO. wurden bis zu 0,001 % festgestellt. Es wird vermutet, daß das Sn auch in der Werkstatt in die Zn-Legierung gelangt ist. (I V A **22.** 169—71. 1951. Nynäshamn.) GEITZ. 6538

Ulf Boye, *Das Korrosionsproblem bei Zinküberzügen.* (IVA. **22.** Nr. 5. 171—74. 1951.) GEITZ. 6538

W. Rädeker, *Das Verhalten der Schweißnähte gegenüber chemischen Beanspruchungen.* Die Form, in der Schweißnähte durch chem. Angriff zerstört werden, weicht nicht wesentlich von den Zerstörungserscheinungen am massiven Material ab. Bei flächigem Angriff ist die Lebensdauer der Schweißen mindestens ebenso groß wie im vollen Werkstoff, wenn ihr Potential nicht niedriger ist u. keine Schweißfehler vorliegen. Bei Lochfraß, der durch lufthaltiges W. erzeugt wird, werden die Schweißen nicht bevorzugt angegriffen. Spannungskorrosion kann infolge der Schweißspannungen u. metallurg. Besonderheiten des Schweißzusatzwerkstoffes im Bereich der Schweißen störend auftreten. Die Mittel zu ihrer Behebung werden angegeben. (Schweissen u. Schneiden **4.** 198—203. Juni 1952. Mülheim/Ruhr.) HOCHSTEIN. 6538

K. N. Barnard, *Kathodischer Schutz an einem aktiven Schiff in Seewasser.* Nach 11 Monaten Dauer eines kathod. Schutzes durch Mg am Kiel eines Schiffes konnte keine Korrosion u. kein Anwachsen von Seetieren oder -pflanzen beobachtet werden. Auch der Unterwasseranstrich war vollkommen in Ordnung. Der angelegte Strom lag zwischen 20 u. 75 Ampère (Corrosion [Houston] **7.** 114—17. April 1951. Halifax, Nova Scottia, Defence Res. Board, Naval Res. Establ.) J. FISCHER. 6538

J. M. McWilliams, *Korrosionscharakteristica von verschiedenen Rohrmaterialien.* Bericht über die Beständigkeit von Rohren, die als Absaugeeinrichtung mit Dämpfen usw. in Berührung kommen. In Tabellen sind die Erfahrungen aus der Praxis über die Lebensdauer u. die geeigneten Schutzmaßnahmen zusammengestellt. (Heating and Ventilating **48.** 85—86. Juli 1951. Eastman Kodak Comp.) J. FISCHER. 6540

Nitralloy Corp., New York, N. Y., V. St. A., *Herstellung von Gußstücken aus einem graphitischen Sonderstahl.* Die Gußstücke werden aus einem Stahl mit 1—2 (%) *C*, 0,5—2,5 *Al*, 0,5—1,75 *Si*, 0,2—0,6 *Cr*, 0,2—1 *Mn* u. 0,2—0,75 *Mo* durch Schleuderguß hergestellt u. darauf von einer Temp., bei der der Stahl in einem homogenen austenit. Gefüge vorliegt, schnell auf eine Temp. unter 150° abgeschreckt. Darauf wird der Stahl sofort wieder auf eine Temp. zwischen 675° u. dem Ac_1-Umwandlungspunkt erhitzt u. hier solange gehalten, bis sich der gebundene C-Geh. des Stahles auf einen Wert von 0,2—0,8% verringert hat u. der restliche C-Geh. im graphit. Zustand vorliegt. Nach ihrer Verarbeitung können die so behandelten Stähle noch nitriert werden. — Gefügebilder. (**Schwz. P. 280 584** vom 5/12. 1946, ausg. 16/5. 1952. A. Prior. 6/12. 1945.) HOCHSTEIN. 6383

Roman Rummel, Düsseldorf-Benrath, *Gewinnung von Metallen, besonders von Roheisen.* Die Erze werden zusammen mit Brennstoffen in ein Bad aus fl. Schlacke eingeführt. Zweckmäßig wird die fl. Schlacke in wallender u. kreisender Bewegung gehalten. Auch kann der Brennstoff mit dem Erz in die fl. Schlacke in einem Ent- u. Vergasungsraum gefördert u. dort entgast u. zum Teil unter Aufnahme fühlbarer Wärme aus der Schlacke vergast werden, worauf im Erhitzungsraum sein Rückstand durch Einführung von exotherm oder vorwiegend exotherm reagierenden Vergasungsmitteln verbrannt oder vergast wird, wobei die Schlacke wieder erhitzt wird. — Abbildungen. (**D. B. P. 846 553** Kl. 18a vom 1/1. 1949, ausg. 14/8. 1952.) HOCHSTEIN. 6401

Foundry Services Ltd., Birmingham, England (Erfinder: **K. Strauss** und **R. F. Boddey**), *Wärmeerzeugende Masse,* bestehend aus Al, einem Oxydationsmittel in unzureichender Menge u. 1—5 (%) Fluorid, bes. Alkali- oder Alkali-Al-Fluorid, um die Zündtemp. zu senken. Geeignete Massen bestehen aus 30—50 Al-Pulver, bis 10 $NaNO_3$, 5—20 MnO_2 oder Fe-Oxyde, 1—5 Alkalifluorid, 0—2 Bentonit, 2—7 Bindemittel (Gummi), Rest Schamotte. Die Massen dienen bes. zum Heißhalten der Zuflußkanäle der Metallschmelzen in Gießereien. (**Schwed. P. 132 797** vom 16/8. 1948, ausg. 4/9. 1951. E. Prior. 19/8. 1947.) J. SCHMIDT. 6403

Wesselinger Gußwerk-Rheinguß G. m. b. H. (Erfinder: **Jakob Benz**), Wesseling, Bez. Köln, *Gußeisenlegierung für Teile von Absperrventilen.* Bei einem aus Pb bestehenden oder mit einer Pb-Auflage auf den mit dem strömenden Medium in Berührung kommenden Flächen versehenen Absperrventil bestehen der Ventilsitz u. der Ventilteller aus hoch-%ig. Si-Gußeisen. — Gute Abdichtung im Ventilsitz auch nach langer Betriebsdauer. — Zeichnung. (**D. B. P. 847 296** Kl. 18d vom 30/7. 1950, ausg. 21/8. 1952.) HABBEL. 6405

Westfalenhütte Dortmund Akt.-Ges. (Erfinder: **Albrecht Harr** und **Erwin Eickworth**), Dortmund, *Verblasen von Thomas-Roheisen.* Einem THOMAS-Roheisen mit einem Si-Geh. von über 0,5% u. dem üblichen Kalkzusatz werden im Falle schlechter Verblasbarkeit zu Beginn oder während des Blasens Alkalien, vorzugsweise NaCl oder Na_2CO_3 für sich oder in Mischung miteinander, in Mengen von 0,3—3 kg je Tonne Roheisen zugesetzt. Anschließend wird ohne Schlackenwechsel weitergeblasen. Durch das Verf. wird ein Teil des Kalks derart aufgeschlossen, daß er beschleunigt mit SiO_2 reagiert. (**D. B. P. 845 054** Kl. 18b vom 17/11. 1939, ausg. 28/7. 1952.) HOCHSTEIN. 6409

Hüttenwerk Rheinhausen Akt.-Ges. (Erfinder: **Walter Jäniche**), Rheinhausen, *Thomasstahl mit guter Kaltverformbarkeit.* Der Thomasstahl ist mit Thomasroheisen desoxydiert. (**D. B. P. 848 657** Kl. 18d vom 2/2. 1944, ausg. 8/9. 1952.) HABBEL. 6409

Soc. d'Électrochimie, d'Électrométallurgie et des Aciéries Électriques d'Ugine, Paris (Erfinder: **René Perrin**), Frankreich, *Herstellung von hochwertigem Stahl mit einem besonders hohen Grad mikrographischer Reinheit.* Bei kombinierter Wrkg. einer fl., bas. Al_2O_3-haltigen Schlacke u. eines in das Metall in Menge von 0,15—0,75% eingeführten Reduktionsmittels wird das mit dem Reduktionsmittel, wie Si, Ti oder Zr, versetzte Metall auf die Schlacke zur Einw. gebracht, die auf Grundlage von Al_2O_3 u. Kalk u./oder einer anderen Erdalkalibase aufgebaut ist. Nach Beendigung des Arbeitsganges soll die Schlacke höchstens 30% SiO_2, mindestens 20% Al_2O_3 u. nur einen sehr niedrigen Geh. an FeO, z. B. 1%, aufweisen. Der Schlacke können auch Legierungselemente, wie Co, Mo, Ni usw., in Form oxyd. Verbb. zugesetzt werden, welche durch eines der im Stahl im Überschuß enthaltenen Reduktionsmittel red. werden u. dabei als Legierungsbestandteile in den Stahl übergehen. (**D. B. P. 849 247** Kl. 18b vom 9/2. 1939, ausg. 11/9. 1952, F. Priorr. 10/2. u. 11/4. 1938.) HOCHSTEIN. 6409

Ernest Dubois, La Chaux de Fonds, Neuchâtel, Schweiz, *Spiralfeder für Uhren, Chronometer u. dgl.*, die dazu bestimmt ist, die therm. Kompensation sowie den Isochronismus bei den verschied. Amplituden aufrechtzuerhalten, besteht aus einer Fe–Ni-Legierung mit 0,5—1 (%) *C*, 0,5—5 *Mn* + *Si*, 0,1—5 *Nb*, 29—42 *Ni*, 4—10 *Cr*, 1—5 *W* u. Rest *Fe*. 0,1—2 *V* kann vorhanden sein. Die Spiralfeder kann entweder aus einer Legierung bestehen, in welcher der Nb-Geh. zwischen 0,1 u. 1,5 derart gewählt ist, daß die Spiralfeder die Gangunterschiede, die von Temperaturschwankungen herrühren, kompensiert, wobei sie dabei bei den verschied. Amplituden vollkommen isochron bleibt, oder aus einer Legierung, in welcher der Nb-Geh. zwischen 1,5 u. 5 derart gewählt ist, daß die Spiralfeder eine kompensierende Vorauseilung bei geringen Bogenbewegungen ausführt, u. gleichzeitig die Unterschiede, die von Temperaturschwankungen herrühren, kompensiert, wobei diese Vorauseilung durch den Geh. an Nb bestimmt wird. (**D. B. P. 849 249** Kl. 18d vom 30/4. 1950, ausg. 11/9. 1952. Schwz. Prior. 12/2. 1947.) HABBEL. 6411

Thos. Firth & John Brown Ltd., Sheffield, Yorkshire, England, *Warmfester austenitischer Stahl mit verbesserter Bearbeitbarkeit* besteht aus 0,35—0,9 (%) *C*, 3,5—6 *Mn*, 3—7 *Cr*, 9—16 *Ni*, 0,5—12 *Cu*, geringen Mengen mindestens eines Carbid bildenden Elementes, gegebenenfalls 0,2—2 *Si*, Rest *Fe* mit oder ohne Verunreinigungen u. ist bei mindestens 700° normalisiert worden. — Beispiel: 0,49 C, 5,01 Mn, 5,5 Cr, 13,5 Ni, 2 Cu, 0,32 V, 0,72 Si, Rest Fe mit oder ohne Verunreinigungen. Bevorzugte Verwendung: Verbrennungskraftmaschinenteile, die bei erhöhten Tempp. zu arbeiten haben. (**D. B. P. 842 954** Kl. 18d vom 23/11. 1948, ausg. 14/8. 1952. E. Priorr. 9/7. 1945 u. 24/6. 1946.) HABBEL. 6411

International Electric Co., Inc. (Erfinder: **Robert J. Studders**), Schenectady, N. Y., V. St. A., *Anisotroper, durch Sintern hergestellter Dauermagnet* besteht aus einer Legierung mit 6—11 (%) *Al*, 16—30 *Co*, 11—20 *Ni*, 0,15—1,25, vorzugsweise 0,3—1, *Zr* u. Rest *Fe* mit Verunreinigungen. Ferner können noch bis 1,25 *Ti* u./oder bis 4 *Cu* vorhanden sein. — Beispiel: 8,5 Al, 25 Co, 14 Ni, 0,5 Zr, 3 Cu u. Rest Fe mit Verunreinigungen. Ein Teil des Zr in der Legierung kann durch Ti ersetzt u. das Verhältnis Ti:Zr = 2:1 sein. (**D. B. P. 847 295** Kl. 18d vom 24/3. 1949, ausg. 21/8. 1952. A. Prior. 13/4. 1948.) HABBEL. 6411

Philips Electrical Ltd. und **William Thomas Dean,** London, England, *Verbesserung von anisotropen Dauermagneten.* Dauermagnetstähle mit Al-, Ni- u. Co-Legierungsgehh. werden zwecks Erzielung einer vorherrschenden (100) Kristallorientierung von 1250° unter bevorzugter Anwendung von Abschreckplatten bis unter den CURIE-Punkt in einem Magnetfeld parallel zu dieser (100) Richtung abgekühlt u. der Stahl schließlich durch ein Magnetfeld in derselben Richtung magnetisiert. Vorteilhaft enthält der Dauermagnet 6—11 (%) *Al*, 10—28 *Ni*, 15—40 *Co*, 0—7 *Cu*, 0—7 *Ti*, Rest *Fe* mit den unvermeidlichen Verunreinigungen. Zweckmäßig erfolgt die Abkühlung durch Abgießen des Stahles in eine Kokille, wobei die Kristallorientierung durch Wärmeentzug in Richtung der gewünschten Kristallorientierung vorgenommen wird, während senkrecht zu dieser Richtung Wärme zugeführt wird, um ein Kristallwachstum von der Kokillenwandung in der Querrichtung zu vermeiden. Der so behandelte Dauermagnet besitzt eine hohe magnet. Leistung. (**E. P. 660 580** vom 6/4. 1948, ausg. 7/11. 1951.) HOCHSTEIN. 6411

W. C. Heraeus G. m. b. H., Deutschland, *Goldlegierungen* bestehen aus 25 bis 45 (%) *Au*, 10—25 *Ag*, 10—38 *Cu*, 12—28 *Zn* u. 0,5—5 *In*. Sie sind anlaufbeständig, haben einen niedrigen F. u. lassen sich leicht vergießen. (**F. P. 977 131** vom 30/6. 1942, ausg. 28/3. 1951.) GÖTZE. 6463

Badische Anilin- & Soda-Fabrik, Ludwigshafen/Rh. (Erfinder: **Leo Schlecht,** Ludwigshafen/Rh., und **Karl Ackermann,** Mannheim), *Poröse Metallformstücke.* Metallpulver mit weniger als 2 kg pro Liter betragendem Schüttgewicht wird mit einem Salz (Nitrat, Acetat) eines edleren Metalls zweckmäßig in einer H_2-Atmosphäre gesintert. Vorteilhaft wird Fe- oder Ni-Pulver mit einem Schüttgewicht von nicht mehr als 1 kg pro Liter verwendet, das durch therm. Zers. der entsprechenden Metallcarbonylverbb. gewonnen wurde. Die so hergestellten Formstücke eignen sich bes. für Elektroden in Sammlern mit alkal. Elektrolyten. (**D. B. P. 838 375** Kl. 40b vom 26/5. 1950, ausg. 8/5. 1952.) GÖTZE. 6475

Baker Platinum Ltd., London, *Gesinterte Platinlegierungen* bestehen aus 0,01 bis 1 (%) eines oder mehrere Oxyde von Ca, Ba, Sr, Mg, Be, Al, Th, Zr, Hf, Ce, Cr, V, Nb, Ta, Sm, Pr, Sc, Y, Tb, Gd, Eu, Dy, Ho, Er, Tm, Yb, Cp, La, Nd, Ti, Rest Pt, Rh, Ir, Ru, Pd, einzeln oder in Legierung miteinander. Neben Pt kann bis 30 eines oder mehrerer der Metalle Rh, Ir, Ru u. Pd vorhanden sein, den 1—8 W u./oder Mo zulegiert sein kann. Durch Kaltverformung soll der Querschnitt um mindestens 90% vermindert werden. Infolge stabilen Verh. bei Tempp. um u. über 1000° eignen sich die Legierungen bes. für Elektroden von Zündkerzen, Thermoelemente, Heizelemente, Katalysatorennetze u. Geräte für geschmolzenes Glas. (**D. B. P. 838 067** Kl. 40b vom 25/12. 1948, ausg. 5/5. 1952. E. Priorr. 7/2. u. 11/6. 1942.) GÖTZE. 6475

W. C. Heraeus G. m. b. H. (Erfinder: **Gretelore Raunecker**), Hanau/M., *Federspitzenlegierungen* bestehen aus 20—70 (%) eines oder mehrerer der Metalle W, Cr, Mo u. Re, 0,05—0,5 Be, Rest Ir u./oder Ru. An Stelle oder neben W, Cr, Mo oder Re können ein oder mehrere der Metalle Fe, Co, Ni, Ta u. Nb in Mengen von 1—15 treten. Bei einem Ir- u./oder Ru-Geh. von mindestens 15 u. einem Be-Geh. von 0,05—0,5 können die Legierungen an Stelle von oder neben den genannten Unedelmetallen noch andere Pt-Metalle als Ir u. Ru enthalten. (**D. B. P. 833 131** Kl. 40b vom 2/10. 1948, ausg. 3/3. 1952.) GÖTZE. 6477

United States of America, übert. von: **James H. Carter**, Blacksburg, und **Adrian H. Daane**, Ames, Io., V. St. A., *Herstellung von Uranmonocarbid.* U-Metall hoher Reinheit wird mit Kohle im stöchiometr. Verhältnis (4,8%) in einer CO_2-Atmosphäre bei Tempp. zwischen 900 u. 1125° erhitzt. Oder man erhitzt das Gemisch über den F. des U hinaus u. erhält eine U-C-Masse, bestehend aus U, UC_2 u. U_2C_3. Beim Abkühlen auf ca. 900° u. Verharren bei dieser Temp. bildet sich das Monocarbid. (**A. P. 2 569 225** vom 26/3. 1947, ausg. 25/9. 1951.) GÖTZE. 6477

Jean Plauchu, Frankreich, *Erzeugen von Hartmetallcarbiden.* Ein Gemisch aus Kohlepulver u. Salzen der betreffenden Metalle, wie Alkaliwolframate, -titanate, -vanadinate, wird in nicht oxydierender Atmosphäre erhitzt. Die Carbidbldg. erfolgt in einem Arbeitsgang. (**F. P. 987 495** vom 26/2. 1943, ausg. 14/8. 1951.) MARKHOFF. 6477

Thessco Industrial Research Ltd., Sheffield, England (Erfinder; **Ronald Colgan Jewell** und **John Cockbain Briggs**), *Silberlot,* besteht aus 38—42(%) *Ag*, 16—20 *Cu*, 22,5—26 *Cd*, Rest *Zn* oder Zn u. *Ni*, aber nicht mehr als 1% Ni, z. B. aus 38 (%) Ag, 20 Cu, 15 Zn u. 23 Cd. Der F. dieser Legierung ist 648°. Das Lot fließt leicht u. gibt gute Lötnähte. (**E. P. 666 954** vom 18/1. 1950, ausg. 20/2. 1952.) MARKHOFF. 6505

Walter Zarges (Erfinder: **Walter Zarges**, Weilheim, und **Ernst Blohm**, Tutzing, Obb.), *Löten von dünnen Leichtmetallteilen, wie Blechen.* Vor dem Löten wird eine Schicht aus Lötmetall auf dem zu lötenden Teil angebracht. Die Dicke der Lötmetallschicht soll im Verhältnis zur Dicke des Grundmetalles so gering gehalten werden, daß in der erforderlichen Lötzeit Komponenten des Lötmetalles nicht soweit in das Grundmetall eindiffundieren, daß unter Bldg. von leichtschm. Legierungen ein Durchschmelzen des Grundstoffes eintritt. Zweckmäßig bringt man vor dem Auftragen des Lötmetalles eine die Diffusion hemmende Zwischenschicht, z. B. aus Mn, auf. (**D. B. P. 847 396** Kl. 49h vom 28/12. 1944, ausg. 25/8. 1952.) MARKHOFF. 6505

Rolf Wolfgang Formans, Bonn/Rh., *Lötunterlage* besteht aus Schamotte, gemahlenem Schiefer, gemahlenem Bimsstein, Sägespänen u. Wasser. Zur Herst. wird das Ganze gemengt, geknetet u. geformt u. der Formling nach künstlicher Trocknung einer bis zur Weißglut durchgeführten Ausglühung ausgesetzt. Die Unterlage nimmt die beim Löten erzeugte Hitze sofort auf u. gibt sie nur allmählich wieder ab. Das Lötstück erhält hierdurch ober- u. unterflächig eine gleichmäßige Erwärmung. (**D. B. P. 848 292** Kl. 49h vom 1/10. 1950, ausg. 1/9. 1952.) MARKHOFF. 6505

Mond Nickel Co. Ltd., London, England, *Lichtbogenschweißelektroden* enthalten einen Kern aus 40—75 (%) *Ni*, Rest *Fe* mit den üblichen Desoxydationsmitteln u. Verunreinigungen wie *C*, *Mn*, *Si*, *Cu*, *Ti* u. *Mg*. Die Umhüllung besteht aus 45—65 Schlacke, 10—30 C, 0,25—2,5 Ti, bis 30 Fe-Pulver mit einem Bindemittel, z. B. Dextrin. (**Schwz. P. 276 777** vom 28/2. 1948, ausg. 16/10. 1951. A. Prior. 28/2. 1947.) GÖTZE. 6507

International Nickel Co., Inc., New York, N. Y., übert. von: **Theodore Ephraim Kihlgren**, Berkeley Heights, N. J., und **Joseph Sanson Bryner**, State College, Pa., V. St. A., *Schweißelektrode* besteht aus einem Kern aus einer Ni–Cr–Fe-Legierung, der mit einem Flußmittelüberzug aus 16 (Gewichtsteilen) $CaCO_3$, 23 BaF_2, 22 Kryolith, 30 Fe–Nb mit 50 Nb, 6 Fe–Ti mit 40 Ti, 3 Bentonit u. 3 Dextrin überzogen ist. Gasdichte Schweißungen. (**A. P. 2 576 123** vom 24/5. 1950, ausg. 27/11. 1951.) MARKHOFF. 6507

Shell Development Co., San Francisco, übert. von: **Robert J. Moore** und **Aaron Wachter**, Berkeley, Calif., V. St. A., *Verhüten der Korrosion von Eisenmetallen durch Wasserdampf und Luft.* Die Metalle werden mit einer Atmosphäre aus 2-Nitro-thiophen, 3-Nitro-thiophen oder 2.5-Dinitrothiophen umgeben. (**A. P. 2 592 451** vom 12/1. 1948, ausg. 8/4. 1952.) MARKHOFF. 6539

Max Fischer und Christian Thevenot, Frankreich, *Korrosionsschutz für Aluminium und seine Legierungen.* Die Gegenstände werden mehrere Std. in ein Bad mit gelösten Sulfiden, Polysulfiden u./oder Alkalipolythionaten bei 80—100° getaucht. (**F. P. 977 129** vom 30/6. 1942, ausg. 28/3. 1951.) HOLM. 6539

Michail Aleksandrovič Pawlow (Pavlov), Metallurgie des Roheisens. Übers. aus dem Russ.: Wladimir Sieversen. Dt. Bearb.: Karl-Heinz Zieger u. a. Berlin: Verl. Technik. 1952. Bd. 1.: Einführung. Einsatzmaterialien. (VI + 194 S. m. Abb.). Bd. 2: Der Hochofenprozeß. (VI + 567 S. m. Abb.) Bd. 3: Konstruktion und Berechnung v. Hochöfen. (296 S. m. Abb.) Bd. 4: Atlas. Hochofenkonstruktionen. (34 Taf.) gr. 8° u. 21,5 × 30 cm. DM 55,—.

IX. Organische Industrie.

W. A. Pokrowski, *Die Oxydation von Äthylen zu Äthylenoxyd.* Übersicht über Arbeiten, die zum Zwecke der techn. Oxydation von Äthylen zu Äthylenoxyd vorgenommen wurden. Dabei wird bes. die Frage der Katalysatoren berücksichtigt. — 148 Literaturzitate. (Успехи Химии [Fortschr. Chem.] 21. 785—805. Juli 1952. Moskau.) WÖRFFEL. H 3030

Universal Oil Products Co., Chicago, übert. von: **Louis Schmerling**, Riverside, Ill., V. St. A., *Gesättigte Kohlenwasserstoffe* mit erhöhter C-Anzahl erhält man aus niedrigmol. KW-stoffen (I) mit mehr als 1 C-Atom im Mol., durch Rk. mit Polyhalogenmonoolefinen (II) in Ggw. einer Peroxyverb. als Katalysator in der 1. Stufe, wobei als Reaktionsprod. eine Additionsverb. aus I u. II anfällt. Diese wird in der 2. Stufe mit einem alkylierbaren gesätt. I in Ggw. eines FRIEDEL-CRAFTS-Katalysators bei —30 bis 100° u. Drucken, welche die fl. Phase aufrechterhalten, umgesetzt. Hierbei bildet sich das Alkylhalogenid von I u. ein gesätt. I mit erhöhter C-Zahl, bestehend aus dem Additionsprod. der 1. Stufe u. dem alkylierbaren I der 2. Stufe. I als Ausgangsstoff wird in mol. Überschuß angewandt. Als II kommen Verbb. mit offener oder geschlossener Kette in Betracht. Sie können einheitliche oder verschied. Halogenatome im Mol. enthalten, z. B. symm. Dichloräthylen, Trichloräthylen. Als alkylierbare I eignen sich bes. die Isoverbb., wie Isobutan, Methylcyclohexan. — Man erhält z. B. aus Propan u. Trichloräthylen in Ggw. von Di-tert. butylperoxyd bei 150° (oberhalb der Zersetzungstemp. des Peroxyds 130—140°) Chlorpenten. Dieses wird in Ggw. von BF_3 mit Isobutan kondensiert u. man erhält eine Mischung von Nonanen, Octanen, Isobutan, Propan u. HCl. — Skizze. (**A. P. 2 562 217** vom 29/5. 1947, ausg. 31/7. 1951.) G. KÖNIG. H 510

Pure Oil Co., Chicago, Ill., übert. von: **George W. Ayers**, und **Erskine E. Harton**, Alexandria, Va., V. St. A., *Selektives Chlorieren gesättigter Kohlenwasserstoffe* (I) mit tert. C-Atom in Mischung mit anderen gesätt. I, erfolgt mit chlorierend wirkenden Stoffen (II) bei 70—150° F in Ggw. von Nitraten oder Nitriten der Metalle U, Hg, Zr, Th, Ce, Cu, Zn, Cd u. Ca., als Katalysatoren, die unter der Einw. von Cl_2 Nitrosylchlorid bilden. Ta u. Co-Verbb. sind weniger geeignet. I umfassen auch Cycloparaffine mit tert. C-Atomen, z. B. Methylcyclohexan. Inerte Lösungsmittel, wie Nitrobenzol, CCl_4, können angewendet werden. Als II kommen milde Cl-Übertragungsmittel in Betracht, z. B. $SbCl_5$, SO_2Cl_2, Cl in geringer Konzentration. Vorteilhaft ist ein Reaktionsverhältnis von I + III:II wie 8:1 u. die Anwesenheit von Trocknungsmitteln, wie P_2O_5, Na_2SO_4. Ungesätt. u. aromat. I können vor der Chlorierung entfernt werden, z. B. mittels 100%ig. H_2SO_4, oder durch Vorchlorieren in Abwesenheit von Katalysatoren. (**A. P. 2 548 764** vom 24/9. 1945, ausg. 10/4. 1951.) G. KÖNIG. H 510

E. I. du Pont de Nemours & Co., übert. von: **Anthony Francis Benning, Joseph Dal Park** und **Stanley Earl Krahler**, Wilmington, Del., V. St. A., *Fluorieren von halogenierten Äthan- und Propan-KW-stoffen,* die mindestens ein anderes Halogen als F enthalten, in der Gasphase bei 450—700° u. verschied. Drucken mittels wasserfreiem HF in Ggw. von geformtem reinem CrF_3 (I) als Katalysator (II). II erhält man z. B. durch Mischen von CrF_3 oder $CrF_3 \cdot 3H_2O$ mit einer hinreichenden Menge (2%) an Polytetrafluoräthylen als Binde- u. Schmiermittel. — Aus CF_2Cl–CF_2Cl (Kp. 3—4°) u. HF in Ggw. von I bei 480—500° erhält man CF_3Cl, $CF_3 \cdot CF_3$, $CF_3 \cdot CF_2Cl$, $CF_2Cl \cdot CF_2Cl$. — Aus $CF_2Cl \cdot CHF_2$ (**III**) neben niedrigsd. Verbb. noch $CF_3 \cdot CHF_2$ u. unverändertes **III**. — $CF_3 \cdot CFCl \cdot CFCl_2$ (**IV**) u. HF im Verhältnis 1:1,3 bei 445° in Ggw. von I behandelt, ergibt: undefinierte Prodd. des Siedebereichs —78 bis —76°, ferner $CF_3 \cdot CFCl \cdot CF_2Cl$ u. unverändertes **IV**. Diese Verbb. sind *Kühlmittel, inerte Lösungsmittel, Dielectrika* sowie selektiv wirkende *Extraktionsmittel*. (**A. P. 2 576 823** vom 13/11. 1947, ausg. 27/11. 1951.) G. KÖNIG. H 510

Karl Asboth, Grundlsee, Steiermark, Österreich, *Herstellung von reinem bzw. hochprozentigem Äthylen* durch CO-Hydrierung mittels Fe- oder Co-Katalysatoren bei 180 bis 265°, dad. gek., daß im Synthesegas das Verhältnis der Raumteile $CO:H_2$ größer als 1:1, bes. 1,5:1, ist u. die Hydrierung mit unvollständig red. Katalysatoren einer D. unter 1,3, bes. 1,1—1,2, bei unteratmosphär. Druck, bes. bei 0,05—1,0 at, erfolgt. Man verwendet z. B. einen Katalysator mit einem Geh. von ca. 50—90% Trägersubstanz u. mit einem Reduktionsgrad von höchstens 0,6, bes. 0,4—0,6. (**Oe. P. 171 701** vom 21/7. 1950, ausg. 25/6. 1952.) M. F. MÜLLER. H 520

Diamond Alkali Co., Cleveland, übert. von: **Maxwell J. Skeeters** und **William J. Esselstyn**, Painesville, O., V. St. A., *Stabilisieren von Tetrachloräthylen* durch Zusatz eines Nitroalkans der allg. Formel I, worin R = H, CH_3 oder C_2H_5, R' = H oder CH_3, X = H oder Cl ist. Solche Verbb. sind z. B. Nitromethan, 1-Chlor-1-nitroäthan oder 2-Chlor-2-nitropropan. (**Can. P. 481203** vom 29/3. 1951, ausg. 19/2. 1952. A. Prior. 23/5. 1950.)

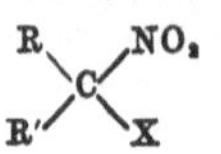

M. F. MÜLLER. H 520

Standard Oil Development Co., Elizabeth, N. Y., V. St. A., *Abtrennen von Diolefinen aus Kohlenwasserstoffgemischen*, die außerdem Monoalkylacetylene enthalten, durch Zusammenbringen mit einer Cuprosalzlsg., die wenigstens 2 (Mol) gebundenes Cu u. mindestens 0,5 Ammoniak je Liter im Überschuß gegenüber der Menge enthält, die nötig ist, um in gelöster Form vorliegendes CuOH in Lsg. zu halten, u. Abtrennen der Cuprosalzlsg. mit dem in ihm gelösten Diolefin u. Acetylen von dem ungelösten KW-stoffgemisch. Das Verf. bezweckt bes. die Verhinderung der Bldg. von Cu–Acetylenid-Ndd. während der Extraktion von Butadien aus KW-stoffgemischen, die 4—6 C-Atome enthalten. Bei hohem Cu–Ammoniak-Verhältnis in der Lsg. treten die Acetylene in Form lösl. Cu-Acetylenide in diese ein u. eine Fällung von explosiven Salzen wird vermieden. — Tabelle. (**D. B. P. 852 540** Kl. 12o vom 18/7. 1950, ausg. 16/10. 1952. A. Prior. 6/8. 1942.) GANZLIN. H 520

Chemische Werke Hüls G. m. b. H. (Erfinder: **Kurt Weichert** und **Karl Haberl**), Marl, Kr. Recklinghausen, *Herstellung von ungesättigten Kohlenwasserstoffen*, wie *Acetylen, Äthylen*, aus bes. gasförmigen gesätt. KW-stoffen oder solche enthaltenden Gasen bzw. Dämpfen im elektr. Lichtbogen, dad. gek., daß aus Cu oder Cu-haltigem Material hergestellte Anoden (Hohlelektroden) verwendet werden. — Bei Verwendung derartiger Anoden konnten in ca. 1000 Betriebsstunden pro Ofen nur 3 Abrisse der Lichtbögen u. kein Totalausfall beobachtet werden. In keinem Fall beruhte die Störung auf Bldg. von Cupren oder ähnlichen Verbindungen. Bei Verwendung von eisernen Hohlelektroden wurden unter sonst gleichen Bedingungen in der gleichen Zeit 53 Abrisse u. 41 Totalausfälle registriert. (**D. B. P. 852 850** Kl. 12o vom 14/11. 1950, ausg. 20/10. 1952.) GANZLIN. H 530

Badische Anilin- & Soda-Fabrik (Erfinder: **Walter Reppe, Hans-Georg Trieschmann** und **Erich Joost** †), Ludwigshafen/Rh., *Herstellung von Vinylacetylen*, dad. gek., daß man C_2H_2 mit Acetaldehyd in Ggw. von Schwermetallen der 1. oder 2. Gruppe des Period. Syst. oder ihren Verbb., bes. den Acetylenverbb., umsetzt u. das so erhaltene Butin-3-ol-2 dampfförmig bei erhöhter Temp., bes. in Ggw. von Wasserdampf, über wasserabspaltende Katalysatoren leitet. Bei dieser Arbeitsweise tritt kein Divinylacetylen als störendes u. gefährliches Nebenprod. auf. (**D. B. P. 854 513** Kl. 12o vom 5/8. 1944, ausg. 4/11. 1952.) GANZLIN. H 530

Standard Oil Development Co., Del., übert. von: **Erwin H. Amick jr.**, Linden, N. J., V. St. A., *Reinigung von bei der Alkohol-Synthese anfallendem Rohäther* mit einem Geh. an W., Alkoholen u. Polymeren. Man dest. aus dem Gut ein Ae.–W.-Gemisch ab, wobei der Destillationszone eine solche Menge W. zugeführt wird, daß ein ausreichendes Löslichkeitsverhältnis für vorhandenen Acetaldehyd in der Destillationszone gegeben ist. Das abgezogene Ae.–W.-Gemisch wird fraktioniert u. der erhaltene Ae. mit Silicagel getrocknet. — Reaktionsschema. (**A. P. 2 556 248** vom 16/3. 1946, ausg. 12/6. 1951.) MÖLLERING. H 560

Emerson & Cuming Co., Boston, übert. von: **Cherry L. Emerson**, Newton Highlands, Mass., V. St. A., *Mehrwertige Alkohole* erhält man durch elektrolyt. Red. von Zuckerarten (Glucose) in elektr. Zellen, in denen durch ein Diaphragma Anoden- u. Kathodenraum getrennt sind u. wobei die Kathoden-Fl. aus einer sauren Zuckerlsg. mit einem p_H-Wert von 7,0—2,5 u. einem Puffersalz einer schwachen Säure mit einem Alkalimetall u. die Anoden-Fl. aus einer sauren Lsg. mit p_H-Werten zwischen 0 u. 7 besteht. Die Stromdichte soll nicht oberhalb 4 A/dm² liegen. Das Anion, z. B. H_2PO_4', HOP_4'', PO_4''', PO_3', P_2O_7'''', HCO_3', CO_3'', der Elektrolyte soll an der Kathode nicht red. werden. Katholyt u. Anolyt können gleiche oder verschied. Anionen aufweisen. (**A. P. 2 561 656** vom 28/7. 1948, ausg. 24/7. 1951.) G. KÖNIG. H 580

Charles Mariller, Frankreich, *Gewinnung von Glycerin aus glycerinhaltigen Flüssigkeiten*, bes. aus Rückständen der Weindest., dad. gek., daß der glycerinhaltigen Fl. Stoffe zugemischt werden, die mit dem Glycerin ein azeotropes Gemisch bilden. Beim Dest. unter n. oder red. Druck geht eine Mischung von konstanter Zus. über, bis das Glycerin aus dem Rückstand entfernt ist. Wählt man den Stoff so, daß er im Glycerin unlösl. ist u. sich in seiner D. von diesem unterscheidet, so erhält man im Destillat 2 Schichten u. kann den Stoff wieder in den Prozeß zurückführen. Folgende Stoffe können verwendet werden: Naphthalin, Safrol, Dibenzyl, Diphenylmethan, Diphenyl, Methylnaphthalin, Bornylacetat. Eine zur Ausführung des Verf. geeignete App. wird beschrieben. (**F. P. 972 305** vom 24/1. 1941, ausg. 29/1. 1951.) HEYNE. H 580

Badische Anilin- & Soda-Fabrik, Ludwigshafen/Rh. (Erfinder: **Hugo Kröper**, Heidelberg), *Herstellung von Oxoverbindungen*, dad. gek., daß man mindestens 3 C-Atome enthaltende 1.2-Glykole bei erhöhter Temp. mit H-abspaltenden Katalysatoren (Cu, Ag, bes. Pt u. Pd) behandelt. Z. B. wird 1.2-Butandiol zu *2.5-Diäthyldioxan-(1.4)*, *Äthylglyoxal* u. *Oxymethyläthylketon*, $Kp._{20}$ 60—61°, umgesetzt. (**D. B. P. 850 608** Kl. 12o vom 4/3. 1944, ausg. 25/9. 1952.) SCHINDLER. H 650

Chemische Verwertungsgesellschaft Oberhausen m. b. H. (Erfinder: **Otto Roelen**), Oberhausen-Holten, *Herstellung von sauerstoffhaltigen Verbindungen*, dad. gek., daß ungesätt. C-Verbb., wie Olefine, in Ggw. von Katalysatoren (I) bei erhöhtem Druck u. bei Tempp. bis ca. 200° mit Wassergas oder anderen CO u. H_2 enthaltenden Gasgemischen behandelt werden. Als I kommen Metalle u. Metallverbb. der 8. Gruppe des Period. Syst., bes. Fe, Co u. Ni, oder deren gegenseitige Mischungen in Verb. mit Aktivatoren, z. B. Alkaliverbb., Cr, Mn, Al, Th, Mg, u. Trägersubstanzen, wie Kieselgur, in Betracht. Die Reaktionstempp. sind $<100°$ u. die Drucke >50 at. — Ein Gasgemisch aus C_2H_4, CO u. H_2 ergab, über red. Co-Th-Kieselgur bei 80° u. 100 at geleitet, *Propylaldehyd*, *Diäthylketon* u. *höhermol. O-haltige Produkte*. Auf analoge Weise erhält man: *n-* u. *iso-Butyraldehyd* neben *Butanol*; *Terpentinaldehyd*; *Oleinalkoholaldehyd*, $Kp._5$ 198° (Zers.); *Hexahydrobenzaldehyd*. — Wassergas u. C_2H_2 lieferten fl. Prodd. aldehyd. Charakters, die bei n. Temp. u. bei —80° gewonnen wurden. — Ölsäure in Heptan gelöst wurde mit Wassergas in Ggw. eines Co–Th–Mg-Mischkontaktes bei 127° u. 125 atü behandelt u. ergab eine Lsg. von *9-(10)-Oxomethylstearinsäure* in Heptan. (**D. B. P. 849 548** Kl. 12o vom 20/9. 1938, ausg. 15/9. 1952.) G. KÖNIG. H 650

Badische Anilin- & Soda-Fabrik (Erfinder: **Hans Nienburg** und **Hans Häuber**, Ludwigshafen/Rh., und **Werner Hagen**, Heidelberg), *Herstellung O_2-haltiger Verbindungen* durch Rk. von olefin. Verbb. mit CO u. H_2 in Ggw. von Co-Katalysatoren in der Wärme u. bei erhöhtem Druck, dad. gek., daß man für die Rk. bestimmtes CO, zweckmäßig in Mischung mit der erforderlichen Menge H_2 in Ggw. von W. bei erhöhten Tempp. u. Drucken über Co oder eine zur Bldg. von Co-Carbonylen befähigte Co-Verb. strömen läßt u. das so behandelte W.-Gas-Gemisch mit den olefin. Verbb. zusammenbringt. Bes. hohe Ausbeute an *Aldehyden*. (**D. B. P. 843 848** Kl. 12o vom 1/7. 1950, ausg. 14/7. 1952.) SCHINDLER. H 660

American Cyanamid Co., übert. von: **Robert C. Swain**, New York, N. Y., V. St. A., *Reinigen und Haltbarmachen von wässerigen Formaldehydlösungen* durch Zusatz einer geringen Menge eines anionenaktiven Materials, z. B. eines unlösl. Guanidin-Formaldehydharzes, zu der gegebenenfalls vorher neutralisierten Lösung. (**Can. P. 478 847** vom 13/8. 1942, ausg. 27/11. 1951. A. Prior. 30/8. 1941.) M. F. MÜLLER. H 670

U. S. Industrial Chemicals, Inc., New York, N. Y., übert. von: **Howard E. Hoyt** und **Thomas H. Manninen**, Stamford, Conn., V. St. A., *Acrolein* gewinnt man aus Glycerin (I) durch Wasserabspaltung, wenn man I, vorzugsweise bei 275—375°, auch tiefer oder höher, mittels eines in einem inerten KW-stoff (Kp. 300—400°) suspendierten aus 3—25 (Teilen) Ortho-, Meta- oder Pyrophosphorsäure oder P_2O_5 auf 100 eines Trägers, wie akt. C, akt. Al_2O_3, Asbest, bestehenden Katalysators erhitzt. (**A. P. 2 558 520** vom 29/1. 1948, ausg. 26/6. 1951.) G. KÖNIG. H 670

General Mills, Inc., Del., übert. von: **Donald T. Warner** und **Owen A. Moe**, Minneapolis, Minn., V. St. A., *Herstellung von Dialdehyden* der allg. Formel I, in der R_1 u. R_2

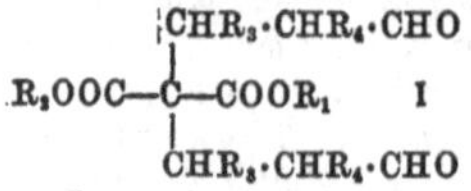

I

Alkylgruppen mit 1—4 C-Atomen u. R_3 u. R_4 H oder CH_3 bedeuten, durch Rk. α.β-ungesätt. Aldehyde der Formel CHR_3= CHR_4·CHO, z. B. Acrolein (II), Crotonaldehyd u. Methacrolein (III), mit unsubstituierten Malonestern in Ggw. alkal. Katalysatoren, z. B. Alkalimetallalkoxyde oder tert. Amine, wie Tributylamin. Man erhält z. B. aus Diäthylmalonat in Ggw. von $NaOS_2H_5$ mit II den *γ.γ-Dicarbäthoxypimelindialdehyd*, F. 182,5—183,5°. Analog wird mit III der *γ.γ-Dicarbäthoxy-α.ε-dimethylpimelindialdehyd* erhalten. (**A. P. 2 575 375** vom 21/10. 1949, ausg. 20/11. 1951.) DERSIN. H 680

Usines de Melle, Deux Sèvres, Frankreich, *Herstellung von Aldolen*. Man kondensiert aliphat. Aldehyde in kontinuierlicher Weise in 2 Stufen in fl. Phase. Hierbei soll in der 1. Stufe bei möglichst hoher Temp., aber unvollständigem Umsatz, in der 2. Stufe aber bei niedriger Temp., jedoch mit möglichst vollständigem Umsatz, gearbeitet werden. Die aus den Stufen jeweils abgezogene Flüssigkeitsmenge soll der Zufuhr an Reaktionskomponenten u. Kondensationsmittel entsprechen. Die Aufarbeitung erfolgt vorzugsweise durch Dest. in Ggw. von W. u. einer mit W. nicht mischbaren Fl., z. B. Bzn., wobei dann der nicht umgesetzte Aldehyd am Kopf abgezogen wird, während sich das Aldol am Fuß der Kolonne sammelt. — Zeichnung. (**N. P. 78 444** vom 26/11. 1947, ausg. 23/4. 1951. F. Prior. 20/3. 1942.) J. SCHMIDT. H 690

Shell Development Co., San Francisco, übert. von: **Hans Dannenberg**, Berkeley, Calif., V. St. A., *Flüssige, olefinische Ketone*, wie Mesityloxyd u. a. m., stabilisiert man mit geringen Mengen (0,01—3 Gew.-%) an Diheteroazinen (I), wie Diazine, Oxazine u. Thiazine, von aromat. oder nichtaromat. Natur. Bes. geeignet sind als I 6gliedrige heterocycl. Ringe enthaltende Verbb., in welchen an ein N-Atom ein H-Atom gebunden ist, z. B. kommen in Betracht: 3-Phenylhexahydro-1.2-diazin, 2.4.4.6-Tetramethylhexahydro-1.3-diazin, 2.5-Dimethyltetrahydro-1.4-diazin, 2-Phenyl-4.4.6-trimethyltetrahydro-1.3-oxazin, 2-Phenyl-4.4.6-trimethyl-5.6-dihydro-1.4-oxazin, 2.6-Dimethyltetrahydro-1.4-thiazin (2.6-Dimethylthiamorpholin), 2-Phenyl-4.4.6-trimethyl-3,5.6-trihydro-1.3-thiazin. (**A. P. 2 566 792** vom 25/5. 1948, ausg. 4/9. 1951.) G. KÖNIG. H 710

Imperial Chemical Industries Ltd., London, England, *Ester mehrwertiger Alkohole* erhält man als Schmelze oder Suspension in Ggw. von 1—5 Gew.-% hitzeaktiviertem Al_2O_3 (I), das nach Erschöpfung durch Erhitzen in inerter Atmosphäre auf 900° reaktiviert werden kann. — Beispiel: 852 (Teile) Stearinsäure, 92 Glycerin u. 19 I werden unter Abdest. von 54 W. langsam unter Rühren von 260 auf 280° erhitzt u. die farblose *Glyceryltristearat*-Schmelze vor dem Erstarren von I getrennt. Weiter wird beschrieben die Herst. von: *Di-(tristearoylpentaerythrit)-adipat* u. *Pentaerythrittetraacetat*, $Kp._2$ 150 bis 154°. (**E. P. 663 566** vom 1/12. 1948, ausg. 27/12. 1951.) MÜLLER-MEININGEN. H 810

Akt.-Ges. für Stickstoffdünger Knapsack, Knapsack (Erfinder: **Peter Kurtz**, Leverkusen, und **Gottfried Manz**, Köln-Mülheim), *Acrylsäurenitril* erhält man durch Anlagern von HCN an Acetylen in Ggw. einer wss. Lsg. von CuCl u. NH_4Cl im Mol.-Verhältnis von 1:0,75—0,85 (vgl. Tabellen). (**D. B. P. 851 183** Kl. 12o vom 30/9. 1944, ausg. 2/10. 1952.) KRAUSS. H 810

Farbenfabriken Bayer (Erfinder: **Josef Heinen**, Köln, **Johannes Casper** und **Hans Haberland**), Leverkusen, *Reinigung eines divinylacetylenhaltigen Acrylnitrils*. Sie erfolgt durch Fraktionierung unter Zusatz von W. oder niedermol. Alkoholen (Methanol, A.), wobei sich das Divinylacetylen im Vorlauf anreichert, während der Sumpf an diesem verarmt. Das Rücklaufverhältnis soll ca. 1:20 bis 1:25 betragen. Der Divinylacetylengeh. wird z. B. von 0,55 auf 0,1% erniedrigt. (**D. B. P. 849 839** Kl. 12o vom 27/4. 1944, ausg. 18/9. 1952.) KRAUSS. H 810

Allied Chemical & Dye Corp., New York, N. Y., übert. von: **Erhard John Prill**, Cresskil, N. J., V. St. A., *Methacrylnitril* (I) erhält man durch Dehydrochlorierung von Isobutylennitrosylchloridaddukt (II), C_4H_8ONCl, F. 104° (Zers., Herst. vgl. A. P. 2 394 430), bei 30—200° in Ggw. von wenigstens 1 (Mol) einer tert. aromat. N-Base (Pyridin, N.N-Dimethylanilin, Chinolin, Lutidin, Chinaldin) u. wenigstens 1 eines Fettsäureanhydrids. II u. 95%ig. Essigsäureanhydrid werden mit einer Chinolinfraktion, Kp. 237,4°, auf 160° erhitzt, wobei die flüchtigen Prodd. abdest. werden. Durch Dest. erhält man I, α-Chlorisobutyronitril u. etwas Methacrolein. (**A. P. 2 553 331** vom 29/7. 1948, ausg. 15/5. 1951.) KRAUSS. H 810

Steinkohlenbergwerk Rheinpreussen, Homberg, Ndrh. (Erfinder: **Walter Grimme**, Utfort, **Günter Kampen** und **Johannes Wöllner**, Moers), *Herstellung von aliphatischen*

Nitromonocarbonsäuren mit mehr als 3 C-Atomen mittels Hindurchleiten von dampfförmiger HNO_3 durch fl. oder verflüssigte Monocarbonsäuren bzw. ihre Derivv., wie Säurechloride oder Ester. — Z. B. erhält man aus Palmitinsäure bei 138° neben wenig Dicarbonsäuren 70 (%) Nitropalmitinsäure, 20 Nitromyristinsäure, 4 Nitrodecansäure u. 2 niedere Nitrosäuren. Entsprechend liefert Capronsäure bei ca. 135° Nitrocapronsäure, Nitrovaleriansäure u. Nitrobuttersäure. (**D. B. P. 847 000** Kl. 12o vom 3/9. 1943, ausg. 18/8. 1952.) SCHINDLER. H 810

C. F. Boehringer & Söhne G. m. b. H. (Erfinder: **Erich Rabald**, Mannheim, und **Fritz Voeller**, Heidelberg), *Herstellung symmetrischer Dialkylharnstoffe*, dad. gek., daß man wss. Lsgg. von prim. aliphat. Aminen mit den neutralen Kohlensäureestern von geeigneten hydroxylhaltigen Verbb., wie Alkoholen oder Phenolen, umsetzt. Nach dem Beispiel wird o-Kresolcarbonat mit wss. Methylaminlsg. zu symm. Dimethylharnstoff umgesetzt. (**D. B. P. 848 039** Kl. 12o vom 12/12. 1942, ausg. 1/9. 1952.) SCHINDLER. H 880

Farbenfabriken Bayer, Leverkusen, *Thiosemicarbazid.* Man setzt ein Alkali- bzw. Ammoniumdithiocarbaminat mit Hydrazin um, F. 182°. (**Schwz. P. 281 125** vom 12/12. 1949, ausg. 3/6. 1952.) BRÖSAMLE. H 880

X. Färberei. Organische Farbstoffe.

A. J. Hall, *Herstellung von Textildruckfarben. Neue Verfahren auf der Basis von Polystyrol.* Verschied. Verff., die Polystyrol oder Styrol–Maleinsäure-Copolymere als Verdickungsmittel für Textildruckfarben beschreiben, werden erläutert. (Textile Mercury Argus **126**. 565—66. 28/3. 1952.) ROSSOW. 7006

D. E. Marnon, *Das Heiß-Öl-Verfahren.* Das Färbeverf. wurde von der GENERAL DYESTUFF CORP. entwickelt u. besteht aus folgenden Arbeitsgängen: Aufbringen des Farbstoffes auf das Textilgut, Behandlung mit Reduktionsmitteln u. anschließenden Führen durch heißes Öl (220—250° F), wobei eine Dampf-Öl-Emulsion gebildet wird, worauf das Wesen des Verf. beruht, Rückgewinnung des Öles, Oxydation, Waschen, Seifen. Angewandt werden kann das Verf. für Küpenfarbstoffe (Naß- u. Trockenpigmentverf.) u. Schwefelfarbstoffe. Schemat. Darstellung. (Rayon synthet. Textiles **33**. 57—58. 60. Juli 1952.) P. ECKERT. 7020

G. H. Lister, *Probleme über das Färben von Wolle mit Chromschwarz.* Es werden die Schwierigkeiten aufgezeigt, die beim Färben mit Chromschwarzfarbstoffen (*Chrome Black T*; *Diamond Black PV*) auftreten können u. auf Wege zu deren Behebung wird hingewiesen. (Textile Recorder **70**. Nr. 834. 71—72. Sept. 1952.) P. ECKERT. 7020

Richard Hünlich, *Zur Frage der Farbstoffaufnahmefähigkeit und des Durchfärbens von Textilien.* Schilderung der Abhängigkeit der Farbstoffaufnahme u. des Farbausfalles von der Vorgeschichte des Färbegutes. (Textil- u. Faserstofftechn. **2**. 252—53. Aug. 1952.) P. ECKERT. 7020

Karl Wojatschek, *Die Halbwollfärberei und ihre Schwierigkeiten unter Berücksichtigung der heute anfallenden Mischgewebe.* 2. Mitt. (1. vgl. C. **1952**. 6933.) Theoret. u. prakt. Ausführungen über das Halbwolleinbaddiazo-Verfahren. Kurz erwähnt wird in diesem Zusammenhang auch noch das Zweibadverfahren. (Textil-Praxis **7**. 461—63. Juni 1952.) P. ECKERT. 7020

Franz Peter, *Moderne Schwarzfärbungen.* Beschrieben wird die Herst. von Schwarzfärbungen auf den verschiedensten Textilrohstoffen. Genaue Färbevorschriften werden gegeben. (Reyon, Zellwolle andere Chemiefasern **30**. 352—56. Juli 1952.) P. ECKERT. 7020

C. Th. Speiser, *Möglichkeiten zur Anwendung von Indigosolen beim Färben von Wolle, Halbwolle, Acetatkunstseide und Rhovyl.* Zusammenstellung einer Reihe von Färbevorschriften, zum Teil in Tabellenform. (De Tex **11**. 566—68. 570. 572—73. 15/6. 1952.) WESLY. 7020

Klaus Hahne, *Kupferkunstseide in der Färberei.* Färbevorschriften für „*Cupresa*" (BAYER, Dormagen). Beschrieben wird das Färben von Cupresa im Strang, als Gewirke u. Gewebe. (Prakt. Chem. [Wien] **3**. 129—30. 18.—25/5. 1952.) P. ECKERT. 7020

—, *Fasertechnologische Vergleiche zwischen sauer gefärbten Perlon/Nylon und Wolle.* Die schwefelsaure Färbetechnik für Perlon/Nylon führt zu keinen größeren Festigkeitseinbußen wie bei Wolle. Das günstigste Verh. zeigt Perlon bei einer Kochzeit von 30 Min. mit 2—4% H_2SO_4 (Flotten-p_H ~2,7) u. einem Festigkeitsverlust unter 5%; bei Nachbehandlung mit Natriumacetat sogar unter 2%. (Färber u. Chemischreiniger, Färber-Ztg. **5**. 1—2. März 1952.) SCHOENMANN. 7020

L. W. Kooy, *Das Färben von Nylon.* Übersicht über die Anwendung verschied. Farbstoffe zum Färben von Nylon u. die Theorie des Färbens. (Chem. Weekbl. **48.** 389—94. 31/5. 405—09. 7/6. 1952. Delft, Niederlande, Ned. Verf - en Chem. Fabr. Labor.) Wesly. 7020

C. Kuch, *Beiträge zum Druck auf Polyamidfasergeweben.* Nach Erwähnung der charakterist. Eigg. der Polyamidfasern wird deren vielseitige Verwendungsmöglichkeit besprochen u. anschließend auf den Druck mit Dispersionsfarbstoffen, mit bas. Farbstoffen, mit Naphthol- u. Küpenfarbstoffen sowie mit den Leukoestern letzterer eingegangen. Abschließend werden prakt. Hinweise über die techn. Ausführung des Druckes auf Nylon u. Perlon gegeben. (Textil-Praxis **7.** 638—41. Aug. 1952. Frankfurt/M.-Höchst, Farbwerke Hoechst, vormals Meister Lucius & Brüning, Druckereilabor.) P. Eckert. 7022

—, *Richtlinien für die Bestimmung der Farbechtheit von Textilien.* Berichtet wird über die Best. der Carbonisierechtheit von Färbungen, der Schwefelechtheit, der Pottingechtheit, der neutralen, sauren- u. Chrom-Überfärbeechtheit u. der Dekaturechtheit von Färbungen u. Drucken. Ferner werden Angaben über Prüfgeräte zur Best. der Farbechtheiten gemacht. (Textil-Praxis **7.** 450—52. Juni 1952.) P. Eckert. 7028

Union Carbide & Carbon Corp., übert. von: **Theophilus E. Feild jr.,** Charleston, W. Va., V. St. A., *Färben von Textilien aus Vinylharz-Mischpolymeren.* Man behandelt mit einer Lsg., die einen Acetatfarbstoff, einen bas. oder einen öllösl. Farbstoff (I), der geringe Affinität zu der Faser hat, enthält u. frei von Lösungsmitteln für das Mischpolymere ist, bei 65°, wobei sich ein dünner Film von I auf der Oberfläche des Garns bildet. Man vermeidet jede Spannung u. erhitzt dann kurze Zeit mit Dampf auf 105 bis 200° u. streckt jetzt das überzogene Garn. Hierbei steigt die Festigkeit, die Dehnbarkeit wird verringert, I in dem Garn fixiert u. eine wasch- u. scheuerfeste Färbung erhalten. (**A. P. 2 577 846** vom 11/6. 1946, ausg. 11/12. 1951.) v. Schiller. 7021

Ciba Akt.-Ges., Basel, Schweiz, *Bedrucken von Textilstoffen oder Tapetenpapieren* mit härtbare Bindemittel enthaltenden Emulsionsfarben vom Öl-in-Wasser-Typ. Die ölige Phase enthält härtbare Kondensationsprodd., die aus Aminotriazinen, Alkoholgruppen enthaltenden Verbb. u. Aldehyden bei Tempp. unter 50° in Ggw. saurer Katalysatoren in Mengen von mindestens $^1/_4$—2 Mol erhalten u. in organ. wasserunlösl. Lösungsmitteln gelöst sind. Bei diesen Druckfarben genügt zur Härtung kurzes Trocknen unter 100° u. kurzes Erhitzen auf über 100°. (**Oe. P. 169 800** vom 19/5. 1949, ausg. 21/12. 1951. Schwz. Prior. 1/7. 1939.) Hoppe. 7023

Soc. An. de Matières Colorantes et Produits Chimiques Francolor, Frankreich (Erfinder: **Pierre Petitcolas** und **Robert Sureau**), *Azofarbstoffe und Zwischenprodukte.* Als Kupplungskomponenten verwendet man die durch Rk. von Acylessigestern mit Aminobenzothiazolen erhältlichen Verbb. der allg. Formel **Z**, worin R einen Alkyl-, isocycl. oder heterocycl. Rest ohne löslichmachende Gruppen, X eine Alkyl-, Alkoxy- oder Alkylthio-Gruppe u. n 1 oder 2 bedeuten. — Man kocht z. B. 1 (Teil) 6-Amino-2-methylbenzothiazol (aus 2-Methylbenzothiazol durch Nitrieren u. Red.) mit 4 Acetessigester.

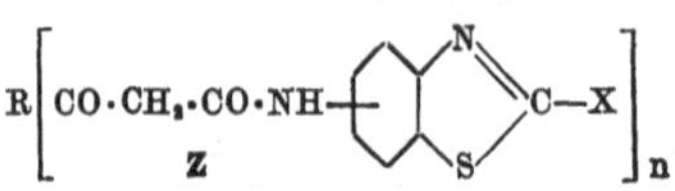

6-Acetoacetylamino-2-methylbenzothiazol, F. 133°. Weitere Beispiele beschreiben die Herst. von: *6-Amino-5-methyl-2-methoxy-* oder *-äthoxybenzothiazol,* F. 177 bzw. 164°; *6-Acetoacetylamino-5-methyl-2-methoxybenzothiazol* (I), F. 190—195°; *Terephthaloyl-bis-(6-acetylamino-5-methyl-2-methoxy-* oder *-äthoxybenzothiazol),* F. 320—325° bzw. 282 bis 285°; *6-Amino-5-chlor-2-methoxybenzothiazol,* F. 170°; *Acetoacetylderiv.* (II), F. 169°; *6-Amino-2.5-dimethoxybenzothiazol,* F. 165—166°; *Acetoacetylderiv.* (III), F. 162°; *Terephthaloylacetylderiv.* (IV), gelbgrün, F. 300—305°; *6-Amino-2.5-dimethylbenzothiazol,* F. 168°; *Acetoacetylderiv.,* F. 162°; *Terephthaloylacetylderiv.,* F. 296°; *6-Amino-5-chlor-2-methylbenzothiazol,* F. 155—156°; *Acetoacetylderiv.,* F. 167°; *Terephthaloylacetylderiv.,* F. 292°; *6-Amino-2-methoxybenzothiazol,* F. 184°; *Acetoacetylderiv.* (V); *6-Amino-2-methylthiobenzothiazol,* F. 111—112°; *Acetoacetylderiv.* (VI), F. 121—122°; *Terephthaloylacetylderiv.* (VII), F. 239°; *6-Amino-5-chlor-2-methylthiobenzothiazol,* F. 139—140°; *Acetoacetylderiv.,* F. 133—134°; *6-Amino-5-methoxy-2-methylthiobenzothiazol,* F. 119—120°; *Acetoacetylderiv.,* F. 91°; *6-Amino-5-methyl-2-methylthiobenzothiazol,* F. 133—134°; *Acetoacetylderiv.* (VIII), F. 151—152°. — Azofarbstoffe: *2.5-Dichloranilin* ($ZnCl_2$·Diazoverb.) → IV (auf Baumwolle [B]); Druckfarbe aus *4-Chlor-o-toluidin* (als Diazoaminoverb. mit Sarkosin) → III oder VIII; desgl. aus *p-Chlor-o-anisol* → II oder VI; *o-Nitranilin* → VI (auf B); *m-Nitro-p-toluidin* → V, gelbes Pigment; *2-Amino-3-naphthoesäure-sulfonsäure* → I, gelber nachchromierbarer Wollfarbstoff. (**F. P. 977 972** vom 1/12. 1942, ausg. 9/4. 1951.) Hoppe. 7053

Ciba Akt.-Ges., Basel, Schweiz (Erfinder: **W. Widmer** und **A. Fasciati**), *Herstellung von Monoazofarbstoffen der Pyrazolonreihe.* Man kuppelt Verbb. der allg. Formel I oder II nach Diazotierung mit einem Pyrazolon. Als Kupplungskomponenten I u. II sind genannt: 2-Aminobenzol-5-sulfonsäurephenylester-1.2'-dicarbonsäure, 2-Aminobenzol-5-sulfonsäure-[4'-methyl]-phenylester-1.2'-dicarbonsäure, 2-Aminobenzol-5-sulfonsäurephenylester-1-carbonsäure, 2-Aminobenzol-5-sulfonsäure-[3'- oder 4'-methyl]-phenylester-1-carbonsäure, 2-Aminobenzol-5-sulfonsäure-[4'-sek.-butyl]-phenylester-1-carbonsäure, 2-Aminobenzol-5-sulfonsäure-[4'-tert.-amyl]-phenylester-1-carbonsäure, 2-Aminobenzol-5-sulfonsäure-[4'-octyl]-phenylester-1-carbonsäure, 2-Aminobenzol-5-sulfonsäure-[4'-chlor]-phenylester-1-carbonsäure, 2-Aminobenzol-5-sulfonsäurenaphthyl-[1']-ester-1-carbonsäure u. 2-Aminobenzol-5-sulfonsäurenaphthyl-[2']-ester-1-carbonsäure. Als Pyrazolone werden z. B. 3-Methyl-5-pyrazolone u. 5-Pyrazolon-3-carbonsäuren oder bes. 1-Phenyl-3-methyl-5-pyrazolone verwendet. (**Schwed. P. 132 013** vom 22/5. 1950, ausg. 19/6. 1951. Schwz. Priorr. 18/7. 1949 u. 13/3. 1950.)

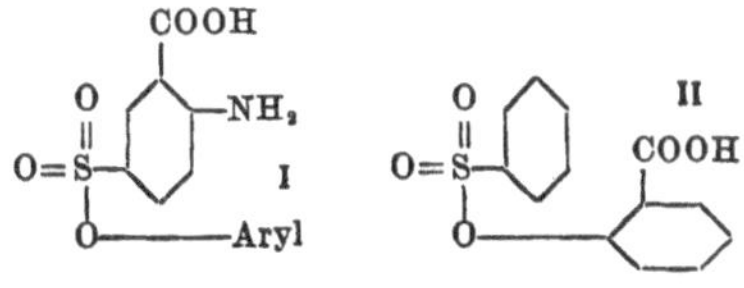

J. SCHMIDT. 7053

Sandoz Akt.-Ges. (Erfinder: **Ernst Gutzwiller**), Basel, Schweiz, *Herstellung von sulfonierten Carbazolderivaten.* Anthrachinone der allg. Zus. I, worin X H, Halogen, einen Alkyl- oder Oxyalkylrest u. Y H, Halogen, einen Alkyl- oder Acylaminorest bedeutet, werden mit sulfonierenden Mitteln behandelt. Die Sulfonierung, die gleichzeitig den Ringschluß zum Carbazolderiv. bewirkt, erfolgt, nach Auflösung der 1-Acylamino-5-arylaminoanthrachinone in konz. H_2SO_4 oder Monohydrat, bes. bei 0—60°. — Z. B. werden 5 (Teile) 1-Benzoylamino-5-(4'-phenyl)-anilidoanthrachinon in 25—30 Monohydrat bei 10—25° gelöst. Nach 1—3std. Rühren versetzt man mit 10 Oleum (28%ig.) u. rührt so lange weiter, bis eine Probe wasserlösl. geworden ist. Analog werden 1-Acylaminoanthrachinone, die in 5-Stellung mit einem 4-Amino-4'-chlordiphenyl- oder 4-Amino-4'-methyldiphenylrest oder den monoacylierten Resten von Benzidin, Tolidin, Dianisidin, 3.3'-Dichlorbenzidin oder Diphenetidin substituiert sind, behandelt. Die Farbstoffe färben tier. Fasern, Leder u. Superpolyamide in braunen Tönen. (**D. B. P. 842 103** Kl. 22b vom 5/2. 1949, ausg. 23/6. 1952. Schwz. Prior. 29/7. 1947.) SCHMAUSER. 7059

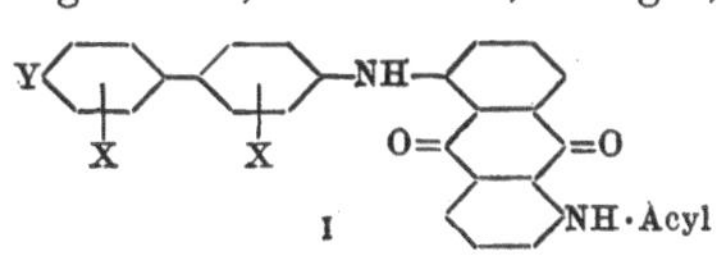

Sandoz Akt.-Ges. (Erfinder: **Ernst Gutzwiller**), Basel, Schweiz, *Saure Anthrachinonfarbstoffe*, die Wolle, Seide oder Superpolyamidfasern in wasch-, walk- u. lichtechten lebhaft rötlichblauen Tönen färben u. sich durch gutes Ziehvermögen aus neutralem Bade auszeichnen, erhält man durch Halogenieren von Anthrachinonabkömmlingen der allg. Zus. I, worin X u. Y Alkylreste bedeuten u. der Arylaminorest noch weiter substituiert sein kann. — Die vorzugsweise in konz. H_2SO_4, H_2SO_4-Monohydrat oder in verd. Oleum in Ab- oder Anwesenheit von Halogenüberträgern, wie J, Eisensalzen usw., bei Tempp. von 0—40° u. am Schluß bei Tempp. von 40—80° durchgeführte Halogenierung wird beschrieben von: 1-Amino-4-(2'.4'.6'-trimethyl)-, 1-Amino-4-(2'.6'-dimethyl-4'-methoxy)-, 1-Amino-4-(2'.4'-diäthyl-6'-methyl)- oder 1-Amino-4-(2'.6'-dimethyl)-phenylaminoanthrachinon-2-sulfonsäure. (**D. B. P. 836 385** Kl. 22b vom 25/12. 1948, aush. 10/4. 1952. Schwz. Prior. 12/2. 1945.) ROICK. 7059

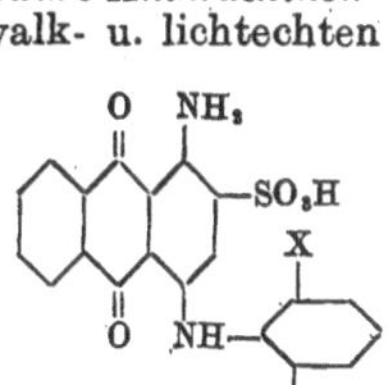

Ciba Akt.-Ges., Basel, Schweiz, *Küpenfarbstoff.* Man setzt ein Dichinazolin der Zus. I im mol. Verhältnis 1:2 mit 4-Aminoanthrachinon-2.1(N)-benzolacridon (II) um. — 2 (Teile) I (erhältlich durch Erhitzen des aus Isophthalsäuredichlorid u. 2-Amino-3-cyananthrachinon erhältlichen Säureamids), gelbliches Pulver, setzt man mit 3,7 II in Phenol um u. reinigt das Prod. über das Sulfat (vgl. Schwz. P. 274 708, C. **1952.** 7262). Der erhaltene Farbstoff, grünes Pulver, färbt Baumwolle aus braunvioletter Küpe gelbgrün. (**Schwz. P. 274 707** vom 3/5. 1949, ausg. 16/8. 1951. **Zusatz zu Schwz. P. 272 252; C. 1952. 5490.**)

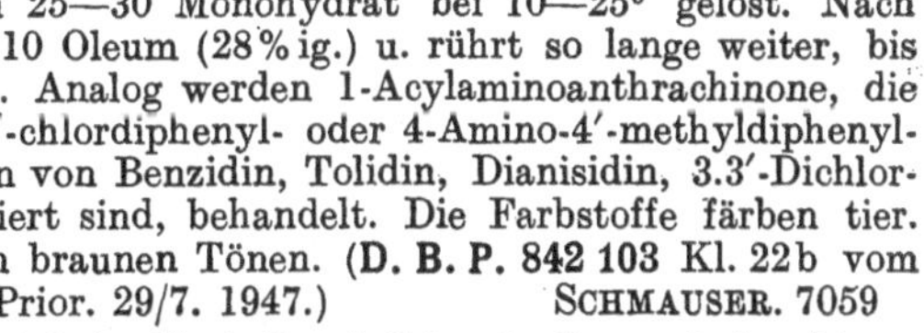

ROICK. 7059

XIa. Farben. Anstriche. Lacke. Naturharze.

Anton W. Rick, *Wechselwirkungen zwischen Streichgrund und Überzug.* Es handelt sich um Wirkungen von W., Wasserdampf, Chemikalien sowie um sonstige Oberflächenwirkungen. Einfl. von Zwischenschichten. (Dtsch. Farben-Z. **6.** 7—12. Jan. 45—46. Febr. 1952. Bad Godesberg.) SCHEIFELE. 7106

B. M. Letsky, *Lösungen für Lackierprobleme.* 1. Mitt. *Einschlagen von Holzlacken, seine Ursache und Verhinderung.* Verhinderung des Einsinkens der Lackschicht in Holz durch Anwendung geeigneter Porenfüller, Isolierlackschichten, infrarottrocknender Decklacke. (Paint Manufact. **22.** 45—49. Febr. 1952. A. Learner & Co. Ltd., Ault & Wiborg Group.) SCHEIFELE. 7106

Raymond P. Hill, *Über Schutzüberzüge.* Für chemikalienbeständige Schutzüberzüge dienen Kautschuk u. Kautschukderivv., härtbare Phenolharze sowie Vinylharze. (Paper Mill News **75.** Nr. 18. 13—17. 3/5. 1952. Chem. Proof Construction, Inc., & Pulp Bleaching Co.) SCHEIFELE. 7106

Kenneth Tator, *Überzüge.* Alle Überzüge, die gegen oxydierende Angriffe beständig sind, sind auch gegen $CuSO_4$-Lsgg. beständig. Genannt werden Phenol-, Furanharze, natürlicher u. künstlicher Kautschuk. Am widerstandsfähigsten sind Polyvinylchloracetate, Polyvinylidenchloride, Polyäthylene, Polystyrole, Polyacrylate. (Chem. Engng. **58.** 212. April 1951. Coraopolis, Pa., Kenneth Tator Associates.) J. FISCHER. 7106

C. E. Arntzen und **R. D. Rowley,** *Schutz durch Siliconüberzüge gegen hohe Beanspruchung.* Die verwendeten Lacke *DC 801, 802, 803, 804* sind beständig bei einer Temp. von 280°, bei der die besten Anstriche von TiO_2 oder Lithopone versagen. Die Trocknungstempp. liegen etwas höher als bei anderen Lacken (190—210°). Die Wetterbeständigkeit ist nach 4$^1/_2$ Jahren noch einwandfrei. Ebenso gut ist die Beständigkeit gegen Chemikalien, solange die Konzz. niedrig bei ca. 3% liegen. Eine Tabelle gibt im Einzelnen das Verh. eines Lackes mit 40% *DC 802* u. 60% *DC 804* mit TiO_2 wieder. — Anwendungsbeispiele. (Materials and Methods **35.** Nr. 1. 82—84. Jan. 1952. Westinghous Electric Corp.) J. FISCHER. 7106

Mario Raffo, *Schutzmaßnahmen gegen Metallkorrosion.* Überblick mit besonderer Berücksichtigung von Schutzüberzügen auf PVC-Basis. (Ind. Vernice **6.** 63—64. März 1952. Genova, Centro per lo Studio delle Corrosioni Marini dei Metalli.) WINIKER. 7106

H. de Jonge, *Die Fluorsilicate und ihre Verwendung.* Allg. Ausführungen unter besonderer Berücksichtigung ihrer Verwendung zur Anstrichzementierung. (Ind. Vernice **6.** 76—79. März 1952.) WINIKER. 7106

F. Fancutt, *Die Prüfung von Anstrichen mit physikalischen Untersuchungsverfahren und Untersuchungen des Verhaltens in der Praxis.* Übersicht über die bei den brit. Eisenbahnen verwendeten physikal. Geräte zur Prüfung von Anstrichen. (Verfkroniek **25.** 111—13. April 1952.) WESLY. 7158

Aluminum Co. of America, Pittsburgh (Erfinder: **Junius David Edwards,** Oakmont, Pa., V. St. A.), *Verbesserung der Haltbarkeit und des Glanzes von Metallpigmenten in Pastenform.* Man unterwirft den Hauptteil der Metallflocken, die mit einem filmbildenden Stoff (I) überzogen u. mit ca. 14—28% Leichtbenzin befeuchtet sind, einer feuchten Polierbehandlung in Ggw. von mindestens einem festen I. Die I werden dabei in Mengen von 1,0—4,0% des Gesamtgewichtes des Pigmentes zugesetzt u. die Temp. wird unter 43° gehalten. (**D. B. P. 845 682** Kl. 22f vom 6/8. 1949, ausg. 4/8. 1952. A. Prior. 11/8. 1948.) NEBELSIEK. 7093

Comp. des Vernis Valentine und **Eugène-Paul-Louis Schueller,** Seine, Frankreich (Erfinder: **René-Gaston-Arthur Bertaut** und **Ephraïm Kahneman**), *Dehydratisiertes Ricinusöl* wird durch Erhitzen von Ricinusöl in Ggw. eines Erdalkalichlorides, z. B. $CaCl_2$, oder der Cl-Verb. eines anderen Metalles, z. B. $AlCl_3$ oder $ZnCl_2$, hergestellt. — Durch 6std. Erhitzen von 500 kg Ricinusöl mit 500 g $AlCl_3$ auf 250—300° u. Abdestillieren von ca. 40 kg W. u. anderen Prodd. erhält man im Öl, das nach Zusatz von 5% Co-Linoleatlsg. (mit 1% Metallgeh.) in 4 Std. trocknet. — Weitere Beispiele mit $ZnCl_2$ u. $CaCl_2$. (**F. P. 975 050** vom 9/1. 1942, ausg. 28/2. 1951.) ASMUS. 7097

Soc. An. Manufacture Landaise de Produits Chimiques, Seine, Frankreich, *Lackharze aus Kiefernteerpech* (I). Man behandelt I bzw. seine Lsg. in dem bei der Dest. von Leichtöl aus Kiefernteer gewonnenen terpenhaltigen Destillat mit Kalk in der Wärme u. erhält ein festes, harzartiges Prod., das in verschied. Lösungsmitteln, bes. terpenhaltigen Ölen, in bestimmtem Verhältnis auch in A., lösl. ist u. in Anstrichmitteln verwendet werden kann. Den Lsgg. können die üblichen Trockenmittel, z. B. Co-Resinat, zugesetzt werden. (**F. P. 972 309** vom 24/1. 1941, ausg. 29/1. 1951.) Asmus. 7097

Ciba Akt.-Ges., Basel, Schweiz, *Herstellung von Lackrohstoffen.* Für die Herst. von Rohstoffen, bes. für Einbrennlacke, erwärmt man 1 Mol Kondensationsprod. aus Äthylenoxyd u. mehrwertigen Phenolen (4.4'-Dioxydiphenyldimethylmethan) mit einem Lösungsm. u. gegebenenfalls einem veräthertem, vorzugsweise alkylierten Aldehydkondensationsprod., das Methylolgruppen enthält (z. B. aus Melamin u. Formaldehyd). Dann werden $^1/_8$ bis höchstens $^1/_5$ der äquivalenten Menge einer mehrbas. Carbonsäure zugefügt, deren Carboxylgruppen mindestens durch 2 C-Atome voneinander getrennt sind. Außerdem werden 0,06—0,6 Mol Dicyandiamid zugegeben. Als Lösungsm. kann Cyclohexanol dienen. Die Lacke sind geschmeidig u. gegen Chemikalien beständig. (**N. P. 79 071** vom 18/6. 1949, ausg. 24/9. 1951. Schwz. Priorr. 5/7. 1948 u. 25/5. 1949.) J. Schmidt. 7097

Ciba Akt.-Ges., Basel, Schweiz, *Herstellung von Lackrohstoffen.* Das Verf. nach N. P. 79 071 (vgl. vorst. Ref.) zur Herst. von Lsgg. harzartiger Verbb. aus Phenolen mit mindestens 2 Äthylenoxydgruppen je Mol Phenol durch Erwärmen mit mehrbas. Carbonsäuren u. 0,06—0,6 (Mol) Dicyandiamid ( ) wird dahin geändert, daß I durch 0,03—0,3 Polyamin ersetzt wird, dessen NH_2-Gruppen durch mindestens 2 C-Atome getrennt sind. Geeignet sind z. B. Diäthylentriamin, Triäthylentetramin, 1.3-Diaminobutan, p-Phenylendiamin, Benzidin. (**N. P. 79 135** vom 24/6. 1949, ausg. 8/10. 1951. Schwz. Priorr. 5/7. 1948 u. 25/5. 1949.) J. Schmidt. 7097

N. V. de Bataafsche Petroleum Mij., Den Haag, Holland (Erfinder: **Theodore Franklin**, Bradley, und **Hans Dannenberg**, Emeryville, Calif., V. St. A.), *Herstellung von Oberflächenbehandlungsmitteln, wie Firnissen, Anstrichfarben, Lacken, Imprägniermitteln und Weichmachern,* dad. gek., daß Ester von ungesätt. Ätheralkoholen (') oder Ester von Polymerisaten der I verwendet werden. Die I können mit ungesätt. Säuren ganz oder teilweise verestert werden u. sollen sich vom Glycerin oder Allylalkohol ableiten. Nach den Beispielen wird von α-Allyläther des Glycerins u. Ölsäure oder Fettsäuregemischen der Leinölverseifung ausgegangen. (**D. B. P. 851 532** Kl. 22h vom 3/10. 1950, ausg. 6/10. 1952. A. Prior. 21/1. 1947.) Schindler. 7107

Werner Kreidl, Wien, Österreich, *Verbesserung der Oberflächenhafteigenschaften von Erzeugnissen aus Polyäthylenharz,* bes. für Druckfarben. Das Erzeugnis wird einer Wärmebehandlung unterworfen, bei welcher die Oberfläche (**I**) einer erhöhten, die Stabilität des Erzeugnisses jedoch noch nicht beeinträchtigenden Temp. mit geringer Tiefenwrkg. ausgesetzt wird, während das an **I** angrenzende Material auf Tempp. gehalten wird, welche unter der für die Aktivierung der **I** wirksamen Mindesttemp. liegen. Wenn **I** auf etwas $>60^0$ erwärmt wird, wird das angrenzende Material auf $<50^0$ gehalten. Die Polyäthylenfolie kann vor der Wärmebehandlung oder unmittelbar danach bedruckt werden. (**D. B. P. 844 348** Kl. 39b vom 4/1. 1950, ausg. 21/7. 1952. A. Prior. 18/1. 1949.) Salzmann. 7107

Canadian Westinghouse Co., übert. von: **John C. Lum**, Hamilton, Ontario, Can., *Schutzanstrichmittel,* bestehend aus einer Suspension von 0,1—20% Cetylacetamid, 80—99,9% Äthylcellulose mit 43—50% Äthoxylgehalt u. einem Lösungmittel. Gegebenenfalls können noch 10% eines organ. Harzes zugesetzt werden. (**Can. P. 477 024** vom 4/12. 1944, ausg. 18/9. 1951. A. Prior. 22/12. 1943.) Wittholz. 7107

E. I. du Pont de Nemours & Co., Wilmington, Del. (Erfinder: **Le Verne Kenneth Osdal**, Upper Darby, Pa.), V. St. A., *Gegen hohe Temperaturen beständige Filme ergebende Überzugsmasse,* gek. durch einen Geh. an Polytetrafluoräthylen u. Chromsäure. Das Gemisch kann ferner noch Zinkphosphat enthalten. Nach dem Auftragen, z. B. auf Metall, u. kurzzeitiges Erhitzen auf ca. 400° große Haftfähigkeit. (**D. B. P. 849 882** Kl. 22g vom 25/6. 1950, ausg. 18/9. 1952. A. Prior. 8/7. 1949.) Schindler. 7107

International General Electric Co., Inc., New York (Erfinder: **Craig M. Sage**, Schenectedy), N. Y., V. St. A., *Gegen Farbkörperfluß widerstandsfähige Lackfarbe,* gek. durch den Geh. von 0,00001—0,001 Gew.-% der Überzugsmasse eines fl. Alkylpolysiloxans, bes. Dimethylpolysiloxans, das mit 0,1—2 Mol-% Monomethylsiloxan copolymerisiert ist. Der Lackgrundkörper kann ein ölmodifiziertes Alkydharz, ein Phenol- oder Amidaldehydharz sein. — Mehrere Rezepte. (**D. B. P. 849 464** Kl. 22h vom 30/9. 1950, ausg. 15/9. 1952. A. Prior. 29/12. 1947.) Schindler. 7107

Martii Ilveskorpi, Finnland, *Grundmasse für die Herstellung von Malfarben,* gek. durch Celluloseglykolat als Bindemittel in Mengen von 0,5—6% neben W. oder Öl. (**Finn. P. 25 764** vom 9/1. 1947, Auszug veröff. 30/6. 1952.) J. Schmidt. 7107

Deutsche Hydrierwerke Akt.-Ges., Düsseldorf (Erfinder: **Winfried Hentrich, Wilhelm Kaiser** und **Rudolf Endres**, Dessau), *Lösungs-, Weichmachungs- und Gelatinierungsmittel für Cellulosederivate* zur Herst. von *Lacken,* Filmen u. dgl., bestehend aus aliphat. u./oder cycloaliphat. Sulfamiden, z. B. n-Butyl-, n-Dodecyl- oder Methylcyclohexylsulfamid. (**D. R. P. 767489** Kl. 39b vom 14/10. 1937, ausg. 8/9. 1952.) SALZMANN. 7107

Louis Louda, Frankreich, *Waschbare Wasserfarbe*, bestehend aus Pigmenten (Kreide, Lithopone, Zinkweiß, Titanweiß u. a.), filmbildenden wasserlösl. Bindemitteln u. Zusätzen, die den Anstrich wasserunlösl. machen. Als filmbildende Bestandteile werden verwendet: Casein, Leim u. Alkalialginate in Mengen zwischen 0,05 u. 30% u. als Zusätze $Ca(OH)_2$, $Ba(OH)_2$, $Sr(OH)_2$, $ZnCl_2$, $NiSO_4$ u. Ammoniumsalze. Geeignet verpackt, ist das Prod. prakt. unbegrenzt haltbar. (**F. P. 996284** vom 27/9. 1949, ausg. 17/12. 1951.) HEYNE. 7107

XIb. Plaste (Kunstharze. Plastische Massen).

G. Génin, *Milchsäure und Lactate. — Ihre Verwendung in der Kunststoffindustrie der Vereinigten Staaten.* Überblick über Herstellungsmöglichkeiten u. Verwendung in der Kunststoffindustrie (Alkydharze, Acrylharze, Lactopren). (Lait **31.** 204—13. März/April 1951.) WINIKER. 7170

—, *Hostaflon — ein neuer Kunststoff.* Kurzer Überblick über Eigg. u. Verwendungsmöglichkeiten von *Hostaflon* (Polytrifluorchloräthylen). (Surv. of Synthetics **1952.** 35—36. Okt., Suppl. zu: Rubber Age Synthetics.) WINIKER. 7172

—, *Cobex.* Kurzer Überblick über Eigg. u. Verwendungsmöglichkeiten des Vinylchlorid-Vinylidenchlorid-Mischpolymerisats *Cobex.* (Surv. of Synthetics **1952.** 36. 44. Okt., Suppl. zu: Rubber Age Synthetics.) WINIKER. 7172

Naoya Sata und **Shûji Saito**, *Die Solubilisation von Polyvinylacetat.* Das an sich wasserunlösl. hochmol. Polyvinylacetat (I) löst sich in Na-Dodecylsulfat (II)-Lsg. geeigneter Konz. (die um so größer sein muß, je höher der Polymerisationsgrad ist; 0,7 bis 2 Mol II pro Grundmol. I für einen Polymerisationsgrad von 560—4350) u. ergibt vollkommen klare u. beständige Lösungen. Da die Viscosität von I in II größer ist als in Aceton, kann geschlossen werden, daß die I-Moll. in II-Lsg. noch aufgelockerter sind als in sogenannten guten Lösungsmitteln wie Aceton. (Kolloid-Z. **128.** 154—58. Okt. 1952. Osaka, Univ., Chem. Inst., u. Suomi-Forschungsinst. für Chem. u. Phys.) WINIKER. 7172

F. Würstlin und **H. Klein**, *Weichmacherwirksamkeit in Zusammenhang mit der chemischen Konstitution der Weichmacher.* Vff. untersuchten 89 Weichmacher u. Lösungsmittel in Mischung mit Polyvinylacetat dielektr. auf ihre Weichmacherwirksamkeit. Es wurde festgestellt, daß die Auffassung von LEILICH (Kolloid-Z. **99.** [1942.] 107), die Viscosität des reinen Weichmachers sei für seine Wirksamkeit maßgeblich, als Faustregel verwendet werden kann. Vff. fanden eine Abhängigkeit der Weichmacherwirksamkeit vom Mol.-Gew. des Weichmachers bei gewichtsmäßig gleichen Maßen. Für mol. gleiche Maße besteht diese Abhängigkeit nicht mehr, vielmehr steht dann die Wirksamkeit in Beziehung zum geometr. Bau des Weichmachermoleküls. Substanzen mit großer innerer Beweglichkeit der polaren Gruppe des Weichmachermol. wiesen eine starke Wirksamkeit auf. An mehreren Beispielen wird der Übergang von ster. behinderten, wenig wirksamen Weichmachermoll. zu wenig behinderten, stark wirksamen Weichmachern gezeigt. (Kolloid-Z. **128.** 136—42. Okt. 1952. Ludwigshafen/Rh., BASF, Maß- u. Prüfabt.) WINIKER. 7172

S. J. Skinner, *Herstellung und Handhabung von Vinylkunststoffen in Form von trockenem Pulver.* Allg. Ausführungen. (Surv. of Synthetics **1952.** 26—28. Okt., Suppl. zu: Rubber Age Synthetics.) WINIKER. 7172

D. R. Crabtree, *Polystyrol — eine vielseitige Preßmasse.* Überblick über Herst. u. Verwendungsmöglichkeiten. (Surv. of Synthetics **1952.** 30—31. 39. Okt., Suppl. zu: Rubber Age Synthetics.) WINIKER. 7172

Farbenfabriken Bayer (Erfinder: **Wilhelm Moschel, Walter Kwasnik** und **Wilhelm Müller**), Leverkusen, *Polymerisation von Trifluorchloräthen* (I), dad. gek., daß dasselbe, allein oder in Mischung mit Vinylchlorid (II), mit Licht, bes. der Wellenlängen von 2200—6000 Å, belichtet wird. — Z. B. wird ein Gemisch von I u. II, das hinsichtlich des Mengenverhältnisses in weiten Grenzen variieren kann, mit UV-Licht 5—6 Std. bestrahlt, wonach die Polymerisation prakt. beendet ist. (**D. B. P. 850810** Kl. 39c vom 31/8. 1950, ausg. 29/9. 1952.) HERBST. 7173

Chemische Werke Hüls G. m. b. H. (Erfinder: **Wilhelm Klein** und **Kurt Alfred Hoffmann**), Marl, *Herstellung gefärbter Polymerisate von Vinylverbindungen.* Vinylverbb., wie Styrol (I), Vinylchlorid, Vinylidenchlorid, Acrylsäureester, Methacrylsäureester, werden in Ggw. von Pasten, die aus Pigmenten u. Estern von höheren aliphat. Carbonsäuren erhalten werden, unter Mitverwendung von Peroxyden, wie H_2O_2, Benzoylperoxyd, oder von Azoisobuttersäuredinitril (II) als Aktivatoren der Perlpolymerisation unterworfen. Als aliphat. Carbonsäureester werden z. B. Leinöl, Lackleinöl, Ricinusöl u. Oiticicaöl oder Holzöl sowie die aus diesen Ölen erhältlichen Standöle angewendet. Z. B. werden in 8000 (Gewichtsteilen) I 312 einer 30%ig. Paste aus TiO_2 u. Leinöl sowie 13,56 II u. 8 eines blauen öllösl. Farbstoffs verteilt, worauf diese Mischung in eine Suspension von 80 $BaSO_4$ in 16000 W. eingerührt wird. Man polymerisiert bei 65° u. erhält Perlen, die beim Verpressen eine blaue, opake Platte ergeben. (**D. B. P. 850 524** Kl. 39c vom 10/10. 1950, ausg. 25/9. 1952.) HERBST. 7173

N. V. de Bataafsche Petroleum Mij., Den Haag, Holland, *Herstellung von Polyvinylchloridpulver.* Polyvinylchloriddispersionen (von der Dispersionspolymerisation) werden koaguliert, das ausgefallene Polyvinylchlorid abgeschleudert, mit einer 0,1%ig. wss. Lsg. von Na-Bicarbonat gewaschen u. schließlich in einer rotierenden Trommel mit einem Luftstrom von ca. 80° behandelt, worauf die Staubluft mittels eines Ventilators durch einen horizontalen oder leicht geneigten Trockenschacht geführt wird, u. zwar zusammen mit Luft von viel höherer Temperatur. Am Eintritt des Trockenschachts soll eine Temp. von 160° u. am Ende von 90—100° herrschen. Die Verweilzeit soll 2—3 Sek. betragen, wobei eine Sinterung des Polyvinylchloridkorns erfolgt. Das so getrocknete Polyvinylchloridpulver ergibt mit Weichmachern dünne Pasten. (**E. P. 661 886** vom 14/9. 1948, ausg. 28/11. 1951. Holl. Prior. 18/9. 1947.) HERBST. 7173

E. I. du Pont de Nemours & Co., übert. von: **Ellsworth K. Ellingboe**, Wilmington, Del., V. St. A., *Herstellung von Mischpolymeren*, die 70—85 Gew.-% Polyvinylchlorid, 4—28% Polyallylglycidäther u. 2—26% eines polymerisierten Allylesters einer aliphat. Carbonsäure mit prim. OH-Gruppe, z. B. polymerisierten Glykol-, β-Oxypropion-, γ-Oxybutter-, δ-Oxyvalerian-, ε-Oxycapron-, β-Oxyisobutter-, $\alpha.\alpha$-Dimethyl-β-oxypropionsäureallylester enthalten. Die bevorzugten Oxysäuren entsprechen der allg. Formel $HO—(CH_2)_n—COOH$, worin n eine ganze Zahl von 1—5 ist. Die Polymerisation, gegebenenfalls mit weiteren Komponenten, erfolgt z. B. in Ggw. von Perverbb. oder dgl., bes. in Ggw. von Lösungsmitteln, auch in wss. Syst. u. mit Dispergiermitteln oder Emulgatoren. Zum Abfangen von sich bildendem HCl eignen sich tert.-Butyl-, tert.-Amylalkohol oder Maleinsäureanhydrid. — Die Ausgangsmischungen können Zusätze an Farbstoffen, Pigmenten, Füllmitteln, Weichmachern, ölmodifizierten Alkydharzen usw. erhalten u. die Prodd. auf Überzugsmassen (härtbar) verarbeitet werden. (**A. P 2 562 897** vom 6/5. 1950, ausg. 7/8. 1951.) DONLE. 7173

B. F. Goodrich Co., New York, N. Y., übert. von: **Robert J. Wolf**, Cleveland, O., V. St. A., *Plastifizierte Zwischenpolymerisate für Röhren, Filme und Überzüge.* In wss. Emulsion wird ein Gemisch aus 35—90 (%) Vinylchlorid, 5—50 Vinylbenzoat u. 5—60 Alkylester der Acrylsäure mit 5—10 C-Atomen im Alkylrest, wie z. B. Isooctylacrylat, in Ggw. von z. B. $K_2S_2O_8$ polymerisiert. (**A. P. 2 570 900** vom 15/10. 1949, ausg. 9/10. 1951.) MÖLLERING. 7173

Farbenfabriken Bayer (Erfinder: **Wilhelm Moschel, Herbert Knopf** und **Wilhelm Müller**), Leverkusen, *Polymerisation von Vinylfluorid* (I), dad. gek., daß I in fl. Phase Licht, bes. der Wellenlängen von 2200—6000 Å, ausgesetzt wird. Analog können auch Gemische von I u. Vinylchlorid (II) polymerisiert werden. Z. B. werden 50 Teile I u. 50 II mit einer UV-Lampe belichtet. Nach 2—3 Std. ist das Gemisch vollständig polymerisiert. Das von der Herst. des I als Verunreinigung vorhandene Difluoräthan stört bei dieser Polymerisation nicht. (**D. B. P. 850 668** Kl. 39c vom 31/8. 1950, ausg. 25/9. 1952.) HERBST. 7173

Farbwerke Hoechst, vormals Meister Lucius & Brüning, Frankfurt (Erfinder: **Werner Stark**, Hofheim, und **Guido Lorentz**, Frankfurt), *Beständige wässerige Dispersionen von Phenolharzen* erhält man durch Dispergierung von in organ. Lösungsmitteln gelöstem Phenolharz in W. mittels seifenähnlichen Emulgatoren (Seife, Äthylenoxydanlagerungsprodd. oder Sulfonate von Fettalkoholen) u. Polyvinylalkohol (I) oder dessen in W. lösl. Derivaten. — Zu 140 g einer 60%ig. Novolaklsg. in Methanol–Methylacetat setzt man 5 (cm^3) einer 50%ig. Lsg. des Kondensates aus Diisobutylphenol u. Äthylenoxyd u. 30 einer 5%ig. wss. I-Lsg. sowie 70 Wasser. Man erhält eine gelbliche Dispersion, die sich in W. verteilt. (**D. B. P. 838 215** Kl. 39c vom 2/10. 1948, ausg. 5/5. 1952.) MÖLLERING. 7177

Deutsches Hydrierwerk Rodleben VEB, Rodleben b. Roßlau (Erfinder: **Rudolf Endres**, Dessau-Roßlau), *Plastifizierungs-, Elastifizierungs- und Weichmachungsmittel* für synthet. lineare Superpolymere, wie Polyamide, Polyurethane u. Polyharnstoffe. Man verwendet hierfür Veresterungsprodd. aus 2- oder mehrbas. Carbonsäuren u. überschüssigen Mengen Glykolen mit nur einer prim. OH-Gruppe, die vornehmlich allein verestert ist. Ölige, balsamartige oder zähfl. Massen, lösl. in den üblichen Lösungsmitteln. Als Ausgangsmaterial sind genannt: 1.2-Propylenglykol, 1.3-Butylenglykol, 1.4-Pentandiol, 2-Methylolcyclohexanol-1, dann Bernstein-, Glutar-, Adipin-, Methyladipin-, Sebacin-, Diglykol-, Thiodiglykol-, Citronen-, Aconit-, Cyclohexandiessigsäure. Genannt sind *Adipinsäure-di-1.2-propylenglykolester, Methyladipinsäure-di-1.2-butylenglykolester* u. *Phthalsäure-1.2-propylenglykolester.* (**D. P. [D. D. R.]** 233 vom 28/3. 1943, ausg. 2/2. 1952 [Wirtschaftspatent].) PANKOW. 7181

Deutsches Hydrierwerk Rodleben VEB, Rodleben b. Dessau-Roßlau (Erfinder: **Rudolf Endres,** Dessau-Roßlau), *Elastifizierungs-, Plastifizierungs- und Weichmachungsmittel* für lineare Superpolymere, wie Polyamide, Polyurethane u. Polyharnstoffe. Man verwendet neutrale Veresterungsprodd. aus 2- oder mehrbas. Carbonsäuren u. heterocycl. Alkoholen, bes. Tetrahydrofurfurylalkohol oder seinen Homologen, z. B. Bistetrahydrofurfuryladipat oder -phthalat. Andere heterocycl. Alkohole sind z. B. Tetrahydropyranol-4, 2-Oxymethylpyridin, Acetonglycerin, Cyclohexanonglycerin. (**D. P. [D. D. R.] 277** Kl. 39b vom 4/4. 1943, ausg. 28/4. 1952 [Wirtschaftspatent].) PANKOW. 7181

Deutsches Hydrierwerk Rodleben VEB, Rodleben b. Roßlau (Erfinder: **Winfried Hentrich,** Rodleben b. Roßlau, und **Alfred Kirstahler,** Dessau), *Herstellung superpolymerer Kondensationsprodukte* wie Superpolyurethane, dad. gek., daß man mit Alkoholen oder Phenolen gebildete Dikohlensäureester (I) von wenigstens 4 C-Atome im Mol. enthaltenden Glykolen, deren OH-Gruppen nicht an benachbarten C-Atomen möglichst endständig angeordnet sind, mit Diaminen, die an jedem N-Atom wenigstens 1 freies H-Atom enthalten, bis zur Bldg. superpolymerer Prodd. auf 150—300° erhitzt, wobei man an Stelle von I entsprechende Dichlorkohlensäureester verwenden kann. Man erhitzt z. B. äquimol. Mengen von 1.6-Hexamethylenglykol di-(phenylcarbonat) $(C_6H_5 \cdot O \cdot CO \cdot O)_2(CH_2)_6$ u. 1.6-Hexamethylendiamin in Ggw. von Kresol als Lösungsm. unter Luftausschluß 4—6 Std. unter Rückfluß zum Sieden u. gießt in A.; Pulver vom F. 159—160°, das unter Luftausschluß 2—3 Std. auf ca. 270° zu einem Hochpolymeren erhitzt wird, das im Schmelzfluß zu kaltverstreckbaren Fäden versponnen werden kann. Auch Verarbeitung auf Folien oder Filme. (**D. P. [D. D. R.] 314** Kl. 39c vom 24/4. 1942, ausg. 3/2. 1952 [Wirtschaftspatent].) PANKOW. 7181

Kalle & Co. Akt.-Ges. (Erfinder: **Otto Herrmann** und **Anton Wunderer**), Wiesbaden-Biebrich, *Überzüge, Folien, Fäden oder andere geformte Gebilde aus Superpolyamiden.* Es werden Lsgg. von in aliphat. Alkoholen nicht oder nur in geringem Maße, in Gemischen von diesen mit W. aber gut lösl. Polyamiden, welche aus mindestens 2 Ausgangsstoffen, die je für sich zur Bldg. von Polyamiden befähigt sind u. von denen mindestens einer eine Aminocarbonsäure bzw. ein funktionelles Deriv. einer solchen ist, verarbeitet. — Beispiel: 25 (Teile) eines Mischpolyamids aus 65 adipinsaurem Hexamethylendiamin u. 35 Caprolactam werden mit 60 Methanol u. 15 W. am Rückflußkühler erhitzt; die heiße Lsg. wird unmittelbar verarbeitet. (**D. R. P. 753 658** Kl. 39b vom 31/8. 1939, ausg. 7/7. 1952.) SALZMANN. 7181

Ray H. Boundy and **Raymond F. Boyer**, Styrene, its polymers, copolymers and derivatives. New York: Reinhold. 1952. (1326 S. m. Abb. u. Diagr.) $. 20,—.

XII. Kautschuk. Guttapercha. Balata.

H. J. Lanning, *Zweckmäßigste Verwendung von Neopren.* Überblick über Eigg. u. Verarbeitung von Neopren. — 9 Literaturhinweise. (Surv. of Synthetics **1952.** 14—15. 44. Okt., Suppl. zu: Rubber Age Synthetics.) WINIKER. 7224

J. F. E. Ruffell, *Neopren — ein allgemeiner Überblick.* Kurzer Überblick über einige Eigg. der derzeitig verfügbaren Neoprene (GN, GNA, GRT, W, WRT, S, Q, AC, KNR) u. Neopren-Latices (571, 572, 842 A, 601 A, 700, 735) nebst Hinweisen bzgl. ihrer Verwendungsmöglichkeiten. (Surv. of Synthetics **1952.** 18—19. Okt., Suppl. zu: Rubber Age Synthetics.) WINIKER. 7224

E. Schreuer, *Berechenbare Eigenschaften technischer Gummimischungen.* Techn. Gummimischungen weisen als nichtideale Stoffmischungen Abweichungen von der nach der Mischregel zu erwartenden Additivität thermodynam. u. elastomechan. Bestimmungsgrößen auf. Diese Abweichungen stehen in einem inneren Zusammenhang u. können zur Konz. sogenannter akt. Zuschläge in Beziehung gesetzt werden. (Kolloid-Z. **128.** 159—64. Okt. 1952. Karlsruhe, TH, Physikal. Inst.) WINIKER. 7226

Robert Belmas, *Verwendung von Füllstoffen bei thermosensibilisiertem Latex.* 1. Mitt. *Untersuchung der Einarbeitungsmöglichkeiten von Füllstoffen in thermosensibilisierten Latex.* Verss. mit verschiedenartigsten Füllstoffen ergaben, daß dieselben, um sich zur Einarbeitung in thermosensibilisierten Latex (die Thermosensibilisierung erfolgte durch Zugabe von Trypsin oder ammoniakal. Zn-Acetat) zu eignen, chem. inert u. leicht dis-

pergierbar sein müssen. Im einzelnen wurde festgestellt: Ungeeignet sind Diatomeenerde, Asbest, Torf. Bedingt geeignet sind koll. Kaolin (bis zu 43%), Tone (der Fa. FRANTERRE, Paris, bis zu 40%), Celluloseacetat u. Cumaronharze (zur Herst. von Mischungen geringer Dichte), Stärke (vor allem als Dickungsmittel), Holzmehl u. Korkpulver (zur Herst. von Schwammgummi), mineral. Öle (als Weichmacher). Gut geeignet sind: Kreide, Quarzsand u. *Latexyl* (besteht im wesentlichen aus SiO_2 u. Kaolin). (Rev. gén. Caoutchouc **29**. 578—85. Aug. 1952. Paris, Inst. Français du Caoutchouc.)
WINIKER. 7226

M. Gordon, *Kinetik und Mechanismus der beschleunigten Schwefelvulkanisation.* In Fortführung einer früheren Unters. (GORDON, J. Polymer Sci. **3.** [1948.] 438) über die Kinetik der nichtbeschleunigten Buna-S-Vulkanisation entwickelte Vf. eine Theorie der beschleunigten Vulkanisation, nach der die Wrkg. des Beschleunigers darauf beruht, daß die Aktivierungsenergie so weit herabgesetzt wird, daß damit die zu erwartende Abnahme des Häufigkeitsfaktors mehr als kompensiert wird. Die Theorie wird an Hand der von ZAPP u. Mitarbeitern (C. **1951.** II. 1899) für die beschleunigte Butylkautschukvulkanisation ermittelten Daten nachgeprüft. Die daraus berechneten Reaktionsgeschwindigkeitskonstanten u. anderen Daten werden den früher für die Buna-S-Vulkanisation ermittelten Werten vergleichend gegenübergestellt. Reaktionsordnung: 1 (für Buna-S) bzw. 1 am Anfang u. später höher (für die mit Te-Diäthyldithiocarbamat beschleunigte Butylkautschukvulkanisation); Aktivierungsenergie: 32 bzw. 23,0 kcal; Häufigkeitsfaktor: $1{,}9 \cdot 10^{14}$ bzw. $2{,}3 \cdot 10^{10}$ (Min.$^{-1}$); Reaktionsgeschwindigkeitskonstante bei 140°: 1,4 bzw. 12, bei 180°: 45 bzw. 150 (10^3 Min.$^{-1}$). Die Reaktionsordnung zeigt das Verschwinden des S während der Reaktion. Geschwindigkeitsbestimmend ist die Reaktionsstufe: $Z^{\bullet} + S_{8\text{-Ring}} \rightarrow Z{-}S^{\bullet}_{8\text{-Kette}}$ ($Z^{\bullet}$ ist ein radikal. Beschleunigerrest). Obwohl sich S mit dem Polymerisat u. ZnO verbindet, nehmen diese beiden Verbb. doch nicht an der gesschwindigkeitsbestimmenden Reaktionsstufe teil. Eine Deutung für die Kinetik u. den Chemismus der Ketten-Rk. zwischen $Z{-}S^{\bullet}_{8\text{-Kette}}$ u. Kautschuk wird versucht. Einige Zusammenhänge zwischen der Vulkanisation, S-Polymerisation u. Kautschukcyclisierung werden erörtert. (J. Polymer Sci. **7.** 485—98. Nov. 1951. Glasgow, Schottland, Royal Techn. Coll.)
SCHÄFF. 7228

Harrison Laboratories, Inc., übert. von: **George M. Massie,** Cuyahoga Falls, O., V. St. A., *Vulkanisieren von Kautschuk.* Der Ablauf des Vulkanisierprozesses läßt sich durch die Zugabe von Bicyclo-[2.2.1]-5-hepten-2.3-dicarbonsäure, ihrem Anhydrid, den Al-, Ca-, Ba-, Mg-, Zn-, Cu-, Fe-, Sn-, Pb- u. Cd-Salzen oder ihrem Monomethylester zu den S, einen Beschleuniger u. Füllmittel enthaltenden Mischungen verzögern bzw. regeln. (**A. P. 2 561 524** vom 9/7. 1948, ausg. 24/7. 1951.) SALZMANN. 7229

E. I. du Pont de Nemours & Co., übert. von: **Bernard M. Sturgis,** Pitman, und **Arthur A. Baum,** Wilmington, Del., V. St. A., *Vulkanisieren von Butadien-Styrol-Mischpolymerisaten* in Abwesenheit von S. Man setzt den Mischpolymerisaten 0,25 bis 16% o-Chlorbenzotrichlorid (oder seine Alkyl- oder Arylverbb.) neben Ruß u. einem Metalloxyd als Aktivator zu u. erhitzt. (**A. P. 2 567 135** vom 6/8. 1946, ausg. 4/9. 1951.)
SALZMANN. 7229

Firestone Tire & Rubber Co., Akron, übert. von: **Delbert C. Cline,** Silver Lake Village, O., V. St. A., *Kunstkautschukvulkanisat* von hoher Festigkeit, Dehnung u. Kältebeständigkeit, bestehend aus 90—60 (Teilen) Butadien-Styrol-Mischpolymerisat, 10—40 bei 50° hergestelltem Polybutadien, N-Cyclohexyl-2-benzothiazylsulfonamid, Füllstoffen, S, Cumaronharz, Phenyl-β-naphthylamin, Teer, Stearinsäure u. gegebenenfalls Dibutylsebacat. (**A. P. 2 560 031** vom 20/3. 1946, ausg. 10/7. 1951.)
SALZMANN. 7229

Armour & Co., übert. von: **Anderson W. Ralston** und **Hoyt M. Corley,** Chicago, Ill., V. St. A., *Kunstkautschuk.* Ein Butadien-Acrylnitril-Polymerisat wird mit 12% eines oxydierten ungesätt. Baumwollsaatölnitrils (Öl- oder Linolensäurenitril) vulkanisiert; die Kaltbiegsamkeitsgrenze liegt bei —52°. (**A. P. 2 564 857** vom 6/3. 1948, ausg. 21/8. 1951.) SALZMANN. 7229

Jean Bonniel, La Garde, Frankreich, *Verarbeitung von Latex,* der als Dispergierungsmittel ein Ammoniumsalz enthält, zu Schwammgummi u. dergleichen. Man gibt dem Latex 5—8% einer 15%ig. alkoh. Harzlsg. u. 1 g (auf 100 g Trockenkautschuk) ZnO, $ZnCl_2$ oder $ZnSO_4$ zu. Auf diese Weise lassen sich konz. Latexdispersionen zu dickeren Gegenständen verarbeiten. (**A. P. 2 567 317** vom 30/7. 1948, ausg. 11/9. 1951. F. Prior. 26/9. 1947.) SALZMANN. 7231

Dayton Rubber Co., Dayton, O., V. St. A., *Herstellen von Schwammkautschuk.* Wasserlösl. Kristalle, z. B. NaCl, werden in eine Kautschukmischung eingemischt, diese wird vulkanisiert, abgeschliffen u. mit W. ausgelaugt. Verwendung bes. im Druckgewerbe. — Abbildungen. (**E. P. 652 254** vom 19/9. 1947, ausg. 18/4. 1951. A. Prior. 18/1. 1947.) OVERBECK. 7231

Wingfoot Corp., Akron, O., V. St. A., *Schwamm aus Kautschukmilchschaum* wird hergestellt aus einem die üblichen Zusätze enthaltenden Gemisch aus mindestens 70 (%) natürlicher Kautschukmilch u. höchstens 30 der wss. Dispersion eines Polymerisationskunstharzes aus 80—95 einer aromat. Vinylverb. (z. B. Styrol) u. 20—5 eines Dien-KW-stoffes (z. B. 1.3-Butadien). Verarbeitung wie üblich. (**E. P. 652 839** vom 18/11. 1948, ausg. 2/5. 1951. A. Prior. 4/3. 1948.) OVERBECK. 7231

„Semperit" Österreichisch-Amerikanische Gummiwerke Akt.-Ges., Wien (Erfinder: **Eduard Braun**, Pottschach, Niederösterreich), *Herstellung poröser Kork-Kautschukleichtplatten hoher Festigkeit*, die für die Schuhfabrikation geeignet sind. Feindisperser Natur- oder Kunstkautschukmilchschaum wird mit Korkgrieß gemischt u. die Mischung in Blechformen koaguliert; die erhaltenen Platten werden zwischen geheizten Preßplatten verdichtet, vulkanisiert u. getrocknet. (**Oe. P. 171 732** vom 20/10. 1950, ausg. 25/6. 1952.) PANKOW. 7231

British Insulated Callender's Cables Ltd., London (Erfinder: **George Mouty Hamilton**, East Molesey, Surrey, England, *Zellartiger Hartkautschuk.* Als Blähmittel dient ein Stoff, der sich bei Vulkanisationstemp. (< ca. 150°) nicht oder schwer, darüber aber rasch zers., z. B. Fe-Oxalat. Nach genügender Anvulkanisation wird die Temp. über den Zersetzungspunkt gesteigert. (**D. B. P. 849 753** Kl. 39b vom 8/9. 1950, ausg. 18/9. 1952. E. Prior. 16/5. 1940.) OVERBECK. 7231

Metallgesellschaft Akt.-Ges. (Erfinder: **Oskar Enslin** und **Ingeborg Schulze** geb. **Schwerdtfeger**), Frankfurt/M., *Transparente Kautschukartikel* werden aus vulkanisierter oder vulkanisierbaren Kautschukmilchmischungen im Tauchverf. hergestellt u. dann mit z. B. verd. wss. Lsgg. von Halogenen oder Hypohalogeniten bis zur Erreichung der Transparenz nachbehandelt. (**D. B. P. 850 225** Kl. 39b vom 28/7. 1950, ausg. 22/9. 1952.) OVERBECK. 7231

Bernhard Nowak, Georgenborn b. Bad Schlangenbad, *Farbige Überzüge*, bes. auf den Seitenflächen von Fahrzeugreifen, werden hergestellt aus einer Farbstoff enthaltenden, selbstvulkanisierenden Kautschuk- oder Kunstkautschuklösung. (**D. B. P. 848 252** Kl. 39b vom 26/5. 1950, ausg. 1/9. 1952.) OVERBECK. 7231

XIV. Zucker. Kohlenhydrate. Stärke.

Ss. G. Jenikejew, *Über die Bearbeitung von Zuckerrübensamen vor der Aussaat mit α-Naphthylessigsäure.* Im zweijährigen Feldvers. wird gezeigt, daß durch 24 std. Behandlung des Zuckerrübensamens mit 5 oder 50 mg/Liter *α-Naphthylessigsäure* das Wachstum beschleunigt wird, bes. in der Frühperiode. Die Intensivierung ist beim Blatt viel größer als bei der Wurzel. Der Ertrag wird von 293 auf 352 Ztr./ha erhöht, der Zuckergeh. von 17,6 auf 18,1%. (Советская Агрономия [Sowjet. Landwirtschaftskunde] 10. Nr. 3. 94—96. März 1952.) LEBTAG. 7406

Ju. T. Kot, *Über die Arbeit der Vakuumkristallisationsanlage.* Das 2. Prod. wurde auf 95,5—96° (Brix) verkocht, vor dem Ablassen mit W. von gleicher Temp. auf 93—93,5° verd., nach dem Ablassen auf 24—45° abgekühlt u. zentrifugiert. Der Kristallisationsvorgang in den Rührwannen wird durch dieses Verf. vereinfacht u. ein gutes Zentrifugieren gewährleistet. (Сахарная Промышленность [Zucker-Ind.] **26.** Nr. 3. 41. März 1952. 2. Kuban. Zuckerfabrik.) KRAFT. 7416

I. F. Selikman, *Wege zur Erhöhung der Ausbeute von gepreßter Raffinade.* Es wird empfohlen, eine stärkere Verkochung unter rechtzeitiger Verdünnung mit Melasse vorzunehmen, bei der Klärung W. auszuschließen u. eine zusätzliche Kristallisation im Mischer zu sichern. (Сахарная Промышленность [Zucker-Ind.] **26.** Nr. 2. 18—19. Febr. 1952. Taschkent, Industr.-Inst.) v. SCHROEDER. 7416

K. Douwes Dekker und **M. J. Douwes Dekker**, *Eigenschaften von Rohzucker und ihre Verschlechterung bei der Lagerung.* Die bei der Lagerung von Rohzucker auftretenden Veränderungen des Feuchtigkeitsgeh. werden in Abhängigkeit von der relativen Luftfeuchtigkeit untersucht. Vff. finden, daß die Zuckersorten bei einem relativen Luftfeuchtigkeitsgeh. bis 65% austrocknen, während sie bei einem Feuchtigkeitsgeh. von 80% ab hygroskop. werden, hierbei steigt gleichzeitig auch die Menge an reduzierendem Zucker an. (Sugar **47.** 33—35. Juli 1952.) RUTKOWSKI. 7440

C. B. Broeg und **C. F. Walton jr.**, *Farbstandards für Zuckerrohrsirup und eßbare Zuckerrohrmelassen.* Der Vgl. verschied. Farbmeßvorrichtungen, die zur Einteilung von

Zuckerrohrsirupen u. eßbaren Zuckerrohrmelassen benutzt wurden, zeigt, daß die „Mineral Standards", die von der amerikan. MELASSE CO. angewendet werden, den meisten Anforderungen der Einteilung genügt. Sie dienen nicht nur als geeignete Standards für vorübergehenden Gebrauch, sondern auch als Basis für die Entw. permanenter Standards. (Analytic. Chem. **24.** 832—34. Mai 1952. Washington, U. S. Dep. of Agricult., Sugar Branch Production and Marketing Administration.) WALCKER. 7476

J. L. Buchan und **R. I. Savage,** *Papierchromatographie einiger Konversionsprodukte der Stärke.* Zur Unterscheidung von weißem Malzsirup, der durch enzymat. Konversion von Stärke erhalten wird, u. von Stärkesirup — dem Säurekonversionsprod. — werden die reduktometr., die enzymat. u. die papierchromatograph. Meth. herangezogen. Es wird nachgewiesen, daß bei der reduktometr. Meth. zu hohe Glucosewerte gefunden werden, da mit der BARFOEDschen Kupferacetatlsg. nicht nur die Monosaccharide, sondern auch die Disaccharide reagieren. Bei der enzymat. Best. werden auch höhermol. Zucker miterfaßt, wie z. B. eine wahrscheinliche Maltotriose. Der Nachw. dieser höhermol. Zucker u. die genaue Trennung von Glucose u. Maltose gelingt mit der papierchromatograph. Methode. Auf diesem Wege durchgeführte Maltosebestimmungen ergaben in Stärkesirup rund 10—15% niedrigere Werte als die üblichen Bestimmungsmethoden. Als Lösungsm. für die Entw. der Chromatogramme wurde ein Gemisch von n-Propanol, Äthylacetat u. W. im Verhältnis 60 : 10 : 30 verwandt. Es wurde 16 bis 18 Std. entwickelt. Als Sprühreagens diente eine Lsg., die sich aus 5 Voll. einer 4%ig. Lsg. von Anilin in A., 5 Voll. einer 4%ig. Lsg. von Diphenylamin in A. (wurde jeden Tag frisch zubereitet) u. 1 Vol. sirupöse Phosphorsäure zusammensetzte. Nach dem Besprühen wurde 10 Min. bei 80° erhitzt. (Analyst **77.** 401—06. Aug. 1952. London, Labor. Custom House.) KAISER. 7490

Research Corp., New York, N. Y., übert. von: **Erman A. Pearson,** Bothell, Wash., V. St. A., *Wasserbehandlung bei der Zuckergewinnung.* Damit das bei der Diffusion der Rüben anfallende W. für erneute Extraktion verwendet werden kann, werden 20 bis 100 mg/Liter Cl zugesetzt, so daß unter Einhaltung eines p_H von 5—7 nach 10 Min. ein Restchlorgeh. von 1 mg/Liter (freies Cl) vorhanden ist. Durch die Cl-Behandlung wird eine Koagulation der Eiweißstoffe, eine Oxydation der unerwünschten Zucker- u. organ. Nichtzuckerbestandteile u. Desinfektion erreicht. (**A. P. 2 560 125** vom 15/6. 1949, ausg. 10/7. 1951.) REICHELT. 7413

Svenska Sockerfabriks Aktiebolaget, Malmö, Schweden (Erfinder: **O. Wiklund**), *Reinigung von Zuckersaft.* Nach Schwed. P. 130 237 reinigt man den Zuckersaft durch eine in Vor- u. Hauptscheidung unterteilte Scheidung mit nachfolgendem Zusatz von CaO u. Sättigung mit CO_2, bis eine Alkalität von ca. 0,08 g CaO/100 cm^3 erreicht ist, zwecks Ausfällung der koll. Verunreinigungen. Dieses Verf. wird dahin weitergebildet, daß etwa die Hälfte des von der Sättigung kommenden Dampfes direkt einem Filter zugeführt, die andere Hälfte erneut mit CO_2 bis zu einer Alkalität von ca. 0,03 g CaO/100 cm^3 behandelt u. dann der Scheidung zusammen mit Rohsaft wieder zugeführt wird. — Schema. (**Schwed. P. 132 569** vom 30/10. 1948, ausg. 31/7. 1951. **Zusatz zu Schwed. P. 130 237; C. 1952. 610.**) J. SCHMIDT. 7413

Karl-Rolf Dietrich, Frankfurt/M., *Verzuckerung stärkehaltiger Rohstoffe.* Das durch Vorbehandlung bei entsprechenden Tempp. aufgeschlossene Rohmaterial wird fortlaufend oder absatzweise einer Vorr. zugeführt, in der es durch Verzuckerungsmittel, wie Malz, Pilzkleie usw., oder auch Säure unter Vakuum verzuckert wird. Das Verf. wird bei Unterdruck von 0,15—0,205 ata unter Mitverwendung des Effektes der Verdampfungskühlung auf 62—55° durchgeführt. (**D. B. P. 845 778** Kl. 89i vom 10/4. 1951, ausg. 4/8. 1952.) HEINSEN. 7443

XV. Gärungsindustrie.

R. Barrington Brock, *Kleines Reifegefäß.* Glasgefäß mit einseitiger Holzwand, deren Fläche in ähnlichem Verhältnis zum Inhalt steht wie bei mittelgroßen Wein- oder Spirituosenholzfässern. (Chem. and Ind. **1951.** 463. 16/6. Croydon, Townson & Mercer, Ltd.) BLUMRICH. 7500

W. O. S. Meredith, E. J. Bass und **J. A. Anderson,** *Gerste-, Malz- und Würzeharze.* Vff. versuchen, durch Analyse der Stickstoff- u. Zuckerkomponenten der Harze ihre Veränderung von Gerste über Malz zur Würze festzustellen, um Aussagen über die Herkunft dieser Gemische von Polysacchariden machen zu können. (Brewers Digest **26.** 48—51. Dez. 1951. Winnipeg, Can., Grain Res. Labor.) HAEVECKER. 7540

Fritz Knorr, *Vitamine in der Brauerei.* Vf. bestimmte in Bier (**I**) u. einigen Rohprodd. die Vitamine B_1, B_2, B_6, E, Nicotin- u. Pantothensäure u. stellte fest, daß im allg. der Vitamingeh. im I demjenigen der Würze proportional ist. I ist also für Vitamin B_2, Nicotinsäure u. Pyridoxin eine gute, für Pantothensäure u. Vitamin B_1 eine minderwertige Quelle. Während des Mälzungsvorganges tritt eine gewisse Vitaminzunahme ein bis auf Vitamin E, welches deutlich abnimmt. Beim Maischen u. Kochen treten nur geringfügige Änderungen ein, bisweilen ein geringer Verlust. Bzgl. des Einfl. der Hefe wurde festgestellt, daß dieselbe Vitamine, welche sie nicht synthetisieren kann (Vitamin B_1 u. in geringem Ausmaß auch Pyridoxin u. Nicotinsäure), der Würze entzieht. In Fällen, in denen die Hefe zwar eine Vitaminsynth. durchführen könnte (Pantothensäure), sich aber mit der in der Würze vorhandenen Mengen begnügt, läßt sich im Hinblick auf das fertige I weder ein Vitaminverlust noch ein Vitamingewinn feststellen. Eine Vitaminanreicherung (Vitamin B_2) entsteht, wenn die Hefe einen Vitaminüberschuß produziert. (Brauwissenschaft **1952.** 70—71. April. Beilage zu: Brauwelt, Ausg. B. Nürnberg, Versuchsanst. für Bierbrauerei der Bayer. Landesgewerbeanst.) WINIKER. 7550

Wilh. Reinhold, *Lang haltbare Biere durch Kieselgurfeinfiltration.* Vf. berichtet über seine Erfahrungen auf dem Gebiet der Kieselgurfeinfiltration (leichtere Handhabung als bei der Maßfiltration; in biol. Beziehung der doppelten Maßfiltration, sofern diese mit geringer Filtrationsgeschwindigkeit vorgenommen wird, ebenbürtig; kein Einfl. des Filterwiderstandes bei den in der Brauerei üblichen Brücken, auf Haltbarkeit u. Schaum; geringerer Aufwand an Arbeitszeit, W. u. Wärme als bei der Massefiltration) u. gibt zahlreiche Hinweise nebst Normzahlen, bei deren Beachtung ein sehr gute Haltbarkeit des Bieres erzielt wird. (Brauwelt, Ausg. B **1952.** 867—76. 11/9. Diekirch, Luxemburg, Brauerei.) WINIKER. 7550

W. Kleber und **K. Raible,** *Versuche mit Diastol, einem neuen Enzympräparat.* Verss. mit *Diastol* (I, leicht wasserlösl. gelbbraunes Pulver, das nach Angabe des Herstellers, DIAMALT-A. G., München, amylolyt. u. proteolyt. Enzyme in konz. Form enthält) ergaben, daß I sich sehr gut dazu eignet, Würzen u. Biere in jedem Stadium des Bierherstellungsprozesses nachzuverzuckern. I-Zusatz zum Bier bewirkte sowohl eine Erhöhung des Endvergärungsgrades als auch eine Erhöhung des Ausstoßvergärungsgrades. Ebenso konnte durch I die Differenz zwischen Ausstoß- u. Endvergärungsgrad verringert werden. Höhere Zusätze als vom Hersteller angegeben (10 g/hl) erwiesen sich als prakt. zwecklos. (Brauwelt, Ausg. B **1952.** 863—67. 11/9. München, Wissenschaftl. Stat. für Brauerei.) WINIKER. 7550

George B. Beattie, *Getränkegeschmack. — Einige praktische Betrachtungen.* Beschreibung der verschied. Geschmackskomponenten u. Anwendung eines Ziffernschlüssels zur Festlegung des Geschmacks, bes. von Bier. (Bottling **1952.** Nr. 114. 147—56. Okt. HAEVECKER. 7550

Edward H. Vogel jr., *„Entbitterung" von Bier.* Beschreibung eines Spezialgärtanks, der am oberen Ende eine Schaumkammer trägt. Nach 10—12tägigem Gärverlauf ist dort der größte Teil des Schaumes zusammengebrochen u. hinterläßt an den Wänden einen großen Anteil der Bitterrückstände, während die CO_2 gehalten wird, wodurch ein Bier mit verbessertem Geschmack erzielt wird. (Food Engng. **24.** 46—48. März 1952. St. Louis, Griesedieck Bros. Brewing Co.) HAEVECKER. 7550

H. Schanderl und **Margit Draczynski,** *Über die Aufgärung von Naturapfelweinen zu Apfeldessertweinen.* Es wurde festgestellt, daß zur Aufgärung von Apfelweinen auf Dessertweinstärke die Hefe je Liter Wein mit 0,4 g eines NH_4-Salzes unterstützt werden muß. Die Gärungszeit kann wesentlich abgekürzt werden durch Vergrößerung der sogenannten „inneren Oberfläche" des Gärguts. Hierzu eignen sich namentlich Theorit u. Kieselgur (1 g/Liter Gärgut). (Ind. Obst- u.Gemüseverwert. **37.** 291—93. 11/9. 1952. Geisenheim/Rh.) WINIKER. 7556

Hans Schnegg, Die Hefereinzucht. Unter bes. Berücks. d. Einf. d. Reinzuchthefe in d. Betrieb u. d. Bedienung v. Reinzuchtapparaten. 3. unveränd. Aufl. Nürnberg: Brauwelt-Verl. 1952. (VIII + 137 S. m. 14 Abb.) 8° = Angewandte Brauwissenschaft. Bd. 4. DM 9,60.

—, Brauer-Kalender. Hrsg. v. **Heinrich Heller,** unter Mitarb. v. **J. Deschermayr,** gegr. d. **Albert Doemens.** Jg. 54. 1952/53. T. 1. 2. Nürnberg: Brauwelt-Verl. 1952. (XIII + 448 + 25 + 201 S.) kl. 8°. DM 5,80.

XVI. Nahrungs-, Genuß- und Futtermittel.

Frank H. Collins, *Bericht über Feuchtigkeit (Verlust durch Trocknen) in Mehlmischungen, die Natriumbicarbonat enthalten. Selbsttreibende Mehle, Kuchen-, Biskuit-, Waffelmehle.* Bericht über Gemeinschaftsanalysen, auf Grund deren eine Vakuumofen- u. eine Luftofenmeth. empfohlen werden. Der durchschnittliche Gewichtsverlust bicarbonatfreier Mehle ist im Vakuumofen größer, während bicarbonathaltige Mehle mehr Feuchtigkeit im Luftofen verlieren. (J. Assoc. off. agric. Chemists **34.** 278—84. 15/5. 1951. Cincinnati, O., U. S. Food and Drug Admin-., Federal Security Agency.) HAEVECKER. 7670

Joao Ildefonso Bordallo, *Angola-Kaffeesorten.* Kurze Angaben zur chem. Zus. (Gehh. an W., Coffein, Albumin, Cellulose, Asche) einiger Kaffeesorten aus Angola. (Coffee Tea Ind. Flavor Field **75.** 14—15. Juli 1952. Lissabon, Portugal.) WINIKER. 7720

G. V. Ramakrishnan und **B. N. Banerjee,** *Faktoren, welche den Brechungsindex von Milch beeinflussen.* Die Best. des Brechungsindexes (B_x) erfolgte in dem Serum der 3 Min. lang bei 3000 Touren zentrifugierten Milch. Hierbei wurde festgestellt: Die Formalinstabilisierung der Milch (2—3 Tropfen 15%ig. Formalin/100 cm^3 Milch) war ca. 8 Std. lang ohne Einfl. auf den Brechungsindex. Fütterung mit Baumwollsaatkuchen wirkt erhöhend. Milch von tuberkulosekranken Kühen zeigte gering erniedrigten B_x, kurz vor dem Kalben u. direkt hinterher war B_x erhöht. (Research **4.** 241—42. Mai 1951. Bangalore, Indien.) GRIMME. 7756

Karl-Heinz Wagner, *Die Vitaminisierung der Sterilmilch. Eine Ersatzmaßnahme für die durch den Sterilisierungsprozeß eintretende Vitaminzerstörung.* Unterss. an handelsüblicher Milch (nativer Kuhmilch u. Sterilmilch) zeigten, daß Sterilmilch als vitamin-C-frei u. vitamin-A-arm zu bezeichnen ist. Zur Erhärtung dieses Befundes wurde in einem Großvers. der Geh. an Vitamin A, β-Carotin, Vitamin D u. Vitamin E festgestellt. Bei Vitamin A, β-Carotin u. Vitamin E wurde eine deutliche Gehaltsminderung infolge des Sterilisierungsprozesses festgestellt. Vitamin D übersteht den Sterilisierungsprozeß am besten, da es weder O_2- noch temperaturempfindlich ist. (Milchwissenschaft **7.** 250—53. Aug. 1952. Gießen, Justus-Liebig-Hochsch., Med. Akad., Inst. für Ernährungswiss.) WINIKER. 7756

Gerd Graefe, *Amerikanische Erfahrungen auf dem Speiseeisgebiet.* Überblick mit Angabe einiger amerikan. Speiseeis-Rezepte. (Zucker- u. Süßwaren-Wirtsch. **5.** 593—95. 5/8. 1952. Hamburg.) WINIKER. 7756

Ja. Saikowski, *Zur Theorie des Butterns und die Struktur der Butter.* Ausführliche Erörterung der Theorien über die Entstehung der Butter beim Schlagen der Sahne. (Молочная Промышленность [Milch-Ind.] **13.** Nr. 8. 28—34. Aug. 1952.) ECKE. 7758

M. Mautner, *Über Butterausbeute aus Vollmilch.* Vf. entwickelte eine vereinfachte Form der RAHNschen Formel zur Best. der Butterausbeute aus Vollmilch. Für 100 kg Vollmilch ist die Butterausbeute x (in kg) $= 100\,(f - f_m)(f_r - f_b)/(f_r - f_m)(F - f_b)$ wobei (jeweils in %) f = Fett in der Vollmilch, f_m = Fett in der entrahmten Milch, f_r = Fett im Rahm, f_b = Fett in der Buttermilch, F = Fett in der Butter. (Dtsch. Molkerei-Ztg. **73.** 1400. 31/10. 1952. Zagreb, Jugoslawien.) WINIKER. 7758

Paul Simonart, Raymond Lambert und **Walter Van Pee,** *Untersuchungen in Rahmreifungsfermenten.* Die Flora mehrerer lokaler Buttersorten wird bestimmt. (Agricultura [Louvain] **49.** 107—22. Nov. 1951.) HÜCKSTÄDT. 7758

Jiří Doležálek, *Beeinflussung des Diacetylgehaltes von Butterkulturen.* Die Butterkultur beeinflußt als solche mit ihren Plus- oder Minusvarietäten der *Diacetyl* (I)-Geh., so daß man die verschied. Einflüsse, wie Temp., Milchsorte, *l-Ascorbinsäure, Citronensäure* usw., unabhängig untersuchen kann. Erstmals wurde bei diesen Verss. I polarograph. bestimmt. Die optimale Temp. der I-Bldg. beträgt 23°. Die I-Entstehung beginnt bei der optimalen Temp. nach 7—9 Std. in Abhängigkeit von der Kulturart. Nach 12 Std. ist die stärkste I-Entstehung zu beobachten. Beläßt man die reife Kultur bei der für die Entw. der Mikroorganismen günstigen Temp., so tritt ein großer Verlust an I ein. Zur Herst. von Reinkulturen ist die Qualität der verwendeten Milch ein entscheidender Faktor. Zwischen dem I-Geh. der Sauermilch u. dem in der aus der Ausgangsmilch hergestellten Kultur besteht eine direkte Beziehung. Der günstige Einfl. der Citronensäure auf die I-Bldg. konnte bestätigt werden. Es wurde ferner nachgewiesen, daß nicht nur Str. citrovorus u. Str. paracitrovorus, sondern auch Str. lactis, Str. cremoris, Thm. vulgaricum, Thm. jogurtum, Thm. caseia u. andere Milchbakterien in geeignetem Medium I zu bilden vermögen. l-Ascorbinsäure wirkt in Butterkulturen nicht tox., sondern günstig. (Sborník českoslov. Akad. Zemědělské [Ann. czechoslov. Acad. Agric.] **24.** 355—66. Dez. 1951. Praha, Laktolog. Inst. der Hochsch. für Landwirtschaft u. Forstingenieurwesen.) FREYTAG. 7758

A. C. F. Kruijer, *Über die Bildung des Butteraromas.* Der Diacetyl (I)-Geh. der Butter wird bedingt durch Citronensäure, Ca-Lactat, O_2 u. die Bakterien Sc. lactis, cremoris u. Bc. cremoris. Zur Kontrolle der Reduktionskraft einer Mischung oder Kultur wird Kreatin benutzt, das in Ggw. von Carbinol eine rote Farbe entwickelt. Glykol stört nicht. — Es wird verlangt, daß eine gute Kultur in 3 Std. bei 18—20°

eine Rotfärbung hervorruft. — Frische Butter enthält wenig I, nach einer Lagerungszeit von 1 Woche bei 14° dagegen 2,6 mg/kg. (Lait 31. 623—26. Nov./Dez. 1951.) BALLSCHMIETER. 7758

Karl J. Demeter, *Keimgehalts- und Qualitätsbeeinflussung von Butter durch physikalische Methoden.* Sammelreferat. — 75 Literaturzitate. (Dtsch. Molkerei-Ztg. 72. 1506—07. 7/12. 1539—41. 14/12. 1951.) HÜCKSTÄDT. 7758

M. E. Schulz, G. Mrowetz und **U. Kock,** *Die Lagerung von Camembert und Brie.* Vff. stellten fest, daß Camembert u. Brie am günstigsten bei 10—16° gelagert werden. Bei 20° u. darüber werden Braunwerden u. NH_3-Bldg. begünstigt, deren Hauptursache die Molkenlässigkeit ist. Die Käsereifung läßt sich durch Lagerung bei +5 bis —5° verzögern. Da jedoch das Vordringen der Fermente in das Käseinnere stärker verzögert wird, findet in der Randschicht eine vorauseilende Reifung statt, so daß die Käse zur Hautablösung u. Randverflüssigung neigen. Bei ca. —5 bis —7° gefriert der Käse. War derselbe nicht durchgereift, so wird dadurch die Kernkonsistenz rissig. War der Käse jedoch vor dem Einfrieren dreiviertel- bis vollreif, so sind Lagerungstempp. von —10 bis —12° zulässig. Auf diese Weise ist es möglich, Camembert u. andere Weichkäse mit Sicherheit 1—2 Monate, zum Teil bis zu 4 Monaten ohne Qualitätsminderung einzulagern. Schließlich weisen Vff. auf die Bedeutung der Luftbewegung im Käsekeller u. die Atmung des Camembertkäses in der Verpackung für die Oberflächenflora hin. (Milchwissenschaft 6. 418—24. Dez. 1951. Kiel, Bundesversuchs- u. Forschungsanstalt, Chem. Inst.) WINIKER. 7760

T. H. Blosser, G. W. Scott jr., R. E. Erb und **A. O. Shaw,** *Futterwert von Holzmelasse bei Milchvieh.* Eine Tonne Holzabfall gibt ca. 86—200 Gall. Melasse mit rund 50% Zucker (je nach Holzart). Die Zus. der Zucker schwankt ebenfalls mit der Holzart, so hatte z. B. die Melasse aus Douglasfichtenholz 80% Hexosen u. 20% Pentosen, bei Hartholz waren die entsprechenden Werte 60 u. 40. Bei Verfütterung an Milchvieh zusammen mit Silage ergab gute Aufnahme u. Ausnutzung des Futters, vor allem zeigte sich ein merklicher Anstieg des Fettgeh. der Milch. Die Melasse wird mit Vorteil schon bei der Silierung in Mengen von 60 lbs. auf 1 Tonne Grasleguminosengemisch zugegeben. (J. Animal Sci. 10. 163—70. Febr. 1951. Pullman, Wash.) GRIMME. 7786

M. E. Alessandrini und **V. Amormino,** *Nachweis von DDT im Mehl.* 20 γ DDT (I) lassen sich in 20 g Mehl noch bestimmen, wenn man den zur Trockne eingeengten Extrakt von 3mal 40—50 cm³ Ae. in 15—20 cm³ Chlf. aufnimmt u. zur Entfernung des größten Teils der Fette mit 2mal 5 cm³ einer Lsg. von 10 g Na_2SO_4 in 100 cm³ H_2SO_4 konz. (II), 1mal mit 5 cm³ ca. 4—8%ig. Oleums u. wieder 2mal mit II ausschüttelt, filtriert, mit 15 cm³ 5%ig. NaOH u. 2mal mit W. wäscht, trocknet, einengt, mit 5 cm³ eines Gemisches von H_2SO_4 konz. u. HNO_3 konz. (2 : 3) in der Wärme nitriert, nach Abkühlen u. Verdünnen mit 3 cm³ Bzl. ausschüttelt u. schließlich dieses mit 2 cm³ n. alkoh. KOH unterschichtet. Obwohl die immer noch in Spuren vorhandenen Fette hierbei an der Grenzfläche beider Schichten eine gelblichbraune Färbung ergeben, ist die mit reinem I erhältliche Blaufärbung als grünliche Mischfarbe bei Anwesenheit von mindestens 20 γ I eindeutig erkennbar. (Ist. super. Sanità, Rend. 14. 619—23. 1951; Ann. Chimica 41. 569—72. Aug. 1951. Roma, Ist. Superiore di Sanità, Labor. di Chimica.) KIMPEL. 7798

Lewis H. McRoberts, *Bericht über Essigsäure und Propionsäure im Brot. (Schimmelverhüter, Propionate).* Beschreibung einer Meth. zur gemeinsamen Dest. von Essig- u. Propionsäure aus Brot. Chromatograph. Trennung u. Titration durch 0,01n Alkali. Propionsäure ist kein n. Bestandteil des Brotes, sondern kann nur durch bei der Herst. verwendetes Propionat auftreten. Essigsäure ist ein n. Brotbestandteil, dessen Menge gelegentlich durch zugefügten Weinessig oder Natriumdiacetat erhöht auftreten kann. (J. Assoc. off. agric. Chemists 34. 284—96. 15/5. 1951. San Francisco, Calif., U. S. Food and Drug Admin., Federal Security Agency.) HAEVECKER. 7800

Hans Schmidt, *Eine vereinfachte Methode zur Bestimmung des Dispersionsgrades des Fettes in der Milch.* Eine krit. Prüfung der bisher angewandten Methoden zur Best. der Fettkügelchengröße (11 Literaturhinweise) führte Vf. zur Ausarbeitung folgender Meth.: Verdünnung der Milch (2 cm³) mit 3—4 cm³ einer wss. Lsg. von 2% Na-Citrat (zur Verhinderung des Auftretens von Gelatinekügelchen) u. 0,1% NaOH sowie 4 bis 5 cm³ einer 5%ig. Gelatinelsg. mit 1% Phenol u. Projektion der Fettkügelchen auf eine Scheibe mit Transparentmillimeterpapier mit einer Vergrößerung 1:1000. Alle der gleichen Größenordnung angehörenden Fettkügelchen werden addiert. Infolge der Dünne des Präp. ist eine Durchmusterung der ganzen Tiefe ohne Schwierigkeit möglich, so daß die Aufrahmungszeit entfällt. (Milchwissenschaft 6. 424—29. Dez. 1951. Gießen, Justus-Liebig-Hochschule, Inst. für Tierzucht u. Milchwirtschaft, u. Wetzlar, Leitz-Werke, Labor.) WINIKER. 7856

Maxwell L. Cooley, *Bericht über Vitamin A in Mischfuttermitteln.* Beschreibung einer Meth., nach der das Futtermittel mit Hexan extrahiert wird, der Extrakt chromatograph. getrennt u. die Vitamin-A-Fraktion colorimetr. oder durch Titration bestimmt wird. Die Meth. gab gute Übereinstimmung in verschied. Laboratorien. (J. Assoc. off. agric. Chemists **34**. 370—79. 15/5. 1951. Minneapolis, Minn., General Mills Inc.) HAEVECKER. 7868

XVII. Fette. Seifen. Wasch- u. Reinigungsmittel. Wachse. Bohnermassen usw.

Farbenfabriken Bayer (Erfinder: **Karl Brodersen**, Wolfen, und **Mathieu Quaedvlieg**), Leverkusen, *Öllösliche Emulgierungsmittel.* Die durch teilweise Sulfochlorierung, gegebenenfalls unter Bestrahlung mit kurzwelligem Licht oder in Ggw. von Katalysatoren, langkettiger Paraffin-KW-stoffe mit der mittleren C-Zahl C_{15} u. nachfolgende Verseifung der erhaltenen Sulfochloride gewonnenen, von unverseifbaren Bestandteilen u. Salzen befreiten Alkalisalze der Paraffinsulfonsäuren werden mit den Chlorhydraten organ. Basen in wss. Lsg. umgesetzt. — Ein nach F. P. 844 553 erhaltenes Paraffinsulfonat [Sulfonatgeh. ca. 70(%), Unverseifbares 2—4, NaCl ca. 3] wird mit Cyclohexylamin (neutralisiert mit konz. HCl) 2 Std. bei 80—85° verrührt. Nach dem Absetzen wird von der NaCl-Lsg. abgetrennt. Zwei weitere Beispiele, in denen Äthylendiamin u. ein Gemisch aus Di- u. Triäthanolamin verwendet wird. Die *Emulgiermittel* sind mit Emulgierhilfsmitteln, wie Paraffinsulfamiden oder -imiden, sowie mit korrosionsverhindernden Mitteln zur Abstimmung ihrer Eigg. verträglich. (**D. P. B. 849 243** Kl. 12o vom 7/4. 1944, ausg. 11/9. 1952.) KRAUSS. 7887

Metallgesellschaft Akt.-Ges., Frankfurt/M. (Erfinder: **Wilhelm Depnier**, Hamburg, **Erich Rammelkamp**, Frankfurt/M., und **Karl Hepp**, Oberursel, Taunus), *Abtrennung von Lösungsmitteln* (I) *durch Destillation aus lösungsmittelhaltigen festen Stoffen*, bes. *extrahierten Ölsaaten*, dad. gek., daß die Abtrennung des I mittels heißer Gase oder Dämpfe in kurzer Zeit, z. B. wenigen Sek., erfolgt, während die vom I zu befreienden Stoffe im Gasstrom getragen wurden, wobei bes. die Dämpfe des I verwendet werden. Hierbei kann mit Wasserdampf nachbehandelt u. das Verf. im Vakuum vorgenommen werden. — Zeichnungen. (**D. B. P. 851 051** Kl. 12a vom 13/4. 1949, ausg. 2/10. 1952.) SCHINDLER. 7895

Lever Brothers & Unilever Ltd., Port Sunlight, Chester, England, *Herstellung von Margarine.* Man vermischt fl. Fett mit wasserhaltigen Zusatzstoffen u. leitet das Gemisch kontinuierlich durch einen Schnellkühler. Hierbei wird das fl. Fett zunächst allein unter Durchmischen soweit abgekühlt, daß die höhersd. Fette mindestens teilweise auskristallisieren, worauf man erst die wasserhaltigen Zusatzstoffe zufügt u. im Schnellkühler fertig kühlt u. mischt. (**Finn. P. 25 792** vom 31/3. 1949, Auszug veröff. 30/6. 1952. E. Prior. 1/4. 1948.) J. SCHMIDT. 7901

Lever Brothers & Unilever Ltd., Port Sunlight, Chester, England, *Herstellung von Margarine.* Fette u. wasserhaltige Zusatzstoffe werden gemischt, schnell gekühlt u. emulgiert, dann homogenisiert u. kontinuierlich vor dem vollständigen Festwerden durch ein oder mehrere Drahtsiebe geleitet. Zwischen zwei Sieben soll die Strömungsrichtung stark, z. B. um 90°, geändert werden. Das Festwerden erfolgt anschließend ohne Störung durch Bewegung. (**Finn. P. 25 793** vom 31/3. 1949, Auszug veröff. 30/6. 1952. E. Prior. 1/4. 1948.) J. SCHMIDT. 7901

Imhausen & Co. G. m. b. H. und **Karl-Heinz Imhausen** (Erfinder: **Karl-Heinz Imhausen** und **Herbert Manneck**), Witten/Ruhr, *Herstellung transparenter Schmierseifen* (I). Das nach dem Hauptpatent erhältliche Gemisch synthet. Fettsäuren (II) wird zusammen mit ca. 30—40% natürlichen, zur I-Herst. benutzten Ölen oder II u. gegebenenfalls üblichen Kürzungsmitteln verseift. (**D. B. P. 848 068** Kl. 23e vom 24/1. 1951, ausg. 1/9. 1952. **Zusatz zu D. B. P. 838 183; C. 1952. 5668.**) LÜTTGEN. 7911

Ruhrchemie Akt.-Ges., Oberhausen (Erfinder: **Walter Rottig**, Duisburg), *Saure Schwefelsäureester.* Über 8 C-Atome enthaltende Olefine bzw. deren Gemische werden mit einem tiefgekühlten Gemisch aus H_2SO_4 u. solchen Paraffin-KW-stoffen verestert, die aus den Rückständen vorhergehender Veresterungen stammen. Die nach Zusatz von kaltem W. oder Eis u. A., bes. Methanol, gebildete paraffinhaltige Oberschicht wird von der esterhaltigen Unterschicht abgetrennt u. diese durch Zusatz von Chlf. oder anderen Chlor-KW-stoffen nochmals in eine esterhaltige Chloroformunterschicht u. eine H_2SO_4, W. u. A. enthaltende Oberschicht zerlegt. Im Beispiel erfolgt die Veresterung eines Spaltbenzins mit Kp. >230° u. 45% Olefinen mit einer Mischung aus einem, von Olefinen befreiten Spaltbenzin mit Kp. 240° u. H_2SO_4 (D. 1,855) bei —10 bis —7°. Durch Neutralisation der Ester mit NaOH oder KOH oder Äthanolamin erhält man die entsprechenden *Seifen*, die durch Kristallisation, z. B. aus Methanol, gereinigt werden können. (**D. R. P. 764 597** Kl. 12o vom 11/5. 1940, ausg. 29/9. 1952.) KRAUSS. 7913

Henkel & Cie. G. m. b. H., Düsseldorf (Erfinder: **Paul Baumgarten †**, Berlin), *Trennung von Gemischen der Salze isomerer, höhermolekularer, aliphatischer, saurer Schwefelsäureester und/oder Sulfonsäuren.* Sie erfolgt durch Herauslösen der isomeren Salze mit 3- u. höherständigen Schwefelsäureester- u./oder Sulfonsäuregruppen mit nichtwss. Lösungsmitteln (fl. SO_2, CS_2, Chlf., CH_2Cl_2, CHCl = CCl_2, CCl_4, PAe., Ligroin, Bzl., Ae., Aceton u. Homologe, Essigester, Pentanole u. Homologe). — Dodecen-(1) wird mit H_2SO_4-Monohydrat bei 0^0 zu Isododecylschwefelsäuren sulfatiert, die mit NaOH neutralisiert werden. Nach der Extraktion der Isododecylsulfate mit heißem A. u. dessen Verdampfen werden diese mit CCl_4 verrührt. Nach dem Filtrieren erhält man als unlösl. Rückstand ca. 30—45(%) krist. *Methyldecylmethylsulfat* u. als Lsg. 55—70 der isomeren Isododecylsulfate mit der Konsistenz von Hartparaffin, die sich in allen Lösungsmitteln, einschließlich W., gut lösen. Die gleichen Ergebnisse erhält man aus den entsprechenden Dodecen-(2)- u. -(3)-sulfaten. In zwei weiteren Beispielen werden als Ausgangsstoffe Dodecan u. ein Gemisch sek. C_{13}—C_{17}-Alkohole verwendet, das durch Hydrierung von Ketonen entsteht, die ihrerseits durch Ketonisieren von C_7—C_9-Vorlauffettsäuren der Paraffinoxydation hergestellt wurden. (**D. B. P. 849 840** Kl. 12o vom 26/6. 1942, ausg. 18/9. 1952.) KRAUSS. 7913

Badische Anilin- & Soda-Fabrik (Erfinder: **Ernst Plötz**), Ludwigshafen/Rh., *Herstellung von Polyglykoläthern höhermolekularer Carbonsäurealkanolamide* aus diesen Säureamiden u. Alkylenoxyden, dad. gek., daß man als Katalysatoren kleine Mengen quaternärer NH_4-Basen oder wss. Aminlsgg. zusetzt. Nach den Beispielen werden aus Ölsäure-monoäthanolamid (**I**) mit Äthylenoxyd (**II**) in Ggw. von wss. Triäthanolaminlsg. der Polyglykoläther des II als gelbbraunes Öl, lösl. in W., u. aus Cocosfettsäuremonoäthanolamid mit wss. Cholinlsg. in Ggw. von II der entsprechende Polyglykoläther als wasserlösl. Öl erhalten. *Netz-* u. *Waschmittel.* (**D. B. P. 849 553** Kl. 12o vom 14/9. 1950, ausg. 15/9. 1952.) SCHINDLER. 7913

Dr. Alexander Wacker Ges. für Elektrochemische Industrie G. m. b. H., München, *Reinigen von Gegenständen* mittels Reinigungs-Fll., z. B. Chlor-KW-stoffen, wie Trichloräthylen, Perchloräthylen, welche feinverteilte Stoffe enthalten, worauf das Reinigungsgut in ein Nachbehandlungsbad gebracht wird, dad. gek., daß als feinverteilte Stoffe kugeliges Polyvinylchlorid, bes. mit einem Durchmesser von 0,5—1,0 mm, verwendet wird. (**Oe. P. 171 734** vom 15/12. 1950, ausg. 25/6. 1952. D. Prior. 26/10. 1950.) M. F. MÜLLER. 7917

Dow Corning Corp. (Erfinder: **William Ralph Collings**), Midland, Mich., V. St. A., *Ölhaltiges Faserstoffmaterial zum Aufbringen von dünnen Ölfilmen auf Glasoberflächen oder dergleichen*, dad. gek., daß es aus Seidenpapier (I) besteht, das mit Siloxanen, die im Durchschnitt 1,75—2,25 einwertige KW-stoffradikale aus der Gruppe der Alkyle u. Aryle auf 1 Si-Atom enthalten, imprägniert ist. An Stelle von I kann ein Faserstoffmaterial aus nicht gewebten, nur lose orientierten, durch einen Harzfilm zusammengehaltenen Fasern, wie Baumwolle, Kunstseide usw., verwendet werden. Imprägniermittel sind z. B. Dimethylpolysiloxan, Butylmethylpolysiloxan oder Mischpolymerisate. *Glasreinigungsmittel* u. *Staubwischer.* (**D. B. P. 849 737** Kl. 22g vom 27/9. 1950, ausg. 18/9. 1952. F. Prior. 29/3. 1949.) SCHINDLER. 7917

—, Vegetable oils and oilseeds. London: H. M. S. O. 1952. (166 S.) 5 s.

XVIIIa. Holz. Cellulose. Zellstoff. Papier. Papierdruck. Celluloid. Linoleum.

Joseph E. Atchison, *Geeignete Verfahren zur Produktion von Zellstoff aus Zuckerrohrbagasse.* Ausführliche, krit. Zusammenstellung der verschied. Verff. zur Herst. von Zellstoffen aus Zuckerrohrrückständen. (Paper Trade J. **134**. Nr. 25. 24—35. 20/6. 1952. Washington, D. C., Chief Pulp and Paper Branch Mutual Secur. Agency.) WITTWER. 7956

Torsten Jakobson, *Tallöl oder flüssiges Harz.* Literaturübersicht an Hand von 177 Zeitschriften- u. Patentzitaten. (Svensk Papperstidn. **55**. 460—65. 15/7. 483—489. 31/7. 1952. [Orig.: deutsch.]) P. ECKERT. 7966

—, *Erfolgreiche Schleimkontrolle.* Die Herst. hochwertigen Papierbreis u. die Verarbeitung auf Papiermaschinen erfordert genaue Kontrolle u. Bekämpfung der Schleimstoffe. Hierfür empfiehlt sich ein zuverlässiges Schleim-Meßgerät. Für die restlose Beseitigung der Schleimstoffe eignen sich Spezialpräpp. (*BSM-11, Butrol, Bufen 30*), deren Einsatzmöglichkeit durch Spezialapparate an Hand von 2 Zeichnungen erläutert wird. (Paper Mill News **75**. Nr. 11. 10—11. 15/3. 1952. Buckman Laboratories, Inc.) HEINRICHS. 7976

R. B. Martin, *Wirksame Schleimkontrolle.* Hochwertige Papiere, etwa für die Lebensmittelindustrie, erfordern absol. Bakterienfreiheit, die man durch bekannte Chemikalien erreicht. Manche Mikroorganismen sind aber durchaus widerstandsfähig gegen eins oder mehrere der gebräuchlichen Zusätze. Vf. empfiehlt daher, beim Wechsel der Beschickung auch einen Wechsel der Zusatzstoffe vorzunehmen. (Paper Mill News **75**. Nr. 11. 11. 15/3. 1952. Wallace & Tiernan Co., Inc.) HEINRICHS. 7976

Robert Kipp, *Ein Weg zur Schleimkontrolle: Richtige Reinigung.* Das beste Mittel für die Kontrolle der Schleimstoffe ist eine regelmäßige u. gründliche Reinigung der Anlagen, wofür Vf. teils alkal., teils saure Spezialprodd. beschreibt. (Paper Mill News **75**. Nr. 11. 12. 15/3. 1952. Oakite Products, Inc.) HEINRICHS. 7976

—, *Ausgeglichene Schleimkontrolle.* Die Schleimkontrolle in der Papierindustrie muß im Gleichgewicht stehen zwischen vorzüglicher Reinigung u. ständiger Bekämpfung aller schleimerzeugenden Mikroorganismen. Für die verschied. Bakterienarten empfehlen Vff. spezif. Wirkstoffe. (Paper Mill News **75**. Nr. 11. 18. 15/3. 1952. General Dyestuff Corp.) HEINRICHS. 7976

C. J. Stroemple, *Schleimkontrolle in Papierfabriken.* Besondere Schwierigkeiten bei der Schleimbekämpfung in Papierfabriken bereiten unzugängliche Stellen des Syst., in denen sich die schleimerzeugenden Bakterien festsetzen u. durch n. Mittel, gegen die sie oft immun sind, nur schwer entfernbar sind. Vf. empfiehlt hierfür eine „Schockbehandlung" mit Hilfe von Hypochloriten, die sich gut bewährt hat. (Paper Mill News **75**. Nr. 11. 24. 15/3. 1952.) HEINRICHS. 7976

—, *Ein Literaturüberblick über die Wirkung von Füllstoffen auf die Eigenschaften von Papier und Zellstoffbrei.* Umfassende Angaben über die physikal. Eigg. üblicher Füllstoffe u. ihre Wrkg. auf die Härte, Ölaufnahme, Permeabilität, Leimung, Doppelseitigkeit, D. u. Feuchtigkeitsgeh. von Papier u. Zellstoff. (Paper-Maker Brit. Paper Trade J. **123**. 312—22. April 1952.) H. BECKER. 7978

W. Klauditz und **G. Stegmann,** *Über die grundlegenden chemischen und physikalischen Vorgänge bei der Wärmevergütung von Holzfaserplatten.* Durch die 2std. Behandlung bei 170° von Holzfaserplatten (I), die vorher bei 105° zur Konstanz getrocknet waren, trat ein Substanzverlust von 0,81% (0,67% chem. gebundenes H_2O, 0,1% CO_2, 0,04% Essigsäure) ein. Die polyuroniden Zellwandbaustoffe werden verändert, worauf die bekannten Wärmevergütungseffekte bei I durch Verklebung der Holzfasern zurückzuführen sind. Auch bei ligninfreien I treten die gleichen Effekte auf. Die Festigkeit bei Papieren wird durch Wärmevergütung nicht erhöht, da die Festigkeit der Einzelfasern durch die hohe Temp. abfällt. (Holzforschung **5**. 68—74. 1951. Heft 3. Braunschweig, Inst. für Holzforsch.) WERGIN. 7992

—, *Dehnung und Schrumpfung der Cellulose durch Feuchtigkeit.* Es werden die Gründe für die Tendenz der zur Herst. von Kartons u. Pappen dienenden Cellulose zur Dehnung u. Schrumpfung bei Änderungen der relativen Feuchtigkeit oder bei direktem Kontakt mit W. besprochen. Kurze Angaben über elektronenmkr. Feinstrukturunterss. zur Klärung der Tatsachen u. Verss. zur Beseitigung dieses Mangels. (Paper Trade J. **134**. Nr. 22. 30—32. 30/5. 1952.) WITTWER. 7992

Karl Johann Hilbert Nordlander, Gunnilse, Schweden, *Konservieren von Holz.* Man taucht das Holz in eine wss. Nährlsg. für Fäulnisbakterien. Die bei der Fäulnisgärung entstehenden Amine dringen in das Holz ein u. bilden Salze mit Abbauprodd. des Holzes. (**Finn. P. 25 784** vom 29/12. 1950, Auszug veröff. 30/6. 1952.) J. SCHMIDT. 7953

Werner Schüler, Wien, *Überziehen von Holzfasern enthaltenden Materialien, z. B. Holz, Papier, Pappe,* mit flammenschützenden u. zugleich wasserabweisenden Mitteln durch Behandeln mit NH_4-Verbb. (I) u. Bitumensubstanz (II), dad. gek., daß die Materialien wenigstens einen Anstrich aus II unter Zusatz von I in der Wärme erhalten. (**Schwz. P. 276 487** vom 23/12. 1948, ausg. 17/12. 1951. Oe. Priorr. 10/6., 9/9. u. 2/12. 1948.) E. PETERSEN. 7953

Svenska Cellulosa Aktiebolaget, Stockholm, Schweden (Erfinder: **E. From**), *Anwendung der bei der Sulfatcellulosegewinnung anfallenden Kalkschlammassen für die Herstellung sogenannter Rohsäure für die Sulfitkocherei.* Man behandelt diesen Schlamm in einem Turm mit SO_2 oder SO_2-haltigen Gasen, wobei der Turm mit säurefesten Füllkörpern beschickt ist. Diese Füllkörper müssen während des Betriebes in Bewegung gehalten werden, um eine Verstopfung zu verhindern. (**Schwed. P. 131 962** vom 25/10. 1948, ausg. 5/6. 1951.) J. SCHMIDT. 7967

Oulu Osakeyhtiö, Uleaborg, Finnland, *Gewinnung von Terpentin bei der Herstellung von Sulfatcellulose.* Bei der Herst. von Sulfatcellulose in mehreren Kochern werden die

Abgase des letzten Kochers mit einem frischgefüllten Kocher oder einem im Anfangsstadium befindlichen Kocher in Berührung gebracht u. erst dann zur Aufarbeitung unter Gewinnung des Terpentins geleitet. (**Finn. P. 25 750** vom 20/5. 1949, Auszug veröff. 31/5. 1952.) J. SCHMIDT. 7967

Eastman Kodak Co., übert. von: **Carlton L. Crane**, Rochester, N. Y., V. St. A., *Celluloseacetatsulfate*, die wärmebeständig u. in W. u. einigen organ. Lösungsmitteln lösl. sind; S-Geh. 6—20%. Das Veresterungsbad enthält 51—550 (Teile) H_2SO_4 (I) auf 100 Cellulose u. Acetanhydrid in einer Menge, die abhängig von I ist u. in einer Kurve bzw. Formel angegeben ist. Stoffdichte 1:4,8—12. Temp. nicht $>29^0$. Nach beendeter Veresterung setzt man Na-Acetat zur Ausfällung des Estersalzes zu. Dieses wird dann mit Isopropanol gewaschen u. gleichzeitig mit Na_2CO_3 auf p_H 4,5—7 eingestellt. (**A. P. 2 582 009** vom 13/7. 1949, ausg. 8/1. 1952.) FABEL. 7971

Eastman Kodak Co., übert. von: **Carl J. Malm** und **Carlton L. Crane**, Rochester, N. Y., V. St. A., *Herstellung von Cellulosetriacetat* von bes. hoher Stabilität. Als Katalysator dient H_2SO_4 (I), die gegen Ende der Veresterung zu 60—90% mit Mg-Oxyd, -Carbonat, -Acetat oder den entsprechenden Ca-, Zn- oder Ba-Verbb. neutralisiert wird. Man setzt dann bei wenigstens 110° W. zu, um das Acetanhydrid (II) zu zerstören, neutralisiert den Rest von I, fügt 1,5—50% II zu u. läßt das Gemisch 6—24 Std. bei 71—121° stehen. (**A. P. 2 582 049** vom 3/6. 1950, ausg. 8/1. 1952.) FABEL. 7971

Courtaulds Ltd. (Erfinder: **John Philip Stoneman**), London, England, *Herstellung von Cellulosetriestern.* Man leitet die Veresterungs-Fl. (Acetanhydrid, Katalysator, z. B. H_2SO_4 oder $HClO_4$, u. CCl_4 als neutrales Lösungsm.) durch eine ruhende Celluloseschicht u. verestert unter Strukturerhaltung. Die Richtung der Fl. wird während der Veresterung mindestens 1mal umgekehrt. (**D. B. P. 850 140** Kl. 12q vom 29/4. 1951, ausg. 22/9. 1952.) FABEL. 7971

Per Lund, Oslo, Norwegen, *Verstärken von Papier.* Man trägt zwischen Prägewalzen das Verstärkungsmittel (I) in Form von Linienmustern zu u. bringt I, z. B. thermoplast. Harze (Polystyrol BKS-92) oder ein Phenol-Formaldehydharz, in bekannter Weise zum Erhärten. (**N. P. 78 847** vom 17/8. 1948, ausg. 23/7. 1951.) J. SCHMIDT. 7987

August Wegener, Langenholzen-Alfeld, *Herstellung von gummiertem Papier*, dad. gek., daß die mit der Klebstoffschicht (I) zu überziehende u. vorher mit einer Filmschicht überzogene Seite vor dem Aufbringen der I mit einem indifferenten Pulver, z. B. Talkum, oder auch mit einem das Kleben unterstützenden feinen Pulver aus Dextrin, Gummi arabicum oder mit Netzmitteln bzw. einem Gemisch dieser Stoffe oder dgl. überzogen wird. (**D. B. P. 843 661** Kl. 55f vom 7/2. 1950, ausg. 10/7. 1952. Zusatz zu D. B. P. 833 442; C. 1952. 5836.) VOGEL. 7987

Kurt Thinius und **Lore Kamphenkel**, Magdeburg, *Herstellung von plastischen Massen, Lösungen oder Pasten aus Cellulosetriacetat.* Man dispergiert Cellulosetriacetat (I) in einem Gemisch aus cycl. Polyäthern von Polyolen, bes. Diglykolformal, u. I nicht lösenden Ketonen, bes. Aceton. Man löst 25 (Gewichtsteile) I mit 30% Weichmacher mit 75 (Volumenteilen) eines Gemisches aus 90 Triglykolformal, 7 Aceton u. 3 Cyclohexanon, verwalzt u. verkocht nach den bei der Celluloidherst. bekannten Verff., hobelt zu Tafeln ab u. erhält transparente Folien. (**D. P. [D.D.R.] 563** Kl. 39b vom 21/3. 1950, ausg. 18/4. 1952. [Wirtschaftspatent.]) PANKOW. 7971

XVIIIb. Textilfasern.

B. Ss. Woronkow und **R. M. Schtschegolewa**, *Ein kontinuierliches Schnellbleichverfahren für verunreinigtes Nesseltuch.* Beim kontinuierlichen Bleichen von stärkeren Baumwollgeweben ist die Verarbeitung von Geweben, die Samen- u. Kapselreste enthalten, bes. schwierig. Vff. beschreiben eine Vorbehandlung, die gute Ergebnisse erzielt: Die Rohware wird auf dem Jigger mit heißer Ablauge der Waschmaschine des Bleichaggregats (ca. 6 g/Liter Alkali, 2 g/Liter Netzmittel, Temp. 55—60°) behandelt u. für 1 Std. in ein warmes Ablegegefäß eingelegt; danach wird sie mit kaltem W. ausgewaschen. Es folgt ein Tränken mit Calciumhypochloritlsg. (1,2 g/Liter akt. Cl) u. Einlegen für eine Std. in ein Speichergefäß, weiter Auswaschen mit kaltem W., Tränken mit der Beuchlsg. (17 g/Liter Alkali u. 2 g/Liter Netzmittel) auf dem Jigger zwecks gleichmäßigen Eindringens der Lsg. u. Erwärmung des Gewebes auf 60—70°, Abquetschen im Strang u. sofortiges Einbringen in den Beuchapparat. So vorbehandelte Gewebe war nach Bleichgrad, Netzbarkeit u. Reinheit von guter Qualität. (Текстильная Промышленность [Textil-Ind.] **12.** Nr. 5. 29—32. Mai 1952.) STSCHERBINA. 8032

K. Schwertassek, *Die Bestimmung des kristallinen Anteiles der Cellulose auf Grund von Jodsorptionsmessungen.* 6. Mitt. (5. vgl. C. **1952.** 5996.) Es wird versucht, die Werte der J-Sorption direkt in %-Gehh. an amorpher bzw. kristalliner Substanz umzurechnen. Ausgegangen wurde von Stärke (I) (100% amorph) u. von Baumwolle (angenommen 100% kristallin). Bestimmt werden die J-Sorptionswerte von krist. u. von amorpher Cellulose. Es wird beschrieben, wie man mittels eines Diagrammes aus der J-Sorption den kristallinen Anteil eines Cellulosepräp. ermitteln kann. Das andersartige Verh. von I u. Cellulose (II) bei Sorptionsverss. mit verschied. J-Konzz. wird dahingehend erklärt, daß bei der I ein Teil der adsorbierten J-Moll. von mehreren Seiten gleichzeitig durch Nebenvalenzkräfte festgehalten wird. Daraus erklärt sich die höhere J-Sorptionsfähigkeit der I gegenüber II bei verd. Lsgg. u. das umgekehrte Verh. bei konz. J-Lösungen. (Faserforsch. u. Textiltechn. 3. 251—57. Juli 1952. Brno, Forschungsinst. der Leichtindustrie.) P. ECKERT. 8044

A. Herzog, *Über die Ursachen des Stumpfwerdens der Flachsfaser bei der künstlichen Trocknung des Röstflachses.* Auf Grund von Verss., deren Ergebnisse in zahlreichen Tabellen niedergelegt sind, werden vom Vf. die Folgerungen, die sich hieraus für die Praxis ergeben, besprochen. (Faserforsch. u. Textiltechn. 3. 259—70. Juli 1952. Pirna-Copitz, Inst. für Technol. der Fasern der Dtsch. Akademie der Wissenschaften zu Berlin.) P. ECKERT. 8050

Brandenburger, *Grundsätzliche Fragen bei der Behandlung von Wolle.* Wolle unterscheidet sich in biol., chem. u. physikal. Hinsicht von anderen Fasern. Wolle ist gegen äußere Einflüsse, bes. das Waschen, sehr empfindlich. Zur Schonung der Wollfaser beim Waschen, d. h. zur Zurückdrängung der Hydrolyse der in der Wolle enthaltenen niedrigmol. Aminosäuren, setzte man früher der Waschlauge Leim oder Urin zu; neuerdings verwendet man Hifsmittel, die aus hydrolysierten Eiweißprodd. oder auf Basis von Eiweißprodd. gewonnen werden. Hierzu gehören *Gisapalen*, ein schwachsaures anionenakt. Hilfsmittel, das mit Ca, Mg u. Al lösl. Verbb. bildet, sowie *Gisapalen GS*, das freie Aminosäuren enthält. (De Tex **10.** 1117. 15/11. 1951.) WESLY. 8060

D. G. Stevenson, *Eine mikroskopische Untersuchung geschmälzter und in wässeriges Medium eingetauchter Textilfasern.* 2. Mitt. *Sekundärtröpfchen.* In der 1. Mitt. (vgl. C. **1952.** 4243) wurde das Wachstum wss. Tröpfchen unter Öltröpfchen an salzhaltigen Textilfasern beschrieben. Es wurden derartige Sekundärtröpfchen auch an salzfreien Fasern beobachtet, wenn man die mit fl. Paraffin geschmälzten Wollfasern in Salzlsgg. der lyotropen Serie (am besten KJ) einlegt. Eingehende Deutungsversuche. (J. Textile Inst., Trans. **43.** T112—18. März 1952. Southampton, Univ., Coll., u. Hillriew Gardens, Hendon, Brit. Launderer's Res. Assoc.) ZAHN. 8060

F. Happey und **A. J. Hyde,** *Zusammensetzung der Seide.* Theoret. Diskussion der Verteilung der Aminosäurereste in Seidenfibroin auf die kristallinen Bereiche der Polypeptidketten. Es werden 2 β-Proteinmodifikationen angenommen, von denen die monokline klass., nur Glycin, Alanin u. Serin, die orthorhomb. dagegen geräumige Aminosäurereste, z. B. des Tyrosins, aufnehmen kann. Der mutmaßliche Mechanismus des Spinnvorganges des Seidenwurmes wird diskutiert. (Nature [London] **169.** 921. 31/5. 1952. Bradford, Technical Coll., Dep. Textile Industries.) ZAHN. 8068

J. Zonnenberg, *Stärkeäther für das Schlichten, das Beste für die Anforderungen des Reyon.* Die als „*Solvitosen*" bekannten Stärkeäther durchdringen in niedrigviscosen Lsgg. die Garne u. ziehen auch in die einzelnen Fäden ein. Die Lsgg. verlieren leicht ihren Wassergeh., die getrockneten Filme sind fest u. elast. u. halten den Anforderungen des Webeprozesses stand. Sie sind leicht entfernbar. (Dyer, Textile Printer, Bleacher, Finisher **107.** 513. 4/4. 1952.) ROSSOW. 8070

—, *Vom „Acetat".* Zusammenfassender Überblick über die Herst. der Acetylcellulose u. deren Verspinnung zu Fasern. Ferner wird noch auf die Verwendungsmöglichkeiten der Acetylcellulosefaser, bes. deren Verarbeitung zu Textilien besprochen. (Reyon, Zellwolle andere Chemiefasern **30.** 362—68. Juli 1952.) P. ECKERT. 8076

H. Klare, *Die synthetischen Fasern.* Übersichtsarbeit über die bekanntesten vollsynthet. Fasern, deren Herst., Eigg. u. Verwendungsmöglichkeiten besprochen werden. (Technik **7.** 175—79. April 1952.) P. ECKERT. 8080

E. Pieper, *Die synthetischen Fasern. — Einiges über ihre Eigenschaften, Verarbeitung und Ausrüstung.* Zusammenfassender Überblick. (Textil-Praxis **7.** 608—16. Aug. 1952.) P. ECKERT. 8080

A. Linder, *Nylon.* In den übersichtsmäßig gehaltenen Ausführungen werden behandelt: Die Herst. von *Nylon*, das Schrumpfen, die Reißfestigkeit, die stat. Aufladung, die Reinigung u. Trocknung, die Wärmeempfindlichkeit u. das Gelblichwerden sowie hygien. Fragen, bes. hinsichtlich des Tragens von Textilien aus Nylon. (Mitt. Textil-Ind. **59.** 116—19. Mai. 140—42. Juni 1952.) P. ECKERT. 8080

—, *„Terylene", eine Polyesterfaser.* Besprochen werden die physikal., chem. u. technolog. Eigg. der von WHINFIELD u. DICKSON entwickelten u. von der I. C. I. in Wilton, North Yorkshire, hergestellten *Terylene.* Eingegangen wird ferner auf die verschied. Verwendungsmöglichkeiten der Faser auf dem techn. Sektor. (Times Rev. Ind. **6.** 10—11. März 1952.) P. ECKERT. 8080

A. S. Weatherburn, *Eine modifizierte Methode zur Bestimmung anionischer oberflächenaktiver Verbindungen.* Zur Best. anion. oberflächenakt. Verbb. verwendet Vf. die Meth. von EPTON (Trans. Faraday Soc. **44.** [1948.] 226), bei der die kation. Titrations-Fl. Fixanol C durch *Cetavlon* (Alkyltrimethylammoniumchlorid) ersetzt wird, welch letztere gegen $K_2Cr_2O_7$ eingestellt wird. Das Verf. wird im einzelnen angegeben u. an reinen Na-Alkylsulfaten geprüft. Die Verwendung wechselnder Probemengen gestattet die Kontrolle der Titration, deren Fehler im Mittel 0,85% beträgt. Vgll. mit dem Verf. von v. BARR, OLIVER u. STUBBINGS zeigen, daß das angegebene modifizierte stöchiometr. Verf. genauere Resultate gibt. (J. Amer. Oil Chemists' Soc. **28.** 233—35. Juni 1951. Ottawa, Can., Nat. Res. Labor., Div. Appl. Chem.) GRAU. 8098

S. Jack Davis, *Eine Methode zur wiederholten Herstellung von Längsschnitten von Cordfäden und Geweben zur mikroskopischen Prüfung.* Es wird ein einfaches Mikrotom beschrieben, in welchem in Harz eingebettete Gewebe befestigt u. mit einer Rasierklinge geschnitten werden. (Textile Res. J. **22.** 192—99. März 1952. La Orange, Ga., Callway Mills Co.) ZAHN. 8100

—, *Färbetest für unreife und tote Baumwolle.* Bekanntlich beeinflußt die Menge an toter oder unreifer Baumwolle innerhalb der Rohfaser eine ganze Reihe von Veredlungsprozessen. Daher sind entsprechende Testmethoden bes. wichtig. Der hier beschriebene Färbetest beruht auf dem unterschiedlichen Anfärbevermögen von toter oder unreifer Baumwolle gegenüber n. Baumwolle bei der Einw. einer Mischung von 1,2% *Chlorantinlichtrot 5 BL* u. 2,8% *Chlorantinlichtgrün BLL.* Die genaue Ausführung des Testes ist beschrieben. (Canad. Textile J. **69.** Nr. 14. 59—61. 4/7. 1952.)

H. G. FRÖHLICH. 8102

I. R. Geigy Akt.-Ges., Basel, Schweiz, *4.4'-Di-2''-(β-oxyäthoxy)-benzoylamino-stilben-2.2'-disulfonsäure,* ein gelblich gefärbtes Pulver, ist als *Aufhellungsmittel* für schwach gelblich aussehende Cellulosefaserprodd. geeignet. Man gewinnt die Verb. beim Einw. von den Rest-CH_2—CH_2—OH einführenden organ. Verbb. auf 4.4'-Disalicoylamino-stilben-2.2'-disulfonsäure in wss.-alkal. oder alkoh.-alkal. Lsg. oder Suspension. (**Schwz. P. 279 166** vom 27/5. 1949, ausg. 1/3. 1952. **Zusatz zu Schwz. P. 276 692; C. 1952. 5674.**) G. KÖNIG. 8027

Henkel & Cie. G. m. b. H. (Erfinder: **Heinrich Bauch**), Düsseldorf, *Stabilisieren von Sauerstoffbleichbädern,* die gegebenenfalls komplexbildende Salze, wie Pyrophosphate, enthalten, erfolgt mittels Lsgg. von Erdalkali-, Mg-, oder Al-Salzen in Wasserglas (I). Die Herst. dieser Salze geschieht durch Eintragen einer Lsg. der Salze in n. I, solange ein Nd. nicht entsteht bzw. wieder aufgelöst wird. Verwendung auch für Waschmittel, Spülmittel. (**D. R. P. 752 605** Kl. 8i vom 1/9. 1940, ausg. 26/6. 1952.)

G. KÖNIG. 8027

Soc. d'Innovations chimiques, Sinnova ou Sadic, Frankreich (Erfinder: **Leonce Bert** und **Michel Prokofieff**), *Emulgier- und oberflächenaktive Stoffe.* Als *Hilfsmittel* für die Leder-, Kautschuk- u. bes. für die *Textilindustrie* werden die Sulfonate gemischter Äther der allg. Formel R—O—Ar—R', R'—Ar—O—CH(Ar')$_2$, R'—Ar—O—(CH$_2$)$_n$Ar'—R'' verwendet. R = Alkylreste mit gerader oder verzweigter Kette mit 6 oder mehr C-Atomen; R' u. R''= H oder Alkylreste mit gerader oder verzweigter Kette mit 3 oder weniger C-Atomen; Ar u. Ar' = Phenyl oder Naphthyl. — 206 (Teile) Phenyloctyläther werden bei 0° nach u. nach mit 120 Chlorsulfonsäure versetzt u. nach beendeter Rk. mit Na_2CO_3 neutralisiert. (**F. P. 983 931** vom 2/9. 1943, ausg. 29/6. 1951.)

WITTHOLZ. 8029

Badische Anilin- & Soda-Fabrik, Ludwigshafen/Rh. (Erfinder: **Hans Brandeis,** Ludwigshafen, und **Michael Fahrstorfer,** Heidelberg), *Verfahren zum Waschen, Netzen oder Dispergieren.* Man verwendet wasserlösl. Salze von Kondensationsprodd., die durch Rk. von aromat. oder heterocycl. Verbb. mit einer prim. Aminogruppe mit aromat. heterocycl., cycloaliphat. oder aliphat. Aldehyden mit mindestens 4 C-Atomen hergestellt sind, wobei mindestens eine der Reaktionskomponenten eine saure, wasserlösl. machende Gruppe besitzen muß. Z. B. wäscht man in einer Waschflotte, die im Liter 2 g des Na-Salzes eines Kondensationsprod. enthält, das aus Sulfanilsäure u. einem durch Anlagerung von CO u. H_2 an eine Olefinfraktion vom Kp. 120—140° erhaltenen Aldehydgemisch gewonnen wurde. (**D. B. P. 848 941** Kl. 8o vom 16/11. 1940, ausg. 8/9. 1952.) V. SCHILLER. 8029

I. G. Farbenindustrie Akt.-Ges., Frankfurt/M. (Erfinder: **Karl Hintzmann**, Leverkusen), *Maschenfestmachen von Gewirken.* Nach einer Vorbehandlung mit einer wss. Lsg. von Silicaten, z. B. Na-Metasilicat, behandelt man mit einer wss. Lsg. von Zr-Salzen, z. B. Zr-Oxychlorid mit einem Geh. von 30% ZrO_2. (**D. R. P. 753 109** Kl. 8k vom 9/2. 1941, ausg. 21/8. 1952.) MÖLLERING. 8033

Industrial Accountancy Partnership Ltd. (Erfinder: **Lajos Bihaly**), London, *Einlage für die chemische Versteifung von Bekleidungsstücken.* Als verbindendes u. versteifendes Zwischengewebe für mehrlagige versteifte Wäschestücke wird ein loses Gewebe aus Baumwollfäden oder anderen, nichtthermoplast. Fäden u. Fäden aus thermoplast. Material, wie Celluloseacetat, verwendet. Dieses Gewebe wird mit einem thermoplast. Kunstharz (Erweichungspunkt 50—130°) imprägniert. Vorteilhaft verwendet man hierzu wss. Dispersionen, z. B. von Polymethylmethacrylat, β-Äthoxyäthylmethacrylat–Polymer oder Mischpolymerisaten aus Äthylacrylat u. Styrol. Die so behandelten Zwischengewebe lassen sich verzerrungsfrei verarbeiten. (**D. B. P. 849 401** Kl. 8k vom 13/5. 1950, ausg. 15/9. 1952. E. Prior. 30/5. 1949.) R. HERBST. 8033

Comptoir des Textiles Artificiels (S. à. R. L.), Frankreich, *Farblose Cellulosefäden.* Der Viscose wird ein aus Di- oder Polyalkohol u. zweibas. Säure hergestelltes Kondensationsprod. zugesetzt. Die therm. Behandlung der Fäden erfolgt bei 90° in Ggw. von CH_2O u. einem sauren Katalysator. (**F. P. 987 569** vom 5/4. 1949, ausg. 16/8. 1951.) WITTHOLZ. 8075

Comptoir des Textiles Artificiels (S. à. R. L.), Frankreich, *Viscoseseide.* Um die Widerstandsfähigkeit zu vergrößern u. die Quellung zu vermindern, werden die Fäden nach hinreichender Fixierung in einem Bad hoher alkal. Konz. behandelt u. anschließend gestreckt. Die Konz. des Alkalibades soll 200—300 g/Liter, bes. 250 g/Liter, Na_2CO_3 betragen. Die Behandlung kann bei erhöhter Temp. (50—80°) erfolgen. (**F. P. 987 960** vom 25/5. 1943, ausg. 21/8. 1951.) WITTHOLZ. 8075

Comptoir des Textiles Artificiels, Paris, Frankreich (Erfinder: **N. Drisch** und **R. Fays**, *Behandlung von synthetischen Fäden, besonders aus Viscose.* Man behandelt die Fäden in der Wärme mit trockenem gesätt. Wasserdampf unter Druck bei Ausschluß von O_2 u. setzt dann die Fäden einem Vakuum aus. Bes. wird das Verf. angewendet auf Fäden, die aus alkal. Viscoselsgg. in Ggw. von Polymethylolphenolen, Trimethylolphenolen gewonnen wurden. Es wird das Quellvermögen der Cellulose in W. herabgesetzt. (**Schwed. P. 131 823** vom 5/6. 1945, ausg. 29/5. 1951. F. Prior. 5/6. 1944.) J. SCHMIDT. 8075

Cassella Farbwerke Mainkur (Erfinder: **Otto Hansen**), Frankfurt/M.-Fechenheim, *Herstellung naßfester Gebilde aus regenerierter Cellulose,* dad. gek., daß man verätherte u./oder veresterte Methylolverbb. (I) von Aminotriazinen [z. B. Verätherungsprod. von 5 (Mol) Butanol u. 1 Hexamethylolmelamin] den Celluloselsgg. vor ihrer Regenerierung u. Formgebung zusetzt. Man verwendet die I bes. in Form von Emulsionen oder Dispersionen. (**D. B. P. 844 634** Kl. 29b vom 13/12. 1949, ausg. 24/7. 1952.) SALZMANN. 8075

American Viscose Corp., Philadelphia (Erfinder: **Leslie T. Walmsley**, Ridles Park), Pa., V. St. A., *Krumpffreie Textilstoffe aus regenerierter Cellulose* erhält man durch Imprägnierung mit einer wss. Lsg. von durch Alkali lösl. gemachter Oxyäthylcellulose bei Zusatz eines gesätt. aliphat. Aldehyds, bes. CH_2O, oder dessen Kondensationsprodd. mit einem gesätt. aliphat. Keton, bes. Aceton. Die überschüssige Fl. wird entfernt, gegebenenfalls mit einer wss. Lsg. von H_2SO_4 behandelt u. das Imprägniermittel durch Erhitzen koaguliert. — 2 Beispiele mit Tabellen über das Einlaufen von be- u. unbehandeltem Gut bei mehrfachen Wäschen. (**D. B. P. 843 240** Kl. 8k vom 7/3. 1950, ausg. 7/7. 1952. A. Prior. vom 5/4. 1949.) MÖLLERING. 8075

Courtaulds Ltd., London (Erfinder: **Harry Paul** und **John Thomas Watts**, Coventry), England, *Herstellung einer pigmentierten Lösung von Celluloseestern oder -äthern.* 3 (Teile) TiO_2 u. 103 Celluloseacetatpulver (Acetylgeh. 54%, Teilchengröße entsprechend einem Sieb von 8—12 Öffnungen/cm, Feuchtigkeit 3%) werden 1 Std. gemischt, $2^1/_2$ Std. mit 145 Aceton, $^1/_2$ Std. mit 141 Aceton u. 2 W. angerührt u. *versponnen.* (**D. B. P. 845 687** Kl. 29b vom 10/1. 1950, ausg. 4/8. 1952. E. Prior. 10/1. 1949.) SALZMANN. 8077

N. V. Onderzoekingsinstituut „Research", Arnhem, Holland, *Proteinfasern von verbesserten Eigenschaften.* Zu Schwz. P. 260 537 ist nachzutragen: Vorteilhaft kann man der verd. Lsg. der Vorkondensate aus aromat. m-Dioxyverbb. u. CH_2O ein säurebeständiges Avivierungsmittel, z. B. eine wss. Emulsion aus Lanolin, Paraffinöl u. Emulgator, zusetzen. Die mit der Imprägnier-Fl. durch Bespritzen oder im Gegenstrom behandelten Casein- oder sonstigen Proteinfasern sind säurebeständig; beim

Färben in sauren Farbstoffbädern wird weder ihre Festigkeit noch Geschmeidigkeit u. Griffülle beeinträchtigt. (**Oe. P. 169 577** vom 25/7. 1947, ausg. 26/11. 1951. Holl. Prior. 2/12. 1946.) RAETZ. 8079

Kunstseidefabrik Bobingen (Erfinder: **Paul Schlack**), Bobingen, *Quellbare Fäden, Fasern oder Filme aus Acrylnitrilpolymeren.* Man verarbeitet Mischungen von Mischpolymeren aus Acrylnitril (I) u. Vinylcarbonsäureamiden einerseits u. solche aus I u. Vinylcarbonsäuren (von der 2. Komponente 10—30%) andererseits. Die Gebilde lassen sich mit bas. Farbstoffen, auch Naphtholen, färben, mit sauren Farbstoffen nach einer Behandlung mit Äthylenimin in Ggw. von feuchtem NaCl (12 Std. bei 50° u. Absäuern mit CH_3COOH). Die Quellbarkeit kann durch nachträgliche Erwärmung der Gebilde, Streckung u. Einw. von CH_2O u. Triäthylamin (bzw. Na_2CO_3), Piperidin, Morpholin oder von Dimethylaminomethanol oder von Säure u. CH_2O, di- u. polyfunktionellen Isocyanatabspaltern (Umsetzungsprodd. von Hexamethylendiisocyanat, Cyanurchlorid oder Oxalsäuredialkylestern mit Äthylenimin) gesteigert werden. (**D. B. P. 844 954** Kl. 29b vom 28/5. 1950, ausg. 28/7. 1952.) SALZMANN. 8081

E. I. du Pont de Nemours & Co., Wilmington, Del., übert. von: **Joseph Gordon Calton**, Buffalo, und **Quentin John O'Brien**, Kennmore, N. Y., V. St. A., *Naßspinnverfahren für Polyacrylnitril* (I). Feinpulveriges, bei 120° in Tetramethylensulfon gelöstes I wird in ein 140° warmes, Glycerin, Triäthanolamin oder Hexaäthylenglykol enthaltendes Bad (II) gesponnen u. anschließend, unter Streckung durch warmes W., nochmals durch ein heißes II geführt. Die Fäden werden spannungslos getrocknet. (**A. P. 2 555 300** vom 13/2. 1947, ausg. 5/6. 1951.) SALZMANN. 8081

XIX. Brennstoffe. Erdöl. Mineralöle.

Ss. N. Tjuremnow und **I. D. Ssokolow**, *Bestimmung des Gehaltes an Trockensubstanz in der Torfhydromasse bei einer neuen Klassifikation der Torfarten.* Es wird ein Schema einer Torf-Klassifikation gegeben, worin 3 Typen (Niederungs-, Übergangs-, Hochmoortorf) in Untertypen, Gruppen u. 37 Arten unterteilt werden. In einer Tabelle werden für diese Arten, die im wesentlichen nach der ihnen zugrunde liegenden Holzart unterschieden werden, Aschegeh. u. Wassergeh. nach Zersetzungsgraden (0—70%) angegeben. (Торфяная Промышленность [Torfindustrie] **29.** Nr. 1. 27—30. Jan. 1952.) R. K. MÜLLER. 8122

W. F. K. Wynne-Jones, H. E. Blayden und **F. Shaw**, *Das scheinbare Molekulargewicht und die kolloide Natur der pyridinlöslichen Kohlebestandteile.* Vff. berichten über die Extraktion von 16 verschied. Kohlensorten aus einem Süd-Wales-Kohlenflöz (I) u. dem Durhamkohlenfeld (II) mit sd. Pyridin. Es ließen sich so 3—33% der Kohlensubstanz extrahieren. In der Lsg. wurden die Mol.-Geww. des Gelösten durch Vgl. der Dampfdrucke mit Lsgg. reiner Substanzen bekannter Konz. bestimmt. Das mittlere Mol.-Gew. lag zwischen ca. 400 u. 1300 u. zeigte bei I eine der Ausbeute an extrahierbarer Substanz parallel laufende Abhängigkeit von dem Geh. der Kohlen an flüchtigen Bestandteilen. Die Maxima lagen bei ca. 31% flüchtigen Bestandteilen u. 88% Kohlenstoffgehalt. Schwelrückstände einer II-Kohle zeigten eine entsprechende Parallelität in Abhängigkeit von der Schweltemp. mit einem Maximum bei 365°, etwa der Erweichungstemp. dieser Kohle. Zerlegung des Extrahierten in einen in Chlf. lösl. u. unlösl. Anteil ergab für letzteren ein höheres Mol.-Gew. bis zu 4000. Für einen Geh. der Lsgg. an koll. Material lieferten auch die Ultrazentrifuge u. das Elektronenmikroskop keine Anhaltspunkte. Sollten die pyridinlösl. Substanzen in der Kohle als koll. Aggregate vorgelegen haben, sind diese nicht genügend stabil, um in Pyridinlsg. oder bei milder therm. Behandlung bis zu zu ca. 200° bestehen zu bleiben (Brennstoff-Chem. **33.** 201—06. 25/6. 1952.) THEILE. 8126

A. I. Ginsburg, *Die petrographischen Varietäten von Humuskohlen.* Es wird eine Unterteilung der Kohlen nach homogener (I) u. heterogener (II) Zus. vorgenommen. I weisen in der Regel nur einen Bestandteil auf u. zeigen keinerlei Merkmale von Einschlüssen anderer Komponenten. II bestehen aus mehreren Komponenten, wobei die eine durch I gebildet wird. Die Typisierung von II soll nach der vorherrschenden Komponente erfolgen, wobei auch Angaben über etwaige Einschlüsse gemacht werden sollen. Mkr. Unterschiede sind sehr wesentlich, da sie alle qualitativen u. genetischen Eigg. der Kohlen widerspiegeln. Fortwährende Veränderungen in der Zus. der mkr. Elemente wirken sich auf die Eigg. der Kohlen, bes. auf ihre Verkokbarkeit, aus. (Известия Академии Наук СССР, Серия Геологическая [Nachr. Akad. Wiss. UdSSR, geol. Ser.] **1951.** Nr. 4. 81—98. Juli/Aug.) HUENE. 8126

Alfred Peller, *Erfahrungen mit der künstlichen Trocknung von Naßpreßsteinen in einem Braunkohlenwerk.* Gegenüberstellung der berechneten Größen (Wärmebedarf, Lufttemp., -geschwindigkeit u. -sättigung usw.) mit den prakt. Erfahrungen bei einer Kammertrocknungsanlage, die mit Abdampf arbeitet. (Braunkohlenarchiv **1951.** 36—47.) FRÜHWALD. 8136

S. Traustel, *Über die industrielle Prüfung der Reaktionsfähigkeit von Koksen.* Mit einigen Koksproben wurde mittels einer Relativmeth. die Reaktionsfähigkeit ermittelt. Das Verf. wurde gewählt, weil die Strömungsgeschwindigkeit sich bequemer kontinuierlich variieren läßt als die Korngröße oder die Schütthöhe. Es ergibt sich hieraus, daß die Unterschiede der Reaktionsfähigkeit durch die Verschiedenheit der Gaszus. abgeschwächt werden. Jedoch ist die größere Richtigkeit des Vgl. der eigentlichen Reaktionsfähigkeiten bei den Relativmethoden bedeutender als die größere Unterscheidungsschärfe der bisher üblichen Absolutmethoden. Wird als Bezugsbrennstoff bei Vergleichsmessungen irgendeine Kohlenstoffsorte gewählt, deren absol. Reaktionsfähigkeit genau genug bekannt ist, dann kann auch die absol. Reaktionsfähigkeit der Brennstoffe, mit denen gearbeitet wird, bestimmt werden. (Metall **6.** 298—302. Juni 1952. Berlin.) HOCHSTEIN. 8144

Geo. E. Mapstone, J. S. Durham und **H. D. Taskis,** *Untersuchungen an Schieferölen.* 3. Mitt. *Einige Bestandteile des Schieferölnaphtha.* (2. vgl. C. **1952.** 8069.) In Fortsetzung früherer Unterss. werden mit Hilfe bekannter Methoden in der Naphthafraktion des Glen Davis-Schieferöles im einzelnen nachgewiesen: Propen, Propan, iso- u./oder 1-Buten, n-Butan, Bzl., Cyclopentadien, Dicyclopentadien, Inden, Naphthalin u. CS_2. Als Gruppen können nachgewiesen werden: Phenole (vornehmlich Kresole), Mercaptane, Disulfide, Thiophene, Pyrrole u. Pyridine, während nicht nachweisbar sind: Aldehyde, Ketone u. Polysulfide. (J. Inst. Petroleum **38.** 172—77. März 1952. National Oil Pty. Ltd.) FIEDLER. 8180

G. Nottes und **Geo. E. Mapstone,** *Untersuchungen an Schieferölen.* 4. Mitt. *Die Sulfochlorierung einer vorbehandelten Schieferölfraktion.* (3. vgl. vorst. Ref.) Die zwischen 240 u. 320° sd. Fraktion des Schieferöles wurde nach erfolgter Behandlung mit konz. H_2SO_4 nochmals dest. u. das anfallende wasserhelle Öl in einer Gaswaschflasche mit SO_2 u. Cl_2 unter gleichzeitiger UV-Bestrahlung behandelt. Die erhaltenen Schieferölsulfonylchloride reagieren in gleicher Weise wie die aus den FISCHER-TROPSCH-Ölen erhaltenen Prodd., so daß die Sulfochlorierung der Schieferöle techn. lohnenswert zu sein scheint. Kennzahlen der verschied. Prodd. in nachst. Reihenfolge: Ausgangsöl, sulfochloriertes Öl, Sulfonylchlorid (berechnet) u. zum Vgl. die Werte von $C_{15}H_{31}SO_2Cl$. — $D.^{60F}$ 0,800, 0,897, 0,996, —; Gesamt-Cl (Gew.-%) —, 6,01, 12,3, 11,5; verseifbares Cl (Gew.-%) —, 5,5, 11,3, 11,5; Gesamt-S (Gew.-%) 0,0, 4,87, 10,0, 10,15; VZ. —, 178, 365, 361; unverseifbares Öl 100, 51,2, —, —. (J. Inst. Petroleum **38.** 178—79. März 1952.) FIEDLER. 8180

H. G. Ulrik, *Fragen der Lagerstättenphysik. Sondenabstand und Gesamtproduktion von Gasfeldern.* Vers. zur Berechnung der Verhältnisse in Gasfeldern u. Vgl. mit prakt. erzielten Ergebnissen. (Erdöl-Ztg. **68.** 51—60. Mai 1952.) ENSSLIN. 8186

Walter Passler, *Kalkspülung.* Besprochen wird die „Rote Kalkspülung", d. h. eine durch *Quebracho* rot gefärbte Ton-W.-Aufmischung, der je nach Bedarf *CaO, BaO, Bentonit, NaOH* u. *Stärke* zugemischt werden. Die Beziehungen zwischen den physikal. Eigg. der Spülung u. ihrem CaO-Geh. werden erörtert. Der Einfl. der verschied. Zusätze sowie die Auswirkung von p_H u. Temp. werden geschildert. Weiter wird über ein einfaches Verf. zur Best. des Ca- u. Na-Geh. durch Vgl. der Alkaliwerte von Spülung u. ihrem Filtrat berichtet. (Erdöl-Ztg. **68.** 73—77. Juli/Aug. 1952. Wien.) STEINER. 8190

—, *Schwefel aus Petroleum. Die Shell-Anlage in Stanlow ist die erste ihrer Art in England.* Das H_2S-haltige Gas stammt aus der Crackanlage zur Gewinnung von Treibstoffen. Das Gas wird mittels Diäthanolamin vom H_2S befreit. Der aus der Wasch-Fl. gewonnene H_2S wird dann im KLAUS-Ofen auf S verarbeitet. Schilderung der erbauten Anlage u. Angaben über die Produktionsverhältnisse. (Manufact. Chemist **23.** 239—40. Juni 1952.) ROSENDAHL. 8196

Milton Manes, *Die Verteilung von flüssigen und festen Fischer-Tropsch Kohlenwasserstoffen nach der Kohlenstoffzahl.* Die mathemat. Ableitung der Verteilung von C-Atomen in FISCHER-TROPSCH-KW-stoffen, bekannt durch die Arbeiten von HERINGTON, FRIEDEL u. ANDERSON sowie ANDERSON, FRIEDEL u. STORCH, beruht auf der Hypothese, daß das Kettenwachstum bei der Synth. schrittweise durch Anlagerung von einzelnen C-Atomen erfolgt, u. daß die Wahrscheinlichkeit des Anwachsens α einer gegebenen KW-stoffkette unabhängig ist von der C-Zahl oberhalb C_5. Schwankungen können indessen von den Betriebsbedingungen abhängen. Die Konstante α, abgeleitet aus einer im Original angeführten Gleichung, ist ein geeigneter Parameter, um die Verteilung der Prodd. zu charakterisieren, u. ist anwendbar, wie die Messungen ergeben, bis zu den entstehenden Paraffinen. Versuchsergebnisse u. Diagramme sowie 20 Literaturhinweise im Original. (J. Amer. chem. Soc. **74**. 3148—51. 20/6. 1952. Bur. of Min., Synthetic Fuels Res. Branch.) K. O. MÜLLER. 8200

E. C. Hughes, H. M. Stine, H. A. Strecker, S. C. Eastwood, C. L. Gutzeit, W. A. Stover und **S. J. Wantuck,** *Zusammen gelierte Chrom–Aluminium-Katalysatoren für die Benzinaromatisierung, Bewertung von Kohlenwasserstofftypen und Benzinen.* In Fortsetzung der Arbeiten von HUGHES, STINE u. DARLING (vgl. Ind. Engng. Chem. **41**. [1949.] 2184), die Cr–Al-Katalysatoren durch Zusammenfällung herstellten, wurde nun in Gemeinschaftsarbeit ein zusammen gelierter Cr–Al-Katalysator in Perlenform gefunden, der mechan. u. abriebfest ist u. gegenüber anderen Katalysatoren einen geringen H_2-Partialdruck benötigt bei der raffinierenden Hydrierung von niedrigsd. KW-stoff-Fraktionen. C-Abscheidung ist sehr gering, wenn auch zwischen KW-stoff-Fraktionen verschied. Provenienz Unterschiede beobachtet wurden. Die mit den Katalysatoren behandelten Benzinfraktionen hatten dann eine hohe Octanzahl. Außer straight-run-Bzn. können auch therm. gespaltenes Bzn., Bzl., Toluol u. Flugbenzin behandelt werden. 86—97% des im Ausgangsmaterial enthaltenen S werden als H_2S entfernt. Die erhaltenen Prodd. sind lagerfähig. — Versuchsergebnisse, Ausbeute- u. Durchsatzzahlen. (Ind. Engng. Chem. **44**. 572—75. März 1952. Cleveland, O., Standard Oil Co., u. Paulsboro, N. J., Socony-Vacuum Oil Co., Inc.) K. O. MÜLLER. 8200

Werner Ruppert, *Über die Druckabhängigkeit der Viscosität von Schmierölen auf Grund vorhandener experimenteller Messungen.* Abweichungen von dem KIESSKALTschen Gesetz über die Druckabhängigkeit der Viscosität von Schmierölen werden vom Vf. mit der Annahme von Strukturänderungen erklärt, die durch Druckänderungen bei den Ölen hervorgerufen werden. Zur Erklärung des Viscositäts–Druck-Verh. von Ölen zieht Vf. wesensverwandte Gesetze, z. B. Gesetz über den Zerfall radioakt. Stoffe oder das LAMBERTsche Absorptionsgesetz, heran, bringt alle Gesetze auf eine gemeinsame Formulierung, d. h. die Logarithmen der Restzahlen verhalten sich wie die korrespondierenden Intervalle. Nach KIESSKALT gilt $K = a^p$, worin K die relative Druckzähigkeit $= \eta$ bei Überdruck p/η bei 1 at bedeutet, während a eine Konstante, die „Druckzähigkeitszahl" des Öles, u. p den Überdruck über 1 at bedeuten. Vf. gibt rechner. Ableitungen u. bringt zu einer großen Zahl von Ölen die Abhängigkeit der Viscosität vom Druck. Übertragung der Erkenntnisse auf Schmierfilme in Lagern, die unter hohem Druck laufen. Vf. zeigt weiterhin, daß das KIESSKALTsche Gesetz nur ein Grenzfall eines allg. Gesetzes ist, dem außer Schmierölen auch andere Fll. u. ideale Gase gehorchen. (Brennstoff-Chem. 33. 273—78. 20/8. 1952. Karlsruhe, TH, Carl-Engler- u. Hans-Bunte-Inst. für Mineralöl- u. Kohleforschung.) K. O. MÜLLER. 8220

Günther Herion, *Verdunstung und Polymerisation (Alterung) von bituminösen Bindemitteln — Aufstellung einer Alterungsformel.* Vf. stellt fest, daß für die Beurteilung der hochviscosen Heißeinbaubindemittel die Verhärtungseigg. ausschlaggebend sind, ausgedrückt durch die Ergebnisse der Erhitzungs- u. Alterungsformeln. Zusätzlicher Vgl. der Verdunstung u. der Verhärtung des Bindemittels können wertvolle Aufschlüsse über Bindemitteleigg. liefern. Tropenteer, Synova-Spezial-Heißteer u. Plastix werden auf ihre Eignung für den Straßenbau geprüft. Sie besitzen wertvolle straßenbautechn. Eigenschaften. (Bitumen, Teere, Asphalte, Peche verwandte Stoffe 3. 36—42. Febr. 1952.) F. C. MÜLLER. 8230

O. Martin, *Fugenvergußmassen für Steinpflaster und Zementbetondecken.* Es werden die Normen der Fugenvergußmassen (I) besprochen, sowie die Prüfverff. derselben. Bes. hohe Ansprüche sind an I für Zementbetondecken zu stellen, da die Betonplatten durch den Temperaturwechsel bes. stark „arbeiten". Bei der Einbautechnik soll für die richtige Ausbldg. der Fugen u. ihre Vorbehandlung durch kaltfl. Aufstrichmittel gesorgt werden. (Bitumen, Teere, Asphalte, Peche verwandte Stoffe 3. 43—44. Febr. 1952.) F. C. MÜLLER. 8236

Carl Burton, *Qualitätsprüfung von Schmiermitteln.* Bericht über Untersuchungsmethoden zur Prüfung von Schmiermitteln u. Altöl bzw. Sparmaßnahmen bei gleichzeitiger Sortenverminderung. (Wld. Mining **5**. 38—41. Aug. 1952. U. S. Steel Co., Oliver Fron Mining Div.) STEINER. 8258

E. I. du Pont de Nemours & Co., Wilmington, Del,, übert. von: **Richard R. Vogt** und **William H. Hamill,** South Bend, Ind., V. St. A., *Erhöhung des Acetylengehaltes in Gasmischungen,* die Acetylenverbb. mit nicht mehr als 4 C-Atomen enthalten. Für die selektive Absorption von Acetylen, Monovinyl- oder Äthylacetylen aus Gasmischungen, die noch H_2, Äthylen, Äthan, Butan, Butadien oder dgl. enthalten, verwendet man Trialkylphosphorverbb., wie Trialkylphosphat, Trialkylphosphit u. Trialkylphosphinoxyd, deren Alkylreste 1—4 C-Atome enthalten. (**A. P. 2 580 622** vom 18/10. 1945, ausg. 1/1. 1952.) W. HAUSWALD. 8155

Standard Oil Development Co., übert. von: **Victor G. Meadors**, Tulsa, Okla., V. St. A., *Bohrflüssigkeit für Öl- und Gassonden*, bestehend aus einer wss. Dispersion von Ton unter Zusatz von Polyoxyalkylenderivv. von Hexitestern höherer Fettsäuren, z. B. von 0,1—5% des Reaktionsprod. von Sorbitmonopalmitat, -stearat oder -oleat mit einem Alkylenoxyd, als Verdickungsmittel. (**A. P. 2 587 501** vom 30/12. 1949, ausg. 26/2. 1952.) DERSIN. 8191

Phillips Petroleum Co., Del., übert. von: **Henry Earl Sullenger**, Phillips, Tex., V. St. A., *Destillation*. Eine aus mehreren Komponenten bestehende *KW-stoffmischung* trennt man in eine hoch- u. eine niedrigsd. Fraktion, indem man das Behandlungsgut in gleichmäßigem Fluß u. bei konstanter Temp. in eine Fraktionierzone bringt. Aus dieser zieht man einen größeren Teil des höhersd. Prod., das den Rückstand dieser Zone bildet, gleichmäßig ab u. bringt es in indirekten Wärmeaustausch mit dem fl. Behandlungsgut. Dann zieht man den zurückbleibenden Teil des hochsd. Rückstandes aus dem Sumpf der Fraktionierzone in beliebiger Menge ab, wobei man die Höhe des Rückstandes in der Fraktionierzone konstant hält, u. vereinigt als Rückstandsprod. die beiden Rückstandsfraktionen, die getrennt vom Boden der Fraktionierzone abgezogen wurden. Die leichteren Fraktionen werden am Kopf der Kolonne abgenommen. — Zeichnung. (**A. P. 2 588 305** vom 7/5. 1948, ausg. 4/3. 1952.) UNGER. 8193

Nicolay Titlestad Corp., N. Y., übert. von: **Nicolay Titlestad**, White Plains, N. Y., V. St. A., *Aufarbeitung von Säureschlamm*. Aus der Alkylierung stammende Säureschlämme (88—92% H_2SO_4, 3—5% W. u. 4—8% KW-stoffe) werden fortlaufend in einer Reaktionszone beim Kp. von 98%ig. Säure mit konz. SO_3-Gas umgesetzt, wobei sich SO_2 u. CO_2 bildet. Durch die frei werdende Reaktionswärme wird die Temp. des Kp. von 98%ig. Säure aufrechterhalten. Überschüssiges W. dampft ab u. man zieht fortlaufend gereinigte 98%ig. H_2SO_4 ab. — Zeichnung. (**A. P. 2 588 331** vom 20/3. 1948, ausg. 4/3. 1952.) UNGER. 8195

Aktiebolaget Separator-Nobel, Stockholm, Schweden, *Reinigen von Ölen*. Mit W. emulgierbare Öle werden in einer Zentrifugentrommel (I), die einen Ablauf in der Nähe der Peripherie u. einen Zulauf in der Nähe der Rotationsachse aufweist, zentrifugiert. Durch die Anordnung von mehreren Scheiben in der I wird eine Emulsionsbldg. vermieden. (**E. P. 655 948** vom 23/10. 1947, ausg. 8/8. 1951. Schwed. Prior. 8/11. 1946.) LÜTTGEN. 8195

Phillips Petroleum Co., Del., übert. von: **Reagan T. Wilson, Bartlesville, Okla.**, V. St. A., *Aufarbeiten von Erdöldestillationsrückständen* (I) (Kp. $<750^0$ F) erfolgt durch katalyt. Hochdruckhydrierung in MoO_3 enthaltenden Doppelbettkatalysatoren, die übereinander angeordnet sind. Der Eingangsstrom der I wird, mit H_2 gemischt, auf Reaktionstemp. erhitzt u. in die obere Schicht des unteren Katalysatorbettes mit ca. 825—924° (F) u. mindestens 1000 lbs./sq. in. geleitet. Entstehende Dämpfe u. H_2 strömen in das obere Bett mit Tempp. von ca. 840—910° u. werden am Kopf des Reaktionsraumes abgeleitet. Im unteren Bett leitet man vom Boden des Reaktionsraumes den fl. bzw. flüssig-dampfförmigen Prodd. bei 875—910° im Gegenstrom weiteren erhitzten H_2 entgegen. Die Kopf- sowie die Bodenprodd. werden über zwischengeschaltete Hochdruck-, Niederdruckseparatoren, Hochdrucköl wäscher, Gasabscheider zu getrennten Fraktionierkolonnen geleitet. Die Hydrierprodd. des oberen Bettes bestehen aus gasförmigen KW-stoffen, Gasolin-KW-stoffen, Dieselölen guter Qualität u. geringen Mengen leichter u. schwerer Gasöle, die des unteren Bettes bestehen bes. aus Dieselöl hochwertiger Qualität, ferner aus leichten u. schweren Gasölen. Der Katalysator des unteren Bettes besteht aus MoO_3 auf Al_2O_3 u. der des oberen Bettes aus MoO_3-Al_2O_3-SiO_2, wobei der MoO_3-Geh. in beiden Fällen 0,1—20 % betragen kann. (**A. P. 2 541 317** vom 9/7. 1948, ausg. 13/2. 1951.) G. KÖNIG. 8197

Badische Anilin- & Soda-Fabrik, Ludwigshafen/Rh. (Erfinder: **Mathias Pier, Heidelberg, Wilhelm von Füner**, Ludwigshafen/Rh., **Georg Graßl**, Limburgerhof, Pfalz, **Kurt Peters**, Wien, und **Walter Simon**, Ludwigshafen/Rh.), *Spaltende und aromatisierende Druckhydrierung von Kohlenwasserstoffölen* vom Siedebereich der Mittelöle oder Schweröle bei 450—700° unter Verwendung von Gemischen des Cr_2O_3 u. V_2O_3 als Katalysator (I), dad. gek., daß der verwendete I zu ca. 70—95 % aus Cr_2O_3 u. zu ca. 30—5 % aus V_2O_3 besteht. (**D. R. P. 767 388** Kl. 12o vom 1/2. 1939, ausg. 31/7. 1952.) G. KÖNIG. 8197

Imperial Chemical Industries Ltd., London (Erfinder: **John George Mackay Bremner, Peter William Reynolds und Arthur William Charles Taylor,** Norton-on-Tees), England, *Dehydrierungskatalysatoren*, bes. zur Dehydrierung von KW-stoffen. Der durch Fällen einer ein Al-Salz u. eine oder mehrere Verbb. aus der Reihe $(NH_4)_2Cr_2O_7$, $(NH_4)_2CrO_4$ u. CrO_3 enthaltenden wss. Lsg. mittels NH_3, $(NH_4)HCO_3$, $(NH_4)_2CO_3$ erhaltene Nd. wird vorsichtig therm. zersetzt. Der Cr-Geh. soll, als Cr_2O_3 berechnet, zwischen 40—45 % liegen. Der fertige Katalysator enthält noch 0,05—5 (Gew.-%) einer Na- oder K-Verb. u. 0,05—10 eines Zn-Salzes (z. B. Chromit, Chromat oder Bichromat). (**D. B. P. 830 789** Kl. 12o vom 19/12. 1948, ausg. 7/2. 1952. E. Priorr. 21/6., 4/7., 16/12. u. 18/12. 1940.) STEIL. 8197

Shell Development Co., übert. von: Ernest L. Walters, San Francisco, Calif., V. St. A., *Verbesserung der Eigenschaften von mit Bleialkylverbindungen stabilisierten Fliegerbenzinen* durch Zusatz von geringen Mengen (0,0001—0,1 %) *2.4-Dimethyl-6-tert.-butylphenol* oder *Pentamethylphenol*. Vgl. A. PP. 2 410 846, 2 410 847; C. **1947.** 698. (**Can. PP. 481 249** vom 22/3. 1943, ausg. 19/2. 1952. A. Prior. 5/5. 1942 u. **481 250** vom 13/7. 1943, ausg. 19/2. 1952. A. Prior. 5/8. 1942.) M. F. MÜLLER. 8205

Ruhrchemie Akt.-Ges., Oberhausen-Holten (Erfinder: **August Hagemann,** Duisburg-Meiderich, **Heinrich Tramm,** Mülheim/Ruhr-Speldorf, **Hermann Velde,** Oberhausen-Holten, und **Fritz Dahm,** Duisburg-Hamborn), *Motortreibmittel*, bestehend aus den bei der KW-stoffsynth. aus CO u. H_2 im Verhältnis 1 : 1 u. erhöhtem Druck, Kreislaufführung u. unter Verwendung von verd. Katalysatoren erhaltenen, über 70° sd. Benzinen u. Polymerbenzinen, die aus den unter 70° sd. olefin. KW-stoffen der genannten Synth. durch Polymerisation erhalten wurden. — Von einem zu 28 Vol.-% bis 70° u. zu 72 Vol.-% über 70° sd. Bzn. wurden die unter 70° sd. Anteile mit einem H_3PO_4-Katalysator bei 200° u. 50 atü Druck polymerisiert. Das Bzn. enthielt 70 % Olefine, besaß einen Literheizwert von 7370 kcal, eine Octanzahl von 67 u. d_{15} 0,702. (**D. R. P. 742 122** Kl. 46a[6] vom 17/4. 1938, ausg. 2/5. 1952.) DERSIN. 8205

Badische Anilin- & Soda-Fabrik, Ludwigshafen/Rh. (Erfinder: **Werner Wolff,** Altötting/Obb.), *Druckübertragungsmittel* sind lineare Polyester von Dicarbonsäuren u. zweiwertigen Alkoholen. — Geeignet sind Ester von öl- oder vaselinartiger Konsistenz. Öle sind z. B. die Ester der Adipinsäure mit 1.2-Propylen-, 1.3-Butylen-, Di- oder Triäthylenglykol, Tetradecenglykol oder Dimethyldimethylolmethan, die Ester der Methyladipinsäuren mit Äthylenglykol, die Ester der Bernsteinsäure mit 1.2-Propylenglykol oder Diäthylenglykol u. die Ester der Maleinsäure mit Äthylenglykol oder 1.2-Propylenglykol. Man kann auch noch Verdünnungsmittel, wie A., Diacetonalkohol oder Äthylenglykolmonoalkyläther zusetzen. Verwendung in hydraul. Bremsvorrichtungen. Die Ester greifen Kautschuk nicht an. (**D. B. P. 842 995** Kl. 23c vom 10/7. 1940, ausg. 3/7. 1952.) DERSIN. 8223

Badische Anilin- & Soda-Fabrik (Erfinder: **Fritz Fried**), *Herstellung von Schmierfetten* nach D. B. P. 833 538, dad. gek., daß man 1. in der 1. Stufe die Neutralisation des Gemisches aus seifenbildenden Stoffen u. nichtseifenbildenden sauren Stoffen nur teilweise vornimmt, mindestens jedoch so weit, daß die sauren Zusatzstoffe neutralisiert werden u. daß man die Neutralisation erst in der 2. Stufe zu Ende führt; daß man 2. eine nennenswerte Neutralisation in der 2. Stufe erst dann eintreten läßt, wenn die neutralisierenden Stoffe in dem Gemisch aus KW-stofföl u. saurem Verseifungsprod. fein u. gleichmäßig verteilt sind. — Man erhält so dünnfl. Prodd., die sich leicht aufschmelzen u. in dem Öl gleichmäßig verteilen lassen. (**D. B. P. 842 695** Kl. 23c vom 24/11. 1949, ausg. 30/6. 1952. **Zusatz zu D. B. P. 833 538; C. 1952. 6470.**) DERSIN. 8223

Shell Development Co., San Francisco, Calif., V. St. A., übert. von: **Raymond Glyn Davies,** Teddington, und **Reginald William Noad,** New Malden, England, *Schmiermasse*, bestehend aus Mineralöl mit einem verdickenden Zusatz einer Mischung von Li-Oxystearat, Li-Stearat u. Na-Oxystearat, wobei das Verhältnis der Li- zu den Na-Seifen wie 94 : 6 u. der OH-Geh. der gesamten Seifenmischung 3,2—4 % betragen soll. (**A. P. 2 566 793** vom 5/7. 1949, ausg. 4/9. 1951. E. Prior. 18/10. 1948.) DERSIN. 8223

Gulf Research & Development Co., Pittsburgh, übert. von: **Paul R. McCarthy,** Allison Park, Pa., V. St. A., *Schmierfett*, bestehend aus Mineralöl, das durch Zusatz von Li-Salzen höherer Fettsäuren (I), z. B. Li-Stearat, -Palmitat oder -Oleat, verdickt wurde, mit einem Zusatz von wenigstens zu 40 % hydriertem Kolophonium (II). Das Verhältnis von I : II soll 1 : 6 bis 1 : 20 betragen. Dadurch soll eine gleichmäßige Struktur der Schmiere erzielt werden. (**A. P. 2 580 570** vom 24/4. 1950, ausg. 1/1. 1952.) DERSIN. 8223

C. C. Wakefield & Co. Ltd., London, England, *Schmiermittel*, bes. für *Verbrennungsmotoren*. Man erhält ein Schmiermittel, welches gleichzeitig reinigende Eigg. besitzt u.

nur sehr wenig zur Bldg. schädlicher Oxydationsprodd. u. korrodierend wirkender Prodd. neigt, wenn man einem üblichen Schmieröl geringe Mengen eines Sn-Salzes von bei der Erdölraffination anfallenden Sulfosäuren sowie eines Salzes eines mehrwertigen Metalls eines partiellen Dithiophosphorsäureesters zusetzt. Bes. geeignet sind die Zn- oder Cr-Salze von Di-(octylkresyl)-, (Octylkresyl)-kresyl-, (Octylkresyl)-(2-äthylhexyl)-, Di-(p-octylphenyl)-, Di-(tert.-butylkresyl)-, (Octylkresyl)-cyclohexyl-dithiophosphorsäureestern. Auch die Salze von Di-(n-hexyl)-, Di-(2-äthylhexyl)-, Di-(methylcyclohexyl)-, Diamyl-, Di-(α-methylisoamyl)-dithiophosphorsäureestern sind verwendbar. Außerdem kann man noch ein Dioxyarylsulfid (Thioäther), -disulfid oder -polysulfid u./oder einen Ester der phosphorigen oder thiophosphorigen Säure, der sich von einem solchen aromat. Thioäther oder Di- oder Polysulfid ableitet u./oder ein Triarylphosphit zusetzen. (**Schwz. P. 277 989** vom 8/12. 1948, ausg. 1/2. 1952. E. Priorr. 9/12. 1947 u. 4/11. 1948.) BEIERSDORF. 8223

N. V. de Bataafsche Petroleum Mij., Den Haag (Erfinder: **Hendrik van Olphen**, Amsterdam), Holland, *Stabile Metallseifenschmiermittel*, bes. Schmierfette, dad. gek., daß sie geringe Mengen eines oder mehrerer Glykole mit mehr als 4 C-Atomen im Mol. als Stabilisator enthalten. — Man setzt z. B. einem Gemisch von Mineralöl u. Ca- oder Ba-Seifen Dodecan-, Ceten-, Dipropylen- oder Tripropylenglykol zu. (**D. B. P. 843 584** Kl. 23c vom 8/8. 1950, ausg. 10/7. 1952. Holl. Prior. 24/10. 1945.) DERSIN. 8223

Farbwerke Hoechst, vormals Meister Lucius & Brüning, Frankfurt/M.-Höchst (Erfinder: **Karl Daimler**, Ehlhalten, Taunus), *Herstellung von bituminösen Dispersionen*. Herst. von Huminsäure, deren unlösl. Salze oder ähnliche bzw. verwandte Stoffe enthaltenden Dispersionen, gek. durch einen zweckmäßig zur fertigen Dispersion erfolgenden Zusatz von fettsauren NH_4-Salzen oder von zu diesen führenden Bestandteilen. — Man setzt die fettsauren Salze als wss. Lsgg. (ca. ½—3%, bezogen auf freie Fettsäure, z. B. Myristin-, Laurin-, Palmkernölfettsäure oder Ölsäure) u. ferner noch bekannte Gefrierschutzmittel zu. (**D. B. P. 831 397** Kl. 12s vom 18/2. 1950, ausg. 14/2. 1952.) DERSIN. 8231

—, Mineralöle und verwandte Produkte. Ein Handb. f. d. Laboratorium. Bearb. u. herausg. v. Carl Zerbe. Berlin, Göttingen, Heidelberg: Springer-Verl. 1952. (L + 1525 S. m. 467 Abb. u. 1 Taf.) gr. 8°. DM 192,—.

XXI. Leder. Gerbstoffe.

H. Spahrkäs, *Über die Trocknung mit Infrarotstrahlen und ihre Anwendung in der Lederindustrie.* Fortschrittsbericht. — 14 Literaturhinweise. (Leder **3.** 79—86. April 1952.) WINIKER. 8332

Josef Váhala, *Der Essigsumach als mögliche Quelle einheimischen Gerbstoffs.* Die Verss. ergaben, daß der *Gerbstoff* des *Essigsumachs* (*Rhus typhina*) billiger als der aus Fichtenrinde zu erhalten ist, ganz abgesehen vom viel teureren synthet. Gerbstoff. Die Unters. erstreckte sich auf die Feststellung des Standorteinfl. auf die Qualität der Blätter, den Einfl. der Lage (am günstigsten die südwestliche), die Änderung der Blattzus. im Verlauf der Vegetation, die Best. der Blattfärbung während der Vegetation, die klimat. Bedingungen u. die Extraktion der roten Blätter. (Sborník českoslov. Akad. Zemědělské [Ann. czechoslov. Acad. Agric.] **24.** 377—88. Dez. 1951.) FREYTAG. 8336

G. I. Kutjanin, *Hitzebeständigkeit von trockenem Kollagen.* Während die Hitzebeständigkeit von Kollagen (I), von pflanzlich gegerbtem Leder u. Chromleder verschieden ist u. bei 70, 80 u. 120° liegt, verhalten sich trockenes I u. Leder gleich, deren Hitzebeständigkeit bei 210° liegt. Gerbung zeigt somit keinen Einfl. auf die Hitzebeständigkeit von absol. trockenem I. Es folgen theoret. Betrachtungen u. ein Vgl. mit der Theorie KARGINs zur Erweichung der Hochpolymeren. Erniedrigung der Hitzebeständigkeit bei I durch W. ist Vf. zufolge der Einführung von Weichmachern in Hochpolymere analog. (Доклады Академии Наук СССР [Ber. Akad. Wiss. UdSSR] [N. S.] **82.** 405—08. 21/1. 1952.) v. SCHROEDER. 8336

R. Borasky und **J. S. Rogers**, *Der Einfluß der Gerbprozesse auf das elektronenoptische Aussehen von Rinderkollagenfasern.* Die Unterss. wurden an einem feinverteilten Kollagenfasermaterial, das frei von anderen Fasern u. Hautbestandteilen, wie Elastin, war, durchgeführt, so daß die Einw. von Säuren, Alkalien u. Enzymen rascher u. deutlicher war als bei unverteilter Hautsubstanz. Eine n. geäscherte, gebeizte oder gepickelte Kollagenfaser zeigte keine Unterschiede in dem charakterist. Bild der Querstreifung, wenn die Chemikalien nachher wieder vollständig entfernt worden waren. Dagegen weisen Fasern unzweckmäßig konservierter Haut oder zu stark geäscherter bzw. überbeizte Fasern oder solche, die mit zu wenig Salzzusatz gepickelt wurden, stärkere

Veränderungen auf, woran eine beginnende oder stärkere Zerstörung der Kollagenfaser erkennbar ist. Das elektronenopt. Bild von mit Enzymen behandelten Kollagenfasern ist bis auf die Enden der Fasern, die stärker angegriffen erscheinen, normal. Eine n. Beize greift also das Kollagen der Haut nicht weiter an. Bei gegerbten Kollagenfasern ist die Querstreifung größtenteils, je nach Gerbungsart, verschwunden; die Fasern erscheinen dabei untereinander mehr verbunden u. weniger plast. zu sein. (J. Amer. Leather Chemists Assoc. **47.** 312—29. Mai 1952. Philadelphia, Pa., Eastern Reg. Res. Labor.) STADLER. 8336

J. R. Kanagy, W. H. Leser, E. B. Randall, T. J. Carter und **C. W. Mann,** *Der Einfluß des Spaltens auf die Festigkeit von chromgegerbten Stierhäuten.* Es wird die Abhängigkeit der Festigkeit von Chromoberleder von der Spaltdicke untersucht bzw. mit der Festigkeit ungespaltenen Leders verglichen. Die Reißfestigkeit nimmt mit abnehmender Dicke der Spaltstücke stark ab u. liegt niedriger als die Werte für ungespaltene Leder gleicher Dicke. Dagegen ist die Stichausreißfestigkeit bei stärkeren Spalten höher als bei dem ungespaltenen Leder u. nimmt erst bei den dünneren Spalten stärker ab. Die Werte wurden parallel u. quer zur Rückenlinie gemessen, wobei bei der Reißfestigkeit die ersteren u. bei der Stichausreißfestigkeit die letzteren höher liegen, u. daraus das Mittel genommen. Es wird die Möglichkeit abgeleitet, umgekehrt für eine gewünschte Festigkeit die mindeste Dicke eines Spaltes vorher festzustellen. (J. Amer. Leather Chemists Assoc. **47.** 329—51. Mai 1952. Washington, D. C., Nat. Bur. of Stand.) STADLER. 8340

N. N. Koshewnikow, *Die Abhängigkeit der Volumenänderung vegetabilisch gegerbten Leders von der Füllung.* Vf. ist der Ansicht, daß die Volumabnahme des feuchten Leders bei der Verarbeitung ein Minimum hat, wenn das durch Gerbung u. Füllung erzielte Gewicht genau dem Gewicht des W. in der rohen Blöße entspricht. Der Hautsubstanzbetrag im Leder soll also genau gleich dem der Blöße (30—34%) sein. (Легкая Промышленность [Leichtind.] **11.** Nr. 11. 46—48. Nov. 1951.) v. SCHROEDER. 8340

W. Graßmann und **E. Zeschitz,** *Verfahren zur Schnellbestimmung von Gerbstoffen und Gerbstoffgemischen.* Die Reingerbstoffe in natürlichen u. synthet. Gerbstofflsgg. werden an Cellophanfolien adsorbiert, mit Methylenblau (**I**) oder Fe(III)-Salzen (II) angefärbt u. colorimetr. bestimmt. Wegen der Gleichmäßigkeit des Farbtons u. de. weniger starken Divergenz in der Neigung der Eichkurven ist bei der Auswertung von Gerbstoffmischungen unbekannter Zus. die I-Meth. vorzuziehen. Bei der Best. von Sumachgerbstoff, z. B. ist die II-Meth. besser geeignet, da I nur eine geringe Anfärbung liefert. Eine Kombination beider Methoden ist vorteilhaft, wenn synthet. Gerbstoffe, die nur mit I eine Anfärbung zulassen, in Gemischen mit pflanzlichen Gerbstoffen bestimmt werden sollen. (Leder 3. 241—47. Okt. 1952. Regensburg, Forschungsstelle für Eiweiß u. Leder in der Max-Planck-Gesellschaft.) WINIKER. 8364

A. Jamet, *Vergleich der Berkefeld- und der Chamberland 3 Cl 1-Filterkerzen für die Filtration der Analysenlösungen von Gerbextrakten.* Bei einem Vgl. der BERKEFELD- u. der CHAMBERLAND 3 CL 1-Filterkerze zum Abfiltrieren des Unlöslichen pflanzlicher Gerbstoffe von Analysenlsgg. wurden prakt. keine Unterschiede in den Ergebnissen erhalten. Eichenholz- u. Quebrachoextraktlsg. waren mit der BERKEFELD-Kerze etwas schwieriger zu filtrieren. (Bull. Assoc. franç. Chimistes Ind. Cuir Doc. sci. techn. Ind. Cuir **13.** 104—05. Mai 1951. Lyon.) O. ENGEL. 8364

Farbwerke Hoechst, vorm. Meister Lucius & Brüning (Erfinder: **Christoph Thomsen,** und **Walter Pense**), Frankfurt/M., *Herstellung von Gerbstoffen* aus 2-wertigen Phenolen oder ihren Gemischen mit 1wertigen Phenolen (Brenzöle), Sulfiten u. CH_2O. Die Rk. wird in Ggw. von nur so viel W. vorgenommen, daß die Kondensationsprodd. in der Wärme fl. u. rührbar sind u. beim Abkühlen zu einer festen M. erstarren. Der CH_2O wird so bemessen, daß in W. lösl. Prodd. entstehen. (**D. B. P. 850 892** Kl. 12q vom 19/5. 1943, ausg. 29/9. 1952.) FABEL. 8337

Farbenfabriken Bayer, Leverkusen (Erfinder: **Rudolf Bauer,** Köln), *Kondensationsprodukte (Gerbstoffe).* Techn. Phenolgemische, die bes. aus Brenzcatechin u. Homologen bestehen („Brenzöle") werden mit ungesätt. Aldehyden (Crotonaldehyd) + SO_2 u. gleichzeitig oder nacheinander mit Aldehyden (CH_2O) umgesetzt. (**D. B. P. 848 823** Kl. 12q vom 7/12. 1943, ausg. 8/9. 1952.) FABEL. 8337

Soc. de Diffusion Européenne de Produits Industriels et Commerciaux (D. E. P. I. C.), Frankreich, *Schnellgerbung.* Das enthaarte Fell wird zusammengefaltet, Blume nach außen, u. die freien Enden werden aneinandergenäht, so daß ein Sack entsteht, den man mit Gerbmittel unter Druck anfüllt. Diese Maßnahme kann mit konz. Gerbmittel mehrmals wiederholt werden. (**F. P. 992 784** vom 12/8. 1949, ausg. 23/10. 1951. Oe. Prior 11/6. 1949.) WITTHOLZ. 8337

Ciba Akt.-Ges., Basel, Schweiz, *Herstellung von Kunstleder.* Man erhitzt tier. Faserstoffe mit Bindemittelfolien aus filmbildenden Polymerisaten, die vorzugsweise Weichmacher enthalten, worauf anschließend oder gleichzeitig eine Druckbehandlung, gegebenenfalls unter Narbung des Materials, erfolgt. Hierbei wird ein loser Faserflor, bes. aus kardierter Baumwolle oder Wolle, verwendet, der auch gefärbt sein kann. Als Folienmasse sind bes. Polyvinylchlorid u. Mischpolymerisate aus Vinylchlorid u. -acetat geeignet. (**N. P. 78 332** vom 15/3. 1947, ausg. 2/4. 1951. Schwz. Prior. 21/3. 1946.) J. SCHMIDT. 8353

Underfelts Ltd. und **Allan Kemp**, England, *Herstellung von Kunstleder.* Man mischt in W. suspendierte zerkleinerte Faserstoffe mit einer wss. Suspension fein verteilter Kautschukteilchen, wie man sie durch vorsichtige teilweise u. geregelte Koagulation von Kautschukmilch erhält, trennt das W. von der Suspension u. erhält das Leder in Form von Platten oder Röhren. Man mischt z. B. 10 (Gewichtsteile) „Positex" u. 1000 W. mit 15 Kautschukmilch u. 1000 W. u. die so erhaltene Kautschuksuspension mit 10 Asbest u. 500 W., filtriert ab u. trocknet. Der Suspension können Vulkanisationsmittel zugesetzt werden. (**F. P. 975 873** vom 6/12. 1948, ausg. 12/3. 1951. E. Priorr. 12/12. 1947 u. 24/9. 1948.) PANKOW. 8353

XXII. Leim. Klebstoffe usw.

W. Lübbert, *Die deutsche Klebstoffindustrie. Der Leistungsstand der deutschen Klebstoffindustrie.* Tier- u. Pflanzenleime, Cellulose- u. Kunstharzklebstoffe. (Chem. Industrie 3. 218—20. April 1951. Düsseldorf-Benrath.) SCHEIFELE. 8380

Joseph T. Hogan und **Jett C. Arthur jr.**, *Baumwollsaat- und Erdnußmehlleime. Widerstand von Sperrholzbindungen gegen chemische Reagentien.* Unter Hinweis auf frühere Veröffentlichungen werden unter Vgl. mit Caseinleim mit den mit Lösungsm. extrahierten Mehlen von Baumwollsaat u. von Erdnuß Verss. durchgeführt; Herst. der Leime u. der geleimten Sperrholzplatten sowie Prüfung der Probestücke hinsichtlich ihrer Widerstandsfähigkeit gegen CCl_4, Bzl., Aceton, A. (95- u. 50%ig), Methanol, W., H_2SO_4 (3- u. 30%ig), NaOH (1- u. 10%ig), HNO_3 (10%ig), HCl (10%ig), NaCl (10%ig), Na_2SO_4 (10%ig) s. Original. Aus den Ergebnissen (Versuchsdauer 1—14 Tage) wird abgeleitet, daß die Hauptbindungskräfte der Leime solche ion. oder valenzmäßiger Art sind. Die unterschiedliche Resistenz der Leime gegenüber den geprüften Reagenzien wird auf den verschiedenartigen Aufbau der Proteine hinsichtlich der konstituierenden Aminosäuren zurückgeführt. (J. Amer. Oil Chemists' Soc. **29.** 16—18. Jan. 1952. New Orleans, La., Southern Reg. Res. Labor.) TÄUFEL. 8384

Siegfried Bahlo, Flensburg, *Härtung von mit tierischem Leim hergestellten Verleimungen* (I), dad. gek., daß man mit Wasserdampf gemischte CH_2O-Dämpfe bei $> 100^0$ unter Druck auf die bereits getrockneten I einwirken läßt. (**D. B. P. 833 834** Kl. 22i vom 21/5. 1949, ausg. 13/3. 1952.) LÜTTGEN. 8385

Monsanto Chemical Co., St. Louis, Mo., V. St. A. (Erfinder: **C. F. van Epps**), *Weizenmehl enthaltendes Klebemittel.* Das Klebemittel soll neben Weizenmehl ein härtbares Amin-Aldehyd-Kondensationsprod., z. B. aus Harnstoff (I) u. CH_2O (II) oder Melamin u. II, u. 1—6% $NaHSO_3$ enthalten u. ein p_H von 2,5—6 aufweisen. — Z. B. enthält es 70 (Teile) spritztrockenes Bindemittelharz aus I-II, 2 $NaHSO_3$, 200 Weizenmehl u. 288 W.; es dient bes. für die Herst. von Furnieren u. bildet keine Klumpen. (**Schwed. P. 130 598** vom 9/4. 1946, ausg. 16/1. 1951. A. Prior. 24/4. 1945.) J. SCHMIDT. 8389

Union Chimique Belge Soc. An., Brüssel, Belgien, *Klebstoff.* Kieselsäureester werden unter Zusatz von organ. Basen, z. B. Piperidin, Äthanolamin, u. eines Emulgators, z. B. Na-Alginat, mit W. in eine wss. Emulsion übergeführt. Die Prodd. sind bis zu $3^1/_2$ Std. stabil. (**Schwz. P. 276 711** vom 1/6. 1948, ausg. 16/10. 1951. E. Priorr. 27/2. 1947 u. 26/2. 1948.) LÜTTGEN. 8389

Henry Ewing und **Albert Mellor**, London, England, *Klebstoff.* Zum Verkleben von Celluloseacetatgeweben mit gleichen oder anderen Geweben werden diese mit einer Lsg. von Polyvinylchlorid u. einem neutralen Ester eines nichtaromat., monocycl. Alkohols u. einer Dicarbonsäure (I) als Weichmacher überzogen. In I sollen die 2 COOH-Gruppen durch weniger als 4 C-Atome getrennt sein. Nach dem Abdunsten des Lösungsm. erfolgt die Verb. der Gewebe mittels Wärme. (**E. P. 658 180** vom 23/9. 1947, ausg. 3/10. 1951.) LÜTTGEN. 8389

Shell Development Co., San Francisco, Calif., übert. von: **Eugene T. Bishop und Frank M. McMillan**, Berkeley, Calif., V. St. A., *Befestigen von Kautschuk an Gewebe* mittels eines vulkanisierbaren druckempfindlichen Klebstoffes aus einer Mischung eines kautschukartigen Mischpolymeren des 2- u. 4-Methylpentadien-(1.3), z. B. einer Mischung aus 350 (Gewichtsteilen) eines Mischpolymerisats aus 85 Gew.-% 2- u. 15 Gew.-% 4-Methylpentadien-(1.3) mit einem Mol.-Gew. von 50000—300000, 175 Ruß, 35 Weichmacher aus einem aromat. KW-stofföl, 5,25 Mercaptobenzothiazol, 17,5 ZnO, 7 S, 1.4- Tetramethylthiuramdisulfid, 5320 Isooctan. (**Can. P. 481 563** vom 24/4. 1945, ausg. 4/3. 1952. A. Prior. 21/6. 1944.) PANKOW. 8389

Minnesota Mining & Mfg. Co., übert. von: **Edwin O. Joesting**, St. Paul, Minn., V. St. A., *Klebstoff für Klebbänder*, bestehend aus 25—75, bes. 50 (Teilen) Naturkautschuk, 75—25, bes. 50 Butadien-Styrol-Polymerem u. 40—90, bes. 40—60 thermoplast. Terpenharz (SZ. 0, F. mindestens 80°). — Mischungsdreieck. (**A. P. 2 567 671** vom 10/10. 1949, ausg. 11/9. 1951.) LÜTTGEN. 8389

XXIV. Photographie.

I. M. Ratner, *Über die Beziehung zwischen der maximalen Lichtempfindlichkeit einer photographischen Emulsion, der ihr entsprechenden Schleierdichte und der Anhäufung des Nichthalogensilbers bei der ersten Reifung.* Im Anschluß an eine frühere Veröffentlichung (C. **1952**. 8079) untersucht Vf. die Beziehungen zwischen den Eigg. photograph. Emulsionen u. der Menge des nichthalogen gebundenen photolyt. Ag bei Belichtungen während der Reifung. Die Emulsionen wurden hergestellt durch zweimalige Zugabe von ammoniakal. $AgNO_3$ (innerhalb von 2 Min.) zu einer gelatinehaltigen KBr-Lsg. in Ggw. von $NaNO_2$ als Bromacceptor. Die erste Reifung dauerte 35 Min. bei 40°. Durch Zentrifugieren wurde der Nd. abgetrennt, für die zweite Reifung in Gelatinelsg. dispergiert u. Proben auf Platten sensitometr. untersucht. Die Belichtung der Emulsion wurde mit einer Glühlampe von der Farbtemp. 3000° K durchgeführt u. mit Luxometer mit Se-Zelle gemessen. Das nicht an Halogen gebundene Ag, nach der Meth. von TSCHIBISSOW, TITOW u. MICHAILOWA (C. **1947**. 1818; **1948**. II. 921) bestimmt, besteht aus photolyt. gebildetem Ag u. aus während der Reifung durch Einw. von Gelatine auf AgBr entstandenem halogenfreiem Ag. Da das während der Emulgierung entstandene photolyt. Ag schnell durch AgBr „verdeckt" wird, kann es keine katalyt. Einw. auf die Bldg. von Empfindlichkeitszentren haben. Der Vgl. der Menge des entstandenen halogenfreien Ag bei verschied. Belichtungen mit der maximalen Lichtempfindlichkeit u. der Schleierdichte ergab, daß die Menge des entstandenen photolyt. Ag, die eine starke Abnahme der Empfindlichkeit hervorruft, außerhalb der Grenzen der mikroanalyt. Genauigkeit liegt, die feststellbaren Mengen von Ag bilden sich mit zunehmendem Schleier im Bereich der starken Vorbelichtungen nach dem Durchgang der Lichtempfindlichkeit durch ein Minimum. In bezug auf photograph. Eigg. u. die Kinetik der Ansammlung von nichthalogen gebundenem Ag ist eine volle Analogie mit dem Prozeß der zweiten Reifung vorhanden, die extreme Lichtempfindlichkeit fällt mit der Schleierbldg. u. der Beendigung der Induktionsperiode zusammen, die entstehenden großen Zentren von photolyt. (Reifungs-) Ag verlieren ihre photograph. Aktivität als Acceptoren für Elektronen. (Доклады Академии Наук СССР [Ber. Akad. Wiss. UdSSR] [N. S.] **84**. 753—55. 1/6. 1952. Wiss. Kino-Photo-Forschungsinst.) OEHRN. 8598

R. W. Henn, *Entwicklereigenschaften.* 1. Mitt. *Hydrochinone.* Vf. untersucht die Entwickler *Hydrochinon, Chlorhydrochinon, Toluhydrochinon, Methoxyhydrochinon* u. das *Natriumsalz der Hydrochinon-o-sulfosäure* auf photograph. Eigg. u. Oxydierbarkeit im p_H-Bereich von 7,0—13,0. Die Entwicklerlsg. setzt sich folgendermaßen zusammen: 0,02 Mol Entwicklersubstanz, 0,2 Mol Na_2SO_3 u. so viel NaOH, wie zur Neutralisation der OH-Gruppe bzw. zur Einstellung des p_H notwendig ist. Als Puffersubstanzen zur Einstellung des p_H dient Sulfit für p_H 7,0, Pyrophosphat für p_H 8,5, Carbonat für p_H 10,0, Orthophosphat für p_H 11,5 u. NaOH für p_H 12,8. Die Teststreifen (KODAK-Feinkornpositivfilm) werden im Rohr entwickelt, das in einem Wasserbad von 20° rotiert. Es wird die Aktivität des Entwicklers, seine Schleierwrkg. u. der Einfl. auf Kontrast u. Filmempfindlichkeit untersucht. — Die entwickelbare Schwärzung wächst proportional mit dem Logarithmus der Entwicklungszeit. Die Zunahme der Entwicklungskraft mit dem p_H ist für die einzelnen Substanzen verschieden, in keinem Fall wird jedoch über p_H 11,5 mehr eine Zunahme beobachtet. Die Schleierneigung ist bes. groß bei Methoxyhydrochinon, bes. gering bei Chlorhydrochinon. Die Oxydierbarkeit erweist sich als abhängig vom p_H u. von der Natur der Substanz, geht jedoch

nicht parallel mit der Entwicklungskraft. Ebensowenig kann man aus dem Grad der Verfärbung der Entwicklerlsgg. auf ihre Aktivität schließen. Es wird darauf hingewiesen, daß Chlorhydrochinon vor den anderen Hydrochinonen gewisse Vorzüge besitzt, es arbeitet kräftig, ist leicht lösl., wenig oxydabel, von geringer Schleierneigung u. wenig empfindlich gegenüber p_H-Änderungen. Einschränkend wird bemerkt, daß sich diese Beobachtungen nur auf reines Chlorhydrochinon beziehen, das normalerweise nicht im Handel ist. (PSA J., Sect. B **18b.** 51—55. 7/7. 1952. Kodak, Res. Labor.)
W. GÜNTHER. 8618

Piero Carentoni, *Selbstentwickeln von Agfacolor-Umkehr- und -Negativfilm.* Vf. gibt Vorschriften u. Anleitungen zum Selbstentwickeln von Agfacolor-Negativ-, -Positiv- u. -Umkehrfilm. (Progr. fotografico **58.** 144—49. April 1951.) W. GÜNTHER. 8630

Canadian Kodak Co. Ltd., Toronto, Ontario, Can., übert. von: **Hollis T. Galley,** Fort Jackson, S. C., V. St. A., *Herstellung von photographischem Papier.* Man überzieht beide Seiten eines einseitig barytierten Papiers mit einem Schmelzüberzug aus einer niedrigschm. Mischung, die zu 70 (%) aus Celluloseacetatbutyrat (mit 47% Butyryl- u. 5% Acetylgeh.), 14 Dibutylsebacat u. 16 Butylstearat besteht, u. versieht den über der barytierten Seite befindlichen Überzug mit einer Halogensilberemulsionsschicht. (**Can. P. 476 691** vom 30/8. 1945, ausg. 4/9. 1951. A. Prior. 12/9. 1944.) ASMUS. 8601

Eastman Kodak Co., übert. von: **Burt H. Carroll** und **Robert H. Sprague,** Rochester, N. Y., V. St. A., *Bis-[2-azolyl]-carbanilide* der allg. Formeln I u. II [Z = nichtmetall., zur Ergänzung des heterocycl. Kernes (Benzothiazol, Thiazol, Imidazol), erforderliche

I

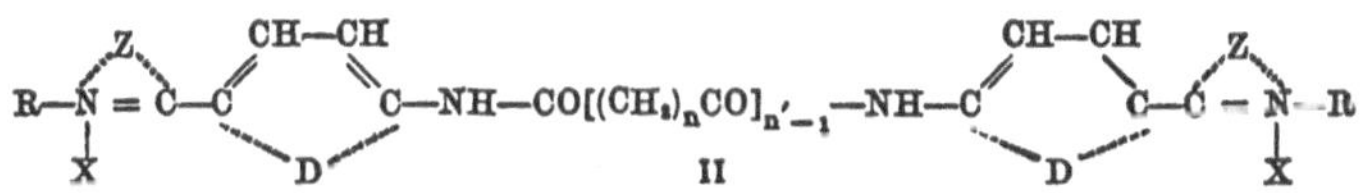

II

Atome, D = die zur Ergänzung eines Arylrestes erforderlichen Atome, n = 1—10, n' = 1—2, R = Alkyl, X = Säurerest] erhält man durch Kondensation eines Dicarbonsäurechlorids ($COCl_2$, Oxalyl-, Malonyl-, Succinyl-, Glutaryl-, Adipylchlorid) mit einem 2-[p-Aminophenyl]-azol (z. B. -benzothiazol, -thiazol, -imidazol). — *4.4'-Bis-[6-methyl-7-sulfo-2-benzothiazolyl]-carbanilid-Di-Na-Salz.* — *4.4'-Bis-[6-methyl-7-sulfo-2-benzothiazolyl]-adipanilid-Di-Na-Salz.* — *4.4'-Bis-[6-methyl-7-sulfo-2-benzothiazolyl]-2.2'-disulfocarbanilid-Tetra-Na-Salz.* — *4.4'-Bis-[3.6-dimethyl-2-benzothiazolium]-carbanilid-di-p-toluolsulfonat. Bis-äthoäthylsulfat.* — *4.4'-Bis-[6-methyl-2-benzothiazolyl]-carbanilid.* Verwendung zur *UV-Lichtabsorption,* bes. für jegliche Art von koll. Filterschichten (Farbfilme, Celluloseester, Celluloseacetat). (**A.P. 2 537 877** vom 19/1. 1950, ausg. 9/1. 1951.)
KRAUSS. 8613

N. V. Philips' Gloeilampenfabrieken, Eindhoven, Holland, *Blitzlichtlampe.* Die Blitzlichtlampe enthält neben O_2 Streifen aus aktin. Metallen, die mit der Stromzuführung verbunden u. an einer Stelle bes. dünn gehalten sind, um hier bei geringer Spannung zündbar zu sein. Neben Mg ist bes. *Zr* als Metall geeignet. — Zeichnung. (**Dän. P. 72 657** vom 28/2. 1948, ausg. 18/6. 1951, Holl. Prior. 3/3. 1947.) J. SCHMIDT. 8615

Josef Koch, Siegburg, *Kolloidklischees.* Rasternegative werden auf starke Kolloidschichten kopiert, die sich auf dünnen Folien befinden. Die Kopien werden dann auf einen festen Träger aus Metall oder Kunststoff geklebt, in der üblichen Weise mit warmem W. entwickelt, getrocknet u. durch Facettieren druckfertig gemacht. (**D. B. P. 832 101** Kl. 57d vom 30/9. 1949, ausg. 21/2. 1952.) KALIX. 8645

Technicolor Motion Picture Corp. (Erfinder: **Wadsworth E. Pohl**), Hollywood, Calif., V. St. A., *Härtung von Gelatineschichten für den Absaugedruck.* Verwendet wird eine wss. Lsg. von 40—60 (g), bes. 52,5, Cr-Alaun oder -Sulfat, in welcher 25—70 (%), bes. 65, der grünen Modifikation des betreffenden Cr-Salzes vorhanden sind. Die Lsg. soll einen p_H-Wert von 3,5 u. eine Temp. von 18—24° besitzen u. 1—3 Min. auf die Schicht einwirken. Die Farbaufnahmefähigkeit für Absaugedruckbilder wird dadurch trotz starker Härtung verbessert. (**D. B. P. 825 347** Kl. 57b vom 4/2. 1950, ausg. 17/12. 1951. A. Prior. 3/4. 1948.) KALIX. 8645

William M. Devers, La Grange Park, Ill., übert. von: **William M. Devers,** Springfield, O., V. St. A., *Anfertigung von Positiven zur Herstellung von Intaglio-Druckformen.*

Man stellt ein durchsichtiges gerastertes Positiv von dem zu reproduzierenden Gegenstand her, bleicht dieses so weit, bis die verhältnismäßig kleinen Silberkörner vollständig, von den größeren aber nur die Randpartien, ausgebleicht sind, u. entwickelt die ausgebleichten Partien mit einem Magenta-Farbentwickler. (**Can. P. 475 245** vom 12/7. 1946, ausg. 10/7. 1951. A. Prior. 20/11. 1945.) Asmus. 8645

Willi Sibbel, Düsseldorf, *Vorlagen für das Drucken negativer Schriften.* Die Schrift wird zunächst mit einer wasserhaltigen Druckpaste (I) auf Papier oder Karton, bes. Kunstdruckkarton, gedruckt u. der Druck mit fetter Druckfarbe (II) eingewalzt. Darauf wird I durch Auswaschen, z. B. mit einem feuchten Wattebausch, entfernt, wodurch auch die darauf befindliche II mit abgehoben wird. Dadurch wird der Papiergrund freigelegt, u. die Schrift erscheint weiß auf dunklem Grund. (**D. B. P. 854 463** Kl. 57d vom 20/12. 1950, ausg. 4/11. 1952.) Kalix. 8645

National Cash Register Co., Dayton, O., V. St. A., *Herstellung elastischer Druckformen* aus einem z. B. mit Dichromat lichtempfindlich gemachten, in W. lösl., elast. Kunststoff, z. B. Polyvinylalkohol, der nach dem Belichten unlösl. gemacht wird. Die lichtempfindlich gemachte Schicht wird während der Belichtung unter einer Kopiervorlage in einem Ausmaß gestreckt, das der durch das Aufspannen der Druckform auf die Unterlageplatte oder den Zylinder verursachten Ausdehnung entspricht. Nach dem Belichten werden die unbelichteten Stellen auf einer Seite in der erforderlichen Tiefe ausgewaschen. (**D. B. P. 830 651** Kl. 15b vom 1/1. 1949, ausg. 7/2. 1952. A. Prior. 15/10. 1941.) Baur. 8645

Heinrich Heichlinger und **Otto Perutz, Trockenplattenfabrik München,** München, *Photographische Herstellung von Skalenrastern.* Bei der Belichtung mit einer rotierenden Lichtquelle wird zwischen den Ausgangsraster (I) u. die lichtempfindliche Schicht ein zusätzlicher Raster eingeschaltet, der die unbelichtet zu lassenden Stellen der Schicht abdeckt. Außerdem wird ein I verwendet, in welchem die Flächenausdehnung der Rasterfenster weniger als 25% der deckenden Fläche ausmacht. (**D. B. P. 825 211** Kl. 57d vom 7/10. 1948, ausg. 17/12. 1951.) Kalix. 8645

Kalle & Co., Akt.-Ges. (Erfinder: **Oskar Süs** und **Georg Werner**), Wiesbaden-Biebrich, *Azokomponenten für die Diazotypie* stellen *Oxybenzotriazole* der allg. nebenst. Formel dar. Hierin bedeuten: R ein H-Atom, eine OH-, COOH-, Alkyl- oder Alkoxygruppe, R′ eine Alkylgruppe mit nicht mehr als 3 C-Atomen oder eine Benzylgruppe. — Beispiele: *4-Oxy-7-methylbenztriazol·HBr*, F. 200—205° (Zers.); *1.7-Dimethyl-4-oxybenztriazol·HBr*, F. 220° (Zers.); *5.6-Dioxy-N-methylbenztriazol·HCl*, *4-Oxybenztriazol-7-carbonsäure*, F. 268°; *5-Oxybenztriazol-6-carbonsäure·HBr*. Darst. nach Richter-Anschütz (Chemie der Kohlenstoffverbindungen, 12. Aufl. Bd. 3, S. 152). Mit den üblichen Diazokomponenten geben diese Verbb. im Zweikomponentenverf. dunkle blaue bis blauviolette Kopien. (**D. B. P. 838 692** Kl. 57b, vom 13/5. 1950, ausg. 12/5. 1952.) Kalix. 8647

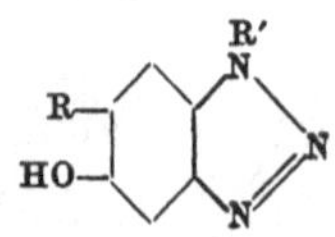

General Aniline & Film Corp., New York (Erfinder: **Thaddeus J. Trojnar,** Binghamton), N. Y., V. St. A., *Diazotypieschichten.* Die lichtempfindliche Schicht selbst oder eine darunterliegende Hilfsschicht enthält ein Metallpigment, z. B. Al-Pulver; eine dieser beiden Schichten kann außerdem mit einem lichtechten Farbstoff angefärbt sein. Die auf diesem Material hergestellten Kopien sollen dekorativ wirken u. für Reklamezwecke verwendet werden. (**D. B. P. 838 689** Kl. 57b vom 1/1. 1949, ausg. 12/5. 1952. A. Prior. 5/6. 1947.) Kalix. 8647

Immanuel Broser und **Ruth Warminsky,** Berlin, *Einkristall- und Grobkristall-Leuchtschichten* können in ihrer Leitfähigkeit dadurch beeinflußt werden, daß sie unmittelbar nach ihrer Herst. in einer oxydierenden Atmosphäre erhitzt u. mit verschied. Geschwindigkeiten abgekühlt werden. Zur Erzielung einer lokal erhöhten Leitfähigkeit können die Schichten außerdem noch stellenweise einer energiereichen Korpuskularstrahlung ausgesetzt werden. (**D. B. P. 838 693** Kl. 57b vom 7/5. 1949, ausg. 12/5. 1952.) Kalix. 8647

Herausgeber u. verantwortlich für den Inhalt: Prof. Dr. Maximilian Pflücke, Berlin W 8, Jägerstraße 22/23. Fernsprecher: 200481, 201464. Redaktion: Chefredakteure Dr. Eugen Klever und Prof. Dr. Maximilian Pflücke. Verlag: Akademie-Verlag GmbH, Berlin NW 7, Schiffbauerdamm 19 (Fernsprecher 425571, Postscheckkonto Berlin 35021) u. Verlag Chemie, GmbH, Weinheim/Bergstraße (Postscheckkonto Frankfurt/M. 145314 u. Berlin [West] 7430, Fernsprecher: Weinheim 2017). Bestell- u. Verlags-Nr. dieses Heftes: 1007/124/6. Das Chemische Zentralblatt erscheint wöchentlich.
Satz u. Druck: VEB Leipziger Druckhaus, Leipzig, III/18/203. II. 53.
Veröffentlicht unter der Lizenznummer 1212 des Amtes für Literatur und Verlagswesen der Deutschen Demokratischen Republik.
Printed in Germany.

FSC
www.fsc.org
MIX
Papier | Fördert gute Waldnutzung
FSC® C083411

Zeitfracht Medien GmbH
Ferdinand-Jühlke-Straße 7
99095 Erfurt, Deutschland
produktsicherheit@kolibri360.de